北京理工大学“双一流”建设精品出版工程

2023年信息通信教育精品

OpenHarmony 操作系统

丁刚毅　吴长高　张兆生　等　著

北京理工大学出版社
BEIJING INSTITUTE OF TECHNOLOGY PRESS

内容提要

本书详细介绍了OpenHarmony操作系统的设计理念和实现原理，并结合各子系统源代码深度地剖析了其实现过程，使读者能充分了解OpenHarmony操作系统的设计思想和各子系统的实现机制。

本书分为三部分：第一部分介绍了OpenHarmony操作系统的背景、定位、技术优势等整体情况。第二部分详细介绍了OpenHarmony操作系统的南向技术，包括内核子系统、驱动子系统、分布式子系统、UI框架、Ability框架、图形子系统、短距离通信子系统、传感器子系统，这部分内容是本书的重点。第三部分简要介绍了北向应用开发的方法和实践案例。

本书可作为高等院校计算机软件类专业高年级本科生和研究生的专业教材，也可作为从事OpenHarmony操作系统开发者的参考学习书籍。

图书在版编目（CIP）数据

OpenHarmony操作系统／丁刚毅等著．--北京：北京理工大学出版社，2022.11（2023.12重印）

ISBN 978-7-5763-1896-8

Ⅰ.①O… Ⅱ.①丁… Ⅲ.①移动终端—应用程序—程序设计 Ⅳ.①TN929.53

中国版本图书馆CIP数据核字（2022）第230319号

出版发行／北京理工大学出版社有限责任公司
社　　址／北京市海淀区中关村南大街5号
邮　　编／100081
电　　话／（010）68914775（总编室）
（010）82562903（教材售后服务热线）
（010）68944723（其他图书服务热线）
网　　址／http://www.bitpress.com.cn
经　　销／全国各地新华书店
印　　刷／廊坊市印艺阁数字科技有限公司
开　　本／787毫米×1092毫米　1/16
印　　张／21.25
彩　　插／2
字　　数／493千字
版　　次／2022年11月第1版　2023年12月第2次印刷
定　　价／78.00元

责任编辑／陈莉华
文案编辑／陈莉华
责任校对／刘亚男
责任印制／李志强

创作团队

主　创：丁刚毅　吴长高　张兆生

成　员：巴延兴　蒋卫峰　黄天羽　马　锐　蔡岩彬

序一

FOREWORD I

软件是信息技术之魂、网络安全之盾、经济转型之擎、数字社会之基，而操作系统等基础软件更是重中之重。我国近年来虽然信息技术发展迅速，但在操作系统等基础软件领域还很薄弱。习近平主席指出，核心技术是国之重器，要下定决心加速推动信息领域核心技术突破。信息技术领域的自主可控，解决“卡脖子”问题，已经上升到国家战略。操作系统等基础软件领域高层次人才培养是建设信息强国和网络强国的必然要求。

OpenHarmony 是一款面向万物互联时代的分布式操作系统，打破了硬件间各自独立的边界，融入了全场景智慧生态。在传统的单设备系统能力的基础上，提出了基于同一套系统能力、适配多种终端形态的分布式理念，支持各种终端设备，将人、设备、场景有机地联系在一起，创造了一个超级智能终端互联的世界。

OpenHarmony 操作系统自发布以来，已在各行各业快速推进，但在这些领域的人才十分匮乏。目前高校很多关于操作系统的教材都还是基于 WIN – TEL 体系的。本教材围绕 OpenHarmony 开源操作系统基础、原理及应用进行系统性的介绍，填补了高校教材体系这方面的空白。

《OpenHarmony 操作系统》教材由北京理工大学计算机学院、信息技术创新学院携手中软国际有限公司、深圳开鸿数字产业发展有限公司联合编著，由高校教授学者和企业技术专家联手打造，体现了产学研用紧密结合、产教紧密融合、产业链和创新链紧密聚合的特色化软件人才培养的特点。相信通过本教材的普及，将会大大促进国产操作系统领域的高端人才培养，构建人才生态，支撑实现信息强国和网络强国的伟大目标！

中软国际有限公司董事局主席、CEO
深圳开鸿数字产业发展有限公司董事长
陈宇红

序 二

FOREWORD II

鸿蒙OS是面向万物智联时代的统一端侧操作系统。鸿蒙OS不是另一个Android或iOS，它具有三个关键特征：一是一套OS系统，可弹性部署在大大小小各种硬件设备上；二是搭载了鸿蒙OS的各种硬件设备，可以通过软总线连接起来，融合成为一台超级终端；三是系统级原子化服务可分可合，服务随人走。鸿蒙OS创新的全栈模块化解耦设计、创新的软总线设计及原子化分布式编程框架，让鸿蒙OS最有可能成为万物智联时代的统一端侧操作系统，将会极大加快万物智联时代到来的步伐。

一个新的操作系统的成功，关键在生态构建上。只有开放才可能构建起繁荣的生态。2019年6月，华为将鸿蒙OS通用基础部分全部捐赠给了开放原子开源基金会，在开源社区创建了OpenHarmony项目。这次捐赠注定成为中国系统软件研发和生态构建史上的一个极其重要的里程碑。开源社区秉承公平、公正、共商、共建、共享的理念，才会调动起广大生态参与者的积极性。大家在开源平台上，集思广益、持续创新，才能构建起生态成功的技术基础和环境基础。

生态的建设与发展，需要大量的人才。北京理工大学、中软国际有限公司、深圳开鸿数字产业发展有限公司一起，集合了知名教授和研发一线核心专家，历时近一年的时间，编写了这本《OpenHarmony操作系统》教材，是产、学、研、用紧密结合的一次极佳实践。作者将实际研发经验进行了细致的总结提炼，结合计算机体系结构和组成原理，对OpenHarmony OS全栈进行了全面、细致的技术讲解，结合经典的研发案例，将对学习者全面理解和掌握OpenHarmony OS起到极大的作用。希望通过这套教材，培养出OpenHarmony OS生态人才的第一批种子。

从全球产业发展视角来看，整个人类社会加快向数字化、智慧化转型的趋势已非常明确。技术进步的脚步越来越快，万物智联将成为人类社会数字化、智慧化转型的基础设施。中国无疑是引领万物智联发展的最佳区域，万物智联全产业链最全、最完整的区域是中国，我们完全有可能匹配这个大的发展趋势，做出中国自己的万物智联时代统一的端侧操作系统，并快速构建起繁荣的生态，把万物智联的技术之根、生态之根深扎在中国的土地上。

深圳开鸿数字产业发展有限公司 CEO

王成录

前言 PREFACE

在信息化智能化时代，软件是灵魂，操作系统是“根”。过去的操作系统主要是支撑计算机单一设备，而面向未来万物互联智能世界的新一代操作系统，需要跨越不同设备之间的边界，实现跨设备协同。OpenHarmony 正是一款面向未来万物互联时代的全场景分布式操作系统，打破了硬件间各自独立的边界，提出了基于同一套系统能力、适配多种终端形态的分布式理念，支持各种终端设备，将人、设备、场景有机地联系在一起，构建一个超级终端智能互联的世界。

作为北京理工大学“十四五”规划教材，本书详细介绍了 OpenHarmony 操作系统的底层原理、系统架构、应用开发等内容，帮助广大在校学生和开发者学习掌握新一代操作系统的理论基础和开发技能。

本书由北京理工大学计算机学院和信息技术创新学院携手中软国际有限公司、深圳开鸿数字产业发展有限公司联合编著。由高校教授学者和企业技术专家联手开发教材，体现了产学研用紧密结合、产教紧密融合、产业链和创新链紧密聚合的特色化软件人才培养的特点。

本书整体结构

本书主要分三部分：第一部分（第 1 章）介绍了 OpenHarmony 操作系统的背景、定位、技术优势等整体情况。第二部分（第 2 章至第 10 章）详细介绍了 OpenHarmony 操作系统的南向技术，包括内核子系统、驱动子系统、分布式子系统、UI 框架、Ability 框架、图形子系统、短距离通信子系统、传感器子系统，这部分内容是本书的重点。第三部分（第 11 章）简要介绍了北向应用开发的方法和实践案例。

OpenHarmony 版本快速迭代，主线版本代码更新日新月异。本书基于 OpenHarmony 3.0 版本，着重介绍了 OpenHarmony 开源操作系统的理论基础和技术本质。

本书读者对象

本书可作为高等院校计算机软件类专业高年级本科生和研究生的专业教材，也可作为广大程序开发人员的自学参考书。

致谢

本书由北京理工大学计算机学院党委书记、软件学院院长丁刚毅，北京理工大学信息技术创新学院院长吴长高，深圳开鸿数字产业发展有限公司 CTO 张兆生联合编著，主要作者包括巴延兴、蒋卫峰、黄天羽、马锐、蔡岩彬。另外赵军霞、张新星、张亮亮、李祥志、姜怀修、唐礼伟、王蓉、王清、王石、张兴君、杜晨阳、焦以焜、黄昊、缪嘉男、陈寒冰、徐礼文、刘锦怡、王皓也参与了部分内容的编写和修订工作，计算机学院副院长薛静峰教授也对本书创作提供了重要的指导和帮助在此一并表示感谢。

衷心感谢北京理工大学出版社的大力支持。

信息技术的变化日新月异。本书的编著历时近一年，经过多次修改和完善。尽管我们做了不懈的努力，由于水平有限，书中难免有不少错误和疏漏，恳请广大读者不吝赐教。

作　者

目录
CONTENTS

第1章 OpenHarmony 系统概述

1.1 新一代操作系统的现状和发展趋势

操作系统是整个计算机的核心系统软件，主要负责管理计算机硬件与软件资源，并提供必需的人机交互机制，在数字化体系中处于底座地位。目前操作系统按照应用场景可以划分为桌面操作系统、移动操作系统、服务器操作系统、嵌入式及物联网操作系统。在桌面领域有 Windows 和 MacOS，在服务端领域有 Linux，在移动端有 Android 和 iOS，在嵌入式领域有 LiteOS、VxWorks 和 FreeRTOS 等。

纵观世界信息时代发展，自第一台微型计算机诞生，经过半个世纪发展，应用软件及硬件设备发生了翻天覆地的变化，操作系统的发展已经经历了三个完整的时代更替，目前已站在新时代更替的起点。主机计算时代的 IBM OS/360、DEC VMS 和 UNIX，个人计算时代的微软 Windows 和开源 Linux，以及移动计算时代的谷歌 Android 和苹果 iOS，它们都是各自时代的代表性操作系统，并引领了各自领域的操作系统生态[1]。

当下，随着技术的继续演进和设备形态的不断变化，物联网的设备连接量已突破百亿级，悄然成为联网设备终端中最主要的组成部分。云计算、大数据、人工智能等新型应用场景也在不断涌现，异构多核、GPU、NPU 等新型硬件的增加和互联网与物联网正在深度融合发展，一个万物互联的人类社会、信息系统、物理空间（人机物）融合泛在计算（ubiquitous computing）的时代正在开启[2]，这无疑给下一代操作系统带来新需求、新蓝海。

从 PC 的出现到移动设备的崛起直至如今物联网时代的到来，科技的进步带来操作系统的不断变革。2021 年 Windows 11 正式发布，它采用了全新的界面，但底层逻辑与功能并未发生变化。在服务器领域，Linux 除增加了对硬件的兼容和稳定性的维护外，也是没有本质上的变化。在移动端方面，Android 与 iOS 发布近 15 年来，在界面、自带应用方面有着较多变化，但在底层技术方面依然延续着初始架构。Android 是基于 Linux 内核开发而来，iOS 是基于 UNIX，目前已经逐步走向稳定维护阶段。随着设备数量的增多、应用场景的不断丰富，不同功能的物联网操作系统逐步涌现。

人、机、物融合泛在计算模式的新特征对新型操作系统带来的挑战是全方位的：既需要面临海量异构资源尤其是各种泛在化资源的有效管理，也需要进行各种多样化新型应用的共性凝练[3]。OpenHarmony 作为中国自主可控的、面向万物智联时代的操作系统，正是万物智联时代新形态操作系统的一次伟大尝试。OpenHarmony 通过软件定义硬件的方式、利用“软总线”等技术，使其拥有一次开发多端部署等天然优势，实现人、机、物更加自然的交互。从操作系统发展周期来看，进入新时代的条件已然具备，OpenHarmony 也有能力成为下一代操作系统的领跑者。

当前我国信息技术发展正走在快车道上，但国产软件行业大而不强，应用丰富而根基薄弱。实现信息技术领域的自主可控，已经上升到国家战略层面。在根技术受制于人的背景下，OpenHarmony 的问世，对国产软件的全面崛起具有战略性带动作用。OpenHarmony 是我国自主研发的面向未来万物互联时代的基础操作系统，目前正在各行各业快速推进。作为时代科技前沿的创新产物，它代表中国高科技必须开展的一次战略突围，将成为新一代操作系统领军者。

1.2 OpenHarmony 初识

1.2.1 OpenHarmony 的背景

华为于 2019 年正式推出了鸿蒙操作系统商用版本，并于 2020 年 9 月将鸿蒙操作系统的基础能力全部捐献给开放原子开源基金会，由开源基金会整合其他参与者的贡献，形成 OpenHarmony 开源项目。全球有兴趣、有需要的组织和个人都可以平等地参与该项目，实现共商、共建、共享、共赢。截至 2022 年 4 月，OpenHarmony 开源项目已获得了广大开发者的支持，吸引了 40 多家主仓代码贡献单位，聚集 160 多万社区用户，成为全球泛智能终端操作系统领域重要的新生力量。

1.2.2 OpenHarmony 的定位和优势

OpenHarmony 是一款面向万物互联的操作系统。在一个物联网系统中，操作系统是管理物联网硬件的核心程序，它进行了内存管理、系统资源配置、输入输出设备控制、网络与文件系统管理等基本业务，同时操作系统也提供了一个用户与物联网系统交互的接口，用户可以在操作系统上方便地管理与调用硬件。

纵观操作系统发展历程，每一个划时代的操作系统都带给了用户全新的交互方式。早期用户与计算机系统的交流是通过命令行的方式，后来用户与计算机系统的交流可以通过用户界面的点击与触摸，而目前阶段又有了手势动作、语音、多设备协同等新的交互方式。随着计算机和物联网技术的不断发展，智能设备已经涉足生活的方方面面，用户接触到的智能设备数量也有了极大提升。但目前的智能设备之间还是以简单的消息传输为主，并没有真正地实现设备之间的硬件资源共享，这并不利于充分发挥设备的硬件功能。传统的操作系统难以真正实现万物互联的跨设备资源共享与设备间的分布式调度。

OpenHarmony 创造性地将分布式技术应用于操作系统，很好地解决了上述的问题。通过分布式技术能让更多终端设备互相连接，打破单一物理设备硬件能力的局限，实现不同硬件间能力互补和性能增强。OpenHarmony 是基于 AI 和 5G 时代的应用场景，从高起点全面规划的角度出发，规划面向多终端的下一代操作系统，具备分布式、多端部署、安全性和易于开发等技术特性。

目前 OpenHarmony 在传统的单设备系统能力的基础上，面向全场景（移动办公、运动健康、社交通信、媒体娱乐等）提出了基于同一套系统能力、适配多种终端形态的分布式理念，能够支持手机、平板、智能穿戴、智慧屏、车机等多种终端设备。OpenHarmony 作为新一代万物互联底层操作系统，打造开放的、全球化的、创新领先的面向多智能终端、全场景的分布式操作系统，构筑可持续发展的开源生态。OpenHarmony 提供了万物互联的统一开发平台，驱动下一个十年全新数字世界的技术与商业创新热潮。

1.2.3　OpenHarmony 的整体介绍

OpenHarmony 作为一款全新的智能终端操作系统，创新性地提出了分布式软总线理念。一套系统能够适配多种终端形态，支持包括智能穿戴、智慧屏、手机、平板、车机在内的多种终端设备，让不同的设备智能地协同互联，从而带来简洁、流畅、连续、安全可靠的全场景交互体验。

一、设计概述

搭载 OpenHarmony 系统的设备在系统层面上相互融合，形成超级终端，让设备的硬件能力可以按照实际需求弹性扩展，从而实现设备之间的硬件互助、资源共享。

对最终用户来说，OpenHarmony 将各类终端进行能力整合，实现了终端设备之间的快速连接、能力互助、资源共享。

对应用开发者来说，OpenHarmony 采用了分布式技术，使得应用的开发和实现独立于不同终端设备的形态差异，降低了开发的难度和成本。这使开发人员能够专注于上层业务逻辑，方便高效地开发应用程序。

对设备开发者来说，OpenHarmony 采用了组件化的设计方案，可以根据设备的资源能力和业务特征来灵活裁剪，满足不同形态终端设备对操作系统的要求。

二、系统架构

OpenHarmony 自下而上分为 4 个层次，分别是内核层、系统服务层、框架层和应用层，如图 1－1 所示。

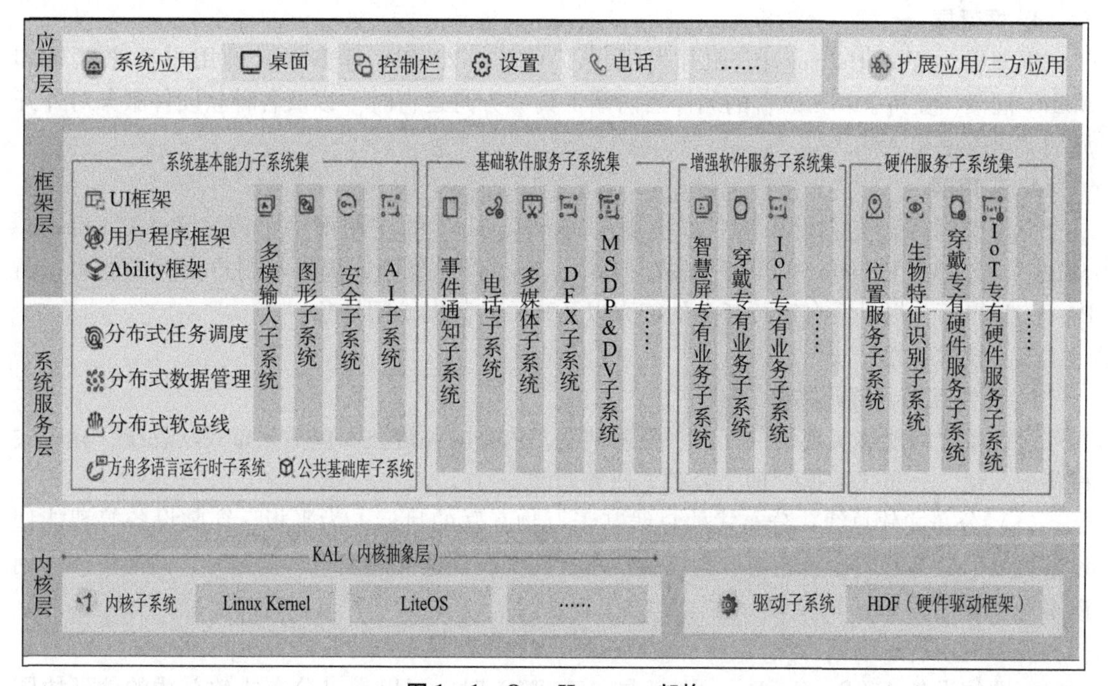

图 1－1　OpenHarmony 架构

1. 内核层

内核层包括内核子系统和驱动子系统。

(1) 内核子系统：OpenHarmony 采用多内核设计，根据不同的设备选用适合的 OS 内核。

内核子系统提供了进程管理、内存管理、文件管理、网络功能等核心功能供驱动子系统使用，并且对驱动子系统的各模块进行管理，为上层提供更高层次的接口。

(2) 驱动子系统：硬件驱动框架（HDF）是 OpenHarmony 硬件生态开放的基础，提供统一外设访问能力和驱动开发、管理机制。驱动子系统直接与各种硬件设备交互，给内核子系统提供服务。

2. 系统服务层

系统服务层是 OpenHarmony 的核心能力集合，通过框架层对应用程序提供服务。该层包含以下几个部分。

(1) 系统基本能力子系统集：为分布式应用在 OpenHarmony 多设备上的运行、调度、迁移等操作提供了基础能力，由分布式软总线、分布式数据管理、分布式任务调度、方舟多语言运行时、公共基础库、多模输入、图形、安全、AI 等子系统组成。

(2) 基础软件服务子系统集：为 OpenHarmony 提供公共的、通用的软件服务，由事件通知、电话、多媒体、DFX（面向产品生命周期各/某环节的设计）、MSDP&DV 等子系统组成。

(3) 增强软件服务子系统集：为 OpenHarmony 提供针对不同设备的、差异化的能力增强型软件服务，由智慧屏专有业务、穿戴专有业务、IoT 专有业务等子系统组成。

(4) 硬件服务子系统集：为 OpenHarmony 提供硬件服务，由位置服务、生物特征识别、穿戴专有硬件服务、IoT 专有硬件服务等子系统组成。

3. 框架层

框架层为 OpenHarmony 应用开发提供了 C/C++/JS/TS 等多语言的用户程序框架和 Ability 框架，支持 JS/TS 语言的编译器前端工具“方舟运行时”以及各种软硬件服务对外开放的多语言框架 API。

4. 应用层

应用层包括系统应用和第三方应用。OpenHarmony 的应用由一个或多个 FA（Feature Ability）或 PA（Particle Ability）组成。其中，FA 有 UI 界面，提供与用户交互的能力；而 PA 无 UI 界面，提供后台运行任务的能力以及统一的数据访问抽象。

三、技术特性

1. 硬件互助，资源共享

多设备之间能够实现硬件互助、资源共享，依靠的关键技术包括分布式软总线、分布式设备虚拟化、分布式数据管理、分布式任务调度。

(1) 分布式软总线：分布式软总线基于万物互联的目标，为平板、穿戴设备等智能型设备提供了最基础的通信能力，为这些设备之间实现快速无感发现、低延时、高通量传输创造了有利条件，如图 1-2 所示。

典型应用场景举例：

不同的设备 A、B、C、D、…处于同一个 WiFi 时，可以通过分布式软总线的软硬协同

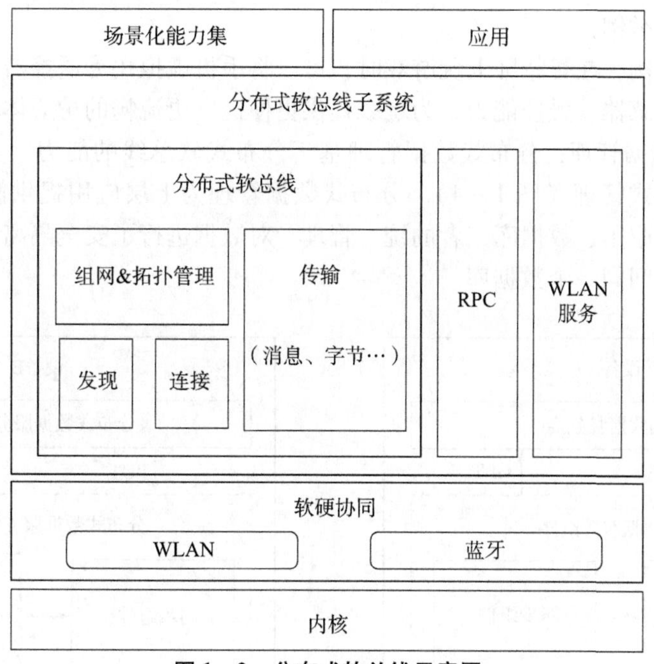

图 1 – 2 分布式软总线示意图

功能，通过应用无感的基础通信能力（包括但不限于 WiFi、蓝牙），自动组网，加入同一软总线。分布式软总线为这些设备提供基本的任务调度、数据传输功能。

（2）分布式设备虚拟化：分布式设备虚拟化平台可以实现不同设备的资源融合、设备管理、数据处理，多种设备共同形成一个超级终端（图 1 – 3）。针对不同类型的任务，为用户匹配并选择能力合适的执行硬件，让业务能够不间断地在不同设备间流转，充分发挥不同设备的硬件优势，如显示能力、摄像能力、音频能力、交互能力以及传感器能力等。

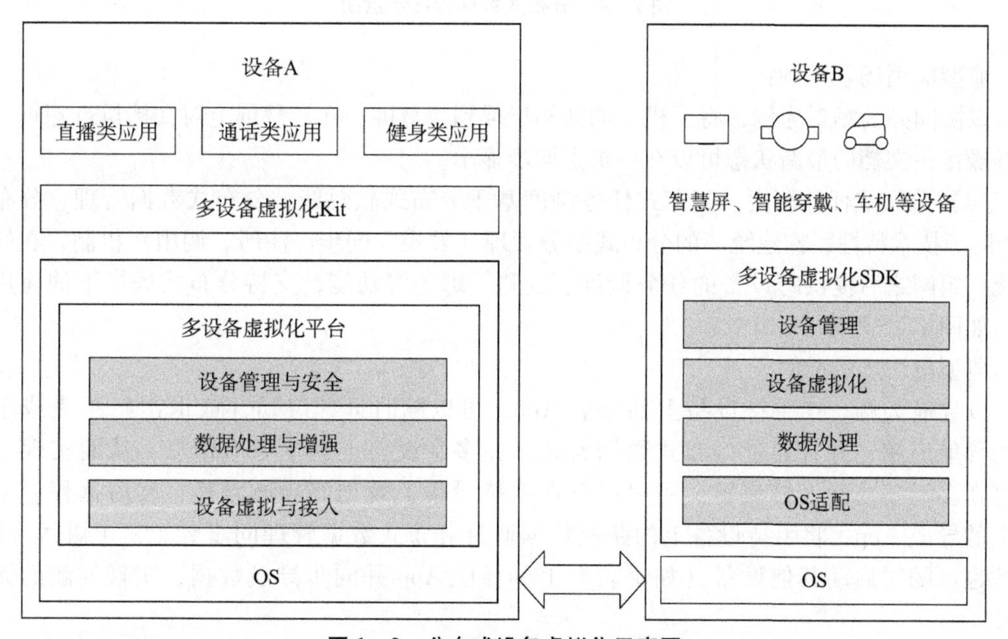

图 1 – 3 分布式设备虚拟化示意图

典型应用场景举例：

以游戏场景为例，在智慧屏上玩游戏时，可以将手机虚拟化为遥控器，借助手机的重力传感器、加速度传感器、触控能力，为玩家提供更便捷、更流畅的游戏体验。

（3）分布式数据管理：分布式数据管理基于分布式软总线的能力，实现应用程序数据和用户数据的分布式管理（图 1－4）。分布式数据管理为上层应用提供简单快捷的功能接口，通过对账户、应用、数据库三者的统一管理，对数据进行了安全隔离。不同的账户、不同的应用，不能访问同一个数据库。

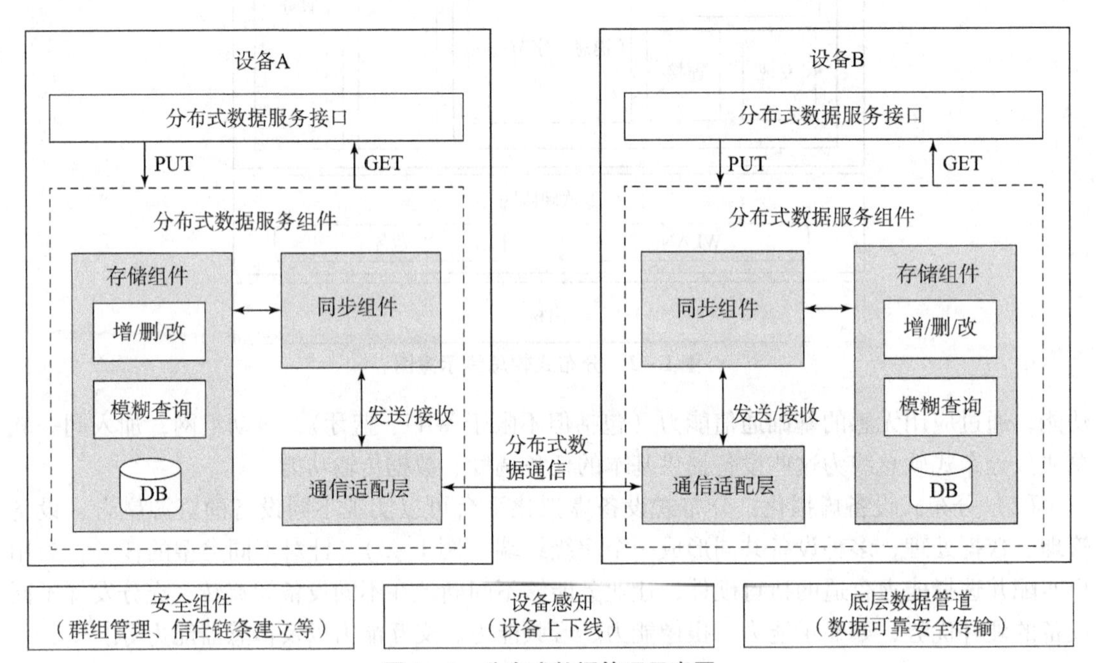

图 1－4　分布式数据管理示意图

典型应用场景举例：

以协同办公场景为例，将手机上的文档投屏到智慧屏，在智慧屏上对文档执行翻页、修改等操作，文档的最新状态可以在手机上同步显示。

（4）分布式任务调度：分布式任务调度基于分布式软总线、分布式数据管理、分布式 Profile 等技术特性，构建统一的分布式服务管理（发现、同步、注册、调用）机制，在软总线统一组网之后提供跨设备的任务调度、迁移、绑定等功能，支持分布式场景下的应用协同，如图 1－5 所示。

典型应用场景举例：

以导航为例，在手持设备上的导航 App，可以随时远程启动（或退出）手表或车机上的导航应用，并且通过分布式数据管理，在多个设备上共享导航信息，从而实现导航信息在多设备之间无缝流转。用户可以在手持设备上规划好导航路径，然后远程启动车机上的导航 App，将手持设备上的路径数据通过分布式数据管理同步到车机上继续导航，中途也可随时启动其他设备（如手表）上的导航 App 并同步导航数据，实现导航的无缝衔接。

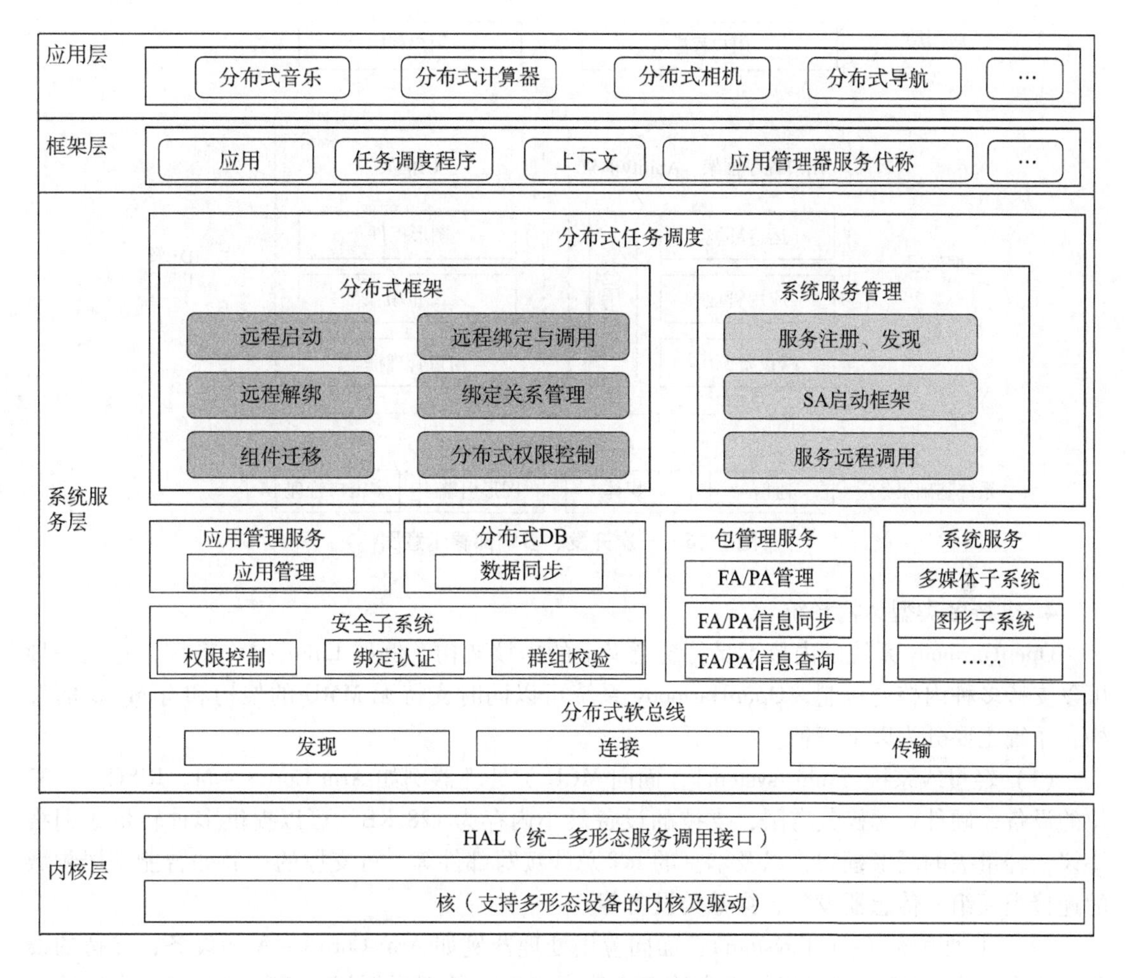

图1-5　分布式任务调度示意图

2. 一次开发，多端部署

OpenHarmony提供了用户程序框架、Ability框架以及UI框架，其中，UI框架支持使用JS、TS语言进行开发，并提供了丰富的多态控件，可以在手机、平板、智能穿戴、智慧屏、车机上显示不同的UI效果。支持应用开发过程中多终端的业务逻辑和界面逻辑进行复用，能够实现应用的一次开发、多端部署，如图1-6所示。

3. 统一OS，弹性部署

OpenHarmony通过组件化和小型化等设计方法，支持多种终端设备按需弹性部署，能够适配不同类别的硬件资源和功能需求。

（1）支持各组件的选择（组件可有可无）：根据硬件的形态和需求，可以选择所需的组件。

（2）支持组件内功能集的配置（组件可大可小）：根据硬件的资源情况和功能需求，可以选择配置组件中的功能集。例如，选择配置图形框架组件中的部分控件。

（3）支持组件间依赖的关联（平台可大可小）：根据编译链关系，可以自动生成组件化的依赖关系。例如，选择图形框架组件，将会自动选择依赖的图形引擎组件等。

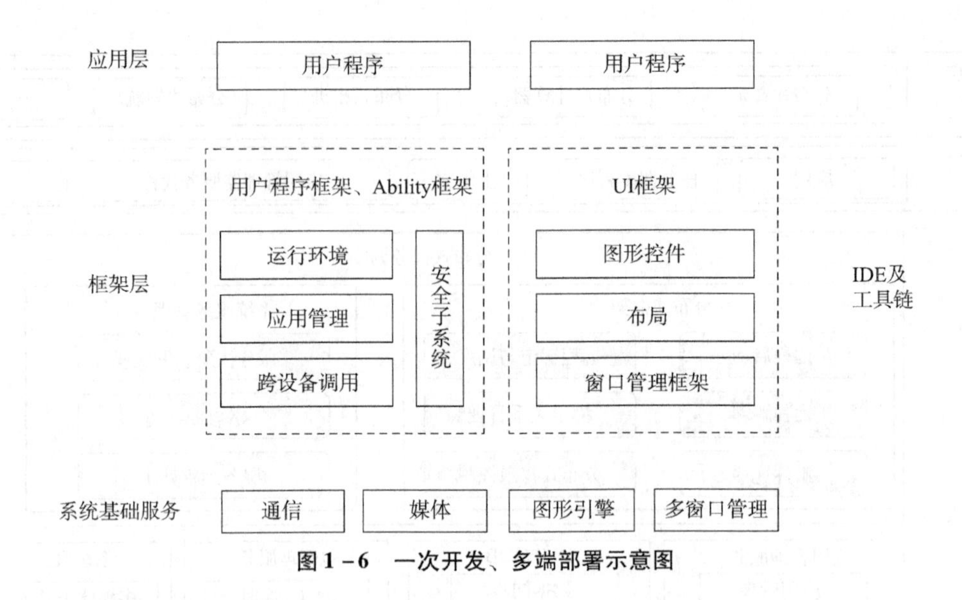

图 1-6　一次开发、多端部署示意图

4. 支持多类型架构系统

OpenHarmony 系统的内核不是传统意义上的内核架构，例如 Linux 操作系统，它是一种可以支持多种内核的机制，OpenHarmony 系统可以同时支持无 MMU 的架构和有 MMU 的架构，系统主要分为以下三种。

（1）轻量级系统（mini system）：面向 MCU 类处理器例如 Arm Cortex－M、RISC－V 32 位的设备，硬件资源极其有限，支持的设备最小内存为 128 KB，可以提供多种轻量级网络协议、轻量级的图形框架，以及丰富的 IoT 总线读写部件等。可支撑的产品如智能家居领域的连接类模组、传感器设备、穿戴类设备等。

（2）小型系统（small system）：面向应用处理器例如 Arm Cortex－A 的设备，支持的设备最小内存为 1 MB，可以提供更高的安全能力、标准的图形框架、视频编解码的多媒体能力。可支撑的产品如智能家居领域的 IP Camera、电子猫眼、路由器以及智慧出行领域的行车记录仪等。

（3）标准系统（standard system）：面向应用处理器例如 Arm Cortex－A 的设备，支持的设备最小内存为 128 MB，可以提供增强的交互能力、3D GPU 以及硬件合成能力、更多控件以及动效更丰富的图形能力、完整的应用框架。可支撑的产品如高端的冰箱显示屏。

1.3　思考和练习

（1）OpenHarmony 操作系统和 Windows 操作系统有哪些区别？

（2）OpenHarmony 架构由哪些部分组成？

（3）主流的开源基金会有哪些，以及其主要的开源项目有哪些？

（4）OpenHarmony 采用了哪些开源协议，具体要求是什么？

（5）注册一个 Gitee 开发者账号，并下载与本书配套的 OpenHarmony 3.0 版本的代码。

拓展材料——开源模式和开源组织

一、开源软件和开源社区的价值

1. 开源软件

开源软件又称开放源代码软件，是一种源代码可以任意获取的计算机软件，这种软件的著作权持有人在软件协议的规定之下保留一部分权利并允许用户学习、修改以及任何目的向任何人分发该软件。开源协议通常符合开放源代码的定义要求。

2. 开源社区

开源社区是指以开源项目的贡献者为主体，在开源项目贡献过程中形成的具有特定文化、组织结构、运行机制的共同体。开源社区具有下列主要特征。

（1）开放：开放性是开源社区最明显的价值，它具有很多层次的透明度。开放意味着任何项目，无论大小，都可以与任何其他项目自由竞争，一旦使用它，代码必须保持开放状态，对所有人（企业、个人和政府）开放。

（2）透明：透明度是一个价值不菲的价值。开源代码本质上是透明的，但是透明度超越了编程语言。透明度渗透到各个级别的开源社区中，不仅激发了全球开发人员之间以及更大的社区与其领导者之间的信任，而且这是必需的。透明度可以促进创新性、敏捷性和参与性，这是成功发展的基本要素。

（3）共识：开源是关于共识的一切。开源社区中没有给出指令，相反，问题是通过协作解决的。随着共识的达成，开源社区将承担共同的责任，从而促进一种平等的编码方法。贡献的质量，而不是职称或公司政策，决定了开源社区中的影响力和技术方向。

开源支持创新计划、加快开发速度并为社会各层面、各类组织提供竞争优势，同时为企业、用户和开发者带来了巨大的价值。

（1）开放的价值：开源支持创新计划、加快开发速度并为您的组织提供竞争优势，透明是开源软件的基本理念。闭源开发发布前不允许用户访问代码，用户无法参与到开发的过程中。但开源软件允许公司在投入资金之前访问代码，调整代码的能力，根据您的要求进行定制。

（2）创新的价值：持续使用开源软件有助于创新，开源软件具有快速上市时间、易于敏捷开发和互操作性等特性，有助于交付没有技术故障的高质量软件。

（3）灵活的价值：开源软件提供了选择的自由。您无须注册用户计划或年度计划，使用开源软件的机会是无限的。在全球范围内强大的社区支持下，开源软件标准每天都在改进，您可以免费为您的客户扩展您的产品组合。闭源专有软件可能不存在这样的机会。

（4）可扩展性的价值：对于任何软件，可扩展性是一个参数，它表明产品/服务的健康状况随着数量/大小或功能的增加而增加。事实上开源提供了最出色的扩展能力。

二、开源是全球广泛采用的软件协作开发模式，开源软件已成为行业领导者

开源秉承开放的理念，广泛汇集产业链上下游的力量，通过协作生产、成果共享机制，突破了商业软件以单一企业为边界的发展局限，成为软件业外向开发、协同创新、多元共治

的新模式。

相对于闭源软件，开源软件在软件授权许可协议和开发模式上有重大创新。一方面，闭源软件对财产权的授权多通过有偿方式实施，授权内容也会有所限制，开源软件对财产权一般持免费和充分授权的态度。开源软件版权所有者公开程序的源代码，并允许被许可人在遵守开源许可协议的前提下，可以自由阅读、修改、复制、再发布程序，实际上向被许可人让渡了软件作品的复制权、修改权等财产性权利。另一方面，闭源软件一般由单个企业统一管理，有着严密的管理和封闭的集中式结构。开源采用过程透明的开放式、分布式的软件开发模式。项目发起之后，世界各地、各个企业不同的开发者在遵守开源许可协议的前提下，自愿贡献时间参与开源软件开发，并通过网络、会议等方式进行交流。如 Linux 基金会等大型组织可同时协作全球上千家企业共同参与研发。

从软件行业领导者的变化来看，原来我们耳熟能详的传统软件公司的领导地位已经被新兴的开源软件公司所取代。软件行业领导者转换的根源，除技术变革之外，还有协作模式、营销模式和技术服务模式的变革，它们共同推动了开源软件在各个软件细分领域取代了原来的霸主，成为新一代的领导者。企业可以用更好、更合适的开源软件替代、剥离和替换关键基础设施。

这种趋势正在加剧，大型软件巨头正在努力与一种新型的对手竞争，后者不是在销售和营销上花费数亿美元，而是利用广泛而充满活力的用户社区来渗透市场。开发人员越来越快地接受技术变革，以至于这些较早期的开源赢家中的一些也开始被年轻、快速增长的开源项目所取代。软件行业领导者演变的趋势在软件堆栈中进一步蔓延，开源不仅仅局限于软件基础设施和数据分析，而且在传统上完全由闭源软件主导的领域也得到了采用。

三、全球开源组织发展情况及开放原子开源基金会介绍

当前，国际开源治理主要采取基金会形式进行运作，主要由美国主导。国际三大主流开源基金会（Linux 基金会、OpenStack 基金会和 Apache 基金会）均由美国企业牵头成立，并已成为软件生态的引领者。全球 85% 以上的智能手机操作系统均基于 Linux 基金会的核心开源项目 Linux 内核，排名前 500 的超级计算机有 98% 搭载 Linux 系统。OpenStack 基金会通过开源主导云计算领域发展路线，其服务对象超过 10 万人，分布在世界上 187 个国家。我国 90% 以上的大数据基础平台基于 Apache 基金会主导的 Hadoop 开源技术搭建。

中国企业正从开源技术使用者逐渐转变为开源领域的重要贡献者。2012—2018 年，Linux 基金会中国区成员数量增长超过 400%，目前中国企业已占 OpenStack 基金会的半数黄金董事席位，我国已成为仅次于美国的 OpenStack 技术消费国。国内企业自发开源项目高速增长，国际最大的代码托管平台 GitHub 上已有超过 3 000 个国内企业发起的开源项目，华为、阿里、腾讯等企业均向三大国际开源基金会贡献较多优质项目。

为助力我国软件产业高质量发展，促进我国开源力量形成合力，加速产业数字化进程和开放式创新，降低核心领域受制于人的战略风险，提升我国企业在开源领域的主导权、影响力和竞争力，由工业和信息化部作为指导单位发起成立了开放原子开源基金会。开放原子开源基金会作为我国首家国家级开源基金会，是致力于开源产业的全球性非营利公益机构。目前开源基金会汇集了华为、阿里、腾讯、百度、中软国际、深圳开鸿等十家龙头企业，共同推进打造 ICT 产业开放框架，搭建沟通国际的开源社区，统一行业数字化工程语言，推动形

成ICT产业事实标准，提升行业协作效率，赋能千行百业，推动国际及国内ICT产业发展，打造新一代信息技术高地。开放原子开源基金会主要提供以下服务。

（1）开源项目知识产权托管：为保证开源项目所有权的中立性，开源基金会的主要职责是作为第三方接收贡献者托管的开源项目，对开源项目商标、著作权等知识产权做统一管理。

（2）社区治理：通过确定开源社区治理模式，维持开源生态正常运营，明确社区各个角色定义，规定议程流程及决策规则。

（3）技术治理：制定公正开放的开发流程和项目生命周期管理流程，保证开源项目有序地更新迭代，明确项目技术委员会的组成方式和决策流程，明确代码贡献规范。

（4）基础设施支持：为行业用户及开源项目提供必要的基础设施支持，包括建立开源项目沟通平台（邮件列表等）、构建开发测试环境等工具。

（5）法务支持：提供开源许可证等相关法律保证，同时针对开源项目可能面临的许可证违约、各国法律环境要求不同等法律问题，配备专业法务团队提供支持。

（6）社区活动组织：定期组织线上和线下活动，维持社区的活跃度和参与度，包括组织开发者进行技术交流、开展开源项目宣传和市场推广等。

OpenHarmony是Harmony OS的开源版本，托管在开放原子开源基金会，遵循治理国际通用惯例，由委员会共同决策与演进。可通过以下几种方式参与OpenHarmony开源项目。

方式一：论坛/Gitee答复其他开发者的相关问题，每一个Issue、问题的回复都是为OpenHarmony生态建设贡献的力量。

https://gitee.com/organizations/openharmony/issues

方式二：Gitee贡献代码/文档/教程/Samples，参考《OpenHarmony贡献者指南》，参与社区贡献。鼓励开发者在学习、开发过程中，贡献代码（修复bug、优化代码）、总结经验并创建技术内容，帮助更多开发者快速上手。

https://gitee.com/openharmony/docs/blob/master/zh-cn/contribute/参与贡献.md

方式三：参与SIG组或新建SIG组。

OpenHarmony成立了若干SIG（Special Interest Group）特别兴趣小组，负责OpenHarmony社区特定子领域及创新项目的架构设计、开源开发及项目维护等工作。开发者可以通过加入或新建SIG组方式，进行讨论及开发，并贡献代码。

https://gitee.com/openharmony/community/tree/master/sig

参与OpenHarmony社区贡献：

项目官网：https://www.openatom.org/openharmony

代码仓库：https://gitee.com/openharmony

文档贡献：参考https://gitee.com/openharmony/docs

反馈issue：https://gitee.com/organizations/openharmony/issues

邮箱订阅：dev@openharmony.io

第 2 章 内核子系统

2.1 内核子系统概述

2.1.1 内核子系统简介

内核是操作系统最为基本的部分，操作系统之所以能访问硬件设备、调用硬件设备，都依赖于内核提供的对计算机硬件的访问能力。内核相关知识是有志于从事 OpenHarmony 系统开发工程师必备的基础知识。

OpenHarmony 系统的内核不是传统意义上的单内核架构，例如，Linux 操作系统，它是一种可以支持多种内核的机制，这也就决定了 OpenHarmony 系统可以同时支持无 MMU 的架构和有 MMU 的架构，系统主要分为以下几种。

（1）轻量级系统（mini system）。

轻量级系统主要是面向 MCU 类处理器，如 Arm Cortex – M、RISC – V 32 位等设备，该类设备的硬件资源极其有限，支持的设备最小内存为 128 KB，具有小体积、低功耗、高性能的特点，其代码结构简单，主要包括内核最小功能集、内核抽象层、可选组件及工程目录等，分为硬件相关层以及硬件无关层。可支撑的产品如智能家居领域的连接类模组、传感器设备、穿戴类设备等。

（2）小型系统（small system）。

小型系统面向应用处理器，如 Arm Cortex – A 的设备，支持的设备最小内存为 1 MB，可以提供更高的安全能力、标准的图形框架、视频编解码的多媒体能力。硬件方面支持 MMU，支持内核/App 空间隔离、支持各个 App 空间隔离，系统更健壮；软件层面支持 Posix 接口，大量开源软件可以直接使用；可支撑的产品如智能家居领域的 IP Camera、电子猫眼、路由器以及智慧出行域的行车记录仪等。

（3）标准系统（standard system）。

标准系统同样是面向应用处理器，如 Arm Cortex – A 的设备，但是支持的设备最小内存需要 128 MB，可以提供增强的交互能力、3D GPU 以及硬件合成能力、更多控件以及动效更丰富的图形能力、完整的应用框架。可支撑的产品如高端的冰箱显示屏、移动电话等。

OpenHarmony 内核子系统在整个系统中的角色如图 2 – 1 所示。

从图 2 – 1 可以知，OpenHarmony 系统采用了多内核的策略，包括 LiteOS 内核与 Linux 内核。

LiteOS 内核是面向 IoT 领域的实时操作系统内核，它同时具备 RTOS（实时操作系统）轻快和 Linux 易用的特点，主要包括进程和线程调度、内存管理、IPC 机制、时间管理等内

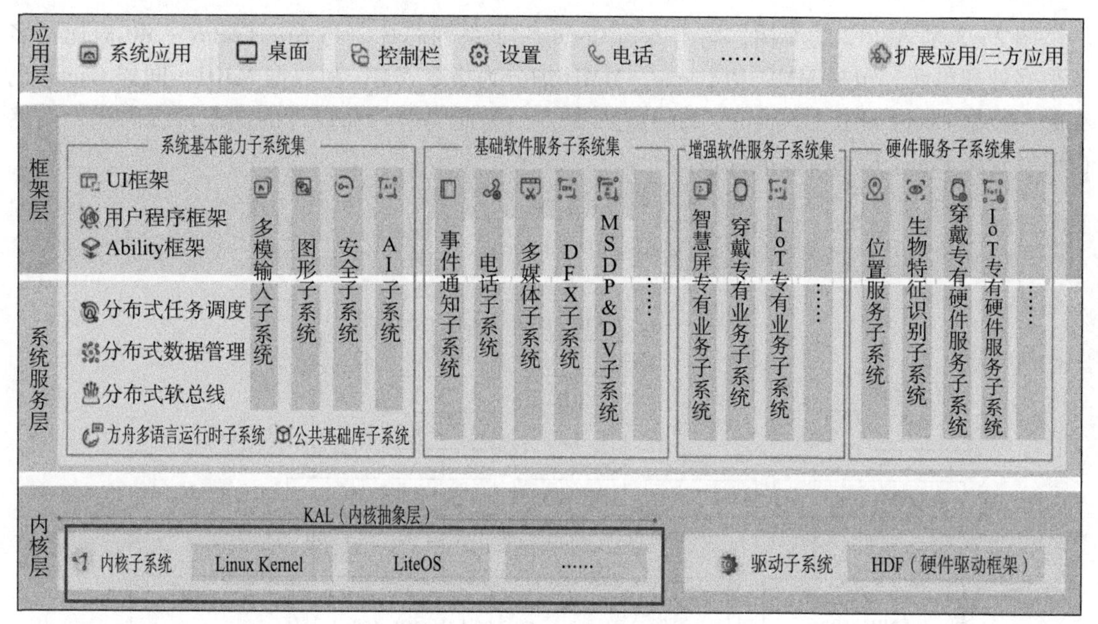

图 2－1　OpenHarmony 架构

核基本功能。

LiteOS 内核具体又分为 LiteOS_A 内核与 LiteOS_M 内核，分别适用于 Arm Cortex－A 系列芯片与 Arm Cortex－M 系列芯片。

图 2－2 是 Arm Cortex－M0 芯片的架构示意图，可以看到其中最大的一个特点是没有 MMU 和 Cache 模块，LiteOS_M 就是专门针对此类芯片而设计的操作系统内核。

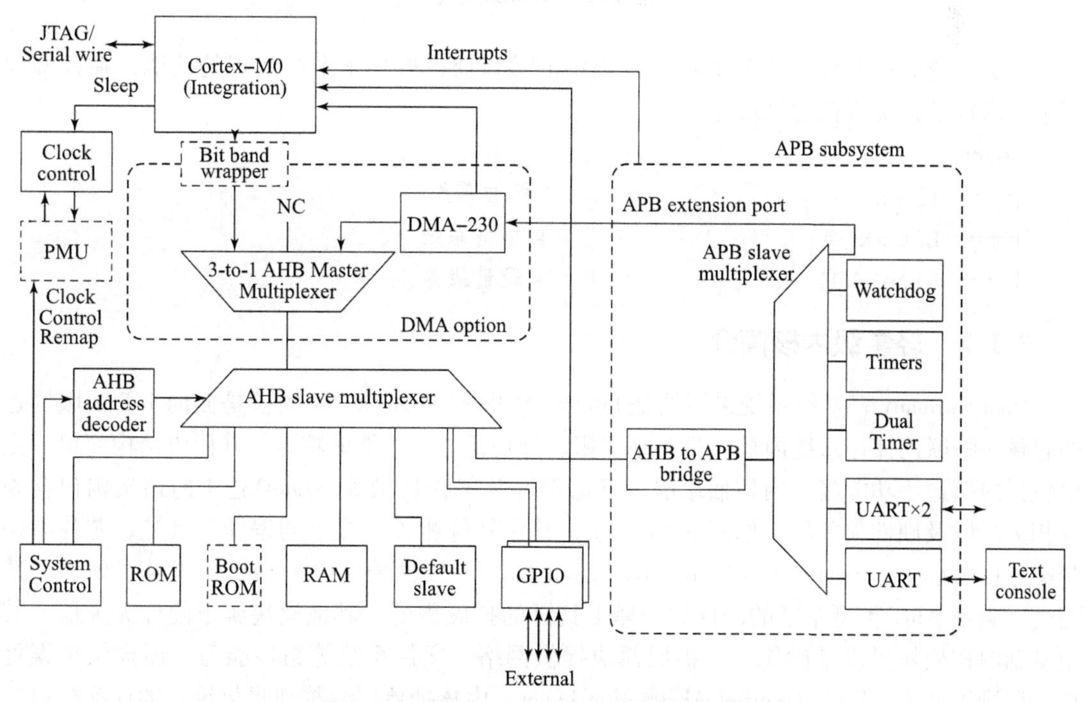

图 2－2　Arm Cortex－M0 芯片架构示意图

图 2－3 是 Arm12 的架构，属于 Arm Cortex－A 系列芯片。与 Arm Cortex－M0 对比，多了很多处理单元，包括 MMU 和 Cache，MMU 细分为指令 MMU 和数据 MMU，同样 Cache 也细分为数据 Cache 和指令 Cache，LiteOS_A 是专门为此类芯片而设计的操作系统内核，当然也可以选择 Linux Kernel 标准内核。

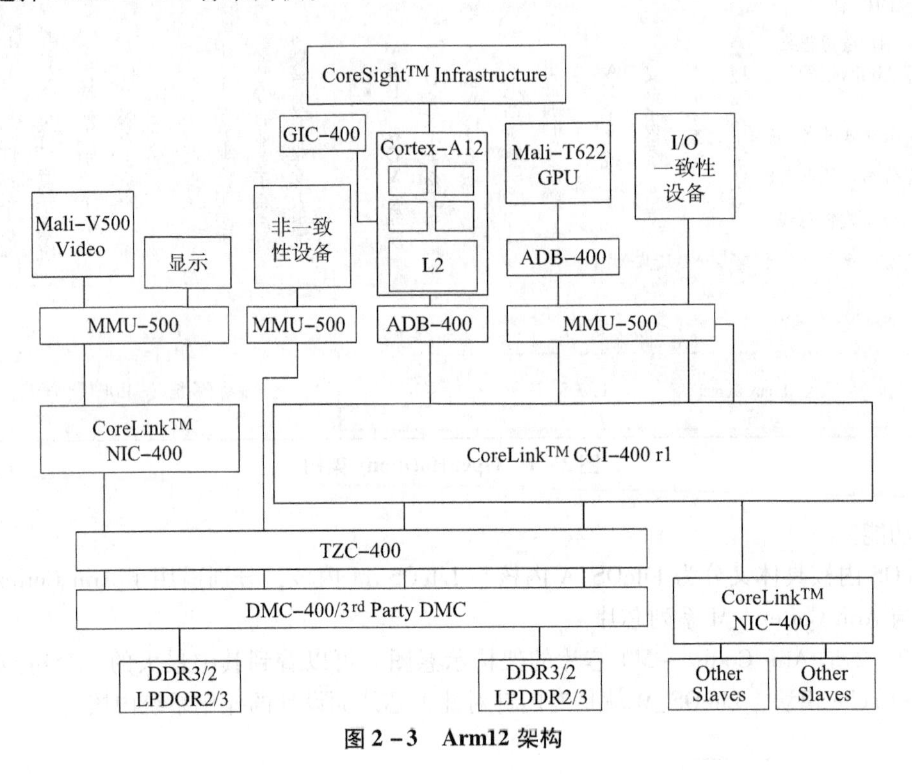

图 2－3　Arm12 架构

上层系统通过 KAL（内核抽象层）提供的接口获得内核子系统实现的功能，在开源代码中，内核子系统所在的目录为：

2.1.2　轻量级内核简介

OpenHarmony 轻量级系统采用的是 LiteOS_M 内核。LiteOS_M 内核是面向 IoT 领域构建的轻量级物联网操作系统内核，具有小体积、低功耗、高性能的特点。其代码结构简单，主要包括内核最小功能集、内核抽象层、可选组件及工程目录等。LiteOS_M 内核架构包含硬件相关层以及硬件无关层，如图 2－4 所示，其中硬件相关层按不同编译工具链、芯片架构分类，提供统一的 HAL（Hardware Abstraction Layer，硬件抽象层）接口，提升了硬件易适配性，满足 AIoT 类型丰富的硬件和编译工具链的拓展需要；其他模块属于硬件无关层，其中基础内核模块提供基础能力，扩展模块提供网络、文件系统等组件能力，还提供错误处理、调测等能力；KAL（Kernel Abstraction Layer，内核抽象层）模块提供统一的标准接口。

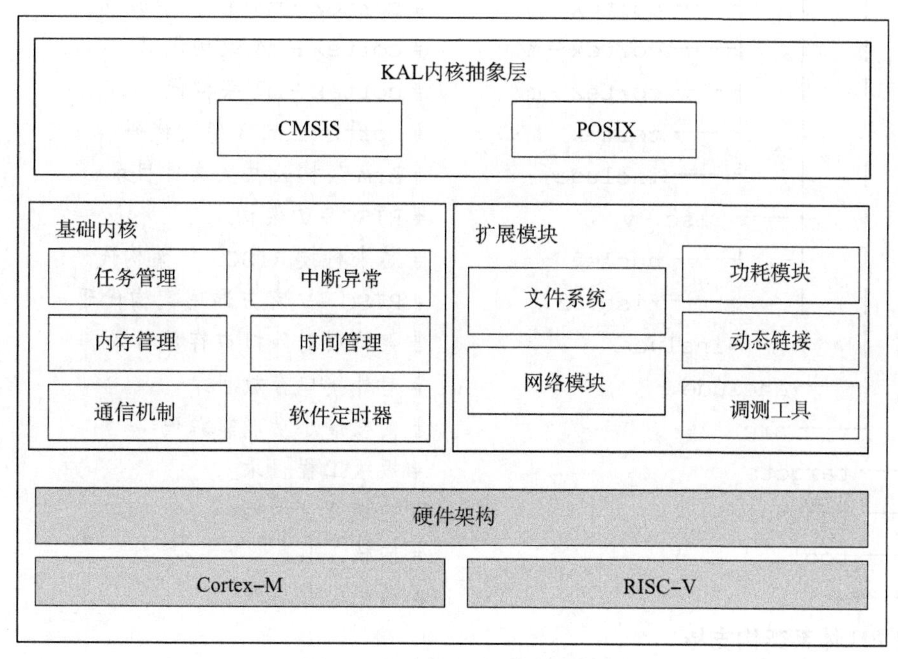

图 2-4　LiteOS_M 内核架构

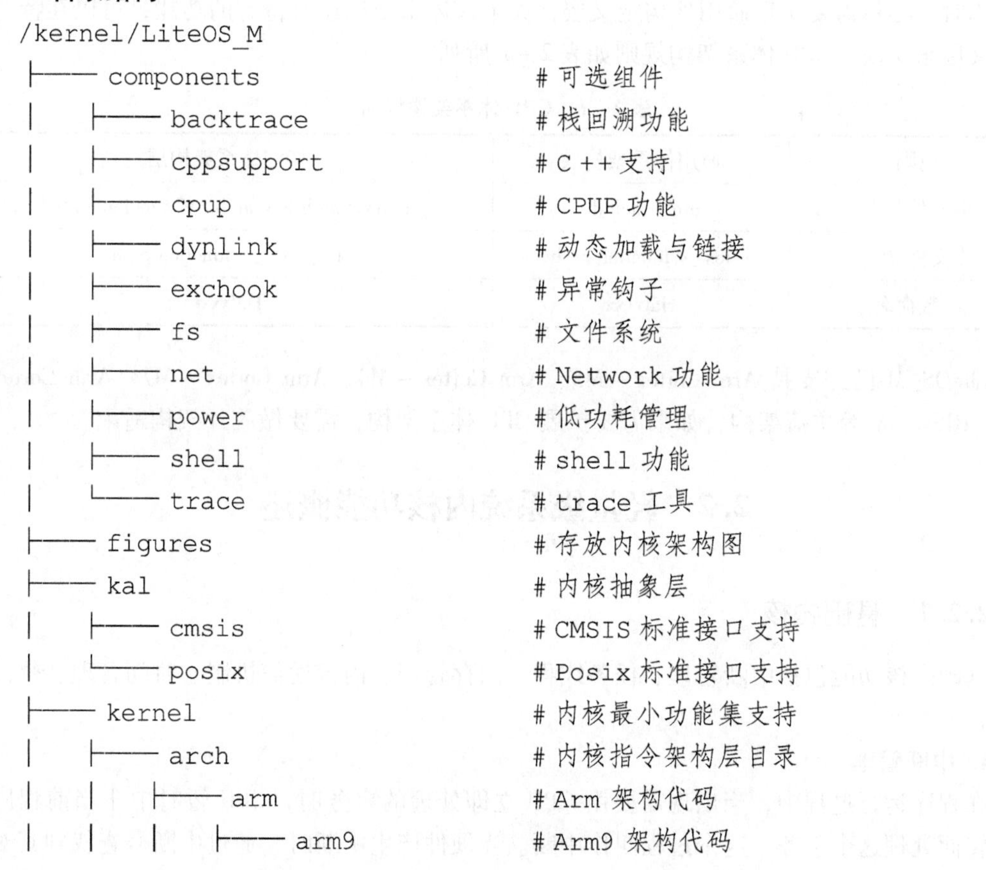

1. 目录结构

```
/kernel/LiteOS_M
├── components                          # 可选组件
│   ├── backtrace                       # 栈回溯功能
│   ├── cppsupport                      # C++支持
│   ├── cpup                            # CPUP 功能
│   ├── dynlink                         # 动态加载与链接
│   ├── exchook                         # 异常钩子
│   ├── fs                              # 文件系统
│   ├── net                             # Network 功能
│   ├── power                           # 低功耗管理
│   ├── shell                           # shell 功能
│   └── trace                           # trace 工具
├── figures                             # 存放内核架构图
├── kal                                 # 内核抽象层
│   ├── cmsis                           # CMSIS 标准接口支持
│   └── posix                           # Posix 标准接口支持
├── kernel                              # 内核最小功能集支持
│   ├── arch                            # 内核指令架构层目录
│   │   ├── arm                         # Arm 架构代码
│   │   │   ├── arm9                    # Arm9 架构代码
```

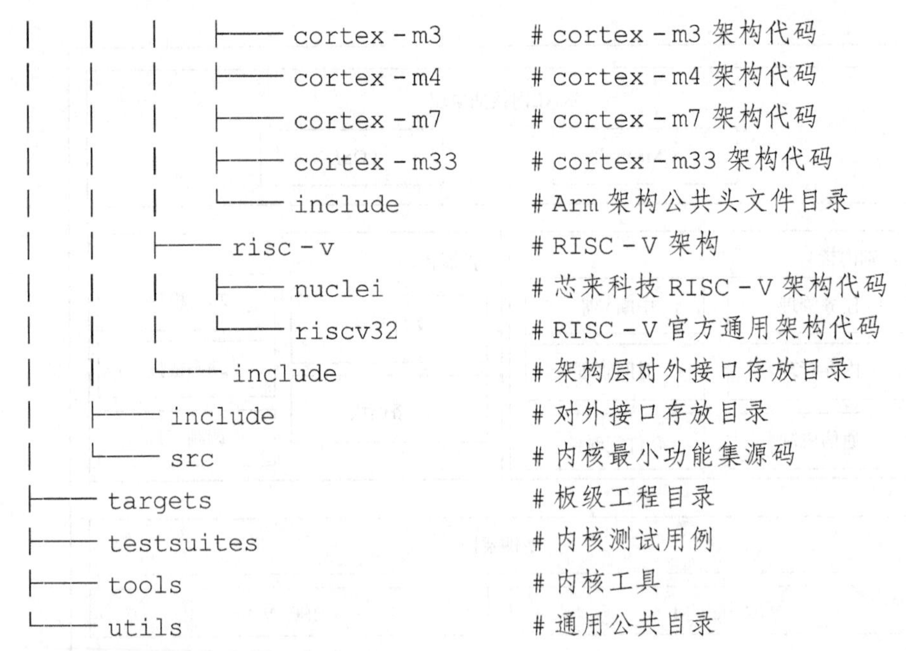

```
|    |    |    ├──── cortex-m3        # cortex-m3 架构代码
|    |    |    ├──── cortex-m4        # cortex-m4 架构代码
|    |    |    ├──── cortex-m7        # cortex-m7 架构代码
|    |    |    ├──── cortex-m33       # cortex-m33 架构代码
|    |    |    └──── include          # Arm 架构公共头文件目录
|    |    ├──── risc-v                # RISC-V 架构
|    |    |    ├──── nuclei           # 芯来科技 RISC-V 架构代码
|    |    |    └──── riscv32          # RISC-V 官方通用架构代码
|    |    └──── include               # 架构层对外接口存放目录
|    ├──── include                    # 对外接口存放目录
|    └──── src                        # 内核最小功能集源码
├──── targets                         # 板级工程目录
├──── testsuites                      # 内核测试用例
├──── tools                           # 内核工具
└──── utils                           # 通用公共目录
```

2. CPU 体系架构支持

CPU 体系架构分为通用架构定义和特定架构定义两层，通用架构定义层是所有体系架构都需要支持和实现的接口，特定架构定义层是特定体系架构所特有的部分。在新增一个体系架构时，必然需要实现通用架构定义层，如果该体系架构还有特有的功能，可以在特定架构定义层来实现。CPU 体系架构规则如表 2-1 所列。

表 2-1　CPU 体系架构规则

规则	通用体系架构层	特定体系架构层
头文件位置	arch/include	arch/<arch><arch>/<toolchain>/
头文件命名	los_<function>.h	los_arch_<function>.h
函数命名	Halxxxx	Halxxxx

LiteOS_M 已经支持 Arm Cortex-M3、Arm Cortex-M4、Arm Cortex-M7、Arm Cortex-M33、RISC-V 等主流架构，如果需要扩展 CPU 体系架构，需要做芯片架构适配。

2.2　轻量级系统内核功能概述

2.2.1　基础内核

基础内核功能包括中断管理、任务线程、内存管理、内核通信机制、时间管理、软件定时器。

1. 中断管理

在程序运行过程中，当出现需要由 CPU 立即处理的事务时，CPU 暂时中止当前程序的执行转而处理这个事务，这个过程叫作中断。当硬件产生中断时，通过中断号查找到其对应的中断处理程序，执行中断处理程序完成中断处理。

通过中断机制，在外设不需要 CPU 介入时，CPU 可以执行其他任务；当外设需要 CPU 时，CPU 会中断当前任务来响应中断请求。这样可以使 CPU 避免把大量时间耗费在等待、查询外设状态的操作上，可有效提高系统实时性及执行效率。

下面介绍中断的相关概念。

（1）中断号。中断请求信号特定的标志，计算机能够根据中断号判断是哪个设备提出的中断请求。

表 2－2 所示为 Arm 芯片常用的中断和异常。此处稍微叙说一下中断和异常的区别。

表 2－2　Arm 芯片常用的中断和异常

异常名称	向量号	优先级
Reset	1	－3
NMI	2	－2
Hard Fault	3	－1
保留	4～10	保留
SVC	11	可配置
保留	12～13	保留
PendSV	14	可配置
SysTick	15	可配置
Intermupt（IRQ0～IRQ31）	16～47	可配置

中断可以看作异常的一种情况。中断是可以屏蔽的，如通过寄存器的 I 位和 F 位分别屏蔽 IRQ 和 FIQ。而异常是无法屏蔽的，通常由 CPU 内部产生，而中断往往是外设产生，优先级别通过操控寄存器来设置。

Arm M 处理器有 7 种运行模式，包括 USR（用户模式）、SYS（系统模式）、SVC（管理模式或特权模式）、IRQ（中断模式）、FIQ（快中断模式）、UND（未定义模式）、ABT（终止模式）。

这 7 种运行模式包括 5 种异常模式，即 SVC（管理模式或特权模式）、IRQ（中断模式）、FIQ（快中断模式）、UND（未定义模式）、ABT（终止模式）。

管理模式是一种特殊的异常模式，管理模式也称为超级用户模式，是为操作系统提供软中断的特有模式，正是由于有了软中断，用户程序才可以通过系统调用切换到管理模式。

中断是 Arm 异常模式之一，有两种中断模式，即 IRQ（中断模式）、FIQ（快中断模式）。

（2）中断请求。“紧急事件”向 CPU 提出申请（发一个电脉冲信号），请求中断，需要 CPU 暂停当前执行的任务处理该“紧急事件”，这一过程称为中断请求。

图 2－5 是响应一个中断请求的过程，用户程序使用 main 函数运行，通过中断请求的触发，CPU 暂停当前执行的任务，转而处理中断请求，响应完成后通过返回指令返回主程序。

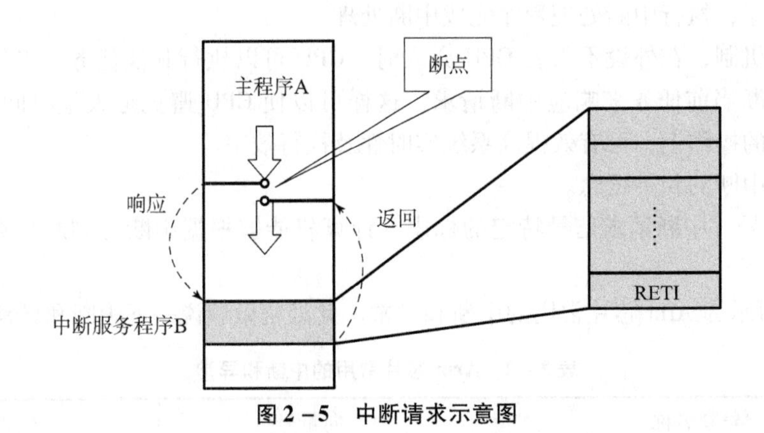

图 2-5　中断请求示意图

（3）中断优先级。为使系统能够及时响应并处理所有中断，系统根据中断事件的重要性和紧迫程度，将中断源分为若干个级别，称为中断优先级，如表 2-3 所列。

表 2-3　常见中断优先级

类型	位置	优先级	描述
—	0	—	在复位时栈顶从向量表的第一个入口加载
复位	1	— 3（最高）	在上电和热复位时调用，在第一条指令上优先级降到最低（线程模式），是异步的
不可屏蔽中断（NMI）	2	-2	不能被除复位之外的任何异常停止或占先，是异步的
硬故障	3	-1	由于优先级的原因或可配置的故障处理被禁止而导致不能将故障激活时的所有类型故障，是同步的
存储器管理	4	可配置	MPU 不匹配，包括违反访问规范以及不匹配，是同步的，即使 MPU 被禁止或不存在，也可以用它来支持默认的存储器映射的 XN 区域
总线故障	5	可配置	预取指故障、存储器故障以及其他相关的地址存储故障，精确时同步，不精确时异步
使用故障	6	可配置	使用故障，如执行未定义的指令或尝试不合法的状态转换，是同步的
—	7~10	—	保留
系统服务调用	11	可配置	利用 SVC 指令调用系统服务，是同步的
调试监控	12	可配置	调试监控，在处理器没有停止时出现，是同步的，但只有在使能时是有效的，如果它的优先级比当前有效的异常的优先级低，则不能被激活
—	13	—	保留
可挂起的系统服务请求	14	可配置	可挂起的系统服务请求，是异步的，只能由软件来实现挂起

续表

类型	位置	优先级	描述
系统节拍定时器	15	可配置	系统节拍定时器（System tick timer）已启动，是异步的
外部中断	16及以上	可配置	在内核的外部产生（外部设备），INTISR［239：0］，通过NMIC（设置优先级）输入，都是异步的

（4）中断处理程序。参考图2－5，当外设发出中断请求后，CPU暂停当前的任务，转而响应中断请求，即执行中断处理程序。产生中断的每个设备都有相应的中断处理程序。

（5）中断触发。中断源向中断控制器发送中断信号，中断控制器对中断进行仲裁，确定优先级，将中断信号发送给CPU。中断源产生中断信号时，会将中断触发器置“1”，表明该中断源产生了中断，要求CPU去响应该中断。

Arm M系列芯片是采用NVIC中断控制器来实现中断的，图2－6简要地示意了整个中断处理过程，其中包括中断引脚的选择（映射）、配置是上升沿还是下降沿触发、是否屏蔽某个引脚、是否中断使能，最后根据中断优先级别来响应级别最高的中断。

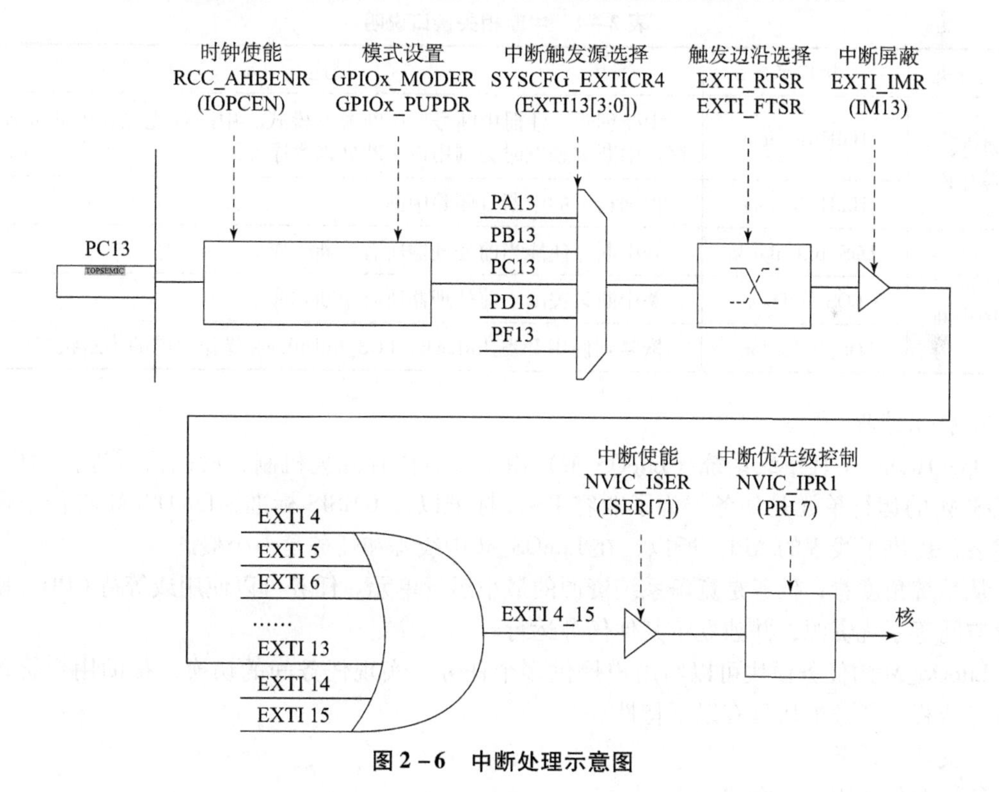

图2－6　中断处理示意图

（6）中断向量。中断服务程序的入口地址。

（7）中断向量表。存储中断向量的存储区，中断向量与中断号相对应，中断向量在中断向量表中按照中断号顺序存储，如图2－7所示。

中断相关接口说明见表2－4。

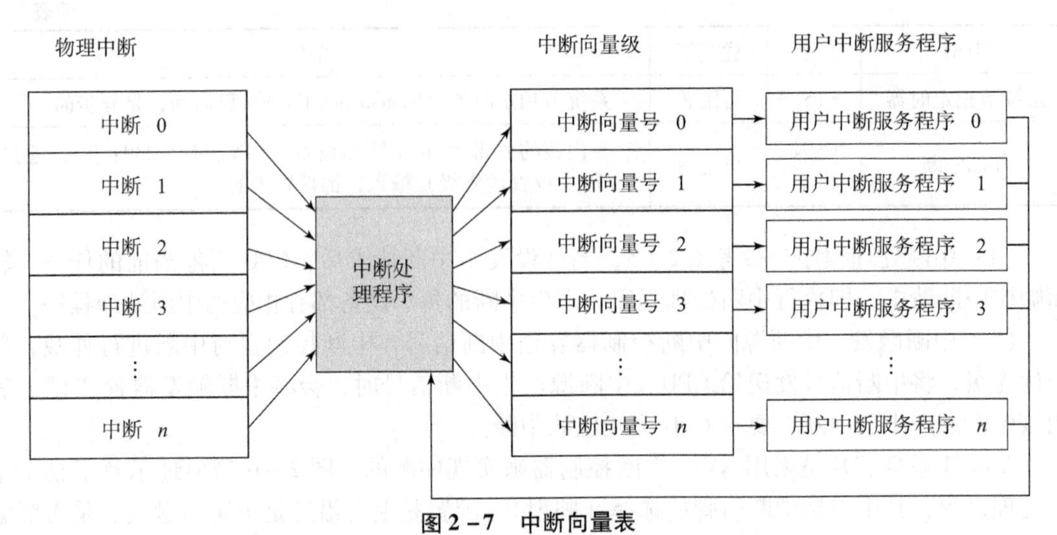

图 2-7　中断向量表

表 2-4　中断相关接口说明

功能分类	接口名	描述
创建、删除中断	HalHwiCreate	中断创建，注册中断号、中断触发模式、中断优先级、中断处理程序。中断被触发时会调用该中断处理程序
	HalHwiDelete	根据指定的中断号删除中断
打开、关闭中断	LOS_IntUnLock	开中断，使能当前处理器所有中断响应
	LOS_IntLock	关中断，关闭当前处理器所有中断响应
	LOS_IntRestore	恢复到使用 LOS_IntLock、LOS_IntUnLock 操作之前的中断状态

2. 任务线程

OpenHarmony 轻量级系统（LiteOS_M）由于没有内存隔离机制，所以没有进程的概念。LiteOS_M 的运行单元是任务，为了兼容 Posix 标准以及 CMSIS 标准，LiteOS_M 将任务进行了封装，提供了线程的 API。所以，在 LiteOS_M 中线程和任务是一个概念。

从系统角度看，任务是竞争系统资源的最小运行单元。任务可以使用或等待 CPU、使用内存空间等系统资源，并独立于其他任务运行。

LiteOS_M 的任务模块可以给用户提供多个任务，实现任务间的切换，帮助用户管理业务程序流程。任务模块具有以下特性。

①支持多任务。

②一个任务表示一个线程。

③抢占式调度机制，高优先级的任务可打断低优先级任务，低优先级任务必须在高优先级任务阻塞或结束后才能得到调度。

④相同优先级任务支持时间片轮转调度方式。

⑤共有 32 个优先级［0～31］，最高优先级为 0，最低优先级为 31。

1）任务相关概念

（1）任务状态。任务有多种运行状态。系统初始化完成后，创建的任务就可以在系统中竞争一定的资源，由内核进行调度。

（2）任务状态通常分为以下 4 种。

①就绪（ready）：该任务在就绪队列中，只等待 CPU。

②运行（running）：该任务正在执行。

③阻塞（blocked）：该任务不在就绪队列中。包含任务被挂起（suspend 状态）、任务被延时（delay 状态）、任务正在等待信号量、读写队列或者等待事件等。

④退出态（dead）：该任务运行结束，等待系统回收资源。

2）任务状态迁移

任务状态示意图如图 2－8 所示。

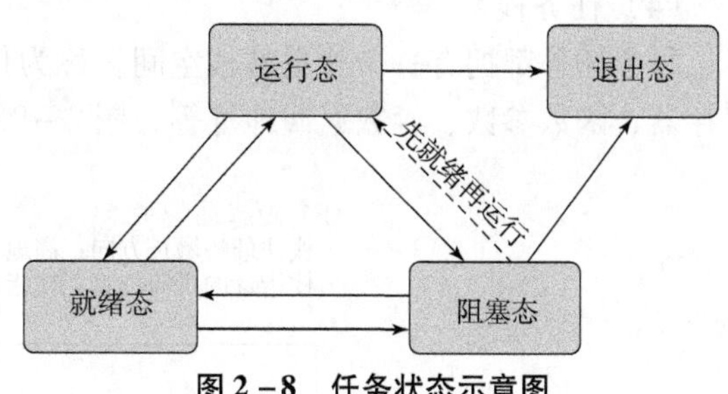

图 2－8　任务状态示意图

3）任务状态迁移说明

（1）就绪态→运行态。

任务创建后进入就绪态，发生任务切换时，就绪队列中最高优先级的任务被执行，从而进入运行态，同时该任务从就绪队列中移出。

（2）运行态→阻塞态。

正在运行的任务发生阻塞（挂起、延时、读信号量等）时，将该任务插入到对应的阻塞队列中，任务状态由运行态变成阻塞态，然后发生任务切换，运行就绪队列中最高优先级任务。

（3）阻塞态→就绪态（阻塞态→运行态）。

阻塞的任务被恢复后（任务恢复、延时时间超时、读信号量超时或读到信号量等），被恢复的任务会被加入就绪队列，从而由阻塞态变成就绪态；此时如果被恢复任务的优先级高于正在运行任务的优先级，则会发生任务切换，该任务由就绪态变成运行态。

（4）就绪态→阻塞态。

任务也有可能在就绪态时被阻塞（挂起），此时任务状态由就绪态变为阻塞态，该任务从就绪队列中删除，不会参与任务调度，直到该任务被恢复。

（5）运行态→就绪态。

有更高优先级任务创建或者恢复后，会发生任务调度，此刻就绪队列中最高优先级任务变为运行态，那么原先运行的任务由运行态变为就绪态，依然在就绪队列中。

（6）运行态→退出态。

运行中的任务运行结束，任务状态由运行态变为退出态。退出态包含任务运行结束的正常退出状态以及 Invalid 状态。例如，任务运行结束但是没有自行删除，对外呈现的就是 Invalid 状态，即退出态。

（7）阻塞态→退出态。

阻塞的任务调用删除接口，任务状态由阻塞态变为退出态。

4）其他说明

（1）任务 ID。

任务 ID 在任务创建时通过参数返回给用户，是任务的重要标识。系统中的 ID 号是唯一的。用户可以通过任务 ID 对指定任务进行任务挂起、任务恢复、查询任务名等操作。

（2）任务优先级。

优先级表示任务执行的优先顺序。任务的优先级决定了在发生任务切换时即将要执行的任务，就绪队列中最高优先级的任务将得到执行。

（3）任务入口函数。

新任务得到调度后将执行的函数。该函数由用户实现，在任务创建时，通过任务创建结构体设置。

（4）任务栈。

每个任务都拥有一个独立的栈空间，称为任务栈。栈空间里保存的信息包含局部变量、寄存器、函数参数、函数返回地址等，图 2－9 是任务栈的示意图，位于一段具体的内存上。

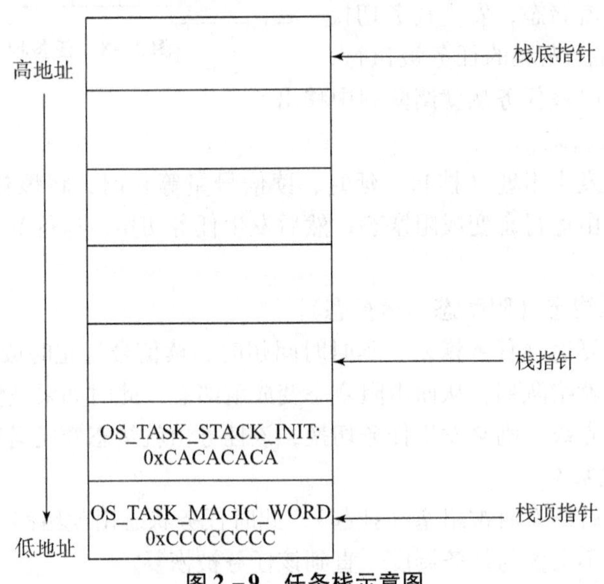

图 2－9　任务栈示意图

（5）任务上下文。

任务在运行过程中使用的一些资源，如寄存器等，称为任务上下文。当这个任务挂起时，其他任务继续执行，可能会修改寄存器等资源中的值。如果任务切换时没有保存任务上下文，可能会导致任务恢复后出现未知错误。因此，在任务切换时会将切出任务的任务上下文信息保存在自身的任务栈中，以便任务恢复后，从栈空间中恢复挂起时的上下文信息，从而继续执行挂起时被打断的代码。

图 2－10 示意了用户的第一个 TASK 的启动工作。该 TASK 有用的初始信息保存于自己的栈中，已经被 CPU 提取到相应的寄存器中，形成了任务的上下文。

（6）任务控制块 TCB。

每个任务都含有一个任务控制块（TCB）。TCB 包含了任务上下文栈指针（stack pointer）、任务状态、任务优先级、任务 ID、任务名、任务栈大小等信息。TCB 可以反映出每个任务运行情况。

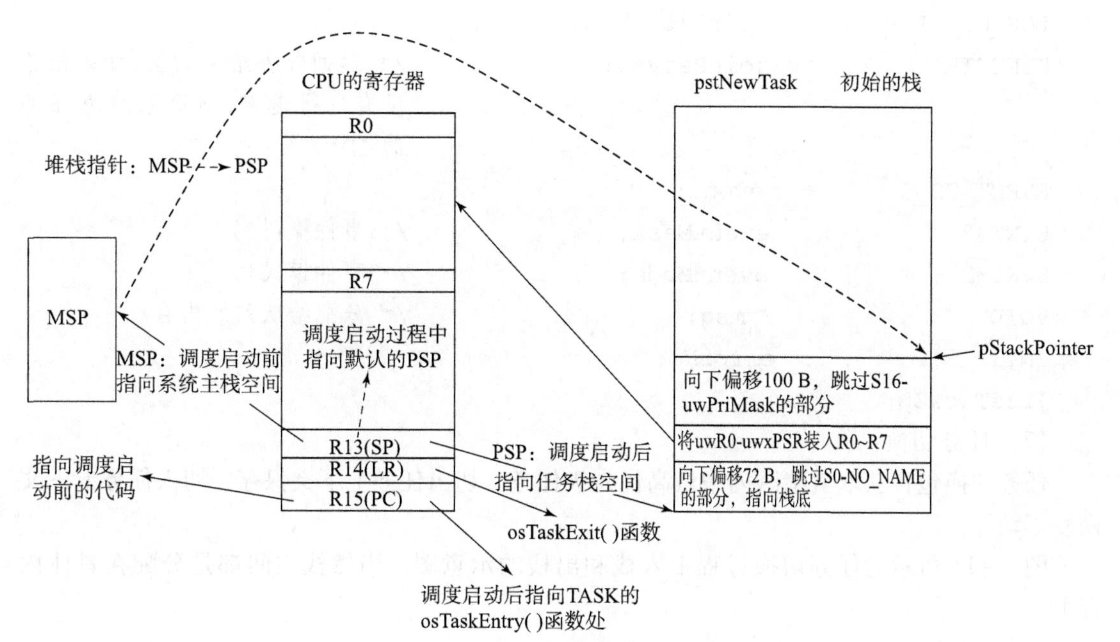

图 2－10 TASK 启动工作示意图

```
/**
 * @ ingroup los_task
 * 定义任务控制块结构
 */
typedef struct{
VOID                * stackPointer;         /* 任务栈指针*/
UINT16              taskStatus;
UINT16              priority;
INT32              timeSlice;
UINT32              waitTimes;
SortLinkList         sortList;
UINT64              startTime;
UINT32              stackSize;              /* 任务栈大小*/
UINT32              topOfStack;             /* 任务堆栈顶部*/
UINT32              taskID;                 /* 任务 ID */
TSK_ENTRY_FUNC       taskEntry;             /* 任务入口函数*/
VOID                * taskSem;              /* 任务保持信号量*/
VOID                * taskMux;              /* 任务保持互斥*/
UINT32              arg;                    /* 参数*/
CHAR                * taskName;             /* 任务名*/
LOS_DL_LIST         pendList;
LOS_DL_LIST         timerList;
```

```
    LOS_DL_LIST         joinList;
    UINTPTR             joinRetval;                /* 返回任务结束的值,如果任务
                                                   没有自行退出,则记录结束任务
                                                   的 ID*/
    EVENT_CB_S           event;
    UINT32              eventMask;                 /* 事件掩码*/
    UINT32              eventMode;                 /* 事件模式*/
    VOID                * msg;                     /* 分配给队列的内存*/
    INT32              errorNo;
    }LosTaskCB;
```

(7) 任务切换。

任务切换包含获取就绪队列中最高优先级任务、切出任务上下文保存、切入任务上下文恢复等动作。

图 2－11 所示为任务切换过程中入栈和出栈的示意图，当然栈空间都是分配在具体内存上。

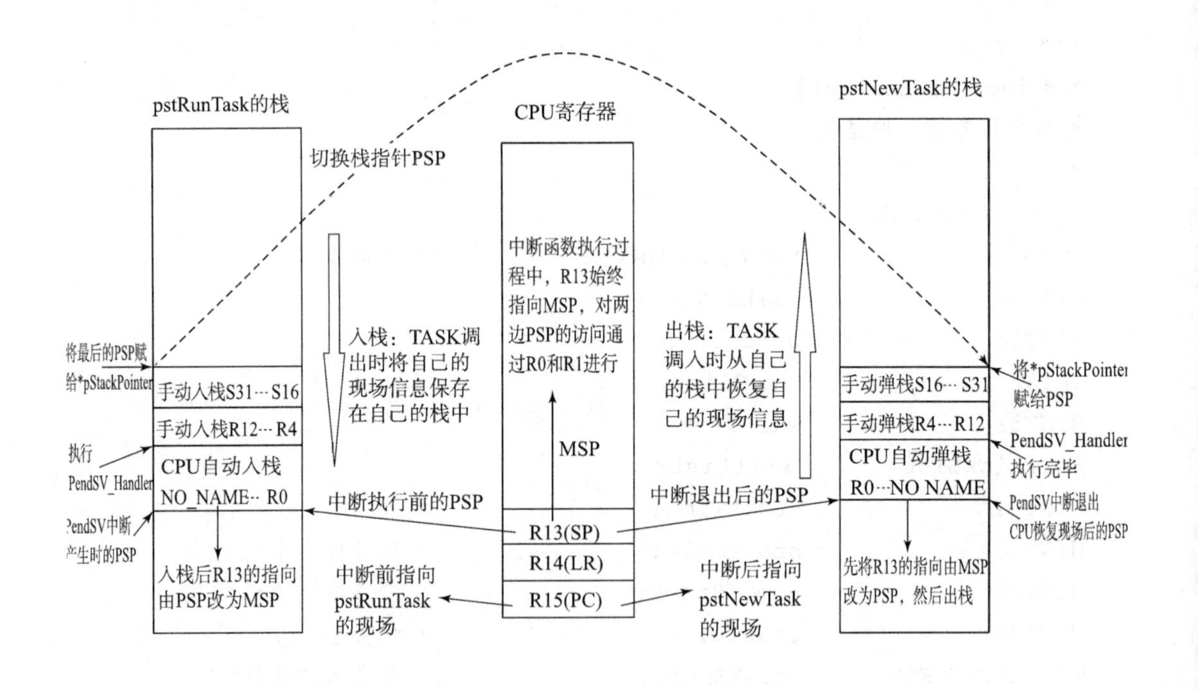

图 2－11　任务切换过程中入栈和出栈的示意图

(8) 任务运行机制。

用户创建任务时，系统会初始化任务栈、预置上下文。此外，系统还会将“任务入口函数”地址放在相应位置。这样在任务第一次启动进入运行态时，会执行“任务入口函数”。

表 2－5 列出了任务接口的名称及其功能分类和描述说明。

表 2-5 任务接口说明

功能分类	接口名	描述
创建和删除任务	LOS_TaskCreateOnly	创建任务，并使该任务进入暂停状态，不对该任务进行调度。如果需要调度，可以调用 LOS_TaskResume 使该任务进入就绪状态
	LOS_TaskCreate	创建任务，并使该任务进入就绪状态，如果就绪队列中没有更高优先级的任务，则运行该任务
	LOS_TaskDelete	删除指定的任务
控制任务状态	LOS_TaskResume	恢复挂起的任务，使该任务进入就绪状态
	LOS_TaskSuspend	挂起指定的任务，然后切换任务
	LOS_TaskJoin	挂起当前任务，等待指定任务运行结束并回收其任务控制块资源
	LOS_TaskDetach	修改任务的 joinable 属性为 detach 属性，detach 属性的任务运行结束会自动回收任务控制块资源
	LOS_TaskDelay	任务延时等待，释放 CPU，等待时间到期后该任务会重新进入就绪状态。传入参数为 Tick 数目
	LOS_Msleep	传入参数为毫秒数，转换为 Tick 数目，调用 LOS_TaskDelay
	LOS_TaskYield	当前任务时间片设置为 0，释放 CPU，触发调度运行就绪任务队列中优先级最高的任务
控制任务调度	LOS_TaskLock	锁任务调度，但任务仍可被中断打断
	LOS_TaskUnlock	解锁任务调度
	LOS_Schedule	触发任务调度
控制任务优先级	LOS_CurTaskPriSet	设置当前任务的优先级
	LOS_TaskPriSet	设置指定任务的优先级
	LOS_TaskPriGet	获取指定任务的优先级
获取任务信息	LOS_CurTaskIDGet	获取当前任务的 ID
	LOS_NextTaskIDGet	获取任务就绪队列中优先级最高的任务的 ID
	LOS_NewTaskIDGet	等同 LOS_NextTaskIDGet
	LOS_CurTaskNameGet	获取当前任务的名称
	LOS_TaskNameGet	获取指定任务的名称
	LOS_TaskStatusGet	获取指定任务的状态
	LOS_TaskInfoGet	获取指定任务的信息，包括任务状态、优先级、任务栈大小、栈顶指针 SP、任务入口函数、已使用的任务栈大小等
	LOS_TaskIsRunning	获取任务模块是否已经开始调度运行
任务信息维测	LOS_TaskSwitchInfoGet	获取任务切换信息，需要开启宏 LOSCFG_BASE_CORE_EXC_TSK_SWITCH

3. 内存管理

1）基本概念

内存管理模块管理系统的内存资源，它是操作系统的核心模块之一，主要包括内存的初始化、分配及释放。

在系统运行过程中，内存管理模块通过对内存的申请/释放来管理用户和操作系统对内存的使用，使内存的利用率和使用效率达到最优，同时最大限度地解决系统的内存碎片问题。

LiteOS_M 的内存管理分为静态内存管理和动态内存管理，提供内存初始化、分配、释放等功能。

（1）动态内存：在动态内存池中分配用户指定大小的内存块。

优点：按需分配。

缺点：内存池中可能出现碎片。

（2）静态内存：在静态内存池中分配用户初始化时预设（固定）大小的内存块。

优点：分配和释放效率高，静态内存池中无碎片。

缺点：只能申请到初始化预设大小的内存块，不能按需申请。

2）关键算法

（1）静态内存分配是4B 对齐，初始时每个内存块都只存储指向下一个内存块的指针，用内存块最开始的 4 B 存储，内存池头部信息的 stFreeList 存储第一个内存块的指针，最后一个内存块存储 NULL 指针。内存块被分配给用户以后若有魔字，则最开始的 4 B 需要存储魔字。一个指针或魔字需要 4 B 存储，所以按照 4 B 对齐，以便当内存块的大小小于 4 B 时能正确存储指针和魔字信息。应注意，未分配之前是存放指针，分配给用户后是存放魔字，在内存使用过程中经常出现写越界的行为，使用魔字是一个常规检测手段。

（2）内存实现过程中使用了很多 C 语言的技巧，如强转，内存池中当前内存块的下一个内存块的起始地址强转为 LOS_MEMBOX_NODE 型的指针。

```
#define OS_MEMBOX_MAGIC         0xa55a5a00
#define OS_MEMBOX_TASKID_BITS   8
#define OS_MEMBOX_MAX_TASKID    ((1 < <OS_MEMBOX_TASKID_BITS) -1)
#define OS_MEMBOX_TASKID_GET(addr)(((UINTPTR)(addr))& OS_MEMBOX_MAX_
TASKID)
#define OS_MEMBOX_USER_ADDR(addr)((VOID* )((UINT8 * )(addr) + OS_
MEMBOX_NODE_HEAD_SIZE))
#define OS_MEMBOX_NODE_ADDR(addr)((LOS_MEMBOX_NODE* )(VOID* )((UINT8* )
(addr) -OS_MEMBOX_NODE_HEAD_SIZE))
#define MEMBOX_LOCK(state)      ((state) =HalIntLock())
#define MEMBOX_UNLOCK(state)    HalIntRestore(state)
```

（3）静态内存池创建过程中大小必须大于内存池头部信息；否则创建的内存池不能放置任何数据，创建内存池的意义就不是很大了。

（4）如图 2 - 12 所示，动态内存模块通过双向链表来管理，其分配本质是通过空闲链表查找合适大小的空闲块。空闲块选择空闲链表的依据：每一个空闲链表代表一个允许的空闲块大小的范围，每个链表只保存自己允许范围内的空闲块，当用户申请空闲块时，根据用户申请的大小找到对应的空闲链表，而不是遍历整个空闲链表。

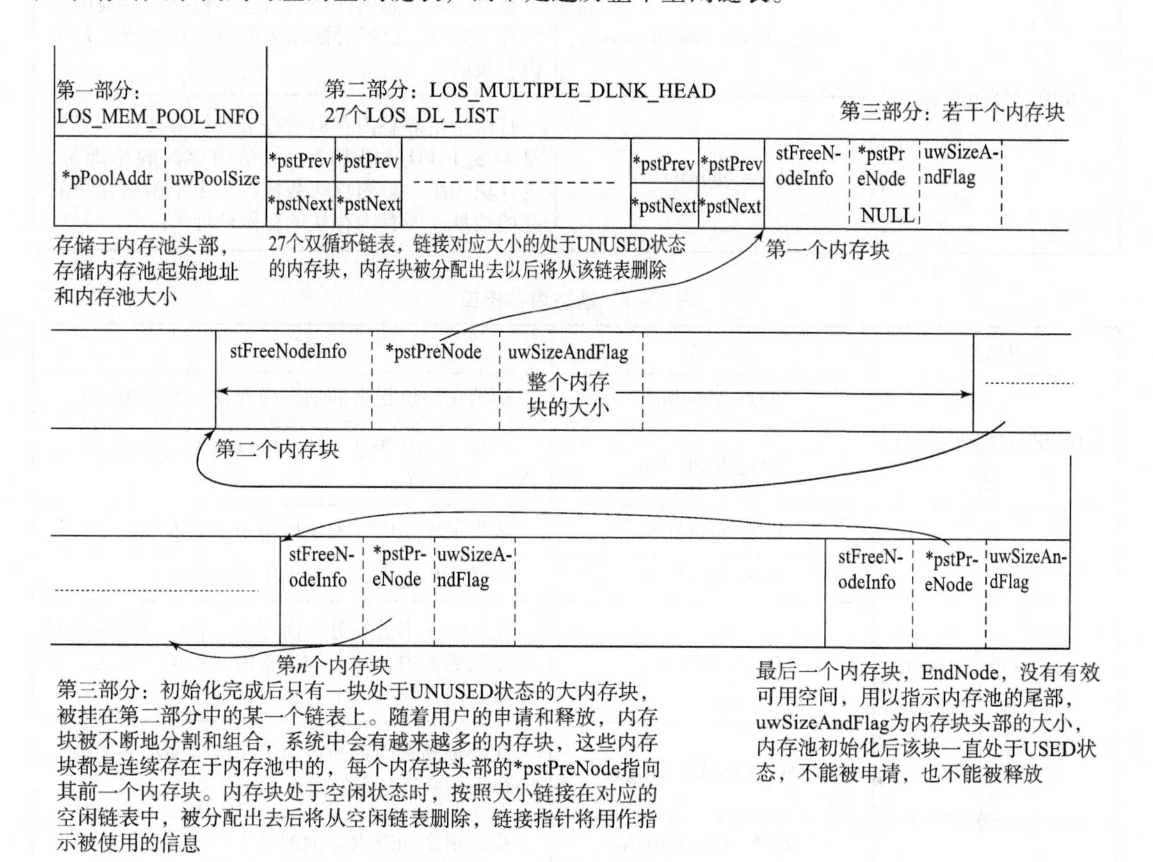

图2-12　动态内存数据结构

假设内存池允许的最小内存块大小为 2^{min}B，则第一个双链表链接的是所有 size 为 $2^{min} \leqslant size < 2^{min}+1$ 的空闲块，第二个双链表链接的是所有 size 为 $2^{min}+1 \leqslant size < 2^{min}+2$ 的空闲块，依此类推，第 n 个双链表链接的是所有 size 为 $2^{min}+n-1 \leqslant size < 2^{min}+n$ 的空闲块。每次申请内存时，会从空闲链表中检索最合适大小的空闲块进行内存分配。每次释放内存时，会将该块内存作为空闲块存储至对应的空闲链表中，以便下次再利用。

静态内存接口和动态内存接口分别如表2-6和表2-7所列。

表2-6　静态内存接口

功能分类	接口名	描述
初始化静态内存池	LOS_MemboxInit	初始化一个静态内存池，根据入参设定其起始地址、总大小及每个内存块大小
清除静态内存块内容	LOS_MemboxClr	清零从静态内存池中申请的静态内存块的内容
申请、释放静态内存	LOS_MemboxAlloc	从指定的静态内存池中申请一块静态内存块
	LOS_MemboxFree	释放从静态内存池中申请的一块静态内存块

续表

功能分类	接口名	描述
获取、打印静态内存池信息	LOS_MemboxStatisticsGet	获取指定静态内存池的信息，包括内存池中总内存块数量、已经分配出去的内存块数量、每个内存块的大小
	LOS_ShowBox	打印指定静态内存池所有节点信息（打印等级是 LOS_INFO_LEVEL），包括内存池起始地址、内存块大小、总内存块数量、每个空闲内存块的起始地址、所有内存块的起始地址

表 2-7　动态内存接口

功能分类	接口名	描述
初始化和删除内存池	LOS_MemInit	初始化一块指定的动态内存池，大小为 size
	LOS_MemDeInit	删除指定内存池，仅打开 LOSCFG_MEM_MUL_POOL 时有效
申请、释放动态内存	LOS_MemAlloc	从指定动态内存池中申请 size 长度的内存
	LOS_MemFree	释放从指定动态内存中申请的内存
	LOS_MemRealloc	按 size 大小重新分配内存块，并将原内存块内容复制到新内存块。如果新内存块申请成功，则释放原内存块
	LOS_MemAllocAlign	从指定动态内存池中申请长度为 size 且地址按 boundary 字节对齐的内存
获取内存池信息	LOS_MemPoolSizeGet	获取指定动态内存池的总大小
	LOS_MemTotalUsedGet	获取指定动态内存池的总使用量大小
	LOS_MemInfoGet	获取指定内存池的内存结构信息，包括空闲内存大小、已使用内存大小、空闲内存块数量、已使用内存块数量、最大空闲内存块大小
	LOS_MemPoolList	打印系统中已初始化的所有内存池，包括内存池的起始地址、内存池大小、空闲内存总大小、已使用内存总大小、最大的空闲内存块大小、空闲内存块数量、已使用的内存块数量。仅打开 LOSCFG_MEM_MUL_POOL 时有效
获取内存块信息	LOS_MemFreeNodeShow	打印指定内存池的空闲内存块的大小及数量
	LOS_MemUsedNodeShow	打印指定内存池的已使用内存块的大小及数量
检查指定内存池的完整性	LOS_MemIntegrityCheck	对指定内存池做完整性检查，仅打开 LOSCFG_BASE_MEM_NODE_INTEGRITY_CHECK 时有效

续表

功能分类	接口名	描述
增加非连续性内存区域	LOS_MemRegionsAdd	支持多段非连续性内存区域，把非连续性内存区域逻辑上整合为一个统一的内存池。仅打开 LOSCFG_MEM_MUL_REGIONS 时有效。如果内存池指针参数 pool 为空，则使用多段内存的第一个初始化为内存池，其他内存区域作为空闲节点插入；如果内存池指针参数 pool 不为空，则把多段内存作为空闲节点，插入指定的内存池

4. 内核通信机制

内核通信机制共有以下几种。

1）事件

事件（event）是一种任务间的通信机制，可用于任务间的同步操作。事件的特点如下。

（1）任务间的事件同步，可以一对多，也可以多对多。一对多表示一个任务可以等待多个事件，多对多表示多个任务可以等待多个事件。但是一次写事件最多触发一个任务从阻塞中醒来。

（2）事件读超时机制。

（3）只做任务间同步，不传输具体数据。

提供了事件初始化、事件读写、事件清零、事件销毁等接口。

2）关键数据结构

```
typedef struct tagEvent{
    UINT32 uwEventID;            /* 事件控制块中的事件掩码,表示已逻辑处理的
                                 事件*/
    LOS_DL_LIST stEventList;     /* 事件控制块链接列表*/
}EVENT_CB_S,* PEVENT_CB_S;
```

uwEventID：标识发生的事件类型位，每一位代表一种事件类型，第25位保留，共31种事件类型。0代表没有事件发生，当有事件发生时，对应的事件标志位置为1。

stEventList：读取事件任务链表，也就是等待事件阻塞队列，当有 TASK 需要等待事件发生时会被阻塞进入该队列。

3）关键算法

（1）事件通信本质上是事件类型的通信，在无数据传输的场景下适用，信号量机制提供了同样的功能，与信号量不同的是：事件通信可以实现一对多的同步，也可以实现多对多的同步。

（2）某一类型事件发生时，将该事件发生的标识输入相应的标识位即可，多次输入同一个标识位等价于只输入了一次，即在没有被清除的状况下该事件多次发生等同于只发生了一次。

（3）任务通过事件控制块来实现对事件的触发和等待操作，任务通过“逻辑与”或“逻辑或”与一个事件或多个事件建立关联，形成一个事件集合（事件组），事件的“逻辑

或”也称为独立型同步，事件的“逻辑与”也称为关联型同步。

（4）事件的运作机制主要通过读事件、写事件和事件唤醒来实现。当任务因为等待某个或者多个事件发生而进入阻塞态时，事件发生时会被唤醒，如图 2－13 所示。

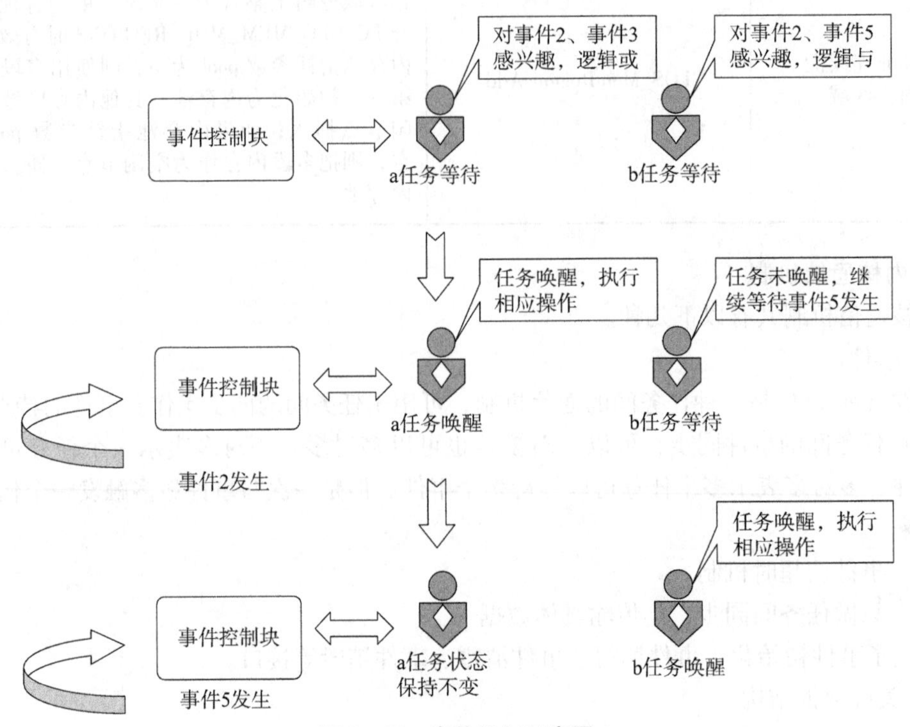

图 2－13　事件机制示意图

事件接口说明如表 2－8 所列。

表 2－8　事件接口说明

功能分类	接口名	描述
事件检测	LOS_EventPoll	根据 eventID、eventMask（事件掩码）、mode（事件读取模式），检查用户期待的事件是否发生。 须知： 当 mode 含 LOS_WAITMODE_CLR 且用户期待的事件发生时，此时 eventID 中满足要求的事件会被清零，这种情况下 eventID 既是入参也是出参。其他情况 eventID 只作为入参
初始化	LOS_EventInit	事件控制块初始化
事件读	LOS_EventRead	读事件（等待事件），任务会根据 timeOut（单位：Tick）进行阻塞等待
		未读取到事件时，返回值为 0
		正常读取到事件时，返回正值（事件发生的集合）
		其他情况返回特定错误码

续表

功能分类	接口名	描述
事件写	LOS_EventWrite	写一个特定的事件到事件控制块
事件清除	LOS_EventClear	根据 events 掩码，清除事件控制块中的事件
事件销毁	LOS_EventDestroy	事件控制块销毁

4）互斥锁

互斥锁又称为互斥型信号量，是一种特殊的二值性信号量，用于实现对共享资源的独占式处理。

任意时刻互斥锁的状态只有两种，即开锁或闭锁。当有任务持有时，互斥锁处于闭锁状态，这个任务获得该互斥锁的所有权。当该任务释放它时，该互斥锁被开锁，任务失去该互斥锁的所有权。当一个任务持有互斥锁时，其他任务将不能再对该互斥锁进行开锁或持有。

多任务环境下往往存在多个任务竞争同一共享资源的应用场景，互斥锁可被用于对共享资源的保护，从而实现独占式访问。另外，互斥锁可以解决信号量存在的优先级翻转问题。

优先级翻转是当一个高优先级任务通过信号量机制访问共享资源时，该信号量已被一低优先级任务占有，从而造成高优先级任务被许多具有较低优先级任务阻塞，实时性难以得到保证。

例如，有优先级为 A、B 和 C 等 3 个任务，优先级 $A>B>C$，任务 A、B 处于挂起状态，等待某一事件发生，任务 C 正在运行。

第一步：任务 C 开始使用某一共享资源 S。

第二步：任务 A 等待事件到来，任务 A 转为就绪态，因为它比任务 C 优先级高，所以立即执行。

第三步：当任务 A 要使用共享资源 S 时，由于其正在被任务 C 使用，因此任务 A 被挂起，任务 C 开始运行。

第四步：此时任务 B 等待事件到来，则任务 B 转为就绪态。由于任务 B 优先级比任务 C 高，因此任务 B 开始运行，直到其运行完毕任务 C 才开始运行。

第五步：任务 C 释放共享资源 S 后，任务 A 才得以执行。在这种情况下，优先级发生了翻转，任务 B 先于任务 A 运行，任务执行顺序为 $C \to A \to C \to B \to C \to A$，如果类似 B 这样的任务有很多，A 的执行就会被无限推迟。

解决优先级翻转问题有优先级天花板（priority ceiling）和优先级继承（priority inheritance）两种算法，LiteOS 采用的是优先级继承算法。

（1）关键数据结构。

```
/**
 * @ ingroup los_mux
 * Mutex object.
 */
typedef struct{
    UINT8 muxStat;              /* State OS_MUX_UNUSED,OS_MUX_USED*/
    UINT16 muxCount;            /* 锁定互斥锁的次数*/
```

```
    UINT32 muxID;              /* 处理 ID*/
    LOS_DL_LIST muxList;       /* 互斥锁列表*/
    LosTaskCB* owner;          /* 正在锁定互斥锁对象的当前线程*/
    UINT16 priority;           /* 锁定互斥锁的线程优先级*/
}LosMuxCB;
```

muxStat：互斥锁控制块状态，标明该互斥锁是否被使用。

muxCount：互斥锁计数值，0 表示释放状态，非 0 表示被获取状态，同一个任务可多次获取同一个互斥锁，每获取一次，计数值加 1。每释放一次计数值减 1，减到 0 表示互斥锁真正释放。

muxID：互斥锁 ID 号，初始化时为每一个互斥锁控制块分配 ID 号，创建时返回给用户，用户通过它来操控互斥锁。

muxList：链接指针，此处设计比较巧妙，有两个用途，一是用于在 UNUSED 状态下将 LosMuxCB 结构链挂在未使用的链表中，二是在 USED 状态下用作互斥锁阻塞队列，链接因获取互斥锁失败进入阻塞状态的任务，当互斥锁释放时从该队列依次唤醒被阻塞的任务，每次释放只唤醒处于队头的任务。阻塞队列中有多个任务时，由上一次被唤醒的任务完成后释放互斥锁时唤醒阻塞队列剩余任务，直到阻塞队列为空时为止。

*owner：指示获得该互斥锁的 TASK，指向 TASK 的 TCB。

priority：保存 *owner 指向的 TASK 的原始优先级，该 TASK 的优先级在解决优先级翻转问题时有可能被更改，此处保存下来主要用于在释放互斥锁时恢复该 TASK 的原始优先级。优先级继承算法的具体实现就是依靠这个变量。

（2）关键算法。

①申请锁的过程中是通过关中断来保证操作的原子性。

②同一个 TASK 可多次获取该互斥锁，每获取一次 muxCount 的值加 1，与之对应的释放则是相反过程。

③如果用户传入的获取锁的模式是非阻塞模式，则直接返回未获取到互斥锁的错误状态。

④如果用户传入的获取锁的模式是阻塞模式，未获取到互斥锁的情况下需要将该 TASK 挂起，以等待互斥锁释放唤醒或超时唤醒。

⑤解决优先级翻转问题。如果互斥锁拥有者的优先级比当前正在运行的 TASK 的优先级低，则将互斥锁拥有者的优先级提升为与当前正在运行的 TASK 一致，这样可以通过优先级继承算法解决优先级翻转问题，等到互斥锁拥有者释放互斥锁时再根据 LosMuxCB 的成员 priority 来恢复其优先级。不管互斥锁拥有者的优先级被提升多少次，被提升到多高，其最原始的优先级均由 priority 来保存，所以在互斥锁的拥有者释放互斥锁时，都能够恢复拥有者的优先级。

互斥锁接口说明如表 2-9 所示。

表2－9 互斥锁接口说明

功能分类	接口名	描述
互斥锁的创建和删除	LOS_MuxCreate	创建互斥锁
	LOS_MuxDelete	删除指定的互斥锁
互斥锁的申请和释放	LOS_MuxPend	申请指定的互斥锁
	LOS_MuxPost	释放指定的互斥锁

5）消息队列

队列又称消息队列，是一种常用于任务间通信的数据结构。队列接收来自任务或中断的不固定长度消息，并根据不同的接口确定传递的消息是否存放在队列空间中。

任务能够从队列里面读取消息，当队列中的消息为空时，挂起读取任务；当队列中有新消息时，挂起的读取任务被唤醒并处理新消息。任务也能够往队列里写入消息，当队列已经写满消息时，挂起写入任务；当队列中有空闲消息节点时，挂起的写入任务被唤醒并写入消息。

可以通过调整读队列和写队列的超时时间来调整读写接口的阻塞模式，如果将读队列和写队列的超时时间设置为0，就不会挂起任务，接口会直接返回，这就是非阻塞模式。反之，如果将读队列和写队列的超时时间设置为大于0，就会以阻塞模式运行。

消息队列提供了异步处理机制，允许将一个消息放入队列，但不立即处理。同时队列还有缓冲消息的作用，可以使用队列实现任务异步通信，队列具有以下特性：

①消息以先进先出的方式排队，支持异步读写。

②读队列和写队列都支持超时机制。

③每读取一条消息，就会将该消息节点设置为空闲。

④发送消息类型由通信双方约定，可以允许不同长度（不超过队列的消息节点大小）的消息。

⑤一个任务能够从任意一个消息队列接收和发送消息。

⑥多个任务能够从同一个消息队列接收和发送消息。

⑦创建队列时所需的队列空间，接口内系统自行动态申请内存。

（1）关键数据结构。

```
/**
 * @ ingroup los_queue
 * 队列信息块结构
 */
typedef struct{
    UINT8* queue;            /* 指向队列句柄的指针*/
    UINT16 queueState;       /* 队列状态*/
    UINT16 queueLen;         /* 队列消息节点数量*/
    UINT16 queueSize;        /* 队列消息节点长度*/
    UINT16 queueID;          /* queueID */
```

```
    UINT16 queueHead;    /* 节点头*/
    UINT16 queueTail;    /* 节点尾*/
    UINT16 readWriteableCnt[OS_READWRITE_LEN];  /* 可读或可写资源的计
                                                  数,0 为可读,1 为可写*/
    LOS_DL_LIST readWriteList[OS_READWRITE_LEN]; /* 指向要读或写的队列
                                                  的指针,0 为读队列,1 为
                                                  写队列*/
    LOS_DL_LIST memList;/* 指向内存链表的指针*/
}LosQueueCB;
```

*queue：指向消息节点区域，在创建队列时按照消息节点个数和节点大小从动态内存池中申请出来的一块空间。

queueState：队列状态，标明队列控制块是否被使用，有 OS_QUEUE_INUSED 和 OS_QUEUE_UNUSED 两种状态。

queueLen：消息节点个数，表示该消息队列最大可存储多少个消息。

queueSize：消息节点大小，表示每个消息节点可存储信息的大小。

queueID：消息 ID，用户通过它来操作队列。

消息节点按照循环队列的方式访问，队列中的每个节点以数组下标表示，下面的成员与消息节点循环队列有关：

queueHead 指示消息节点循环队列的头部，queueTail 指示消息节点循环队列的尾部。

注意：在老版本中，readWriteableCnt 和 readWriteList 被拆分为 4 个变量，新版本是用宏定义合并，OS_QUEUE_READ 标识为 read，OS_QUEUE_WRITE 标识为 write。

readWriteableCnt [OS_QUEUE_WRITE]：消息节点循环队列中可写的消息个数，为 0 表示循环队列为满，为 queueLen 表示循环队列为空。

readWriteableCnt [OS_QUEUE_READ]：消息节点循环队列中可读的消息个数，为 0 表示循环队列为空，为 queueLen 表示循环队列为满。

readWriteList [OS_QUEUE_WRITE]：写消息阻塞链表，链接因消息队列满而无法写入时需要挂起的 TASK。

readWriteList [OS_QUEUE_READ]：读消息阻塞链表，链接因消息队列空而无法读取时需要挂起的 TASK。

memList：申请内存块阻塞链表，链接因申请某一静态内存池中的内存块失败而需要挂起的 TASK。

（2）关键算法。

①创建消息队列时，内存来源于动态内存分配函数 LOS_MemAlloc，删除消息队列也需要 LOS_MemFree 来释放内存。

②创建队列时，每个消息的长度 =（用户定义的长度 + sizeof(UINT32)），这里的设计比较巧妙，利用了内存零 COPY 指针传递的思想：写消息时只写入一个 UINT32 的数据或指针，这个数据写入消息节点最开始的位置，读消息时对消息有效数据的操作是读取这个 UINT32 的数据或指针，至于 UINT32 的数据或指针代表的具体含义，由收、发消息的双方自行定义，为了保证 UINT32 的数据或指针能够正确写入，多加了 4 B 的空间。

③消息队列看成一个环形队列，写队列是通过 queueTail 所指的空闲节点写入区域，通过 readWriteableCnt［OS_QUEUE_WRITE］来判断是否可以写入。读队列是从 queueHead 找到第一个入队列的消息节点进行读取，即 FIFO 的方式，通过 usReadWriteableCnt［OS_QUEUE_READ］判断队列是否有消息可读取，若没有消息的队列进行读队列操作，则会引起任务挂起。

消息队列示意图如图 2－14 所示。

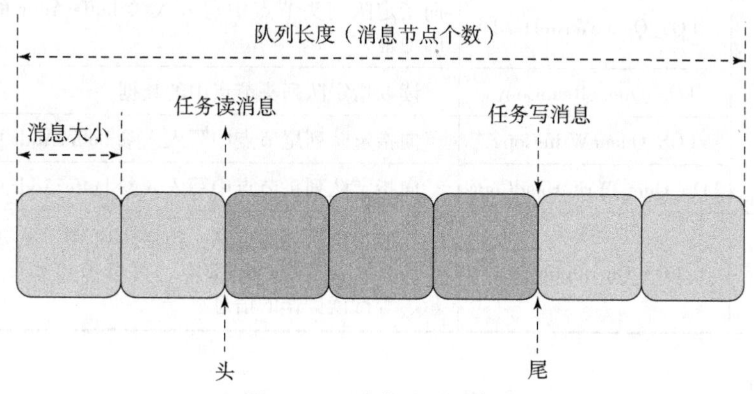

图 2－14　消息队列示意图

④队列的读操作阻塞机制，消息队列中没有消息时存在以下 3 种情况。

- CASE_1：非阻塞下不进入阻塞状态直接返回。
- CASE_2：超时机制读取消息队列的消息，等待时间由用户定制。等待过程即为阻塞状态，消息队列有了对应的消息后，继续该任务或者等待超时，则该任务放弃读取消息。
- CASE_3：该任务一直等，没有读到消息任务进入阻塞状态，直到完成读取行为。

⑤队列的写操作阻塞机制，消息队列中没有消息时存在以下几种情况。

- CASE_1：只有当任务发送消息时才允许进入阻塞状态，中断是不允许带有阻塞机制的；否则返回错误代码 LOS_ERRNO_QUEUE_READ_IN_INTERRUPT。
- CASE_2：消息队列中无可用空间时，内核根据用户指定的阻塞超时时间阻塞任务，在指定的超时时间内如果还没有完成操作，发送消息的任务收到一个错误代码 LOS_ERRNO_QUEUE_ISFULL，然后解除阻塞状态。
- CASE_3：如果有多个任务阻塞在一个消息队列中，那么这些阻塞的任务将按照任务优先级进行排序，优先级高的任务将优先获得队列的访问权。

消息队列接口说明如表 2－10 所示。

表 2－10　消息队列接口说明

功能分类	接口名	描述
创建/删除消息队列	LOS_QueueCreate	创建一个消息队列，由系统动态申请队列空间
	LOS_QueueDelete	根据队列 ID 删除一个指定队列

续表

功能分类	接口名	描述
读/写队列（不带拷贝）	LOS_QueueRead	读取指定队列头节点中的数据（队列节点中的数据实际上是一个地址）
	LOS_QueueWrite	向指定队列尾节点中写入入参 bufferAddr 的值（即 buffer 的地址）
	LOS_QueueWriteHead	向指定队列头节点中写入入参 bufferAddr 的值（即 buffer 的地址）
读/写队列（带拷贝）	LOS_QueueReadCopy	读取指定队列头节点中的数据
	LOS_QueueWriteCopy	向指定队列尾节点中写入入参 bufferAddr 中保存的数据
	LOS_QueueWriteHeadCopy	向指定队列头节点中写入入参 bufferAddr 中保存的数据
获取队列信息	LOS_QueueInfoGet	获取指定队列的信息，包括队列 ID、队列长度、消息节点大小、头节点、尾节点、可读节点数量、可写节点数量、等待读操作的信息

6）信号量

信号量（semaphore）是一种实现任务间通信的机制，可以实现任务间同步或共享资源的互斥访问。

一个信号量的数据结构中，通常有一个计数值，用于对有效资源数的计数，表示剩下的可被使用的共享资源数，其值的含义分以下两种情况。

①0 表示该信号量当前不可获取，因此可能存在正在等待该信号量的任务。

②正值表示该信号量当前可被获取。

以同步为目的的信号量和以互斥为目的的信号量在使用上有以下不同。

①用作互斥时，初始信号量计数值不为 0，表示可用的共享资源个数。在需要使用共享资源前，先获取信号量，然后使用一个共享资源，使用完毕后释放信号量。这样在共享资源被取完，即信号量计数减至 0 时，其他需要获取信号量的任务将被阻塞，从而保证了共享资源的互斥访问。另外，当共享资源数为 1 时，建议使用二值信号量，这是一种类似于互斥锁的机制。

②用作同步时，初始信号量计数值为 0。任务 1 获取信号量而阻塞，直到任务 2 释放信号量，任务 1 才得以进入就绪或运行态，从而达到了任务间的同步。

（1）关键数据结构。

```
/**
 * @ ingroup los_sem
 * 信号量控制结构
 */
typedef struct{
    UINT16 semStat;           /* 信号量状态*/
    UINT16 semCount;          /* 可用信号量的数量*/
    UINT16 maxSemCount;       /* 可用信号量的最大数量*/
```

```
    UINT16 semID;              /* 信号量控制结构 ID */
    LOS_DL_LIST semList;       /* 正在等待信号量的任务队列*/
}LosSemCB;
```

semStat：信号量控制块的状态，即为 OS_SEM_UNUSED 或 OS_SEM_USED。

semCount：信号量对应的同一类型的互斥资源的总个数，初始时由用户传入。TASK 每获取一个资源，则 uwSemCount 减 1，减至 0 意味着该信号量对应的所有的资源都被 TASK 占用，系统目前无此类型的资源可用，同一个 TASK 可获取多个资源。

semID：信号量控制块的 ID 号，初始时分配，用户创建时返回给用户，用户通过 ID 操控信号量。

semList：链接指针。有两个用途，一是用于在未使用状态下将 LosSemCB 结构链接在未使用的链表中；二是在使用状态下用作信号量阻塞队列，链接因获取信号量失败需要进入阻塞状态的 TASK，当信号量释放时从该队列依次唤醒被阻塞的 TASK。每释放一个信号量，唤醒一个 TASK。

（2）关键算法。

①使用未使用信号量链表管理未使用的信号量控制块。

②信号量的 semCount 最大值目前定义为 0xFFFF。

③删除信号量时只要阻塞队列为空，就可以删除信号量了，不需要考虑信号量被其他 TASK 获取的情况，删除后其他 TASK 在信号量操作时会因为未使用状态而直接返回错误。

④用户设置无阻塞模式获取信号量时，无法获取时直接返回没有可用信号量的错误状态；否则需要挂起 TASK 等待其他任务释放信号量。

⑤阻塞模式下等待 TASK 被唤醒后有两种情况：一是正确获取到资源后返回；二是该 TASK 处于超时状态，说明该 TASK 被超时唤醒，未获取到信号量，所以需要在此处清除 TIMEOUT 状态并返回错误。

信号量接口说明如表 2-11 所示。

表 2-11 信号量接口说明

功能分类	接口名	描述
创建/删除信号量	LOS_SemCreate	创建信号量，返回信号量 ID
	LOS_BinarySemCreate	创建二值信号量，其计数值最大为 1
	LOS_SemDelete	删除指定的信号量
申请/释放信号量	LOS_SemPend	申请指定的信号量，并设置超时时间
	LOS_SemPost	释放指定的信号量

5. 时间管理

时间管理以系统时钟为基础，给应用程序提供所有和时间有关的服务。

系统时钟是由定时器/计数器产生的输出脉冲触发中断产生的，一般定义为整数或长整数。输出脉冲的周期叫作一个“时钟滴答”。系统时钟也称为时标或者 Tick。

用户以秒、毫秒为单位计时，而操作系统以 Tick 为单位计时，当用户需要对系统进行操作时，如任务挂起、延时等，此时需要时间管理模块对 Tick 和秒或毫秒进行转换。

LiteOS_M 内核时间管理模块提供时间转换、统计功能。

时间单位如下。

①Cycle：系统最小的计时单位。Cycle 的时长由系统主时钟频率决定，系统主时钟频率就是每秒钟的 Cycle 数。

②Tick：是操作系统的基本时间单位，由用户配置的每秒 Tick 数决定。

1）关键数据结构

```
#define LOSCFG_BASE_CORE_TICK_PER_SECOND   1000
```

LOSCFG_BASE_CORE_TICK_PER_SECOND：用户配置的每秒 Tick 数，通常配置为 1 000，也有配置为 100 的场景。

2）关键算法

（1）转换成 Tick 的算法 = 秒数 × 每秒的 Tick 数。

（2）转换成时间的算法：秒数 = Tick 数/每秒的 Tick 数，再根据不同的时间单位换算。

（3）g_cyclesPerTick 记录了一个 Tick 需要多少个 Cycle，OS_SYS_CLOCK 记录了每秒多少个 Cycle，依靠这些对应关系，Cycle、Tick 和秒三者可以自由转化。

时间接口说明如表 2－12 所示。

表 2－12　时间接口说明

功能分类	接口名	描述
时间转换	LOS_MS2Tick	毫秒转换成 Tick
	LOS_Tick2MS	Tick 转化为毫秒
	OsCpuTick2MS	Cycle 数目转化为毫秒，使用 2 个 UINT32 类型的数值分别表示结果数值的高、低 32 位
	OsCpuTick2US	Cycle 数目转化为微秒，使用 2 个 UINT32 类型的数值分别表示结果数值的高、低 32 位
时间统计	LOS_SysClockGet	获取系统时钟
	LOS_TickCountGet	获取自系统启动以来的 Tick 数
	LOS_CyclePerTickGet	获取每个 Tick 多少 Cycle 数

6. 软件定时器

软件定时器是基于系统 Tick 时钟中断且由软件来模拟的定时器，当经过设定的 Tick 时钟计数值后会触发用户定义的回调函数。定时精度与系统 Tick 时钟的周期有关。

硬件定时器受硬件的限制，数量上不足以满足用户的实际需求，因此为了满足用户需求，提供更多的定时器，LiteOS_M 内核提供软件定时器功能。软件定时器扩展了定时器的数量，允许创建更多的定时业务。

1）关键数据结构

```
/**
 * @ ingroup los_swtmr
 * 软件定时器控制结构
 */
```

```
typedef struct tagSwTmrCtrl{
    struct tagSwTmrCtrl * pstNext;  /* 指向下一个软件计时器的指针*/
    UINT8            ucState;       /* 软件定时器状态*/
    UINT8            ucMode;        /* 软件定时器模式*/
    UINT16           usTimerID;     /* 软件定时器 ID*/
    UINT32           uwCount;       /* 软件计时器的工作时间*/
    UINT32           uwInterval;    /* 定时软件定时器的超时时间*/
    UINT32           uwArg;         /* 在调用处理软件计时器超时的回调函数
                                       时传入的参数*/
    SWTMR_PROC_FUNC  pfnHandler;    /* 处理软件定时器超时的回调函数*/
}SWTMR_CTRL_S;
```

*pstNext：以单链表形式链接下一个SWTMR_CTRL_S结构的指针，主要用于将当前控制块链接到空闲链表或排序链表中。

ucState：定时器状态，参数分别如下。

①OS_SWTMR_STATUS_UNUSED：未使用状态，该控制块初始化时或定时器被删除后均为该状态，含义为处于空闲链表中。

②OS_SWTMR_STATUS_CREATED：创建未启动/停止状态，创建成功，已经从空闲链表中取出，但并未加入排序链表中启动，或者定时器停止，从排序链表取下后均处于该状态。

③OS_SWTMR_STATUS_TICKING：计数状态，表示定时器被加入排序链表，正在运行。

ucMode：触发模式，参数分别如下。

①LOS_SWTMR_MODE_ONCE：单次触发模式，启动后只触发一次定时器事件，调用一次回调函数，然后定时器自动删除，重新放回到空闲链表中。

②LOS_SWTMR_MODE_PERIOD：周期触发模式，周期性地触发定时器事件，直到用户手动停止定时器为止；否则将永远执行下去。

③LOS_SWTMR_MODE_NO_SELFDELETE：单次触发模式，触发后定时器需要手动删除。

④LOS_SWTMR_MODE_OPP：表示在一次性计时器完成计时之后，启用周期性软件定时器，此模式目前不支持，为将来预留。

ucRouses：唤醒开关。

ucSensitive：对齐开关。

usTimerID：定时器ID，初始化时分配，创建成功后返回给用户，用户通过此ID操作对应的定时器。

uwInterval：周期性定时器的定时间隔。

uwArg：定时器回调函数的参数。

pfnHandler：定时器的回调函数，定时器时间到时后执行该函数。

stSortList：定时器排序链表。

startTime：定时器开始时间。

2）关键算法

（1）定时器的运行依靠系统 Tick，加入超时排序链表后，每一个 Tick 中断函数会调用定时器扫描函数来扫描并更新定时器时间。大致分为以下步骤：

步骤 1　获取超时排序链表；

步骤 2　判断排序链表是否为空；

步骤 3　获取下一个链表节点；

步骤 4　循环遍历超时排序链表上响应时间不大于当前时间的节点，满足条件意味着定时器已经到期，需要处理定时器的回调函数；

步骤 5　删除超时的节点，执行定时器回调函数；

步骤 6　循环遍历的终止条件为超时排序链表为空。

（2）定时器支持单次触发模式和周期触发模式。

（3）定时器占用了系统的一个队列和一个任务资源，它的触发遵循先进先出规则。时间短的定时器总是比时间长的定时器更靠近队列头，满足优先触发的准则。

定时器接口说明如表 2－13 所示。

表 2－13　定时器接口说明

功能分类	接口名	描述
创建、删除定时器	LOS_SwtmrCreate	创建定时器
	LOS_SwtmrDelete	删除定时器
启动、停止定时器	LOS_SwtmrStart	启动定时器
	LOS_SwtmrStop	停止定时器
获得软件定时器剩余 Tick 数	LOS_SwtmrTimeGet	获得软件定时器剩余 Tick 数

2.2.2　内核扩展模块

1. 文件系统

当前支持的文件系统有 FATFS 与 LittleFS，支持的功能如表 2－14 所示。

表 2－14　文件系统功能说明

功能分类	接口名	描述	FATFS	LittleFS
文件操作	open	打开文件	支持	支持
	close	关闭文件	支持	支持
	read	读取文件内容	支持	支持
	write	往文件写入内容	支持	支持
	lseek	设置文件偏移位置	支持	支持
	unlink	删除文件	支持	支持
	rename	重命名文件	支持	支持
	fstat	通过文件句柄获取文件信息	支持	支持
	stat	通过文件路径名获取文件信息	支持	支持
	fsync	将文件内容刷入存储设备	支持	支持

续表

功能分类	接口名	描述	FATFS	LittleS
目录操作	mkdir	创建目录	支持	支持
	opendir	打开目录	支持	支持
	readdir	读取目录项内容	支持	支持
	closedir	关闭目录	支持	支持
	rmdir	删除目录	支持	支持
分区操作	mount	分区挂载	支持	支持
	umount	分区卸载	支持	支持
	umount2	分区卸载，可通过 MNT_FORCE 参数进行强制卸载	支持	不支持
	statfs	获取分区信息	支持	不支持

FAT（File Allocation Table，文件配置表）主要包括 DBR 区、FAT 区、DATA 区 3 个区域。其中，FAT 区各个表项记录存储设备中对应簇的信息，包括簇是否被使用、文件下一个簇的编号、是否是文件结尾等。FAT 文件系统有 FAT12、FAT16、FAT32 等多种格式，其中，12、16、32 表示对应格式中 FAT 表项的字节数。FAT 文件系统支持多种介质，特别是在可移动存储介质（U 盘、SD 卡、移动硬盘等）上广泛使用，使嵌入式设备和 Windows、Linux 等桌面系统保持很好的兼容性，方便用户管理操作文件。

LittleFS 是一个小型的 Flash 文件系统，它结合日志结构（log - structured）文件系统和 COW（Copy - On - Write）文件系统的思想，以日志结构存储元数据，以 COW 结构存储数据。这种特殊的存储方式，使 LittleFS 具有强大的掉电恢复能力（power - loss resilience）。分配 COW 数据块时，LittleFS 采用了名为统计损耗均衡的动态损耗均衡算法，使 Flash 设备的寿命得到有效保障。同时 LittleFS 针对资源紧缺的小型设备进行设计，具有极其有限的 ROM 和 RAM 占用空间，并且所有 RAM 的使用都通过一个可配置的固定大小缓冲区进行分配，不会随文件系统的扩大占据更多的系统资源。当在一个资源非常紧缺的小型设备上，寻找一个具有掉电恢复能力并支持损耗均衡的 Flash 文件系统时，LittleFS 是一个比较好的选择。

2. 网络模块

网络模块实现了 TCP/IP 协议栈基本功能，当前系统使用 LwIP 提供网络能力。LwIP 代码在/device/hisilicon/hispark_pegasus/sdk_LiteOS/third_party/lwip_sack 目录下，是 hi3861 - sdk 的一部分，以静态库形式编译。

3. 调测工具

1）内存调测

（1）内存信息统计。包括内存池大小、内存使用量、剩余内存大小、最大空闲内存、内存水线、内存节点数统计、碎片率等。

（2）内存泄露统计。内存泄露检测机制作为内核的可选功能，用于辅助定位动态内存泄露问题。开启该功能，动态内存机制会自动记录申请内存时的函数调用关系（下文简称

LR)。如果出现泄露，就可以利用这些记录的信息，找到内存申请的地方，方便进一步确认。

(3) 踩内存检测。踩内存检测机制作为内核的可选功能，用于检测动态内存池的完整性。通过该机制，可以及时发现内存池是否发生了踩内存问题，并给出错误信息，便于及时发现系统问题，提高问题解决效率，降低问题定位成本。

2) 异常调测

LiteOS_M 提供异常接管调测手段，帮助开发者定位分析问题。异常接管是操作系统对运行期间发生的异常情况进行处理的一系列动作，如打印异常发生时的异常类型、发生异常时的系统状态、当前函数的调用栈信息、CPU 现场信息、任务调用堆栈等信息。

3) Trace 调测

Trace 调测旨在帮助开发者获取内核的运行流程以及各个模块、任务的执行顺序，从而可以辅助开发者定位一些时序问题或者了解内核的代码运行过程。

4) LMS 调测

LMS (Lite Memory Sanitizer) 是一种实时检测内存操作合法性的调测工具。LMS 能够实时检测缓冲区溢出 (buffer overflow)、释放后使用 (use after free) 和重复释放 (double free)，在异常发生的第一时间通知操作系统，结合回溯等定位手段，能准确定位到产生内存问题的代码行，极大提升内存问题定位效率。

OpenHarmony LiteOS_M 内核的 LMS 模块提供下面几种功能：

①支持多内存池检测；

②支持 LOS_MemAlloc、LOS_MemAllocAlign、LOS_MemRealloc 申请出的内存检测；

③支持安全函数的访问检测（默认开启）；

④支持 libc 高频函数的访问检测，包括 memset、memcpy、memmove、strcat、strcpy、strncat、strncpy。

4. 动态加载

在硬件资源有限的小设备中，需要通过算法的动态部署能力来解决无法同时部署多种算法库的问题。以开发者易用为主要考虑因素，同时考虑到多平台的通用性，LiteOS_M 选择业界标准的 ELF 方案，方便拓展算法生态。LiteOS_M 提供类似于 dlopen、dlsym 等接口，应用程序通过动态加载模块提供的接口可以加载、卸载相应算法库。如图 2-15 所示，应用程

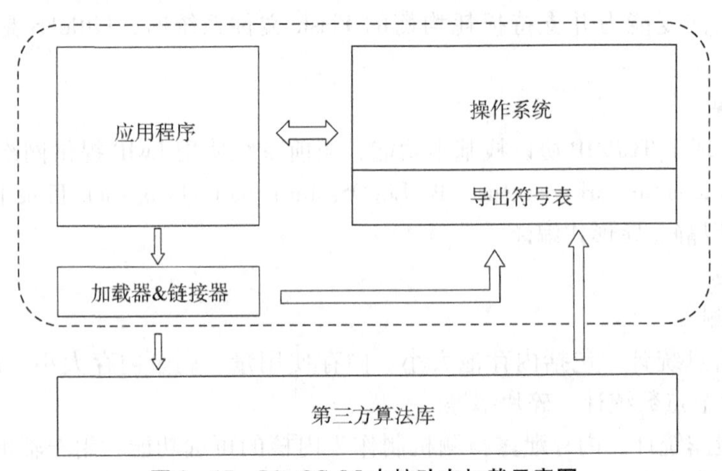

图 2-15　LiteOS_M 内核动态加载示意图

序需要通过第三方算法库所需接口获取对应信息输出，第三方算法库又依赖内核提供的基本接口，如 malloc 等。应用程序加载所需接口，并对相关的未定义符号完成重定位后，应用程序即可调用该接口完成功能调用。目前动态加载组件只支持 Arm 架构。此外，待加载的共享库需要验签或者限制来源，确保系统的安全性。

2.2.3　KAL 内核抽象层

KAL 模块提供统一的标准接口，用于屏蔽不同内核的差异。

当前 LiteOS_M 已经适配 CMSIS 2.0 大部分接口，覆盖基础内核管理、线程管理、定时器、事件、互斥锁、信号量、队列等。POSIX 标准部分适配。

应用程序使用内核功能时尽量使用 CMSIS 接口或者 POSIX 接口，而不是 LiteOS_M 本地接口，这样可提高应用程序的可移植性。

cmsis_os2 接口的定义在/third_party/cmsis/CMSIS\RTOS2/Include/cmsis_os2.h 中。

2.3　思考和练习

（1）Linux 操作系统和 OpenHarmony 开源操作系统的主要区别是什么？
（2）OpenHarmony 开源操作系统支持的内核有哪些？分别适用的场景是哪些？
（3）基础的内核对象有哪些？作用各自是什么？
（4）LiteOS_M 支持的文件系统有哪些？各自特点是什么？
（5）查询课外资料，列举 3 个具体的 CMSIS 2.0 接口和 POSIX 接口。

第3章
驱动子系统

3.1 驱动子系统概述

3.1.1 驱动概述

对很多人来说，内核开发和驱动开发就是同义词，因为两者都工作在系统的内核层，但是两者之间还是存在区别的。驱动子系统直接与各种硬件设备交互，给内核子系统提供服务；内核子系统不直接操作具体的硬件，它提供了进程管理、内存管理、文件管理、网络功能等核心功能供驱动子系统使用，并且对驱动子系统的各模块进行管理，为上层提供更高层次的接口（KAL）。可以这样理解：驱动子系统负责和各个具体的硬件设备交互，而驱动子系统用到的与具体硬件设备无关的公共接口抽象成了内核子系统。

驱动程序全称为设备驱动程序，是添加到操作系统中的特殊程序。该程序使主机和设备进行数据通信，不同的操作系统和不同的总线类型，其驱动程序也不尽相同。在传统的Linux操作系统中，设备驱动主要分为3类，即字符设备、块设备及网络设备。

OpenHarmony OS整体遵从分层架构设计，从上到下依次为应用层、框架层、系统服务层、内核层。在实际应用中，根据复杂多样的分布式使用场景，按需裁剪非必需功能模块。技术架构如图3-1所示。

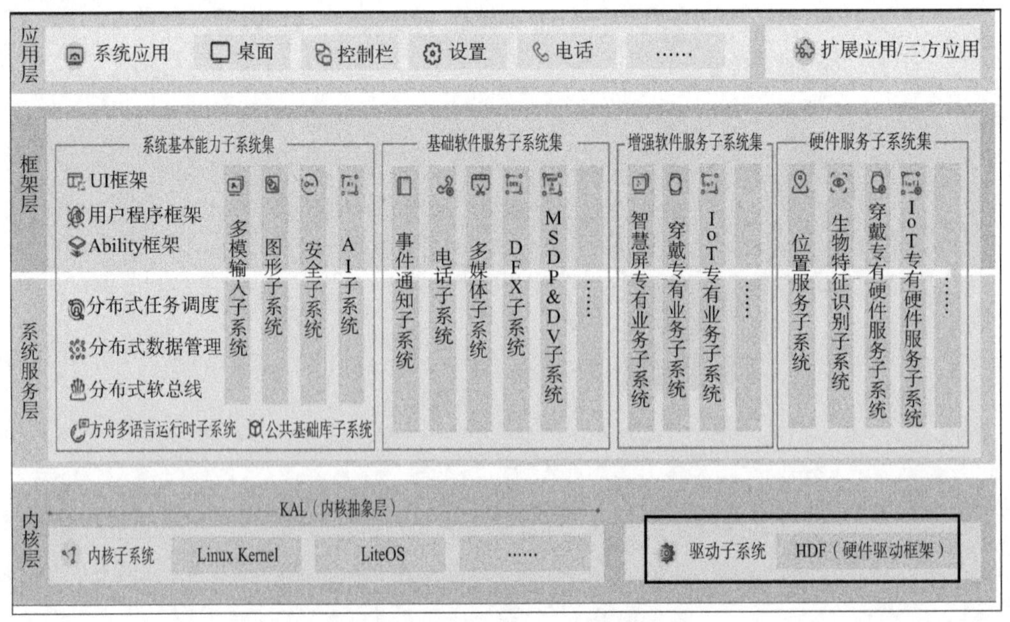

图3-1 OpenHarmony架构示意图

3.1.2 HDF 驱动框架

OpenHarmony 驱动框架采用主从架构设计模式，围绕着框架、模型、能力库和工具 4 个维度能力展开构建，如图 3－2 所示。

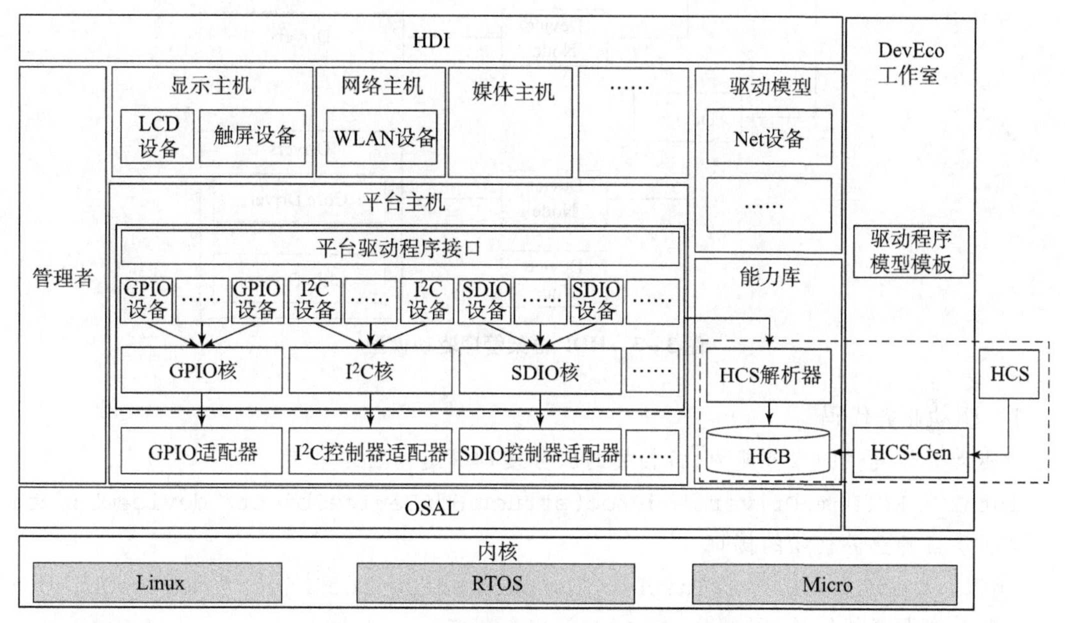

图 3－2 OpenHarmony 驱动框架示意图

1. 驱动框架

位于/driver/framework/core 目录，提供驱动框架能力，主要完成驱动加载和启动功能，通过对象管理器方式可实现驱动框架的弹性化部署和扩展。

2. 驱动模型

位于/driver/framework/model 目录，提供了模型化驱动能力，如显示设备模型、音频设备模型、网络设备模型等。

3. 驱动能力库

位于/driver/framework/ability 目录，提供基础驱动能力模型，如 IO 通信能力模型。

4. 驱动工具

位于/driver/framework/tools 目录，提供 HDI 接口转换、驱动配置编译等工具。

HDF 框架将一类设备驱动放在同一个 Host 里面，开发者也可以将驱动功能分层独立开发和部署，支持一个驱动多个节点，HDF 框架管理驱动模型如图 3－3 所示。

3.1.3 HDF 驱动开发流程

基于 HDF 框架进行驱动的开发主要分为两个部分，即驱动实现和驱动配置，开发流程如下。

1. 驱动实现

驱动实现包含驱动业务代码和驱动入口注册，写法如下。

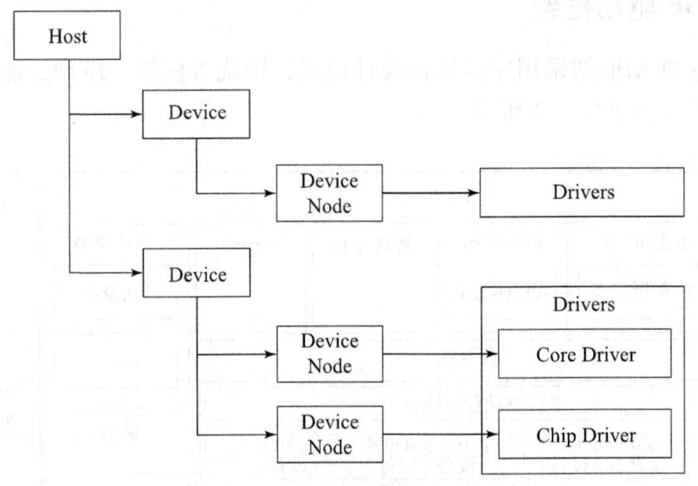

图 3-3 HDF 框架管理驱动模型

1）驱动业务代码

```
//驱动对外提供的服务能力,将相关的服务接口绑定到 HDF 框架
int32_t HdfDemoDriverBindProc(struct HdfDeviceObject* deviceObject)
//驱动自身业务初始的接口
int32_t HdfDemoDriverInitProc(struct HdfDeviceObject* deviceObject)
//驱动资源释放的接口
void HdfDemoDriverReleaseProc(struct HdfDeviceObject* deviceObject)
```

2）驱动入口注册到 HDF 框架

```
//定义驱动入口的对象,必须为 HdfDriverEntry 类型的全局变量
struct HdfDriverEntry g_demoDriverEntry = {
    .moduleVersion = 1,
    .moduleName = "demo_driver",
    .Bind = HdfDemoDriverBindProc,
    .Init = HdfDemoDriverInitProc,
    .Release = HdfDemoDriverReleaseProc,
};
//调用 HDF_INIT 将驱动入口注册到 HDF 框架中,加载驱动时首先调用 Bind 函数,
//再调用 Init 函数进行设备自身初始化,Init 函数出现异常或者动态卸载该驱动时,
//调用 Release 函数释放驱动资源并退出。
HDF_INIT(g_demoDriverEntry);
```

2. 驱动配置

驱动配置包含两部分，即 HDF 框架定义的驱动设备描述和驱动私有配置信息。

1）驱动设备描述（必选）

HDF 框架加载驱动所需要的信息来源于 HDF 框架定义的驱动设备描述，因此需要在 device_info. hcs 配置文件中添加对应的设备驱动描述，写法如下：

```
Root{
    device_info{
        match_attr = "hdf_manager";
        template host{      //Host 配置模板(如下 demo_host)如果使用模板中
的默认值,则节点字段可以缺省
            hostName = "";
            priority = 100;
            template device{
                template deviceNode{
                    policy = 0;
                    priority = 100;
                    preload = 0;
                    permission = 0664;
                    moduleName = "";
                    serviceName = "";
                    deviceMatchAttr = "";
                }
            }
        }
        demo_host::host{
            hostName = "host0";  //名称
            priority = 100;      //服务启动优先级
            device_demo::device{         //设备节点
                device0::deviceNode{  //驱动的 DeviceNode 节点
                    policy = 1;              //驱动服务发布的策略
                    priority = 100;          //驱动启动优先级
                    preload = 0;             //驱动按需加载字段
                    permission = 0664;   //驱动创建设备节点权限
                    moduleName = "demo_driver";   //驱动名称,该字段的值必须
和驱动入口结构的 moduleName 值一致
                    serviceName = "demo_service";   //驱动对外发布服务的名
称,必须唯一
                     deviceMatchAttr = "demo_config";   //驱动私有数据匹配
的关键字,必须和驱动私有数据配置表中的 match_attr 值相等
                }
            }
        }
    }
}
```

2）驱动私有配置信息（可选）

如果驱动有私有配置，可以添加一个驱动配置文件，用来填写一些驱动的默认配置信息，HDF 框架在加载驱动时，会将对应的配置信息获取并保存在 HdfDeviceObject 中的 property 里面，通过 Bind 和 Init（参考驱动实现）传递给驱动，驱动的配置信息示例如下：

```
root{
    DemoDriverConfig{
        demo_version =1;
        demo_bus ="I2C_1";
        match_attr ="demo_config";  //该字段必须和 device_info.hcs 中的
deviceMatchAttr 值一致
    }
}
```

配置完成后，需要将此文件添加到板级配置入口文件 hdf.hcs，示例如下：

```
#include "device_info/device_info.hcs"
#include "demo/demo_config.hcs"
```

HCS（HDF Configuration Source）是 HDF 驱动框架的配置描述源代码，内容以 KeyValue 键值对为主要形式。它实现了配置代码与驱动代码解耦，便于开发者进行配置管理。HC－GEN（HDF Configuration Generator）是 HCS 配置转换工具，可以将 HDF 配置文件转换为软件可读取的文件格式：在弱性能环境中，转换为配置树源代码，驱动可直接调用 C 代码获取配置；在高性能环境中，转换为 HCB（HDF Configuration Binary）二进制文件，驱动可使用 HDF 框架提供的配置解析接口获取配置。HCS 经过 HC－GEN 编译生成 HCB 文件，HDF 驱动框架中的 HCS Parser 模块会从 HCB 文件中重建配置树，HDF 驱动模块使用 HCS 解析器提供的配置读取接口获取配置内容。驱动配置过程的原理如图 3－4 所示。

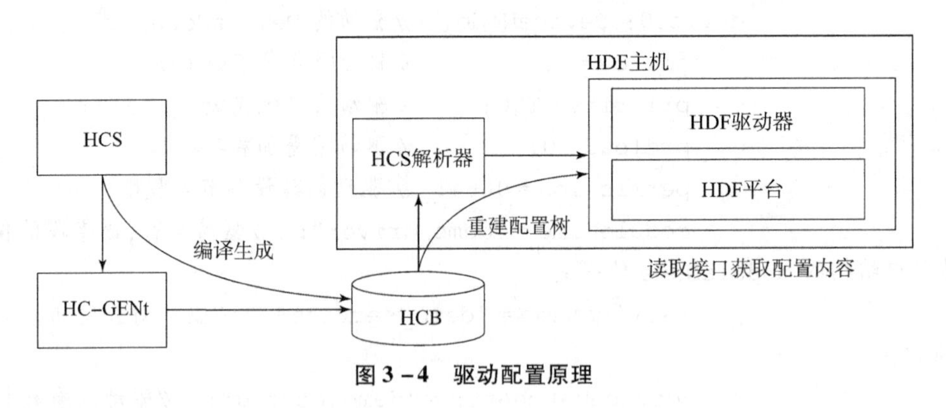

图 3－4　驱动配置原理

3. 驱动编译

在完成驱动实现之后，需要使用 Makefile 模板进行驱动编译，再将编译的结果链接到内核镜像中。编译之后可以进行驱动的配置，包括驱动设备描述信息和私有配置信息，如图 3－5 所示。

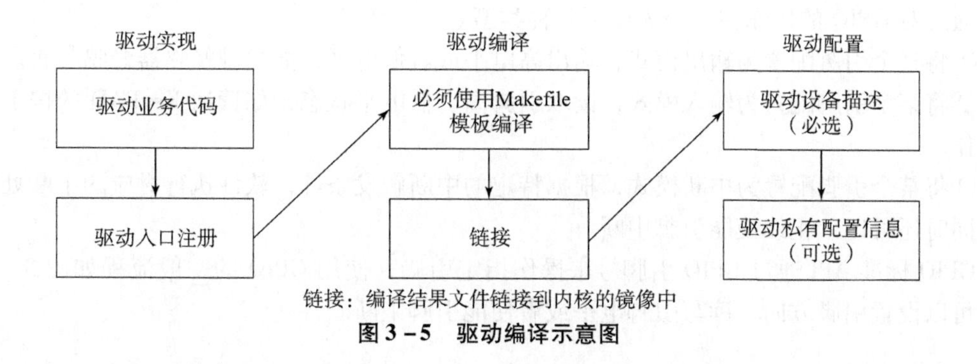

链接：编译结果文件链接到内核的镜像中

图3－5　驱动编译示意图

3.2　总线驱动概述

OpenHarmony系统提供统一的驱动平台，用于实现串口控制、数据通信、时间控制、CPU复位、模/数转换、脉冲宽度调制等功能。本节将分别介绍GPIO、UART、I^2C、SPI、SDIO、RTC、WatchDog、ADC、PWM这一系列总线驱动。

3.2.1　ADC概述

ADC（Analog to Digital Converter，模/数转换器）是指将连续变化的模拟信号转换成离散的数字信号的器件。在现实中模拟信号如温度、压力、声音或者图像等，转换成更容易存储、处理、发送的数字形式，模/数转换器则能够实现这个功能。

根据转换模式可以分为单次转换模式、连续转换模式、扫描或间断模式。ADC的结果可以左对齐或右对齐方式存储在数据寄存器中。

例如，模拟电压表的场景，可以使用表3－1所示的ADC进行模/数转换。

表3－1　电压表模/数转换表

2 bit	电压值
00	0 V
01	1.1 V
10	2.2 V
11	3.3 V

3.2.2　GPIO概述

GPIO（General－Purpose Input/Output，通用型输入输出）是通过寄存器控制一些引脚，可以通过它们输出高、低电平或者通过它们读入引脚的状态——是高电平还是低电平。对于特定的MCU，GPIO还可以配置成中断触发检测信号，中断检测信号可以配置成边沿触发或者电平触发等。

GPIO应用在嵌入式交互场景，可以控制外部硬件工作，如LED、vibrator、蜂鸣器、KeyPAD等。

通常对 GPIO 的操作主要分为以下几种类型。

①将某个引脚配置为输出模式，输出高电平或者低电平，如控制蜂鸣器蜂鸣与否。

②将某个引脚配置为输入模式，读取引脚高、低电平状态，如读取 KeyPAD 的按下与抬起动作。

③将某个引脚配置为中断模式，根据特定的中断触发条件，软件执行对应的中断处理函数。同时还可以禁止或使能引脚中断。

GPIO 标准 API 通过 GPIO 引脚号来操作指定引脚，使用 GPIO 的一般流程如图 3－6 所示，可以设置引脚方向、读写引脚电平或者使能引脚中断。

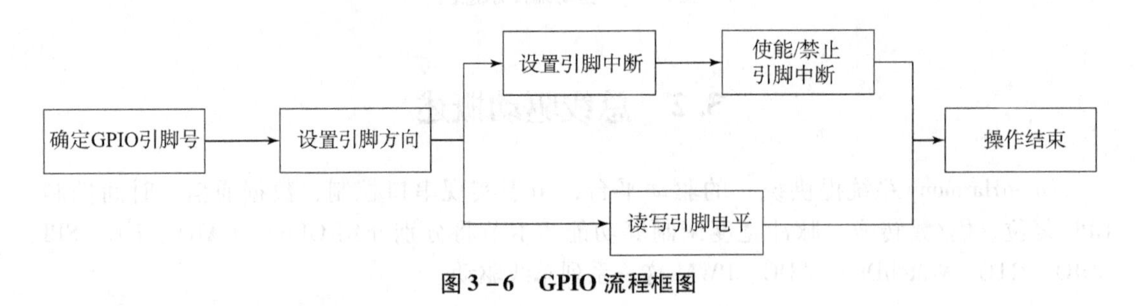

图 3－6　GPIO 流程框图

3.2.3　I²C 概述

I²C（Inter Integrated Circuit）总线由 Philips 公司开发，用于连接微控制器以及外围设备，以半双工方式通信，是两线式串行式总线。I²C 总线标准模式下速度可以达到 100 kb/s，高速 I²C 总线一般可达到 400 kb/s。I²C 总线可以在很多领域中应用，如消费类电子、物联网设备、计算机制造、通信设备、手持终端等。

I²C 以主从方式工作，支持多从机的总线模式。I²C 使用两条线在主控制器和从机之间进行数据通信，即一根是 SCL（串行时钟线）、一根是 SDA（串行数据线），主控制器端一般会有指定阻值的上拉电阻，保证总线处于等待状态为高电平，防止有漏电流产生。

I²C 读写数据传输需要包括起始位、应答、数据传输、停止位。I²C 读写数据传输以起始位为开始条件，从机根据广播到总线的地址进行匹配，符合此广播地址时则进行应答，建立数据通信连接。数据传输以字节为单位，高位在前，逐位进行传输，直到数据传输完毕，由主机发送停止位给从机，终止数据传输，如图 3－7 所示。

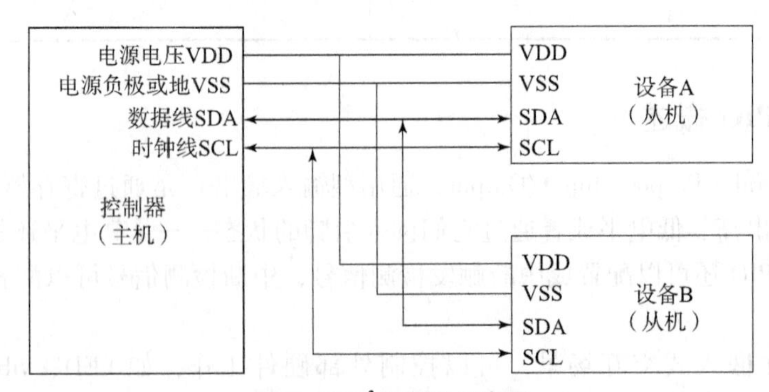

图 3－7　I²C 原理示意图

I^2C 时序主要由 4 个元素组成，即起始信号、应答信号、数据传输、终止信号，如图 3－8 所示。

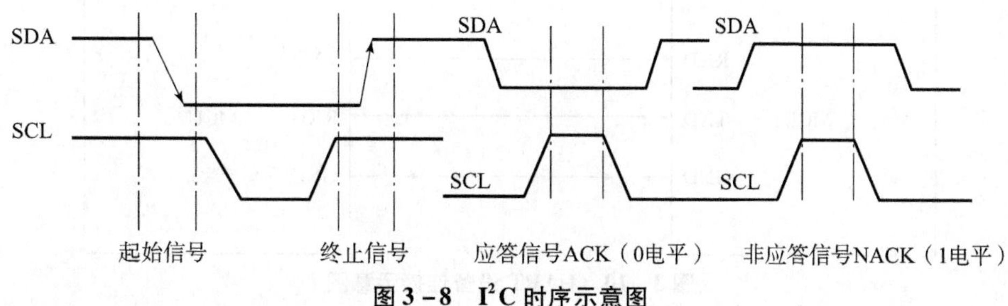

图 3－8　I^2C 时序示意图

起始信号：在 SCL 为高电平时，SDA 出现下降沿就表示为起始信号，告知 I^2C 从设备马上开始建立连接。

应答信号：当 I^2C 主机发送完 8 bit 数据之后，会将 SDA 设置为输入状态，地址匹配完的从机将 SDA 设置为输出状态，输出为低电平，也就是应答信号 ACK。

数据传输：主、从地址匹配成功之后，后续就进行数据传输，数据传输以字节为单位，高位在前，逐位进行传输，如图 3－9 所示。

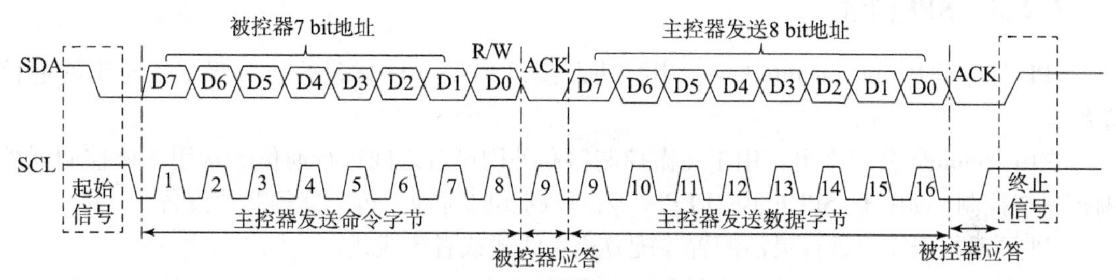

图 3－9　数据传输示意图

终止信号：在 SCL 为高电平时，SDA 出现上升沿就表示为终止信号，告知 I^2C 从设备数据传输完毕，终止连接。

3.2.4　UART 概述

UART（Universal Asynchronous Receiver/Transmitter）是通用异步串行总线，该总线双向通信，可以实现全双工数据传输。在嵌入式设计中，UART 用于主机与从设备通信，常用于调试信息的打印，外接各种模块，如 WiFi、蓝牙、4G CAT1 通信模块等。

两个 UART 设备的连接示意图如图 3－10 所示，UART 与其他模块一般用 3 线或 5 线相连，它们分别如下。

RXD：接收数据端，和对端的 TXD 相连。

TXD：发送数据端，和对端的 RXD 相连。

RTS：发送请求信号，用于指示本设备是否准备好，可接收数据，和对端 CTS 相连。

CTS：允许发送信号，用于判断是否可以向对端发送数据，和对端 RTS 相连。

GND：通信时两个设备需要共地。

3 线的连接方案如图 3－10 所示。

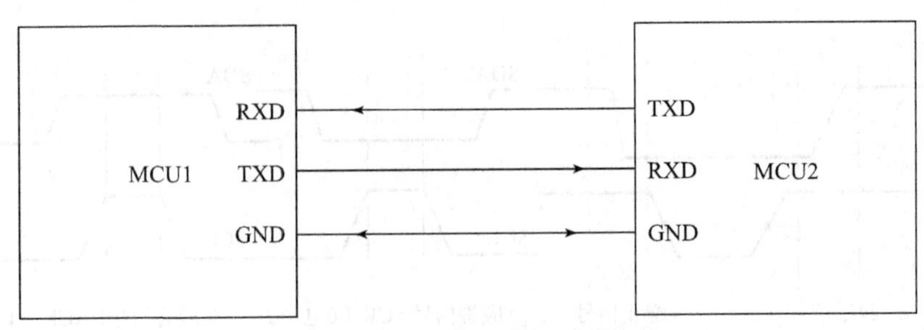

图 3－10　UART 设备连接示意图

UART 时序主要由 4 个元素组成，即起始位、数据位、校验位、停止位。

起始位：起始信号一般由一个逻辑 0 的数据表示。

数据位：起始位之后，紧接着是数据位，通常有效数据位长度为 5、6、7、8 位长。

校验位：在数据位之后，有一个可选的校验位，以验证数据传输的完整性。校验方法有偶校验（even）、奇校验（odd）以及无校验（noparity）等。

停止位：停止信号可由 0.5、1、1.5、2 个逻辑 1 的数据位表示。

3.2.5　SPI 概述

SPI（Serial Peripheral Interface，串行外设接口）是一种高速的、全双工、同步的通信总线。

它由 Motorola 公司推出，用于在微控制器和外围设备之间进行通信。常用于微控制器外围拓展与控制，如扩展 SPI Flash/EEPro 等，控制实时时钟、传感器等芯片设备。

SPI 可以根据需求进行灵活配置，配置成 4 线式或者 3 线式。

4 线式全双工 SPI 连接方式如图 3－11 所示。

SCLK：时钟信号，由主设备产生。

MOSI：主设备数据输出，从设备数据输入。

MISO：主设备数据输入，从设备数据输出。

CS：从设备片选信号，由主设备控制。

3 线式半双工 SPI 连接方式如图 3－12 所示。

SCLK：时钟信号，由主设备产生。

DIO：主从通信数据线，输入与输出共用。

CS：从设备片选信号，由主设备控制。

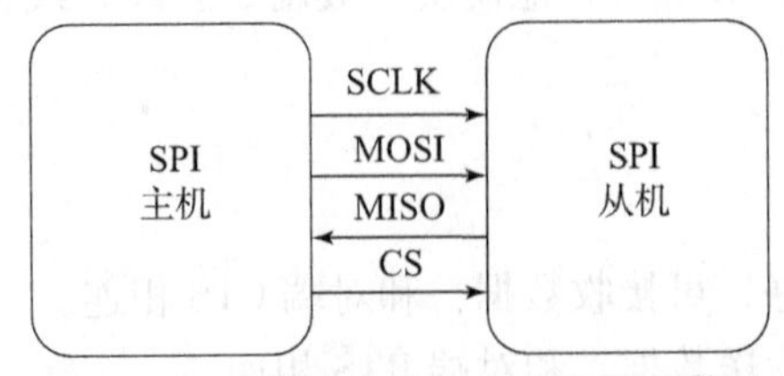

图 3－11　4 线式全双工 SPI 连接示意图

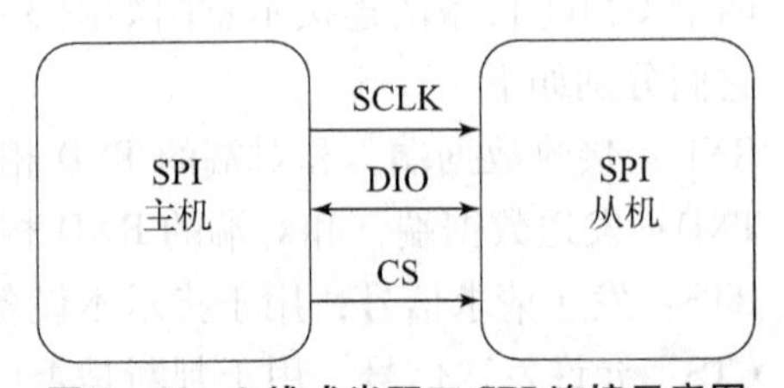

图 3－12　3 线式半双工 SPI 连接示意图

根据 SCLK 时钟信号的 CPOL（Clock Polarity，时钟极性）和 CPHA（Clock Phase，时钟相位）的不同组合，SPI 有表 3-2 所列的 4 种工作模式。

表 3-2 SPI 工作模式表

模式 0	CPOL=0，CPHA=0
模式 1	CPOL=0，CPHA=1
模式 2	CPOL=1，CPHA=0
模式 3	CPOL=1，CPHA=1

CPOL=0，CPHA=0 时钟信号高电平为有效状态，第一个时钟边沿采样数据。
CPOL=0，CPHA=1 时钟信号高电平为有效状态，第二个时钟边沿采样数据。
CPOL=1，CPHA=0 时钟信号低电平为有效状态，第一个时钟边沿采样数据。
CPOL=1，CPHA=1 时钟信号低电平为有效状态，第二个时钟边沿采样数据。

3.2.6 RTC 概述

RTC（Real-Time Clock）为操作系统中的实时时钟设备，为操作系统提供精准的实时时间和定时报警以及自动唤醒等功能。在待机状态下，作为逻辑电路的主时钟，在逻辑电路主电源下电状态下，可以维持系统时钟的准确性和可靠性；在逻辑电路主电源上电状态下，RTC 提供实时时钟给操作系统，确保断电后系统时间的准确性和连续性。

在操作系统启动过程中，驱动管理模块根据配置文件加载 RTC 驱动，RTC 驱动会检测 RTC 器件并初始化驱动。RTC 设备的使用流程如图 3-13 所示。

图 3-13 RTC 设备使用流程框图

RTC 驱动加载成功后，驱动开发者使用驱动框架提供的查询接口并调用 RTC 设备驱动接口。当前操作系统支持一个 RTC 设备。

3.2.7 WatchDog 概述

看门狗，又称看门狗计时器（WatchDog timer），是一种硬件的计时设备。如果在某一设定时间间隔内，系统由于某些故障错误没有及时清除看门狗计时器，看门狗电路就会发出复位信号，CPU 复位之后，系统得以恢复正常工作。

看门狗的目的是消除程序潜在错误以及外界干扰导致系统死机，使系统恢复正常工作。但是系统重启前，有些现场数据需要保存，系统重启恢复这些数据会有额外开销，所以硬件看门狗是系统最后一道防线，从根本上还是要解决程序设计中的错误，使系统运转正常，减少额外开销。

看门狗使用流程大致有打开硬件 WatchDog 设备、设置超时窗口时间、启动硬件 WatchDog、定时喂狗、关闭硬件 WatchDog，如图 3-14 所示。

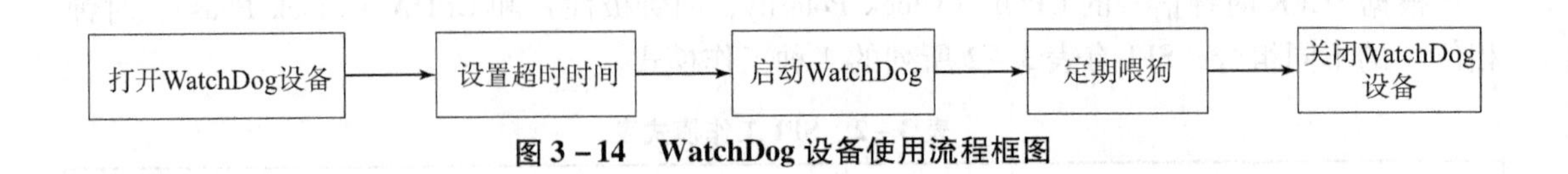

图 3-14 WatchDog 设备使用流程框图

3.2.8 PWM 概述

PWM（Pulse Width Modulation，脉冲宽度调制）是通过对一系列脉冲的宽度进行调制，等效出所需要的波形（包含形状及幅值），对模拟信号电平进行数字编码，通过调节占空比的变化来调节信号、能量等的变化。PWM 常用于电动机控制、背光亮度调节等。

占空比就是指在一个周期内，信号处于高电平的时间占据整个信号周期的百分比，占空比的具体计算公式是：占空比 = 高电平时间/周期时间 ×100%，如方波的占空比是 50%，如图 3-15 所示。

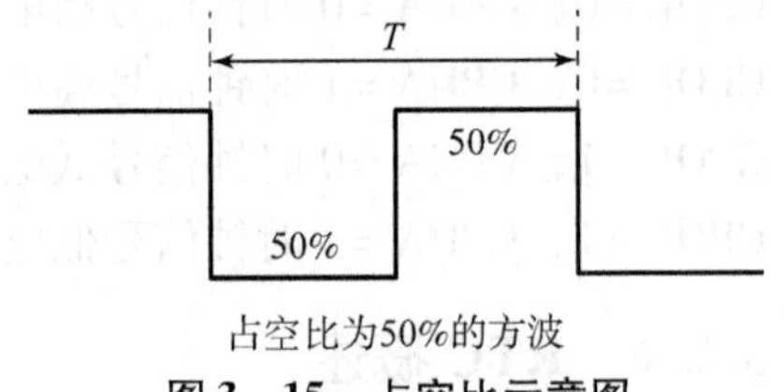

图 3-15 占空比示意图

PWM 接口定义了操作 PWM 设备的通用方法集合，包括以下几项。

①PWM 设备句柄获取和释放。

②PWM 周期、占空比、极性的设置。

③PWM 使能和关闭。

④PWM 配置信息的获取和设置。

3.2.9 SDIO 概述

SDIO（Secure Digital Input and Output，安全数字输入输出接口）是在 SD 内存卡接口的基础上演化出来的一种外设接口。SDIO 接口兼容以前的 SD 内存卡，并且可以连接支持 SDIO 接口的设备。

SDIO 的应用比较广泛，常见的 SDIO 外设有调制解调器、条形码扫描仪、WLAN、GPS、CAMERA、蓝牙、EMMC 等。

SDIO 总线有两端：一端是主机端；另一端是设备端。采用主机端 - 设备端这样的设计是为了简化设备端的设计，所有的通信都是由主机端发出命令开始的，在设备端只要能解析主机端的命令，就可以同主机端进行通信了。SDIO 的主机端可以连接多个设备端，如图 3-16 所示。

CLK 信号：主机端给设备端的时钟信号。

VDD 信号：电源信号。

VSS 信号：地信号。

D0 ~ D3 信号：4 条数据线，其中，DAT1 信号线复用为中断线，在 1bit 模式下 DAT0 用来传输数据，在 4 bit 模式下 DAT0 ~ DAT3 用来传输数据。

CMD 信号：用于主机端发送命令和设备端回复响应。

SDIO 接口定义了操作 SDIO 的通用方法集合，包括打开/关闭 SDIO 控制器、独占/释放主机、使能/去使能设备、申请/释放中断、读写/获取/设置公共信息等。

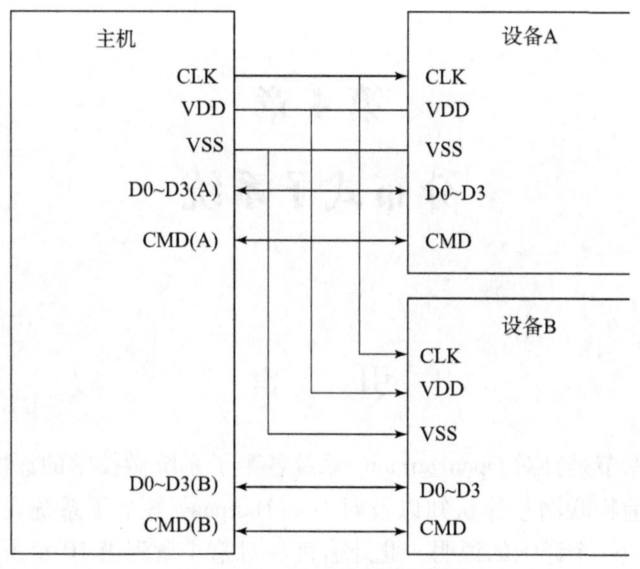

图 3－16　SDIO 原理示意图

3.3　思考和练习

（1）讲一讲 HDF 驱动框架 4 个维度的具体功能。

（2）简述驱动开发整个流程。

（3）查询资料列举几种常见的 ADC 芯片，并阐述此类芯片的技术要点。

（4）串行总线和并行总线的区别是什么？

（5）找一块支持 OpenHarmony 的开发板，编写一个点灯驱动程序。

第4章 分布式子系统

引　言

本书接下来的章节是针对 OpenHarmony 系统各个子系统做技术的深度解析，在这之前，有必要解释一下目前物联网整体认知以及对 OpenHarmony 各个子系统在物联网各类场景解决方案发挥的作用做一个详细的说明，此处引言是对第 4 章到第 10 章所描述原理的应用场景的阐述，也希望读者阅读完毕后，心中有幅技术地图，对 OpenHarmony 各个子系统在应用场景中发挥的作用有深入的了解。

“物联网”的概念就像“互联网”一样，不仅仅是物联网终端、物联网应用或者增加的集合，更是互联网面向物的连接的延伸，通过面向物的网络连接，实现基于物的信息服务。

如图 4－1 所示，物联网大致可以分为四个层面，即感知层、网络层、平台层以及应用层。

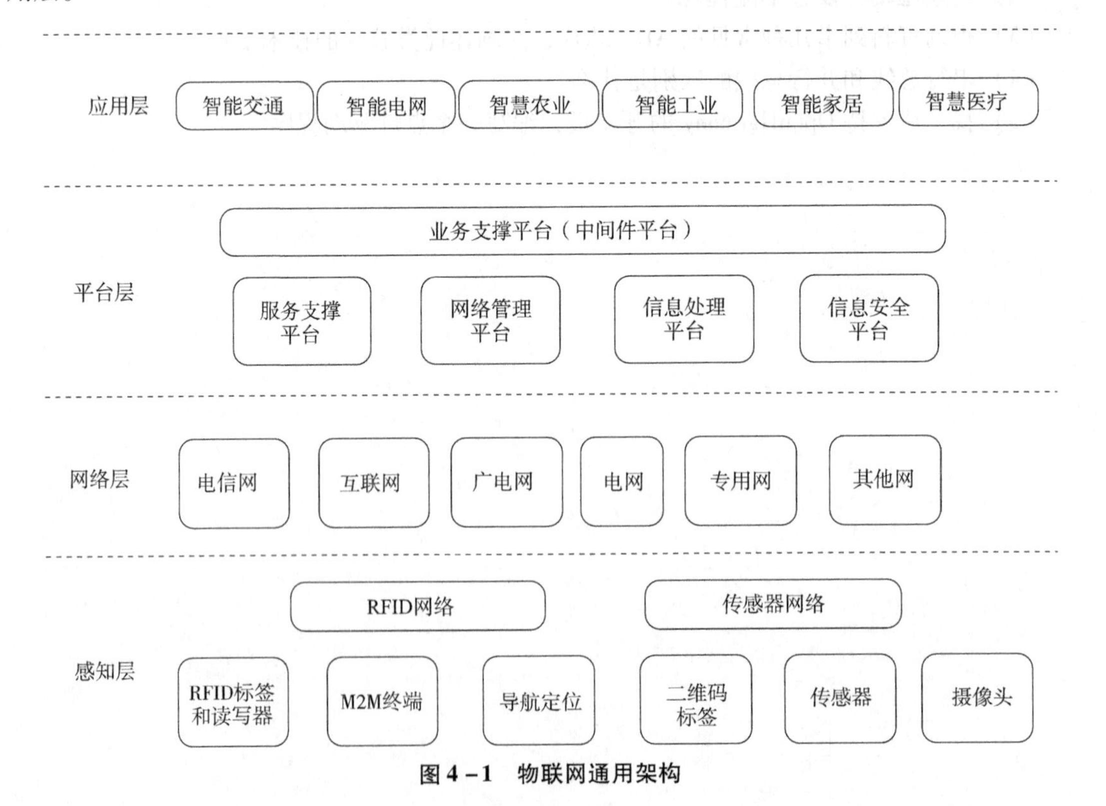

图 4－1　物联网通用架构

1. 感知层

感知层是物联网整体架构的基础，是物理世界和信息世界融合的重要一环。在感知层，可以通过传感器感知物体本身以及周围的信息，让物体也具备了“开口说话，发布信息”的能力，比如声音传感器、压力传感器、光强传感器等。感知层负责为物联网采集和获取信息。

请注意，运行 OpenHarmony 系统的终端设备通常属于这一层。

2. 网络层

网络层在整个物联网架构中起到承上启下的作用，它负责向上层传输感知信息和向下层传输命令。网络层把感知层采集而来的信息传输给物联云平台，也负责把物联云平台下达的指令传输给应用层，具有纽带作用。网络层主要是通过物联网、互联网以及移动通信网络等传输海量信息。

OpenHarmony 系统的分布式子系统和支持的各种通信协议，其目的是传输各种感知信息，当然这一层还包含一些具体的通信设备，例如交换机、路由器等。

3. 平台层

平台层是物联网整体架构的核心，它主要解决数据如何存储、如何检索、如何使用以及数据安全与隐私保护等问题。平台管理层负责把感知层收集到的信息通过大数据、云计算等技术进行有效地整合和利用，为人们应用到具体领域提供科学有效的指导。

4. 应用层

物联网最终是要应用到各个行业中去，物体传输的信息在物联云平台处理后，挖掘出来的有价值的信息会被应用到实际生活和工作中，比如智能交通、智慧医疗、智能家居、智慧园区等通用的场景。

目前主要存在两类物联网场景。

场景1 单终端－广域物联网：海量广域物联网场景中，由分布广泛的单一传感器或终端驱动。NB－IoT 等广域低功耗窄带物联网通信技术当前已经广泛应用在远程抄表（水电气表）、共享单车、远程照明等场景，大大提高了社会公共服务的效率和效益，也显著降低了运营成本。

场景2 多源异构终端－现场物联网：在道路、水库、管廊、隧道、病房等这些复杂场景化监测和控制场景，需要多类物联网终端、传感器、执行器共同协同来完成现场的多维异构数据采集、事件分析和现场业务自治。此类现场网络（如城市道路、交通安全、能源、水利水文、智慧医疗等）是社会运转的核心业务支撑技术，是当前行业数字化转型的关键。

如图4－2所示，随着人口老龄化趋势加快以及医疗、教育需求持续旺盛，服务型机器人在中国存在巨大市场潜力和发展空间，成为机器人市场应用中颇具亮点的领域，另外受新冠疫情影响，常态化的疫情防控促使公共服务机器人和医疗机器人逐渐成为刚需产品，市场规模达到283.8亿元，同比增长37.4%。

机器人可应用在公共服务、行政服务、教育行业、金融行业、医疗行业、餐饮行业、酒店行业等多个场景中，OpenHarmony 操作系统可作为机器人的操作系统平台。如图4－3所示，OpenHarmony 操作系统平台能力加上机器人特有的 SDK 不失为一个比较优秀的解决方案。

图 4-2　服务机器人业务全景图

这个解决方案充分利用了 OpenHarmony 的几个技术特性：

（1）利用 OpenHarmony 分布式软总线能力实现模块化。例如，屏幕模块化可根据客户需求调整尺寸与机器人本体通过无线的方式进行连接。

（2）通过 OpenHarmony 用户程序框架、Ability 框架、图形子系统以及 UI 框架，可以保证开发的应用在不同机器人、人机交互屏幕的一致性以及兼容性。

（3）机器人通过各种 OpenHarmony 系统支持的各类传感器，与外界感知并交互。

机器人的控制离不开通信，包括主控系统和屏幕显示系统，生产生活中也有多个机器人一起协同工作的场景，这也是所谓的“横向通信”，第 4 章软总线解决的就是此类设备间的通信问题。软总线支持数据在不同终端设备间的无缝衔接，满足跨设备使用数据的一致性体验，完成了不同物理链路的设备间连接、组网和传输能力，提供近场设备间统一的分布式通信管理能力。

当然机器人通信也离不开具体的硬件设备和管理系统，目前 OpenHarmony 系统依托短距离通信子系统来解决这个问题。OpenHarmony 短距离通信主要采用 WiFi 和蓝牙，第 9 章和第 8 章就是具体介绍 WiFi 和蓝牙的技术。

人机交互离不开本书第 5 章介绍的原理——UI 框架的基本原理和实现，读者可以结合场景再学习其中的原理。同时机器人应用 App 的运行需要 Ability 框架，Ability 框架管理应用的整个生命周期，如应用权限、后台运行等，具有跨应用进程和同一进程内调用的能力。第 6 章展开了 Ability 框架的技术讲解。机器人导航系统等相关应用 App 的界面做得越来越精致，那么图形在内部是如何计算和显示的，读者可以通过阅读第 7 章来了解，第 7 章图形子系统介绍了图形的基本概念和基本原理。

机器人对外感知离不开各种各样的传感器，例如红外传感器、激光雷达等。传感器子系统是为了解决获取传感器数据问题而存在的，读者可以通过第 10 章的阅读掌握这方面的理论知识。

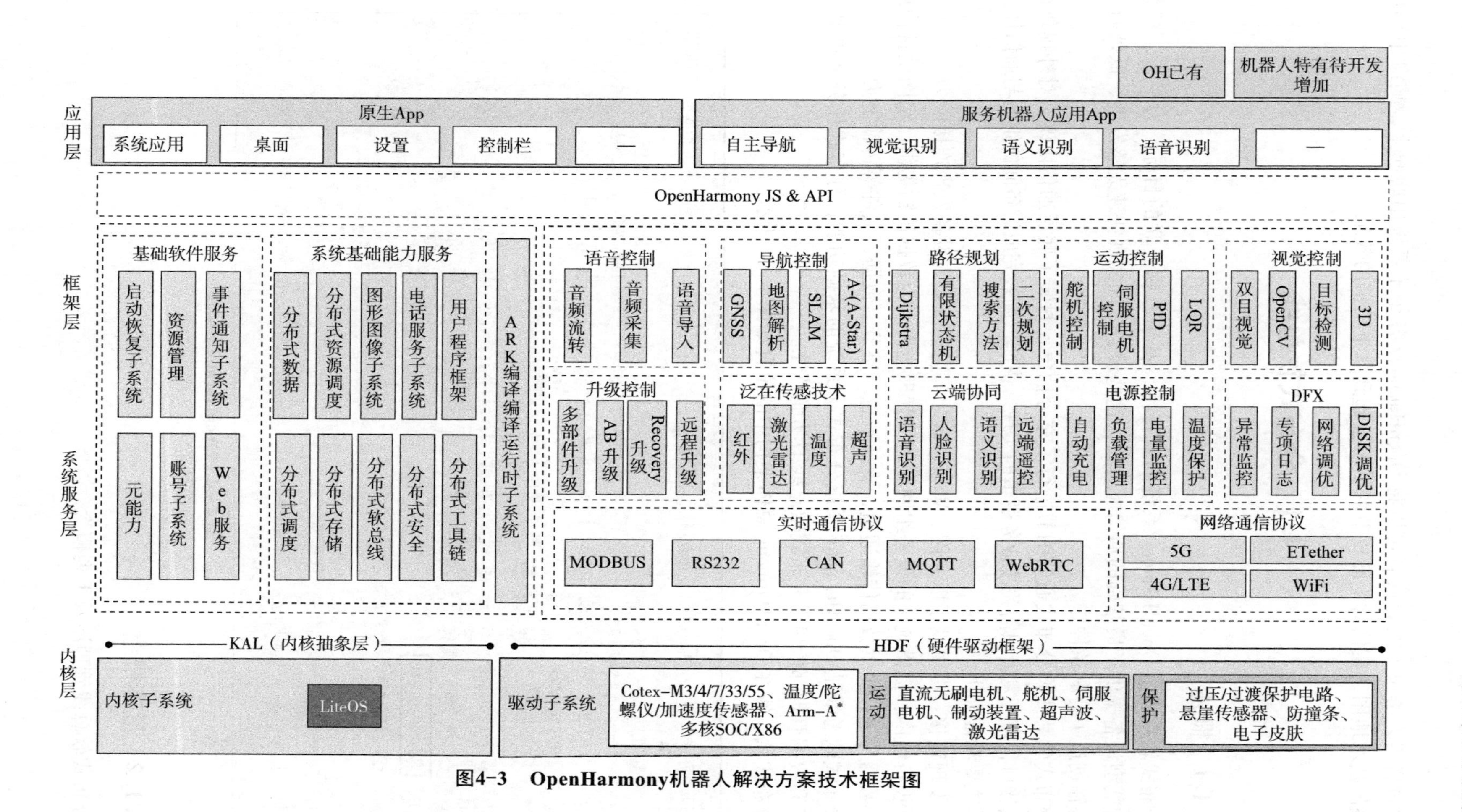

图4-3 OpenHarmony机器人解决方案技术框架图

通过机器人解决方案，读者可以将 OpenHarmony 各个子系统串联起来，脑海中形成一幅完整的技术地图，相信对下面章节的学习会起到事半功倍的效果。

4.1 分布式软总线

4.1.1 概述

分布式软总线是 OpenHarmony 系统的新特性，基于万物互联的目标，为平板、穿戴设备等智能型设备提供了最基础的通信能力，为这些设备之间实现快速无感发现、低延时、高通量传输创造了有利条件。

分布式软总线将分布式通信细节进行了充分抽象，封装了底层通信协议，对外提供简单的通信接口，使开发者只需关注业务逻辑的实现，快速、高效完成设备间的组网与通信任务。

其主要功能如下。

①发现连接：提供基于以太网、WiFi、蓝牙等通信方式的设备发现连接能力。

②设备组网：提供统一的设备组网和拓扑管理能力，为数据传输提供已组网设备信息。

③数据传输：提供数据传输通道，支持消息、字节、数据、文件等传输能力。

分布式软总线是 OpenHarmony 系统分布式子系统的基础功能，分布式任务调度和分布式设备和数据管理都依赖于分布式软总线的功能特性。

分布式软总线在 OpenHarmony 总体架构中的位置如图 4 - 4 所示。

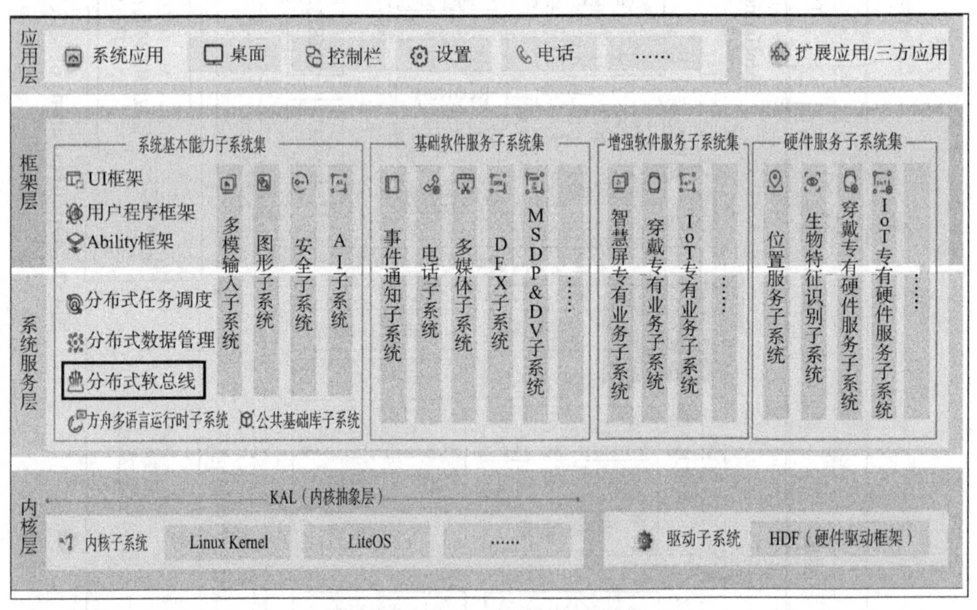

图 4 - 4 OpenHarmony 架构

4.1.2 基本概念

分布式软总线管理涉及下列概念。

(1) 发布。OpenHarmony设备在连接其他设备之前，通常需要注册该设备提供的能力，方便其他设备搜索、查找所需能力的设备。发布即注册并告知其他设备其自身能力的过程。

(2) 发现。OpenHarmony设备之间相互探测、感知的过程。这个过程主要通过处于同一WiFi或局域网下的UDP广播来使各设备之间进行最初的能力告知、上下线通知等，辅以蓝牙探测功能加快整个流程。

(3) 组网。将不同的设备加入统一的分布式软总线的过程。

4.1.3 基本原理和实现

分布式软总线基于以太网、WiFi和蓝牙的软硬件协同，提供设备间的发现与连接功能；在设备之间互相发现与连接之后，分布式软总线再管理设备间的自组网与拓扑关系；提供了屏蔽协议、硬件细节的数据传输功能，包括消息、字节、文件、数据流等传输通道。

分布式软总线总体架构如图4-5所示。

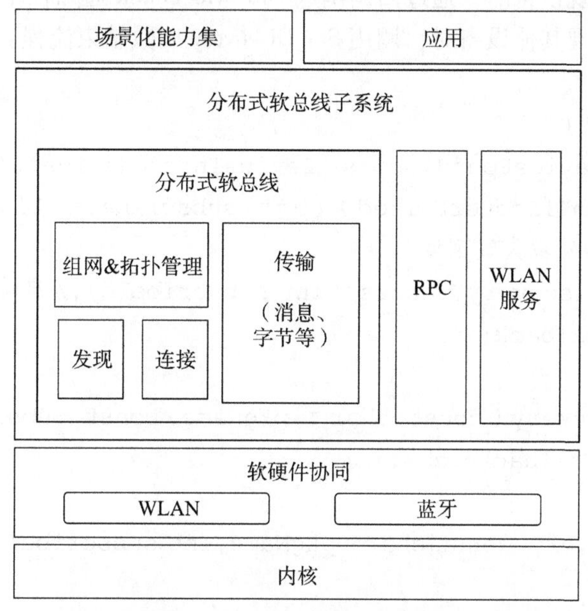

图4-5 分布式软总线架构

目前分布式软总线的发现、组网、传输等功能对外提供的编程接口只有C/C++可用，没有为上层应用程序应用提供的JavaScript接口。下面详细阐述这3个接口。

1. 发现（C接口）

该接口声明于：

/foundation/communication/dsoftbus/interfaces/kits/discovery/discovery_service.h

首先，应用需要调用PublishService函数，发布告知其他设备自身具备的能力。当不再需要发布时，调用UnPublishService函数注销服务。

```
//发布回调
typedef struct{
```

```
    //发布成功时回调
    void(*OnPublishSuccess)(int publishId);
    void(*OnPublishFail)(int publishId,PublishFailReason reason);
}IPublishCallback;
    //发布服务
    int PublishService(const char* pkgName,const PublishInfo* info,
const IPublishCallback* cb);
    //注销服务
    int UnPublishService(const char* pkgName,int publishId);
```

发现流程如下：

（1）调用 StartDiscovery 函数，启动发现流程。若启动成功则会通过 OnDiscoverySuccess 回调函数通知；启动失败则通过 OnDiscoverFailed 函数通知。

（2）当软总线发现设备时，通过回调函数 OnDeviceFound 通知程序进行处理。

（3）不再需要发现其他设备时，调用 StopDiscovery 函数结束流程。

```
//发现回调
typedef struct{
    void(*OnDeviceFound)(const DeviceInfo* device);//发现设备回调
    void(*OnDiscoverFailed)(int subscribeId, DiscoveryFailReason
failReason);//启动发现失败回调
    void(*OnDiscoverySuccess)(int subscribeId);//启动发现成功回调
}IDiscoveryCallback;
//发现服务
int StartDiscovery(const char* pkgName, const SubscribeInfo* info,
const IDiscoveryCallback* cb);
//停止服务
int StopDiscovery(const char* pkgName,int subscribeId);
```

2. 组网（C 接口）

该接口声明于：

/foundation/communication/dsoftbus/interfaces/kits/bus_center/softbus_bus_center.h

组网流程如下：

（1）调用 JoinLNN 函数，主动发起请求。

（2）等待软总线处理，通过回调函数通知组网结果。

（3）进行数据传输等操作。

（4）调用 LeaveLNN 函数，退出组网。

（5）等待退网完成。软总线通过回调函数通知程序进行相关处理。

（6）通过软总线的事件通知机制 RegNodeDeviceStateCb 注册相关回调函数，关注其他设备的状态变化。

```
//组网连接地址
```

```
typedef struct{
    ConnectionAddrType type;
    union{
        struct BrAddr{
            char brMac[BT_MAC_LEN];
        }br;
        struct BleAddr{
            char bleMac[BT_MAC_LEN];
        }ble;
        struct IpAddr{
            char ip[IP_STR_MAX_LEN];
            int port;
        }ip;
    }info;
}ConnectionAddr;

//组网连接地址类型
typedef enum{
    CONNECTION_ADDR_WLAN = 0,
    CONNECTION_ADDR_BR,
    CONNECTION_ADDR_BLE,
    CONNECTION_ADDR_ETH,
    CONNECTION_ADDR_MAX
}ConnectionAddrType;

//组网请求执行结果回调
typedef void(*OnJoinLNNResult)(ConnectionAddr* addr, const char *
networkId,int32_t retCode);

//发起组网请求
int32_t JoinLNN(ConnectionAddr* target,OnJoinLNNResult cb);
//退网执行结果回调
typedef void(*OnLeaveLNNResult)(const char* networkId, int32_t
retCode);
//退网请求
int32_t LeaveLNN(const char* networkId,OnLeaveLNNResult cb);
//事件掩码
#define EVENT_NODE_STATE_ONLINE 0x1
#define EVENT_NODE_STATE_OFFLINE 0x02
```

```
#define EVENT_NODE_STATE_INFO_CHANGED 0x04
#define EVENT_NODE_STATE_MASK 0x07
//节点信息
typedef struct{
    char networkId[NETWORK_ID_BUF_LEN];
    char deviceName[DEVICE_NAME_BUF_LEN];
    uint16_t deviceTypeId;
}NodeBasicInfo;
//节点状态事件回调
typedef struct{
    uint32_t events;//组网事件掩码
    void(*onNodeOnline)(NodeBasicInfo* info);  //节点上线事件回调
    void(*onNodeOffline)(NodeBasicInfo* info); //节点下线事件回调
    void(*onNodeBasicInfoChanged)(NodeBasicInfoType type,NodeBasicInfo*
info);//节点信息变化事件回调
}INodeStateCb;
//注册节点状态事件回调
int32_t RegNodeDeviceStateCb(INodeStateCb* callback);
//注销节点状态事件回调
int32_t UnregNodeDeviceStateCb(INodeStateCb* callback);
```

3. 传输（C 接口）

软总线把数据传输过程抽象成 4 类模型，即消息模型、字节模型、文件模型、流模型。

（1）消息模型和字节模型主要面向小数据通信场景，一般对延时和可靠性要求高的场景使用消息模型，如任务调度、设备控制等。

（2）字节模型主要用于跨设备任务之间少量数据的传递，如数据对象、数据结构体的共享。

（3）文件模型和流模型则主要用于大通量的数据传输，文件模型比流模型提供了更高级的批量传输文件功能。

传输接口声明于：

/foundation/communication/dsoftbus/interfaces/kits/transport/session.h

传输流程如下：

（1）通过 CreateSessionServer 函数创建传输会话服务，注册相关回调函数。

（2）通过已有的会话服务，调用 OpenSession 函数创建一个会话，用于传输数据。

（3）通过会话进行 SendBytes、SendMessage 数据传输。接收端通过 OnBytesReceived、OnMessageReceived 回调函数进行接收数据处理。

（4）数据传输结束后，调用 CloseSession 函数关闭当前会话。

（5）不再需要与对方设备数据传输时，调用 RemoveSessionServer 函数注销服务。

```
//会话管理回调
typedef struct{
```

```
    //Session 成功打开后回调函数
    int(*OnSessionOpened)(int sessionId,int result);
    //Session 关闭后回调函数
    void(*OnSessionClosed)(int sessionId);
    //字节模型数据接收通知回调函数
    void(*OnBytesReceived)(int sessionId, const void* data,unsigned int
dataLen);
    //消息模型数据接收通知回调函数
    void(*OnMessageReceived)(int sessionId,const void* data,unsigned int
dataLen);
    }ISessionListener;
    //创建会话服务
    int CreateSessionServer(const char* pkgName,const char* sessionName,
const ISessionListener* listener);
    //创建会话
    int OpenSession(const char* mySessionName,const char* peerSessionName,
const char * peerDeviceId, const char * groupId, const SessionAttribute *
attr);
    //发送字节模型数据
    int SendBytes(int sessionId,const void* data,unsigned int len);
    //发送消息模型数据
    int SendMessage(int sessionId,const void* data,unsigned int len);
    //关闭会话
    void CloseSession(int sessionId);
    //删除会话服务
    int RemoveSessionServer(const char* pkgName,const char* sessionName);
```

文件传输有单独的接口函数。文件传输一般通过 SetFileSendListener 设置发送回调函数，文件接收方则通过 SetFileReceiveListener 设置接收回调函数。当传送方调用 SendFile 开启批量传输文件过程后，发送和接收的回调函数会依次调用，便于监控发送过程。

```
    typedef struct{
        //文件接收开始通知回调函数
        int(*OnReceiveFileStarted)(int sessionId, const char* files,int
fileCnt);
        //文件接收过程通知回调函数
        int(*OnReceiveFileProcess)(int sessionId,const char* firstFile,
uint64_t bytesUpload,uint64_t bytesTotal);
        //文件接收结束通知回调函数
        void(*OnReceiveFileFinished)(int sessionId,const char* files,int
fileCnt);
```

```
        //文件传输过程错误通知回调函数
        void(*OnFileTransError)(int sessionId);
    }IFileReceiveListener;
    typedef struct{
        //文件发送过程通知回调函数
        int(*OnSendFileProcess)(int sessionId,uint64_t bytesUpload,
uint64_t bytesTotal);
        //文件发送结束通知回调函数
        int(*OnSendFileFinished)(int sessionId,const char* firstFile);
        //文件发送错误通知回调函数
        void(*OnFileTransError)(int sessionId);
    }IFileSendListener;
    //设置文件接收方回调函数、文件接收根目录
    int SetFileReceiveListener(const char* pkgName,const char* sessionName,
        const IFileReceiveListener* recvListener,const char* rootDir);
    //设置文件发送方回调函数
    int SetFileSendListener(const char* pkgName,const char* sessionName,
const IFileSendListener* sendListener);
    //启动文件发送流程
    int SendFile(int sessionId,const char* sFileList[],const char* dFileList
[],uint32_t fileCnt);
```

4.1.4 应用场景

分布式软总线在近场设备之间需要互联互通、安全认证等场景时，可以提供方便、快捷、安全的功能接口，极大地方便了开发者和用户。

不同的设备 A、B、C、D、…在处于同一个 WiFi 时，可以通过分布式软总线的软硬件协同功能，通过应用无感的基础通信能力（包括但不限于 WiFi、蓝牙），自动组网，加入共同的软总线。分布式软总线为这些设备提供基本的任务调度、数据传输功能；上层应用则不需要关注底层技术细节，直接使用更高级、更方便的功能接口，完成万物互联的目标，如图 4－6 所示。

图 4－6　分布式软总线应用示意图

4.2　分布式设备管理

4.2.1　概述

分布式设备管理通过 DeviceManager 组件来实现，是 OpenHarmony 系统基于分布式软总线和安全认证功能的基础，对外提供与账号无关的分布式设备组网能力。

4.2.2　基本概念

分布式设备管理涉及下列概念。

（1）认证。为保障用户信息安全，不同的设备首次组网时要经过各种信息确认的过程，完全确认通过后才能正确加入分布式软总线。认证包括自动进行的设备 ID 认证、应用信息认证、安装密钥认证等，也包括首次组网时需要的 PIN 码认证（或其他自定义的认证方式）。

（2）自组网。已经完成认证的设备，在加入同一个 WiFi 局域网或蓝牙之后，自动加入之前的软总线。这个过程完全自动，无须人为操作。

4.2.3　基本原理和实现

DeviceManager 组件依赖分布式软总线的设备发现、组网功能，在此基础上提供了设备发现与状态变更管理接口；提供了设备认证管理接口；对已经认证的设备（可信设备）提供了读取接口（可信设备列表）。

DeviceManager 组成及依赖如图 4－7 所示。

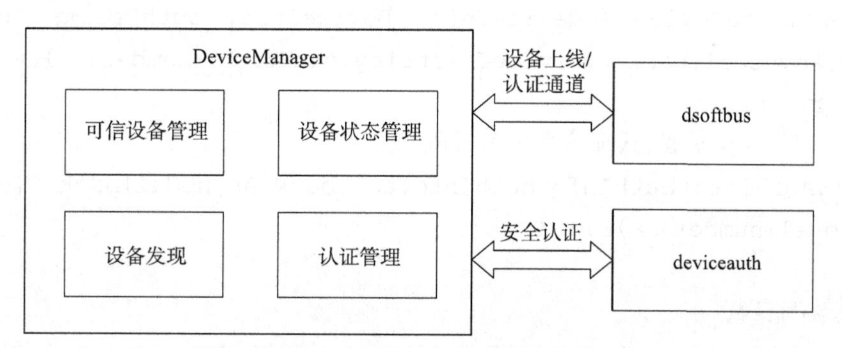

图 4－7　DeviceManager 组成及依赖示意图

分布式软总线当前没有提供上层应用的 JavaScript 接口，上层应用程序需要使用分布式软总线的相关功能时，需要在其他特定的组件引用其接口。例如，设备间的数据传输接口由分布式数据管理组件提供，设备间的组网、上下线、安全认证等功能接口，由分布式设备管理组件提供。

应用程序引用分布式设备管理功能库：

```
import deviceManager from '@ ohos.distributedHardware.deviceManager';
```

分布式设备管理功能需要通过 createDeviceManager 函数，先实例化一个 DeviceManager 对象，在异步回调函数中，保存传入的对象实例，以供后续使用：

```
function createDeviceManager(bundleName:string,callback:AsyncCallback
<DeviceManager>):void;
    //使用举例
deviceManager.createDeviceManager('com.example.mybundle',(err,
devmObj)=>{/* 在这里保存 DeviceManager 对象 devmObj,以供后续使用*/;});
```

DeviceManager 对象有以下功能接口函数:

```
//不再使用时释放
release():void;
//devmObj.release();

//获取已认证的设备列表
getTrustedDeviceListSync():Array<DeviceInfo>;
//let devList=devmObj.getTrustedDeviceListSync();

//开启设备发现
startDeviceDiscovery(subscribeInfo:SubscribeInfo):void;

//停止设备发现
stopDeviceDiscovery(subscribeId:number):void;

//认证设备,异步过程,认证结果传入回调函数
authenticateDevice(deviceInfo: DeviceInfo, authParam: AuthParam,
callback:AsyncCallback<{deviceId:string,pinTone?:number}>):void;

//确认认证,异步过程,认证信息传入回调函数
verifyAuthInfo(authInfo:AuthInfo,callback:AsyncCallback<{deviceId:
string,level:number}>):void;

//消息注册函数
on(type:'deviceStateChange',callback:Callback<{action:DeviceStateC
hangeAction,device:DeviceInfo}>):void;
on(type:'deviceFound',callback:Callback<{subscribeId:number,device:
DeviceInfo}>):void;
on(type:'discoverFail',callback:Callback<{subscribeId:number,reason:
number}>):void;
on(type:'serviceDie',callback:()=>void):void;

//取消注册消息,此时 callback 可选
off(type:'deviceStateChange', callback?: Callback<{action: Device
```

```
StateChangeAction,device:DeviceInfo}>):void;
    off(type:'deviceFound',callback?:Callback<{subscribeId:number,
device:DeviceInfo}>):void;
    off(type:'discoverFail',callback?:Callback<{subscribeId:number,
reason:number}>):void;
    off(type:'serviceDie',callback?:()=>void):void;
```

一个典型的JavaScript应用开发流程：

```
    //引用功能库，创建分布式设备管理实例
    import deviceManager from '@ohos.distributedHardware.deviceManager';
    //这里的bundleName参考config.json里app.bundleName
    deviceManager.createDeviceManager('com.example.mybundle',(err,
devmObj)=>{/*在这里保存DeviceManager对象devmObj，以供后续使用*/;});

    //获取已经认证的设备列表，以供快速组网使用
    let devList=devmObj.getTrustedDeviceListSync();

    //若所需设备尚未认证，则开启认证流程
    //注册deviceFound事件，更严谨的做法应当继续注册deviceStateChange事件、
discoverFail事件、serviceDie事件，管理近场设备上线、下线及各种异常处理
    devmObj.on('deviceFound',(data)=>{
        //在此保存发现的设备信息
        let devInfo=data.device;
        /*
        interface DeviceInfo{
            deviceId:string;
            deviceName:string;
            deviceType:DeviceType;
        }
        */
        //DeviceType详见@ohos.distributedHardware.deviceManager.d.ts
    });
    //组织发现设备所需参数
    let SUBSCRIBE_ID=Math.floor(65536*Math.random());
    let info={
        subscribeId:SUBSCRIBE_ID,//每次发现流程唯一即可
        mode:0xAA,              //主动发现。0x55被动发现
        medium:2,               //2表示WiFi
        freq:2,                 //2表示高频率，发现速度更快，但是更耗电
        isSameAccount:false,    //是否只找同账户的设备
```

```
        isWakeRemote:true,      //是否只找非睡眠状态的设备
        capability:0            //兼容,后续可能弃用
    };
    devmObj.startDeviceDiscover(info);
    //认证发现的设备
    let extraInfo = {
        "targetPkgName":'com.example.myapplication',//FA 流转目标设备包名
        "appName":'appname',  //对端设备应用名称
        "appDescription":'some desc info',
        "business":'0'
    };
    let authParam = {
        "authType":1,           //1 表示 PIN 码认证
        "appIcon":'',           //
        "appThumbnail":'',      //
        "extraInfo":extraInfo   //
    };
    devmObj.authenticateDevice(devInfo,authParam,(err) = >{
        //在此记录认证结果
    });
    //在不需要继续使用分布式设备管理之后,清理收尾
    devmObj.stopDeviceDiscovery(SUBSCRIBE_ID);
    devmObj.release();
```

当前 OpenHarmony 的认证方式如下：

(1) 目标设备弹出数字 PIN 码界面。

(2) 当前设备弹出数字输入界面。

(3) 用户输入目标设备显示的 PIN 码。

(4) 认证成功后，调用回调函数。

(5) 目标设备 PIN 码界面消失，恢复之前界面。

4.2.4 应用场景

分布式设备管理的是近场设备，其底层主要依赖以太网、WiFi 与蓝牙，未来可能扩充到 USB、NFC、红外等设备。

4.3 分布式数据管理

4.3.1 概述

分布式软总线提供了基础的设备间数据通信能力，但使用起来比较烦琐，目前只提供了

C/C ++接口，上层应用不方便。为了使上层应用程序应用更方便快捷地进行数据交互，OpenHarmony 系统提供了分布式数据管理功能。目前提供的是基于 KV（键值）的单版本文件分布式数据库，后续会提供更高性能的内存型分布式数据库和更多功能的关系型分布式数据库。

分布式数据管理为上层应用提供简单、快捷的功能接口，通过对账户、应用、数据库三者的统一管理，对数据进行了安全隔离。不同的账户、不同的应用，不能访问同一个数据库。

分布式数据管理在 OpenHarmony 总体架构中的位置如图 4 - 8 所示。

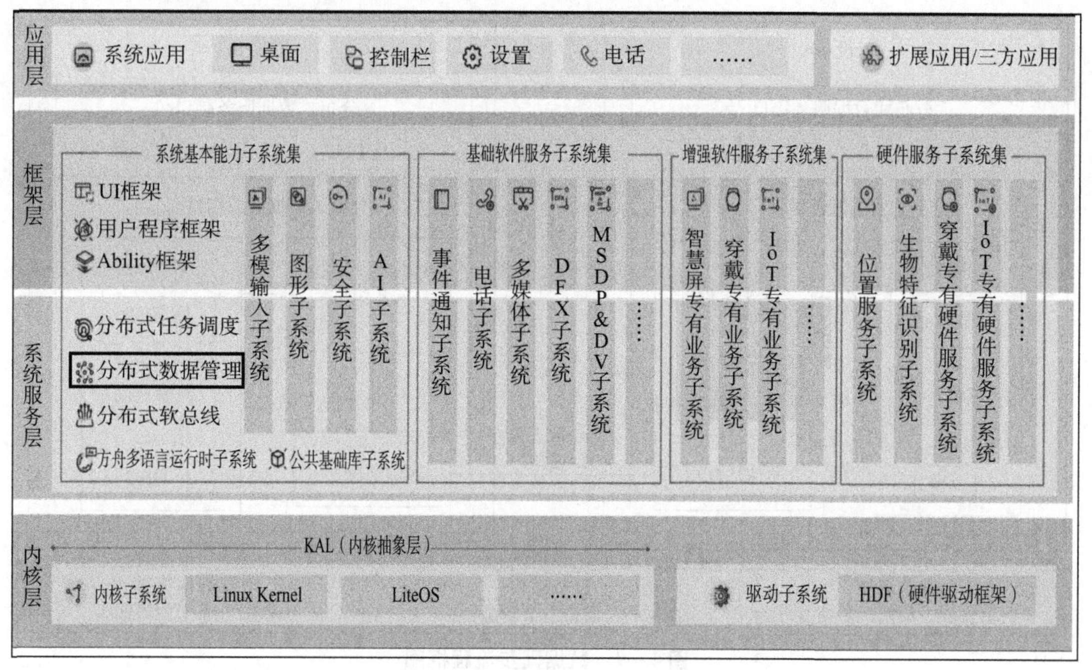

图 4 - 8　OpenHarmony 架构

4.3.2　基本概念

分布式数据管理涉及下列概念。

（1）KVStore：键（Key）、值（Value）型数据库存储引擎，提供基于简单的 KV 模型数据存取功能。

（2）KVManager：KV 数据库管理组件，是分布式数据管理功能的入口。

（3）单版本 KV 数据库：键值只存储当前最新值，即最新版本。

（4）多版本 KV 数据库：值可以存储、读取不同历史版本。

（5）设备协同数据库：不同的设备之间，为方便任务协同，提供了基于设备 ID + 键 Key 共同索引的 KV 数据库，每个设备只能修改自己设备 ID 下的键值，可以读取其他设备提供的键值。

4.3.3 基本原理和实现

应用程序通过分布式数据服务接口，调用组件相关功能。除了 PUT、GET 接口外，应用还可以订阅数据变动的事件，得到数据同步的动态通知和变动详情。分布式数据服务组件通过存储组件保存和查询对应的数据，在数据发生变化时通过同步组件发送到分布式设备网络的其他设备。分布式数据服务底层的通信基于分布式软总线，可以自动处理设备的上线、下线、数据丢失重发等场景，遵循"最终一致性"原则保证数据的完整与可靠。

图 4-9 形象地说明了两台设备数据同步的流程。

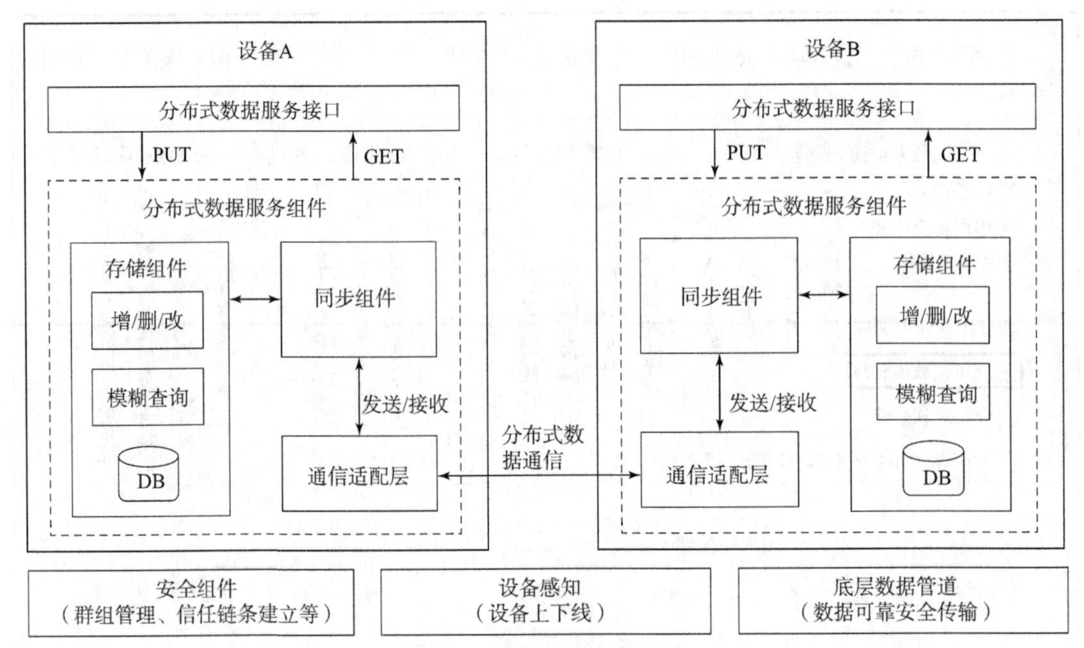

图 4-9 数据同步流程框图

分布式数据管理对于用户可见的是应用开发接口，主要通过 JavaScript 接口来实现。另外，系统也需要多个组件和适配层来实现分布式数据管理功能。

1. 应用开发接口（JavaScript 接口）

分布式数据管理功能目前统一在@ ohos. data. distributedData 模块里。

```
import distributedData from '@ ohos. data. distributedData;
```

KVStore 的一些使用限制如下：

```
namespace Constants{
    //键字符串最大长度
    const MAX_KEY_LENGTH = 1024;
    //值最大字节
    const MAX_VALUE_LENGTH = 4194303;
    //设备协同数据库键最大长度
    const MAX_KEY_LENGTH_DEVICE = 896;
    //存储 ID 最大字节
```

```
    const MAX_STORE_ID_LENGTH = 128;
    //查询请求最大字节
    const MAX_QUERY_LENGTH = 512000;
    //批量操作一次最大数量
    const MAX_BATCH_SIZE = 128;
}
```

分布式数据管理基于单版本 KV 键值数据库，其基本单位 Entry 由 Key（键）、Value（值）组成，Key 只能是字符串，Value 由 Value. type 指示其类型，由 Value. value 存储具体数据。

```
enum ValueType{
    //字符串
    STRING = 0,
    //整型
    INTEGER = 1,
    //单精度浮点
    FLOAT = 2,
    //字节数组
    BYTE_ARRAY = 3,
    //布尔类型
    BOOLEAN = 4,
    //双精度浮点
    DOUBLE = 5
}
interface Value{
    type:ValueType;
    value:Uint8Array |string |number |boolean;
}

interface Entry{
    key:string;
    value:Value;
}
```

KVManager 使用时必须根据 KVManagerConfig 进行实例化，接口提供了异步回调函数和 Promise 两种方式。

```
function createKVManager(config:KVManagerConfig,callback:AsyncCallback
<KVManager>):void;
  function createKVManager(config:KVManagerConfig):Promise<KVManager>;
  interface Options{
    //数据库不存在时,是否自动创建
```

```
        createIfMissing?:boolean;
        //是否加密
        encrypt?:boolean;
        //是否备份
        backup?:boolean;
        //是否自动同步
        autoSync?:boolean;
        //0:设备协同,1:单版本,2:多版本。目前不支持多版本数据库
        kvStoreType?:KVStoreType;
        //安全级别,0～7
        securityLevel?:SecurityLevel;
    }
    interface KVManager{
        getKVStore<T extends KVStore>(storeId:string,options:Options):
Promise<T>;
        getKVStore<T extends KVStore>(storeId:string,options:Options,
callback:AsyncCallback<T>):void;
    }

    interface KVManagerConfig{
        //用户信息
        userInfo:UserInfo;
        //参见 config.json 中 app.bundleName
        bundleName:string;
    }

    interface UserInfo{
        //用户 ID,可选
        userId?:string;
        //用户类型,可选
        userType?:UserType;
    }

    enum UserType{
        //默认为相同用户,后续版本随着安全功能增强,可能会更改
        SAME_USER_ID=0
    }
```

KVManager 使用举例:

```
import distributedData from '@ohos.data.distributedData';
```

```
let kvManager;
try{
    const kvManagerConfig = {
        bundleName:'com.example.test',
        userInfo:{
            userId:'0',
            userType:0
        }
    }
     distributedData.createKVManager ( kvManagerConfig, function ( err,
manager){
        if(err){
            console.log("createKVManager err:" + JSON.stringify(err));
            return;
        }
        console.log("createKVManager success");
        //保存传入的 KVManager 实例以供后续使用
        kvManager = manager;
    });
}catch(e){
    console.log("An unexpected error occurred.Error:" + e);
}
```

分布式数据管理的功能均由 KVStore 提供，由 KVManager 管理。每个应用程序最大能打开 16 个 KVStore 数据库。

目前 LTS3.0 只支持单版本 KV 数据库，后续版本会持续增加支持的数据库种类。

KVManager 实例化 KVStore：

```
let kvStore;
try{
    const options = {
        createIfMissing:true,
        encrypt:false,
        backup:false,
        autoSync:true,
        kvStoreType:1,
        securityLevel:3,
    };
    //数据库名为'test'
    kvManager.getKVStore('test',options,function(err,store){
```

```
            if(err){
                console.log("getKVStore err:" + JSON.stringify(err));
                return;
            }
            console.log("getKVStore success");
            //保存传入的 KVStore 以供后续使用
            kvStore = store;
        });
    }catch(e){
        console.log("An unexpected error occurred. Error:" + e);
    }
```

单版本数据库 SingleKVStore 提供 put、get、delete 操作，均有异步回调和 Promise 两种方式。

```
    interface KVStore{
        put(key:string,value:Uint8Array |string |number |boolean,callback:
AsyncCallback<void>):void;
        put(key:string,value:Uint8Array |string |number |boolean):Promise
<void>;

        delete(key:string,callback:AsyncCallback<void>):void;
        delete(key:string):Promise<void>;

        on(event:'dataChange',type:SubscribeType,observer:Callback
<ChangeNotification>):void;
        on(event:'syncComplete',syncCallback:Callback<Array<[string,
number]>>):void;
    }

    interface SingleKVStore extends KVStore{
        get(key:string,callback:AsyncCallback<Uint8Array |string |boolean
|number>):void;
        get(key:string):Promise<Uint8Array |string |boolean |number>;
        //同步
        sync(deviceIdList:string[],mode:SyncMode,allowedDelayMs?:
number):void;
    }
```

在创建 KVStore 时，可以指定自动同步。如果不指定，也可以手动调用 sync 进行特定的设备间同步。

```
    enum SyncMode{
```

```
    //只拉取其他设备数据
    PULL_ONLY=0,
    //只发送本地改变数据
    PUSH_ONLY=1,
    //设备间同步数据
    PUSH_PULL=2
}
```

在数据发生变动时，上层应用可以通过订阅事件得到变动通知：

```
interface ChangeNotification{
    insertEntries:Entry[];
    updateEntries:Entry[];
    deleteEntries:Entry[];
    deviceId:string;
}

enum SubscribeType{
    SUBSCRIBE_TYPE_LOCAL=0,
    SUBSCRIBE_TYPE_REMOTE=1,
    SUBSCRIBE_TYPE_ALL=2,
}
on(event:'dataChange',type:SubscribeType,observer:Callback<Change
Notification>):void;

//使用示例:
kvStore.on('dataChange',/* SubscribeType*/2,function(changes){
    //changes.insertEntries;
    //changes.updateEntries;
    //changes.deleteEntries;
})
```

一个完整的分布式数据管理使用流程，如图4-10所示。

(1) 双方各自创建分布式数据库管理器。

(2) 根据相同的配置信息，创建分布式数据库。

(3) 在各自得到的数据库对象上操作SET、GET、SYNC。

(4) 根据创建时同步选项的不同，自动同步的由分布式数据管理同步组件自动进行；手动同步的则由应用的应用程序主动调用SYNC，触发同步组件进行同步操作。

(5) 上层应用通过dataChange事件通知得到数据最终同步结果。

2. 内部服务接口

分布式数据服务为上层应用提供数据库创建、数据访问、数据订阅等JavaScript编程接口，同时为内部其他组件提供C++编程接口；接口支持KV数据模型，支持常用的数据类

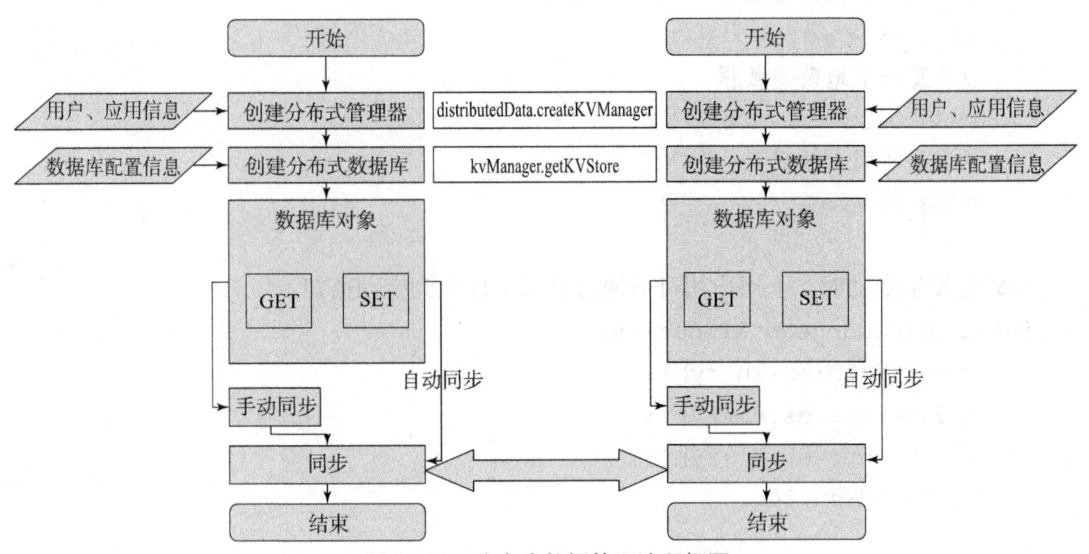

图 4-10 分布式数据管理流程框图

型，同时确保接口的兼容性、易用性和可发布性。

3. 服务组件

服务组件负责服务内元数据管理、权限管理、备份和恢复管理以及多用户管理等，同时负责初始化底层分布式 DB 的存储组件、同步组件和通信适配层。

4. 存储组件

存储组件负责数据的访问、数据的缩减、事务、快照以及数据合并和冲突解决等特性。

5. 同步组件

同步组件连接了存储组件与通信组件，其目标是保持在线设备间的数据库数据一致性，包括将本地产生的未同步数据同步给其他设备、接收来自其他设备发送过来的数据并合并到本地设备中。

6. 通信适配层

通信适配层通过封装更底层的通信函数，屏蔽了不同通信系统的差异，从而与底层通信解耦。通信适配层为分布式数据管理提供了通信管道的创建与连接功能，获取周边设备的上下线消息同步给上层同步组件。通信适配层维护已连接和断开设备的元数据，同步组件则维护连接的设备列表，分布式数据管理同步数据时根据该列表，调用通信适配层的接口将数据封装并发送给连接的设备。

4.3.4 应用场景

当上层应用需要在不同的设备间共享数据、获取一致的数据体验时，分布式数据管理可以提供非常简单易用的功能接口。

不同设备的上层应用通过分布式数据管理提供的访问接口，进行增、删、改、查以及订阅操作。分布式数据管理通过访问控制，让不同的应用、不同的用户进行数据隔离，并通过底层数据存储加密、数据分级管理，保障数据安全。在上层应用进行数据更新操作后，数据同步组件通过分布式软总线提供的数据通信功能，进行设备间的数据同步操作。如果遇到不同设备的数据操作冲突，则采取最新覆盖机制，同时分发数据同步事件，保证数据的最终一致性。

图 4 - 11 说明了这一个过程。

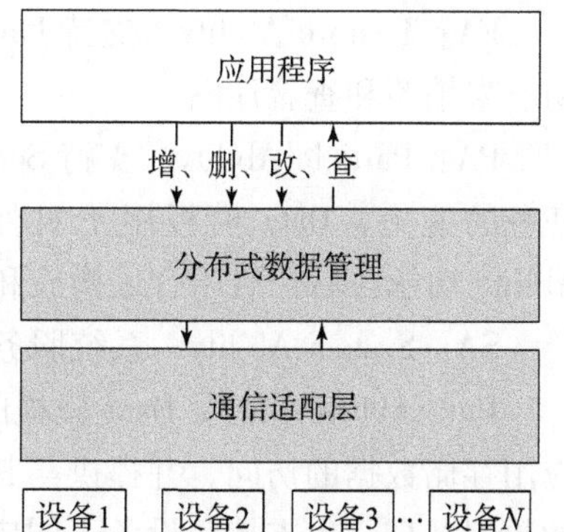

图 4 - 11　分布式数据管理应用场景

4.4　分布式任务调度

4.4.1　概述

OpenHarmony 的分布式任务调度功能基于分布式软总线，必须在设备之间完成互信认证、互相连接之后，才能正常调用相关功能。

分布式任务调度负责在软总线统一组网之后提供跨设备的任务调度、迁移、绑定等功能，支持分布式场景下的应用协同。

分布式任务调度在 OpenHarmony 总体架构中的位置如图 4 - 12 所示。

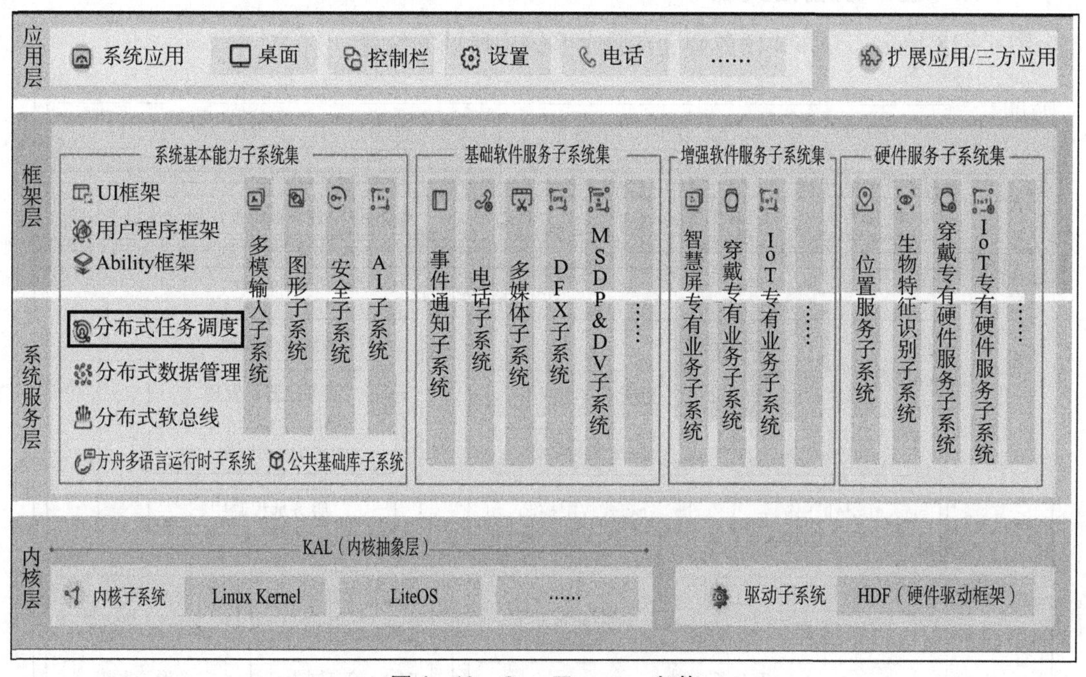

图 4 - 12　OpenHarmony 架构

4.4.2　基本概念

分布式任务调度涉及下列概念。

Ability：Ability 是应用所具备能力的抽象，也是应用程序的重要组成部分。一个应用可以具备多种能力（即可以包含多个 Ability），OpenHarmony 系统支持应用以 Ability 为单位进行部署。Ability 可以分为 FA（Feature Ability）和 PA（Particle Ability）两种类型，每种类型为开发者提供了不同的模板，以便实现不同的业务功能。

FA：Feature Ability，支持 Page Ability，用于提供与用户交互的能力，如可以使用这些功能来拍照和查看地图。

PA：Particle Ability，支持 Service Ability 和 Data Ability。Service 模板用于提供后台运行任务的能力，Data 模板用于对外部提供统一的数据访问抽象。例如，可以使用 Service Ability 功能在后台启用音乐播放和地图导航，使用 Data Ability 搜索联系人。

SA：System Ability，系统服务。

Data Ability：使用 Data 模板的 Ability（以下简称 Data）有助于应用管理其自身和其他应用存储数据的访问，并提供与其他应用共享数据的方法。Data 既可用于同设备不同应用的数据共享，也支持跨设备不同应用的数据共享。数据的存放形式多样，可以是数据库，也可以是磁盘上的文件。Data 对外提供对数据的增、删、改、查以及打开文件等接口，这些接口的具体实现由开发者提供。

绑定：Ability 之间建立连接，提供远程功能调用。

解绑：Ability 之间解除连接，互相之间不再提供功能调用。

4.4.3 基本原理和实现

图 4-13 给出了分布式任务调度在整个系统中所处的位置。

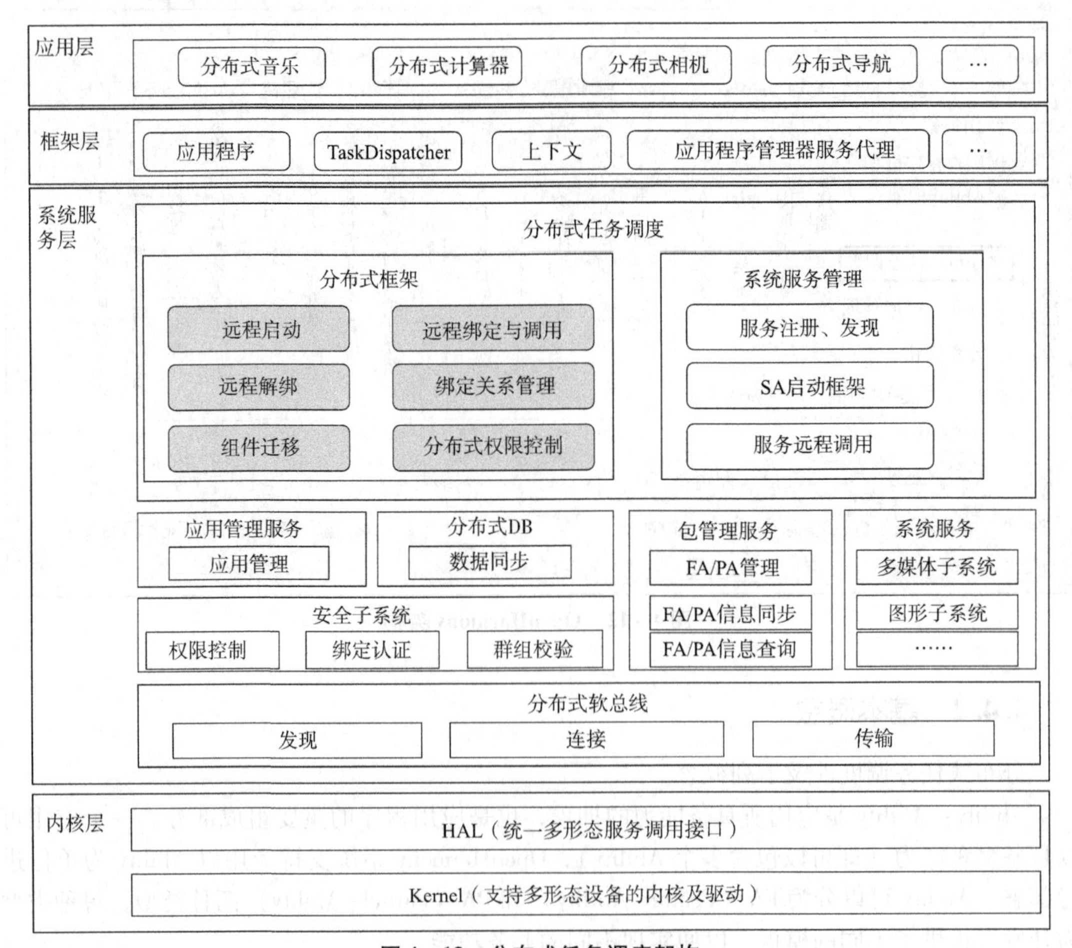

图 4-13 分布式任务调度架构

分布式任务调度主要由两块组成，即分布式框架和系统服务管理。

（1）分布式框架是分布式任务调度的核心功能所在，包括远程服务的绑定与调用、绑定关系的管理、分布式任务调度之间权限的管理等，对外提供远程启动、连接、绑定功能。

（2）系统服务管理是分布式任务调度的基础，包括系统服务 SA 的启动管理、系统服务的注册与发现管理以及对远程服务调用的响应。

分布式任务调度对于用户可见的是远程启动接口，主要是通过 JavaScript 接口来实现，后台需要另外两个组件来支撑——系统服务实现框架 safwk 组件和系统服务管理 samgr 组件。

1. 远程启动接口（JavaScript 接口）

对上层应用提供的分布式任务调度功能，目前全部在@ ohos. ability. featureAbility 模块中定义。

```
import featureAbility from @ ohos. ability. featureAbility;

//启动远程或本地 FA
function startAbility (parameter: StartAbilityParameter, callback:
AsyncCallback<number>):void;
function startAbility (parameter: StartAbilityParameter): Promise
<number>;

//获取到启动时的参数配置
function getWant(callback:AsyncCallback<Want>):void;
function getWant():Promise<Want>;

//结束 FA
function terminateSelf(callback:AsyncCallback<void>):void;
function terminateSelf():Promise<void>;

export interface StartAbilityParameter{
  //目标设备 FA 的 Want
  want:Want;
  //启动设置
  abilityStartSetting?:{[key:string]:any};
}
export declare interface Want{
  //目标设备 ID,启动本地 FA 时不填
  deviceId?:string;

  //目标设备 bundleName
  bundleName?:string;
```

```
  //目标设备 abilityName
  abilityName?:string;

  //uri 形式的 FA
  uri?:string;

  type?:string;
  flags?:number;
  action?:string;
  //传递给远程启动 FA 的参数,对方可以通过 getWant 获取到
  parameters?:{[key:string]:any};
  entities?:Array<string>;
}
```

远程启动 FA 的调用方法:

```
let deviceId = 'xxxx';//获取到的对方设备 ID
let want = {
    bundleName:'com.example.test',
    abilityName:'com.example.test.MainAbility',
    deviceId:deviceId,
    //可以组织参数传递
    parameters:{
        isFA:'FA',
        arg:'some msg'
    }
}
featureAbility.startAbility({
    want:want
}).then((data) => {
    console.log("start ability finished.");
});
//远程的 FA 被启动后,可以通过 getWant 得到对方传来的参数,以此判断调用来源和启动时的数据传递
featureAbility.getWant().then((want) => {
    //检查 want.parameters
});
```

启动之后，双方或多方的 FA 可以通过分布式数据管理，进行更多的数据交互，完成任务协同。

一个完整的远程任务启动流程如图 4-14 所示。

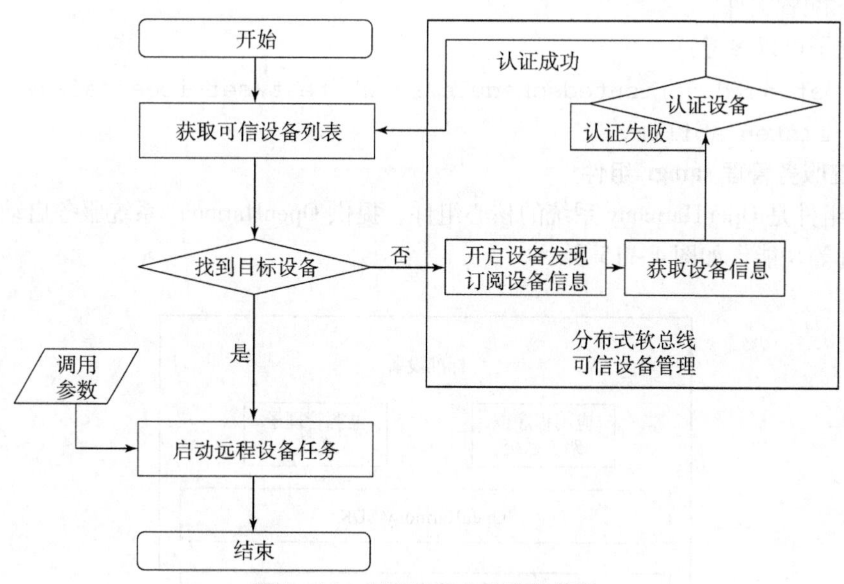

图4－14　远程任务启动流程框图

（1）获取已认证的可信设备列表。

（2）若目标设备已经认证且在线，则直接启动远程设备上的任务。

（3）若目标设备尚未认证，则开启设备发现流程。

（4）获取当前所有在线的邻近设备，找到对应的设备，启动认证流程。

（5）认证成功，则自动加入可信设备列表。

（6）认证失败，则重试。

2. 系统服务实现框架 safwk 组件

在分布式任务调度子系统中，safwk 组件定义 SystemAbility 的实现方法，并提供启动、注册等接口实现。

```
//获取指定系统服务的 RPC 对象
sptr<IRemoteObject>GetSystemAbility(int32_t systemAbilityId);
//发布系统服务
bool Publish(sptr<IRemoteObject>systemAbility);
//根据 SA profile 配置启动 System Ability
virtual void DoStartSAProcess(const std::string& profilePath) =0;
```

SystemAbility 实现一般采用 XXX. rc + profile. xml + libXXX. z. so 的方式由 init 进程执行对应的 XXX. rc 文件拉起相关 SystemAbility 进程。

SystemAbility 的实现，需要按以下步骤进行。

（1）定义 IPC 对外接口 IXXX。

（2）定义客户端通信代码 XXXProxy。

（3）定义服务端通信代码 XXXStub。

（4）SystemAbility 的实现类。

（5）SystemAbility 配置。

（6）rc 配置文件。

实现例子可以参考：

/foundation/distributedschedule/safwk/test/services/safwk/unittest/listen_ability

3. 系统服务管理 samgr 组件

samgr 组件是 OpenHarmony 系统的核心组件，提供 OpenHarmony 系统服务启动（拉起）、注册、查询等功能，如图 4－15 所示。

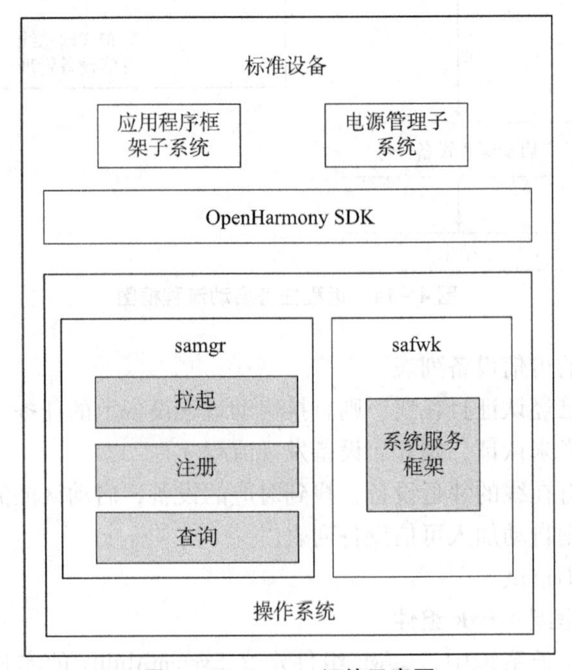

图 4－15　samgr 组件示意图

图 4－15 表示 OpenHarmony 分布式任务调度仓库 SAMGR 组件库。

samgr 服务接收到 SA 框架层发送的注册消息，会在本地缓存中存入系统服务相关信息。对于本地服务而言，samgr 服务接收到 SA 框架层发送的获取消息后，会通过服务 ID，查找到对应服务的代理对象，然后返回给 SA 框架。

4.4.4　应用场景

以导航为例，在手持设备上的导航应用程序，可以随时远程启动（或退出）手表或车机上的导航应用，并且通过分布式数据管理，在多个设备上共享导航信息，从而实现导航信息在多设备之间无缝流转。

如图 4－16 所示，用户可以在手持设备上规划好导航路径，然后远程启动车机上的导航应用程序，将手持设备上的路径数据通过分布式数据管理同步到车机上继续导航；中途也可随时启动其他设备（如手表）上的导航应用程序并同步导航数据，实现导航的无缝衔接。

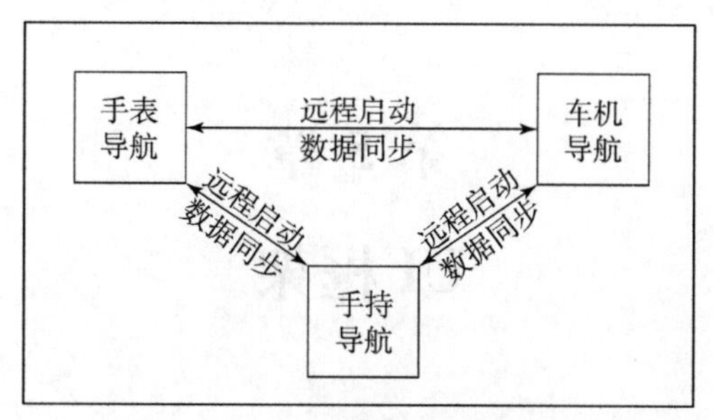

图4-16　任务调度应用场景示例

4.5　思考和练习

（1）查阅资料自学 COAP 协议，并阐述协议的作用。

（2）阅读 OpenHarmony 3.0 版本源代码，查阅分布式软总线的 C 接口是被哪些模块所使用。

（3）阅读分布式任务调度的相关源代码，尝试把其中一个组件的流程图画出。

（4）阐述整个分布式子系统涉及的模块以及各个模块的作用。

（5）使用2台海思设备，如 Hi3516 设备，尝试编写一个应用程序——模拟猜拳游戏，使用分布式软总线接口。猜拳游戏具体规则：双方同时各喊一个数字（0、5、10、15、20），并且用手比出一个数字（0、5、10），谁喊的数字是双方比出的数字之和谁就赢。例如，甲说20，手上比的是10，乙说15，手上比的是5，则双方比出的数字和是15，结果为乙方赢，甲方失败。

第 5 章
UI 框架

5.1 UI 框架概述

5.1.1 UI 框架的定义

UI 即用户界面，主要包含视觉（如图像、文字、动画等可视化内容）以及交互（如按钮单击、列表滑动、图片缩放等用户操作），即与界面相关的输入与输出。

实际开发中会发现有些组件及功能会频繁使用，自然会想到把这些具有共性的东西抽离出来，变成通用的组件。在写其他页面时，只要引入这些通用的组件，就可以省去很多重复工作。经过不断提炼，就形成了前端 UI 框架。

前端 UI 框架可以理解为是对 UI 设计的封装，包含了 UI 开发的基础设施，主要包括 UI 控件、视图布局、动画机制、交互事件处理以及相应的编程语言和编程模型（如 MVVM）等。

5.1.2 UI 框架的分类与发展趋势

1. 原生 UI 框架与跨平台 UI 框架

以平台支持能力划分，UI 框架分为原生 UI 框架和跨平台 UI 框架。

（1）原生 UI 框架指的是与操作系统绑定的 UI 框架，如 iOS 的原生框架是 UI Kit、Android 的原生框架是 View 框架。这些框架一般只能运行在相应的操作系统上。

（2）跨平台 UI 框架指的是可以在不同的系统平台独立运行的 UI 框架。比如，HTML5 和在 HTML5 基础上拓展出来的前端框架 React Native，还包括 Google 开发的 Flutter 等。跨平台 UI 框架的特性是跨平台，同一份代码可以部署到不同的操作系统平台上，只需少量的修改甚至不需要修改。由于不同的平台会存在差异，这也导致跨平台 UI 框架相对而言会更加复杂。

2. 命令式 UI 框架与声明式 UI 框架

以编程思维划分，UI 框架分为命令式 UI 框架和声明式 UI 框架。

（1）命令式 UI 框架的特性是过程导向，一步步命令“机器”如何去做（how），而“机器”会按照用户的命令实现。比如，Android 的原生框架 View，开发人员通过它提供的 API 接口直接操作 UI 组件。命令式 UI 的优点是易于掌控，开发人员可根据业务需求和流程定制具体的实现步骤，这也更符合直观的思维。

（2）声明式 UI 框架的特性是结果导向，用户只需要告诉“机器”想要的是什么

（what），而“机器”会去想办法实现它。比如，Web 的 Vue 框架，会根据声明式的语法描述，渲染出对应的 UI，并结合 MVVM（Model - View - View Model）编程模型，自动监听数据的变化来更新 UI。

（3）优劣势。

①命令式 UI 框架的优点是开发者可以控制具体的实现路径，经验丰富的开发者能够写出较为高效的实现。不过这种情况下，开发者需了解大量的 API 细节并指定具体的执行路径，开发门槛较高。具体的实现效果也高度依赖开发者本身的开发技能。另外，由于和具体实现绑定较紧，在跨设备情况下，灵活性和扩展性相对有限。

②声明式 UI 框架的优点是开发者只需描述好结果，相应的实现和优化由框架来处理。另外，由于结果描述和具体实现分离，实现方式相对灵活同时容易扩展。但是这样对框架的要求较高，需要框架有完备的、直观的描述能力，并能够针对相应的描述信息实现高效处理。

3. UI 框架发展趋势

在应用开发对应的业务越发复杂、版本迭代和新需求开发越发快速的状况下，UI 框架作为应用开发的核心组成部分，也需要不断发展来满足对应的需求。

而框架发展的核心目标就是提高开发效率、降低开发成本、提升性能，业界趋势的发展主要就是为了达成这些目标。

1）提高开发效率

为提高开发效率，UI 框架从命令式 UI 向声明式 UI 发展，声明式 UI 框架可以实现更直观、更便捷的 UI 开发。比如，iOS 中的 UI Kit 到 Swift UI，Android 中的 View 到 Jetpack Compose，以及当前流行的 React、Flutter 等也都是声明式 UI 的代表，OpenHarmony 的 UI 框架也支持声明式 UI。此外，在 UI 描述方面，Swift UI 中的 Swift 语言，Jetpack Compose 中的 Kotlin 语言，OpenHarmony ACE UI 中的 TS 以及 eTS 语言，都精简了 UI 描述语法，降低了开发门槛。

2）降低开发成本

为了降低开发成本，UI 框架开发了跨平台（OS）能力，跨平台能力可以让一套代码复用到不同的操作系统上。不过这里也有一系列的挑战，如运行在不同平台上的性能问题、能力和渲染效果的一致性问题等。业界在这方面也不断演进，主要有以下几种方式。

（1）JS/Web 方案。比如，HTML5 利用 JS/Web 的标准化生态，通过相应的 Web 引擎实现跨平台目标。

（2）JS + Native 混合方式。比如，React Native、Weex 等，结合 JS 桥接到原生 UI 组件的方式实现了一套应用代码能够运行到不同平台上。

（3）与平台无关的 UI 自绘制能力 + 新的语言，如 Flutter，整个 UI 基于底层画布由框架层来绘制，同时结合 Dart 语言实现完整的 UI 框架。Flutter 从设计之初就是将跨平台能力作为重要的竞争力去吸引更多的开发者。

另外，部分原生开发框架也开始向跨平台演进。比如，Android 原生的开发框架 Jetpack Compose 也开始将跨平台支持作为其中的目标，计划将 Compose 拓展到桌面平台，如 Windows、MacOS 等。

3）提升性能

在性能方面，Swift 通过引入轻量化结构体等语言特性更好地实现内存快速分配和释放，Flutter 中 Dart 语言则在运行时专门针对小对象内存管理做相应优化等。

随着智能设备的普及，多设备场景下，设备的形态差异（屏幕大小、分辨率、形状、交互模式等）、设备的能力差异（从百 K 级内存到 G 级内存设备等）以及应用需要在不同设备间协同，这些都对 UI 框架以及应用开发带来了新的挑战。

5.2 基本原理和实现

5.2.1 总体架构

ACE（Ability Cross - platform Environment，元能力跨平台执行环境）是 OpenHarmony 的 UI 框架。ACE UI 框架概念更加广泛，除了包含前端 UI 框架外，还包含后端的渲染引擎，提供了 UI 的运行时功能，以及负责应用在系统中执行时所需的资源加载、UI 渲染和事件响应等。总之，ACE UI 框架提供了从前端界面解析到后端运行处理所需要的整体能力。

ACE UI 框架结合 OpenHarmony 的基础运行单元 Ability、语言和运行时以及各种平台能力 API 等共同构成 OpenHarmony 应用开发的基础，实现了跨设备分布式调度以及原子化服务免安装等能力。

如图 5 - 1 所示，ACE UI 框架位于框架层，和用户程序框架、Ability 框架共同实现了系统基本能力子系统集。

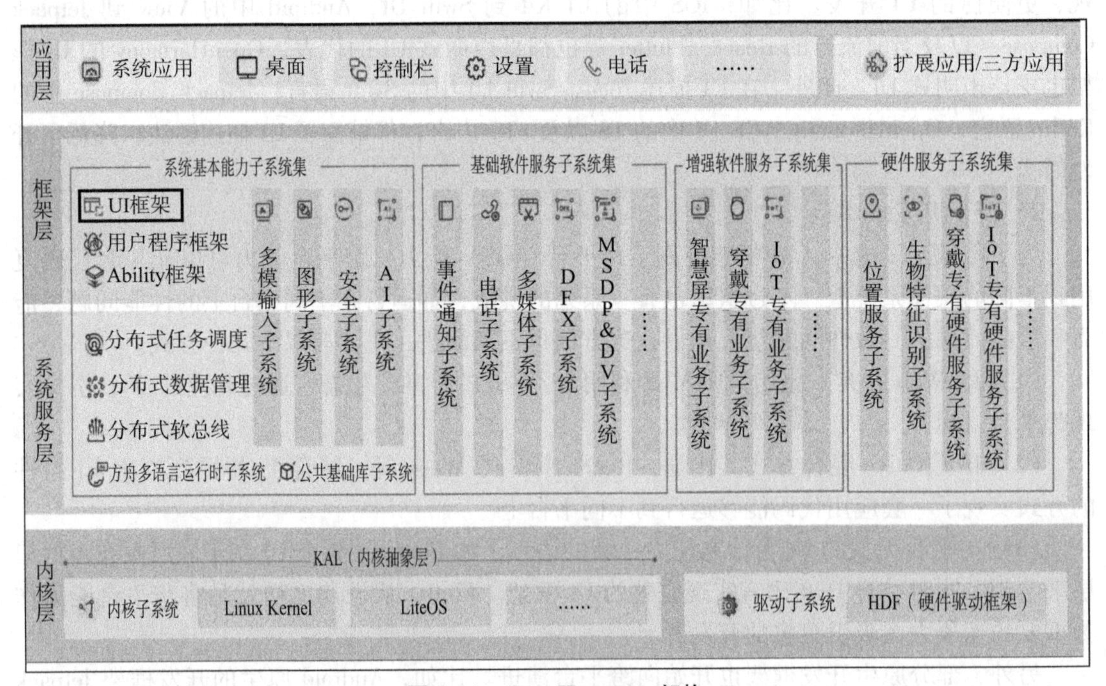

图 5 - 1　OpenHarmony 架构

ACE UI 框架总体架构的思路如下。

（1）建立分层机制，引入高效的 UI 基础后端，并能够与 OS 平台解耦，形成一致化的

UI 体验。

（2）通过多前端的方式扩展应用生态，并结合声明式 UI，在开发效率上持续演进。

（3）框架层统一结合语言以及运行时、分布式、组件化设计等，围绕跨设备进一步提升体验。

ACE 将应用的 UI 界面进行解析，通过创建后端具体 UI 组件、进行布局计算、资源加载等处理生成具体绘制指令，并将绘制指令发送给渲染引擎，渲染引擎将绘制指令转换为具体屏幕像素，最终通过显示设备将应用程序转换为可视化的界面效果展示给用户。

ACE UI 框架通过上述的解耦方式实现了跨平台的能力，提供了多种开发范式的支持，同时支持的开发范式还可以不断扩充，提升了开发效率，降低了开发成本。

5.2.2　基本原理

UI 框架主要分为 4 个部分，即前端框架层、桥接层、引擎层、平台抽象层，如图 5－2 所示。

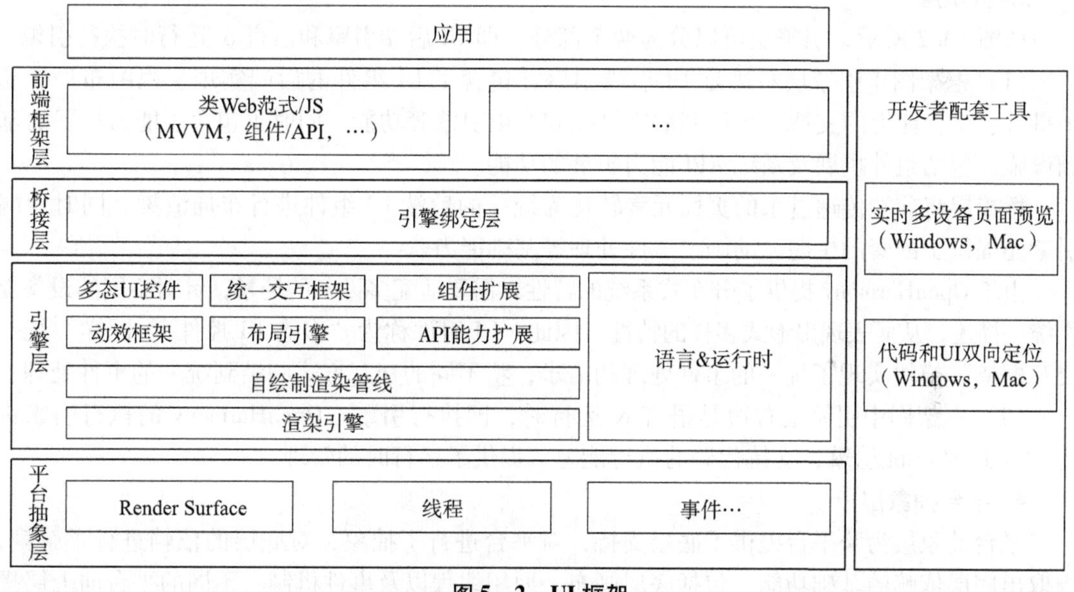

图 5－2　UI 框架

前端框架层提供了应用的开发范式及对应的组件支持，用户通过对应的开发范式进行开发。桥接层实现前端开发框架到 UI 后端引擎和 JS 引擎的对接。引擎层一方面负责对用户开发的界面进行解析执行，另一方面负责对界面进行渲染绘制。平台抽象层负责将上层绘制的图形传递给底层平台，在界面上进行显示，同时支持人机交互事件自下而上地反馈。

1. 前端框架层

前端框架层提供了上层的开发范式，用户通过提供的开发范式进行应用开发，同时还提供了对应的组件支持，以及对应的编程模型 MVVM。通过 MVVM 进行数据和视图的绑定，当数据变更后框架会对绑定的界面元素进行更改。同样地用户的输入也会传递到后台，通过绑定实现界面的自动更新。

OpenHarmony 中的开发框架叫方舟开发框架（Ark UI），包含了两种开发范式，即基于

JS 扩展的类 Web 开发范式和基于 TS 扩展的声明式开发范式。

JS 类 Web 开发范式由 HML、CSS、JS 文件组成。HML 文件描述页面组件的结构，CSS 文件描述页面组件的样式，JS 文件从交互的角度描述页面行为。该范式和 Web 前端的开发范式类似，可以方便 Web 前端的开发人员快速上手 OpenHarmony 系统的开发。

TS 声明式开发范式由 ETS 文件构成。ETS 文件提供了组件的描述、动效和状态管理的功能。声明式开发范式可以让开发者更直观地描述 UI 界面，而不必关心框架如何实现 UI 绘制和渲染。

2. 桥接层

该层作为前端引擎到后端引擎的中间层，起到了对接的作用。

通过桥接层将不同的前端开发框架进行转化后转到同一个后端框架，使开发范式得以扩展。当前支持的类 Web 开发范式和 TS 声明式开发范式再进行转化，组件信息都转化为同一个数据结构 Component 传递到引擎层，使架构上可支持多前端开发范式。同样地，后续还可以进一步对前端引擎的支持进行扩充。

3. 引擎层

如图 5 - 2 所示，引擎层可以分为两个部分，即 UI 后端引擎和语言 & 运行时执行引擎。

（1）框架图中引擎层左边是 UI 后端引擎，包含了 UI 组件的后端实现、视图布局、动画事件、交互能力的支持、自绘制渲染管线和渲染引擎等功能。同时也包含了能力扩展的基础设施，包括组件扩展及系统 API 能力扩展的功能。

桥接层将前端传递过来的页面元素转化为统一的后端 UI 组件进行布局渲染。同时后端引擎还提供了配套的主题、动画、事件处理等基础能力。

由于 OpenHarmony 提供了分布式系统的特性，需要适配多设备的场景，针对不同的设备提供统一描述，从而表现出形式多样的特性。因此，UI 组件称为“多态 UI 控件”。同样“统一交互框架”模块实现了统一的事件处理的需求，将不同的交互方式归结到统一的事件处理。

（2）框架图中引擎层右边是语言 & 运行时，即执行引擎。OpenHarmony 的执行引擎称为方舟 JavaScript 引擎，支持代码的执行能力，提供了运行时的管理。

4. 平台抽象层

平台抽象层为跨平台提供了底层支持，对平台进行了抽象，对底层的依赖进行了解耦，提取出底层依赖的基础功能，包括底层画布、通用线程以及事件机制。不同的平台向上层提供统一的接口，实现了跨平台的能力。

因此，OpenHarmony 系统的 IDE 工具 DevEco Studio 通过跨平台的能力可以做到和设备几乎一致的渲染体验以及多设备上的 UI 实时预览功能。

5.2.3 整体流程

下面以 Web 范式的开发为例，通过梳理一个应用从前端脚本解析到渲染显示的整体流程来理解 ACE 的 UI 框架。

1. 前端脚本解析

应用在编译过程中会生成引擎可执行的 Bundle 文件。启动应用时 JS 线程会执行 Bundle 文件，引擎层会将 Bundle 中的内容进行解析、执行，最终转化为数据结构用于描述界面信息，并进行数据绑定。

图 5－3 是对一个类 Web 开发范式文件进行解析生成的树状结构，每个节点包含该节点的属性及样式信息。

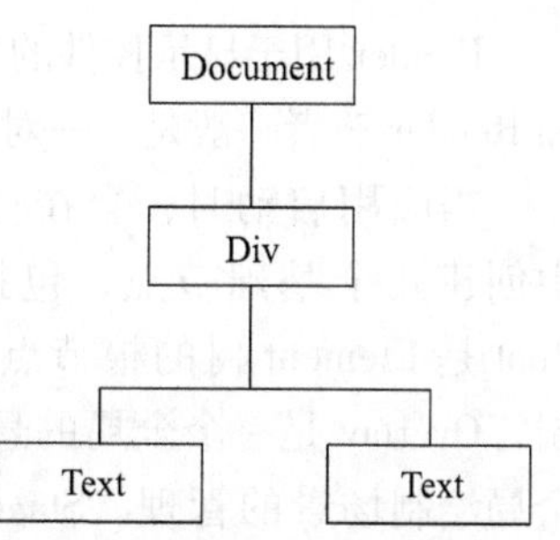

图 5－3　类 Web 开发范式文件树状结构框图

2. 渲染管线构建

组件树的构建以及整个渲染管线的核心逻辑都在 UI 线程中实现。经过前端框架的解析，通过桥接层转化为后端引擎的组件实现。

后端引擎通过 Component 组件描述前端组件，并保存属性及样式信息。每一个前端组件对接一个 Composed Component。Composed Component 继承自 Component，是一个组合控件，通过不同的子 Component 组合对前端控件进行描述。实际上，除了 Composed Component 外，还有的 Component 继承自 Component Group，这对处理逻辑没有影响，两者的区别主要是提供的接口有差异。

如图 5－4 所示，引擎层将前端组件转化为后端 Component 树，每个前端组件会转化为一个 Composed Component，通过不同的子 Component 对前端组件进行描述。

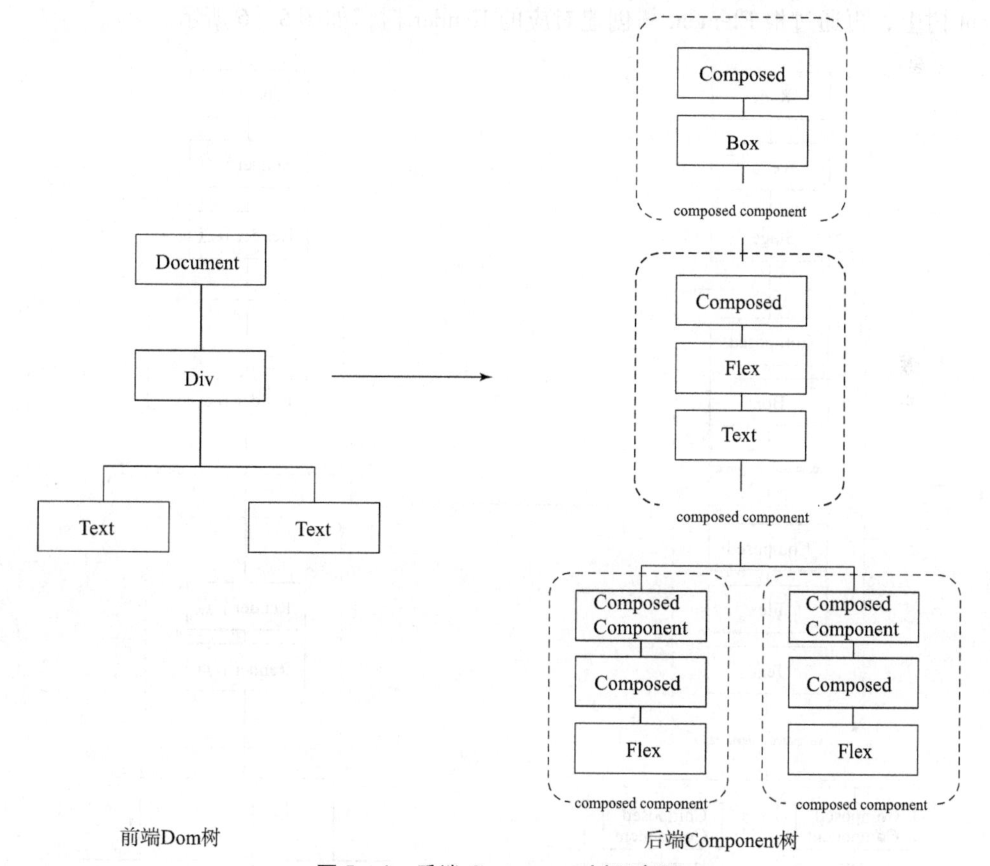

图 5－4　后端 Component 树示意图

除了 Component 外，还有两个核心概念需要提前介绍，即 Element 和 Render。

Element 是 Component 的具体实现，表示一个实际用于展示的节点。引擎会通过 Component 构建 Element 的实例，以此将 Component 树转化为一个 Element 树。

Render 用于显示控件的具体内容，包括其位置、大小、绘制命令等。Component、Element 和 Render 三者一般是一一对应的关系，引擎会再将 Element 树转化为一棵 Render 树。

当应用启动时，会在初始化 Element 树后在其中创建几个基础节点，包括 Root、Overlay、Stage。Root 是 Element 树的根节点，负责全局背景色的绘制。Overlay 是一个全局的悬浮层容器，用于弹窗等全局绘制场景的管理。Stage 是一个 Stack 容器，每个加载完成的页面都要挂载到这个栈中，用于管理应用中各个页面之间的转场动效等。在创建 Render 树时创建对应的节点，如图 5－5 所示。

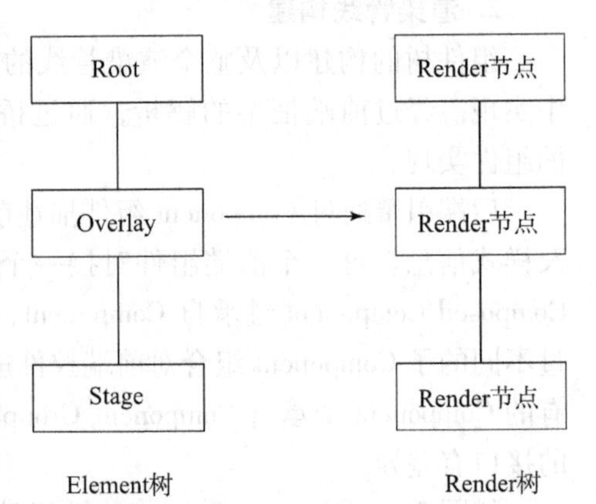

图 5－5　Render 节点树示意图

桥接层通知 Pipeline 渲染管线页面已经准备好后，当帧同步信号（VSync）过来时，Pipeline 就可以对页面进行挂载了。整个流程即通过 Component 树创建对应的 Element 子树并挂载到整个界面的根 Element 树上，再通过根 Element 树创建对应的 Render 树，如图 5－6 所示。

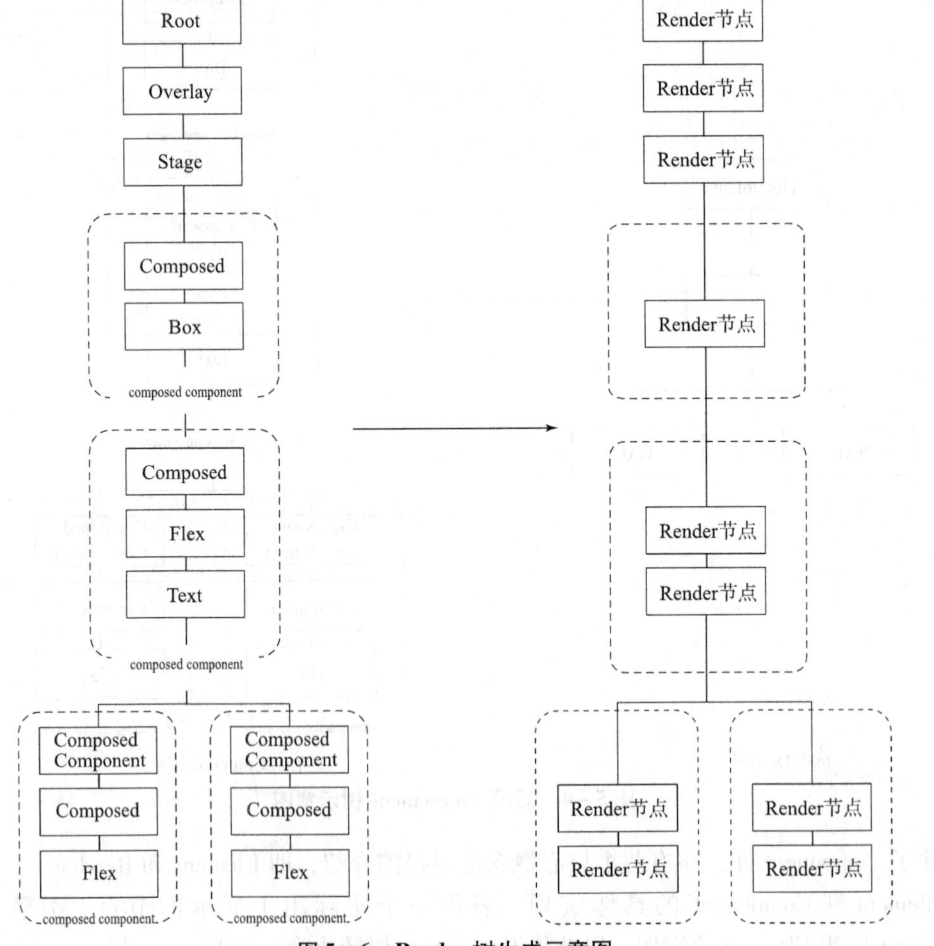

图 5－6　Render 树生成示意图

有一点需要注意，Composed Element 子树转化为 RenderNode 时，并不会对根节点进行转化，只会对子节点进行转化，因为 Composed Element 是一个容器节点，并不需要进行绘制。

3. 布局绘制机制

Element 树和 Render 树构建好之后就需要对树进行布局和绘制了，布局和绘制的结果决定了实际的显示内容。

1）布局

布局就是计算每个节点需要占据空间的大小，当树中每个节点需要占据空间的大小都确定之后，就可以进行布局计算出每个节点的空间位置。框架会为每个节点分配一个矩形区域用于存放节点，所以节点的大小由矩形的长宽决定，对节点空间大小测量的过程即是确定矩形长宽的过程。

布局采用的是深度优先遍历的算法，因为每个节点的实际大小往往受父节点及子节点的影响，有的节点会填充父节点的空间，有的节点却只会包裹子节点。遍历的过程自上而下从根节点往下传递，到达叶节点后自下而上向父节点告知自己的大小，从而得到整棵树的布局信息。

遍历过程中，针对每个节点的布局分为以下 3 个步骤。

（1）计算当前节点期望的最大尺寸和最小尺寸，递归调用子节点时传递给子节点。

（2）子节点如果是叶节点，则根据父类传递过来的信息计算自身的尺寸，并传递回父节点；否则继续递归传递。

（3）当前节点获取子节点的尺寸后计算自身尺寸，再根据自己的布局逻辑来计算每个子节点的位置信息，并向上传递自身尺寸。

整个遍历完成后，每个节点的尺寸和位置信息也就确定了，再往下就是对每个控件进行绘制。

2）绘制

绘制采用的也是深度遍历算法，实际绘制时会调用当前 RenderNode 的 Paint（context, offset）函数，而当前只是记录下绘制的命令。

不直接进行绘制，是为了性能考虑，以充分利用系统提供的硬件加速的能力。渲染引擎中为了提高性能，使用了 DisplayList 机制，在绘制时只记录下所有的绘制命令，然后在 GPU 渲染时统一转成 OpenGL 的指令执行，这样能最大限度地提高图形处理效率。在 Paint 中传入了两个参数，即 context（上下文）和 offset（偏移量）。每个独立的绘制上下文可以看作一个图层，通过上下文可以获取一个用于当前节点绘制的画布 Canvas。

图层的概念也是为了提高性能而提出来的。绘制时会将整个页面的内容分为多个图层，针对需要频繁重新绘制的部分可以为其单独分配一个图层，重新绘制时只需要对该图层进行重新绘制而不用对整个界面进行重新绘制。

对某个节点进行绘制时，会选取当前图层的根节点自上而下执行每个节点的 Paint 方法。

遍历过程中，针对每个节点的布局分为以下几个步骤。

（1）如果当前节点标记需要分层则为其分配一个单独的上下文，并在其中提供一个用于绘制的画布。

（2）在画布中记录当前节点的背景绘制命令。

（3）递归调用子节点的绘制方法，记录子节点的绘制命令。

（4）在画布中记录当前节点的前景绘制命令。

整个遍历结束后，会得到一个图层（Layer）树，树中包含了这一帧完整的绘制信息，包括每个图层的信息及其中每个节点的绘制命令。

前 3 个流程阶段生成的对象如图 5－7 所示。

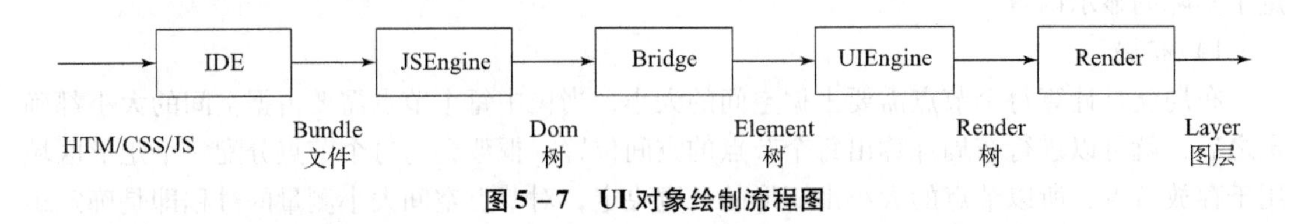

图 5－7　UI 对象绘制流程图

4. 光栅化合成机制

布局绘制流程结束后就会进行光栅化合成，也就是将需要显示的内容进行转化，再通过 GPU 展示出来。

UI 线程会通过渲染管线对图层进行渲染，并将所有图层添加到一个渲染队列中，然后 GPU 线程中的合成器 Compositor 会将该渲染队列中的图层取出进行光栅化合成的处理。

光栅化就是将图层中的命令进行回访，将图形数据转化为像素的过程。

合成就是将所有的图层合成一个完整界面的渲染结果，并存放到当前界面 surface 的图形内存 Graphic Buffer 中。最终还需要将 Graphic Buffer 中的数据提交到系统合成器中进行合成显示。

系统的合成显示过程：合成器会将 Graphic Buffer 添加到帧缓冲队列 Buffer Queue 中，系统合成器会将当前应用的内容和系统其他的显示内容（如系统导航栏和状态栏）再次进行合成，最终放到 Frame Buffer 帧缓冲区中。等待屏幕的驱动从 Frame Buffer 中读取数据并显示到屏幕上。

5. 局部更新机制

以上几个步骤实现了页面从前端到显示的整个过程，然而界面生成后在运行时还会发生改变，如用户的交互事件或服务触发的界面更新等。根据业务场景，有时不需要对整个界面进行更新，只需要对局部内容进行更新。

当控件的文本发生变化时，由于前端脚本解析阶段进行了数据绑定，所以会自动触发该控件的属性更新，通过系统引擎发起更新属性的请求。此时前端框架会创建一组 Composed 的补丁 Patch 作为更新的输入。

通过该补丁会找到对应的 Element 在 Element 树中的位置，并从该节点开始从上往下逐层比对更新。如果节点类型一致，则只需要更新对应节点的属性和对应的 RenderNode 节点；否则需要从该节点开始重新创建对应的 Element 和 RenderNode 节点，并将 RenderNode 标记为 needLayout 和 needRender。根据 needLayout 和 needRender 的标记，对当前节点的图层进行布局和绘制，并生成新的布局树。

后续的光栅化合成流程和前面的步骤一致。

5.3 UI组件定制

组件定制之前，首先了解一下ACE UI相关的代码结构：

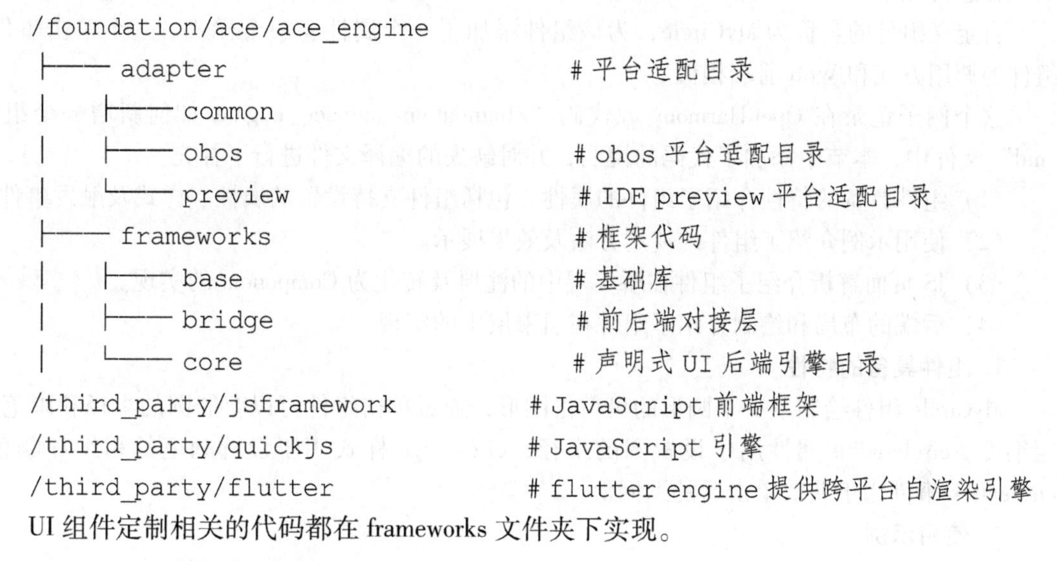

```
/foundation/ace/ace_engine
├─── adapter                              # 平台适配目录
│   ├─── common
│   ├─── ohos                             # ohos 平台适配目录
│   └─── preview                          # IDE preview 平台适配目录
├─── frameworks                           # 框架代码
│   ├─── base                             # 基础库
│   ├─── bridge                           # 前后端对接层
│   └─── core                             # 声明式 UI 后端引擎目录
/third_party/jsframework                  # JavaScript 前端框架
/third_party/quickjs                      # JavaScript 引擎
/third_party/flutter                      # flutter engine 提供跨平台自渲染引擎
```

UI组件定制相关的代码都在frameworks文件夹下实现。

5.3.1 UI组件的注册

在OpenHarmony中新增一个组件，其主要包含两部分的内容，即组件的注册和实现。

组件的注册：将组件注册到桥接层中。

应用界面在解析时会将页面中的节点与桥接层注册的组件进行匹配，若匹配成功，则桥接层负责将前端节点转化为统一的Component组件传递给后端引擎，这样后端就能对不同的前端范式提供统一的后端处理逻辑了。

因此，这里一方面要将自定义的组件注册到dom_document. cpp中，让桥接层能知道组件的存在；另一方面，针对不同的范式，需要在桥接层提供不同的桥接节点，桥接节点负责创建对应的Component对象，并将页面中定义的属性、样式、触发事件传递给Component。

为支持JS类Web开发范式，需要在桥接层提供DOMNode节点，而TS声明式开发范式需要提供JSView节点。

5.3.2 UI组件的实现

组件的实现：组件的实现即组件在引擎层中的具体实现。

结合前面的渲染管线构造流程，可知组件主要实现了Component、Element和RenderNode。值得一提的是，实现RenderNode时，创建了对应的Flutter文件，通过Flutter第三方库进行图形的绘制。实现方法是将对应的Flutter类继承RenderNode类，并在Component提供的RenderNode创建函数中直接创建对应的Flutter类的实例。这样就可以在不改变原先框架的前提下使用Flutter为我们提供绘制功能了。

5.3.3 UI 组件定制实例

本节通过一个类 Web 开发范式的自定义组件的实现案例，帮助用户对上述自定义组件的过程进行理解。

自定义组件的名称为 MyCircle，为该组件添加了一个属性、一个样式、一个单击事件，组件的调用方式和 Web 前端相似。

这个例子记录在 OpenHarmony 源代码“/foundation/ace/ace_engine/如何新增一个组件.md”文件中，本节中添加了代码的说明，并对缺失的编译文件进行了补充。

（1）组件具备的特性介绍了组件的属性，包括组件支持设置的属性、样式及触发事件。

（2）使用示例介绍了组件的使用方法及效果展示。

（3）JS 页面解析介绍了组件在桥接层中的注册及转化为 Component 的实现。

（4）后端的布局和绘制介绍了组件在引擎层中的实现。

1. 组件具备的特性

MyCircle 组件绘制了一个圆形的可单击图形，通过单击组件可以获取圆的半径和画笔的粗细度。circleradius 属性用于设置圆的半径，circleedge 样式用于设置画笔的粗细和颜色，circleclick 事件用于获取单击后的返回值。

2. 使用示例

下面是 MyCircle 组件的调用示例，在界面中调用了 MyCircle 组件，并通过两个 text 显示获取到的返回值。

```
<!--xxx.hml-->
<div style="flex-direction:column;align-items:center;">
    <text>"MyCircle 的半径为:{{radiusOfMyCircle}}"</text>
    <text>"MyCircle 的边缘宽度为:{{edgeWidthOfMyCircle}}"</text>
    <mycircle  circleradius="40vp" style="circleedge:2vp red;" @circleclick="onCircleClick"></mycircle>
</div>

//xxx.js
export default{
    data:{
        radiusOfMyCircle: -1,
        edgeWidthOfMyCircle: -1,
    },
    onCircleClick(event){
        this.radiusOfMyCircle=event.radius
        this.edgeWidthOfMyCircle=event.edgewidth
    }
}
```

图 5－8 是单击 MyCircle 组件后界面的显示。

“MyCircle的半径为：40”
“MyCircle的边缘宽度为：3.826531”

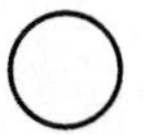

图 5－8　界面效果

3. JS 页面解析

第一步：在 dom_type 中添加新组件的属性定义

在源代码/foundation/ace/ace_engine/frameworks/bridge/common/dom 路径下 dom_type. h 及 dom_type. cpp 中增加 MyCircle 的属性相关定义，存放在此处是为了统一管理。

```
//dom_type. h:
//变量的定义
ACE_EXPORT extern const char DOM_NODE_TAG_MYCIRCLE[];

ACE_EXPORT extern const char DOM_MYCIRCLE_CIRCLE_EDGE[];
ACE_EXPORT extern const char DOM_MYCIRCLE_CIRCLE_RADIUS[];
ACE_EXPORT extern const char DOM_MYCIRCLE_CIRCLE_CLICK[];
......
//dom_type. cpp:
//变量的赋值
const char DOM_NODE_TAG_MYCIRCLE[] = "mycircle";

const char DOM_MYCIRCLE_CIRCLE_EDGE[] = "circleedge";
const char DOM_MYCIRCLE_CIRCLE_RADIUS[] = "circleradius";
const char DOM_MYCIRCLE_CIRCLE_CLICK[] = "circleclick";
```

第二步：新增 DOMMyCircle 类

由于创建的是类 Web 范式的组件，所以要在源代码/foundation/ace/ace_engine/frameworks\bridge/common/dom 路径下新建 MyCircle 组件对应的 DOMNode 节点 DOMMyCircle 类。

①新增 dom_mycircle. h 头文件。

dom_mycircle. h 定义了 DOMMyCircle 的构造函数和前端对应属性的 set 函数。构造函数用于创建后端对应的 component 组件的实例 myCircleChild_。

前端框架在对应用文本文件解析后会转化为 DOM 节点，桥接层会通过 DOMMyCircle 类将前端 DOM 节点转化为 component 类的实例，并通过 DOMMyCircle 中的一系列 set、add 函数传递属性值。

```
class DOMMyCircle final:public DOMNode{
    DECLARE_ACE_TYPE(DOMMyCircle,DOMNode);

public:
    DOMMyCircle(NodeId nodeId,const std::string& nodeName);
    ~DOMMyCircle()override = default;

    RefPtr<Component> GetSpecializedComponent()override
    {
```

```
        return myCircleChild_;
    }

protected:
    bool SetSpecializedAttr(const std::pair<std::string,std::string>& attr)override;
    bool SetSpecializedStyle(const std::pair<std::string,std::string>& style)override;
    bool AddSpecializedEvent(int32_t pageId,const std::string& event)override;

private:
    RefPtr<MyCircleComponent>myCircleChild_;
};
```

②新增 dom_mycircle. cpp 源文件。

dom_mycircle. cpp 中包含了 dom_mycircle. h 中 DOMMyCircle 的构造函数的实现和前端对应属性的 set 函数的实现，这里的代码较多因此分段介绍。

③构造函数。

如代码所示，构建函数负责创建后端对应的 component 组件的实例 myCircleChild_：

```
bool DOMMyCircle::DOMMyCircle(NodeId nodeId, const std::string& nodeName)
{
    myCircleChild_=AceType::MakeRefPtr<MyCircleComponent>();
}
```

a. 组件属性解析：SetSpecializedAttr。

SetSpecializedAttr 函数用于将前端组件的属性值 circleradius 设置在 component 组件中。分为两个步骤，即组件样式的解析和组件事件的解析。

```
bool DOMMyCircle::SetSpecializedAttr(const std::pair<std::string,std::string>& attr)
{
    if(attr.first==DOM_MYCIRCLE_CIRCLE_RADIUS){//"circleradius"
        myCircleChild_->SetCircleRadius(StringToDimension(attr.second));
        return true;
    }
    return false;
}
```

b. 组件样式的解析：SetSpecializedStyle。

SetSpecializedStyle 函数用于将前端组件的样式值 circleEedge 设置到后端的 component 组

件中。

```
bool DOMMyCircle::SetSpecializedStyle(const std::pair<std::string, std::string>& style)
{
    if(style.first == DOM_MYCIRCLE_CIRCLE_EDGE){//"circleedge"
        std::vector<std::string>edgeStyles;
        //将 stype 样式拆分转化为画笔的粗细和颜色存放到 edgeStyles 中
        StringUtils::StringSpliter(style.second,' ',edgeStyles);
        Dimension edgeWidth(1,DimensionUnit::VP);
        Color edgeColor(Color::RED);

        //将 edgeStyles 中的值取出
        switch(edgeStyles.size()){
            case 0://前端没有赋值直接退出，取默认值
                LOGW ( " Value for circle edge is empty, using default setting.");
                break;
            case 1://这里默认如果只有一个值表示画笔的粗细
                edgeWidth = StringUtils:: StringToDimension (edgeStyles[0]);
                break;
            case 2://获取到两个参数，分别取出
                edgeWidth = StringUtils:: StringToDimension (edgeStyles[0]);
                edgeColor = Color:: FromString (edgeStyles [1]);
                break;
            default://多于两个参数，解析异常
                LOGW ( " There are more than 2 values for circle edge, please check. The value is % {private} s",
                    style.second.c_ str ());
                break;
        }
        //获取的样式值赋给 component
        myCircleChild_ ->SetEdgeWidth (edgeWidth);
        myCircleChild_ ->SetEdgeColor (edgeColor);
        return true;
    }
    return false;
}
```

c. 组件事件的解析：SetSpecializedEvent。

和上面两个 set 函数类似，这里获取前端定义的事件回调函数，赋值给 component 组件。

```
bool DOMMyCircle::AddSpecializedEvent(int32_t pageId,const std::string&
event)
{
    if(event == DOM_MYCIRCLE_CIRCLE_CLICK){
        //"circleclick"
        myCircleChild_->SetCircleClickEvent(EventMarker(GetNodeIdForEvent
(),event,pageId));
        return true;
    }
    return false;
}
```

第三步：在 dom_document. cpp 里注册 mycircle 组件

在/foundation/ace/ace_engine/frameworks/bridge/common/dom 路径下 document. cpp 中注册 mycircle 组件。

只有在桥接层注册过的组件框架才能识别；否则会被认为是不存在的组件。前端引擎对界面解析后，桥接层识别到对应的组件就会调用对应的 DOMNode 类，将前端节点转化为后端的 component 组件。

CreateNodeWithId 函数会将 DOMMyCircle 存放到 domNodeCreators[ ] 表中，为了加快遍历速度，后续会按照字母顺序对组件进行匹配查找。所以，必须按照 NodeId 的字母顺序将 DOMMyCircle 存放到 domNodeCreators[ ] 表中。

```
...
#include "frameworks/bridge/common/dom/dom_mycircle.h"
...
RefPtr < DOMNode > DOMDocument::CreateNodeWithId(const std::string&
tag,NodeId nodeId,int32_t itemIndex)
{
    ...
    {DOM_NODE_TAG_MENU,&DOMNodeCreator<DOMMenu>},
    //按照字母顺序排列,DOMMyCircle 顺序不能乱放
{DOM_NODE_TAG_MYCIRCLE,&DOMNodeCreator<DOMMyCircle>},
{DOM_NODE_TAG_NAVIGATION_BAR,&DOMNodeCreator<DomNavigationBar>},
    ...
};
...
}
```

下面 dom_type. cpp 中的定义，mycircle 组件必须存放到 menu 和 navigation 组件之间。

```
DOM_NODE_TAG_MENU[] = "menu",
DOM_NODE_TAG_NAVIGATION_BAR[] = "navigation-bar",
DOM_NODE_TAG_MYCIRCLE[] = "mycircle"
```

第四步：新增 BUILD.gn 配置

此外，还需要在/foundation/ace/ace_engine/frameworks/bridge/BUILD.gn 中添加 mycircle 节点，这样编译时才会把 mycircle 编译进去；否则不会生效。

```
//BUILD.gn
...
template("js_framework"){
sources = [
...
"common/dom/dom_mycircle.cpp",
...
...
```

4. 后端的布局和绘制

组件注册完之后，就要实现组件的具体功能了。如“组件的实现步骤”小节所述，组件主要实现了对应的 Component、Element、RenderNode 和 Flutter 类。以下分别介绍。

第一步：新增 MyCircleComponent 类

首先需要在/foundation/ace/ace_engine/frameworks/core/components/目录下创建 mycircle 目录用于存放具体的实现文件。接下来在 mycircle 目录下创建对应的4个实现类的 .h 头文件和对应的 .cpp 源文件。

MyCircleComponent 类已经在前面 DOMMyCircle 类中使用到了，该类主要包括构造函数、对应 Element 和 RenderNode 节点的构建函数、前端属性的 get 和 set 函数。

1） mycircle_component.h 头文件

```
//mycircle_component.h
class ACE_EXPORT MyCircleComponent:public RenderComponent{
    DECLARE_ACE_TYPE(MyCircleComponent,RenderComponent);

public:
    MyCircleComponent() = default;
    ~MyCircleComponent()override = default;

    RefPtr<RenderNode>CreateRenderNode()override;
    RefPtr<Element>CreateElement()override;

    void SetCircleRadius(const Dimension& circleRadius);
    void SetEdgeWidth(const Dimension& edgeWidth);
    void SetEdgeColor(const Color& edgeColor);
    void SetCircleClickEvent(const EventMarker& circleClickEvent);
```

```
    const Dimension& GetCircleRadius()const;
    const Dimension& GetEdgeWidth()const;
    const Color& GetEdgeColor()const;
    const EventMarker& GetCircleClickEvent()const;

private:
    Dimension circleRadius_=20.0_vp;
    Dimension edgeWidth_=2.0_vp;
    Color edgeColor_=Color::RED;
    EventMarker circleClickEvent_;
};
```

2）mycircle_component.cpp 源文件

这里代码较多，同样分段介绍，默认构造函数无须再实现。主要分为“前端属性的 get、set 接口”和“Element、RenderNode 节点的构建函数”。

（1）前端属性的 get、set 接口。

这里只列举了一组 get、set 函数，其他类似就不赘述了：

```
const Dimension& MyCircleComponent::GetCircleRadius()const
{
    return circleRadius_;
}
void MyCircleComponent::SetCircleRadius(const Dimension& circleRadius)
{
    circleRadius_=circleRadius;
}
```

（2）Element、RenderNode 节点的构建函数。

```
RefPtr<RenderNode>MyCircleComponent::CreateRenderNode()
{
    return RenderMyCircle::Create();
}

RefPtr<Element>MyCircleComponent::CreateElement()
{
    return AceType::MakeRefPtr<MyCircleElement>();
}
```

第二步：新增 MyCircleElement 类

Element 是 Component 的具体实现，引擎会通过 Component 构建 Element 的实例，以此将 Component 树转化为一个 Element 树。因此，Element 的实现类中需要提供 Element 子树的构建关系。

由于本控件没有子节点，所以只需要创建对应的类，不需要有子树的构建实现。而如果组件包含子节点，需要实现对应的 PerformBuild 函数，在函数中通过 UpdateChild 函数更新子节点结构。

该组件在 Element 层不涉及更多操作，只需要定义 MyCircleElement 类即可，而构建函数也是默认的，所以甚至不需要创建对应的 .cpp 源文件。

具体实现如下：

```
//mycircle_element.h
class MyCircleElement:public RenderElement{
    DECLARE_ACE_TYPE(MyCircleElement,RenderElement);
public:
    MyCircleElement() = default;
    ~MyCircleElement() override = default;
};
```

第三步：新增 RenderMyCircle 类

Render 用于显示控件的具体内容，包括它的位置、大小、绘制命令等：

```
//render_mycircle.h
using CallbackForJS = std::function < void(const std::string&) >;

class RenderMyCircle:public RenderNode{
    DECLARE_ACE_TYPE(RenderMyCircle,RenderNode);

public:
    static RefPtr < RenderNode > Create();

    void Update(const RefPtr < Component > & component) override;
    void PerformLayout() override;
    void HandleMyCircleClickEvent(const ClickInfo& info);

protected:
    RenderMyCircle();
    void OnTouchTestHit(
            const  Offset&  coordinateOffset,  const  TouchRestrict&
touchRestrict,TouchTestResult& result) override;

    Dimension circleRadius_;
    Dimension edgeWidth_ = Dimension(1);
    Color edgeColor_ = Color::RED;
    CallbackForJS callbackForJS_;              //回调 js 前端
    RefPtr < ClickRecognizer > clickRecognizer_;
};
```

render_mycircle.cpp 源文件做了以下几件事情：处理单击事件、重写 Update 函数、重写 PerformLayout 函数。

1）处理单击事件

（1）创建一个 ClickRecognizer。

（2）重写 OnTouchTestHit 函数，注册 RenderMyCircle 的 ClickRecognizer，这样在接收到单击事件时即可触发创建 ClickRecognizer 时添加的事件回调。

（3）实现在接收到单击事件之后的处理逻辑 HandleMyCircleClickEvent。

```
RenderMyCircle::RenderMyCircle()
{
    clickRecognizer_=AceType::MakeRefPtr<ClickRecognizer>();
    clickRecognizer_->SetOnClick([wp = WeakClaim(this)](const ClickInfo& info){
        auto myCircle=wp.Upgrade();
        if(!myCircle){
            LOGE("WeakPtr of RenderMyCircle fails to be upgraded,stop handling click event.");
            return;
        }
        myCircle->HandleMyCircleClickEvent(info);
    });
}

void RenderMyCircle::OnTouchTestHit(
    const Offset& coordinateOffset,const TouchRestrict& touchRestrict, TouchTestResult& result)
{
    clickRecognizer_->SetCoordinateOffset(coordinateOffset);
    result.emplace_back(clickRecognizer_);
}

void RenderMyCircle::HandleMyCircleClickEvent(const ClickInfo& info)
{
    if(callbackForJS_){
        auto result=std::string("\"circleclick\",{\"radius\":")
                .append(std::to_string(NormalizeToPx(circleRadius_)))
                .append(",\"edgewidth\":")
                .append(std::to_string(NormalizeToPx(edgeWidth_)))
                .append("}");
        callbackForJS_(result);
```

```
    }
}
```

2）重写 Update 函数

Update 函数负责从 MyCircleComponent 获取所有绘制、布局和事件相关的属性更新。

```
void RenderMyCircle::Update(const RefPtr<Component>& component)
{
    const auto& myCircleComponent = AceType::DynamicCast<MyCircleComponent>(component);
    if(!myCircleComponent){
        LOGE("MyCircleComponent is null!");
        return;
    }
    circleRadius_=myCircleComponent->GetCircleRadius();
    edgeWidth_=myCircleComponent->GetEdgeWidth();
    edgeColor_=myCircleComponent->GetEdgeColor();
    callbackForJS_=
        AceAsyncEvent<void(const std::string&)>::Create(myCircleComponent->GetCircleClickEvent(),context_);

  //调用[MarkNeedLayout]来用新参数做[PerformLayout]
    MarkNeedLayout();
}
```

3）重写 PerformLayout 函数

PerformLayout 函数负责计算布局信息，并且调用 SetLayoutSize 函数设置自己所需要的布局大小：

```
void RenderMyCircle::PerformLayout()
{
    double realSize = NormalizeToPx(edgeWidth_) + 2 * NormalizeToPx(circleRadius_);
    Size layoutSizeAfterConstrain = GetLayoutParam().Constrain(Size(realSize,realSize));
    SetLayoutSize(layoutSizeAfterConstrain);
}
```

第四步：新增 FlutterRenderMyCircle 类

Flutter 类继承 RenderNode 类，并在 Component 提供的 RenderNode 的创建函数中直接创建对应的 Flutter 类的实例。这样就可以在不改变原先框架的前提下使用 Flutter 提供的绘制功能。因此，可以看到 RenderMyCircle 类的创建函数 create 创建的是 FlutterRenderMyCircle 的实例。

```
//flutter_render_mycircle.h
```

```
class FlutterRenderMyCircle final:public RenderMyCircle{
    DECLARE_ACE_TYPE(FlutterRenderMyCircle,RenderMyCircle);

public:
    FlutterRenderMyCircle() = default;
    ~FlutterRenderMyCircle()override = default;

    void Paint(RenderContext& context,const Offset& offset)override;
};
```

flutter_render_mycircle. cpp 源文件主要实现了下面两个函数。

(1) 实现 RenderMyCircle:: Create 函数。

RenderMyCircle 类的创建函数 create() 创建的是 FlutterRenderMyCircle 的实例:

```
RefPtr<RenderNode>RenderMyCircle::Create()
{
    return AceType::MakeRefPtr<FlutterRenderMyCircle>();
}
```

(2) 重写 Paint 函数。

Paint 函数负责调用 canvas 相应接口去进行绘制，这一步可以认为是新增组件的最后一步，直接决定在屏幕上绘制什么样的 UI 界面。

```
void FlutterRenderMyCircle:: Paint ( RenderContext& context, const
Offset& offset)
{
    auto canvas = ScopedCanvas::Create(context);
    if(! canvas){
        LOGE("Paint canvas is null");
        return;
    }
    SkPaint skPaint;
    skPaint.setAntiAlias(true);
    skPaint.setStyle(SkPaint::Style::kStroke_Style);
    skPaint.setColor(edgeColor_.GetValue());
    skPaint.setStrokeWidth(NormalizeToPx(edgeWidth_));

    auto paintRadius = GetLayoutSize().Width()/2.0;
    canvas -> canvas ( ) -> drawCircle ( offset.GetX ( ) + paintRadius,
offset.GetY() + paintRadius,
        NormalizeToPx(circleRadius_),skPaint);
}
```

第五步：新增 BUILD. gn 配置

同时需要在 mycircle 目录增加 BUILD. gn 文件，保证 mycircle 功能被编译包含。

```
//BUILD.gn:
import("//foundation/ace/ace_engine/frameworks/core/components/components.gni")

build_component("mycircle"){
  sources =[
    "flutter_render_mycircle.cpp",
    "mycircle_component.cpp",
    "render_mycircle.cpp",
  ]
}
```

布局绘制主要方法如表 5－1 所列。

表 5－1　布局绘制主要方法

方法	范围
xxx_component::CreateElement	创建 element 的实例
xxx_component::CreateRenderNode	创建 render 的实例
xxx_element::PerformBuild	子树构建，如果该控件没有子节点，则不需要重写该方法；如果是组合控件，则需要构建子节点的树结构，通过 UpdateChild 进行更新
render_xxx::update	从 component 中获取属性信息，调用 MarkNeedLayout() 方法执行 PerformLayout() 方法
render_xxx::PerformLayout	控件的渲染实现方法，主要包括布局控件的尺寸 SetLayoutSize()
render_xxx::OnTouchTestHit	触发事件的注册
flutter_render_xxx::paint	控件绘制，通过 flutter 提供的画布和画笔工具绘制控件；组合控件通过子控件的 Paint 方法绘制

5.4　思考和练习

（1）查阅资料，对比 Android 操作系统的 UI 框架和 OpenHarmony 操作系统的 UI 框架，阐述一下两者的区别。

（2）查阅资料，了解方舟 JavaScript 引擎工作原理。

（3）用 C++ 实现深度优先遍历的算法，然后查阅 OpenHarmony 的源代码对比实现。

（4）阐述整个 UI 框架整体流程。

（5）使用海思设备定制一个组件，如仿遥控器的圆盘按钮或可滑动的环形控制器等。

第 6 章

Ability 框架

6.1 Ability 框架概述

6.1.1 Ability 框架的定义

Ability 子系统（Ability Subsystem），也称为 Ability 框架（Ability Framework）或 Ability 管理框架（Ability Management Framework），该模块用以统一调度和管理应用中各 Ability，并控制 Ability 的生命周期变更。

Ability 是 OpenHarmony 应用程序中的重要组件，甚至可以认为是 OpenHarmony 中最重要的子系统，Ability 面向应用，管理应用的生老病死，如应用权限、后台运行等。应用进程被多个 Ability 支撑，Ability 具有跨应用进程和同一进程内调用的能力。

Ability 在 OpenHarmony 中的地位和作用与 Activity 在 Android 中的地位和作用类似，也可以理解为 Linux 调度模块，只不过 Linux 调度面向的是 CPU 资源，管理 CPU 资源的分配。

6.1.2 Ability 框架的基本概念

为了帮助学习 Ability 子系统，需要了解以下相关概念。

1. Ability

Ability 是系统调度应用的最小单元，是能够完成一个独立功能的组件，一个应用可以包含一个或多个 Ability。

Ability 分为 FA（Feature Ability）和 PA（Particle Ability）两种类型，其中 FA 支持 Page Ability，PA 支持 Service Ability 和 Data Ability。Page Ability 主要用于提供与用户交互的能力，页面布局与可视化元素的设计任务主要由 Page Ability 来承担。Service Ability 中的 Service 模板用于提供后台运行任务的能力，Data Ability 中的 Data 模板用于对外部提供统一的数据访问抽象。

2. Ability 生命周期

Ability 生命周期（Ability Life Cycle）是 Ability 被调度到 INACTIVE、ACTIVE、BACKGROUND 等各个状态的统称（主要涉及 Page Ability 类型和 Service Ability 类型）。

Page Ability 生命周期状态机如图 6－1 所示。

Service Ability 生命周期状态机如图 6－2 所示。

生命周期状态说明如下。

UNINITIAL 状态：未初始状态，Ability 被创建后进入 INITIAL 状态。

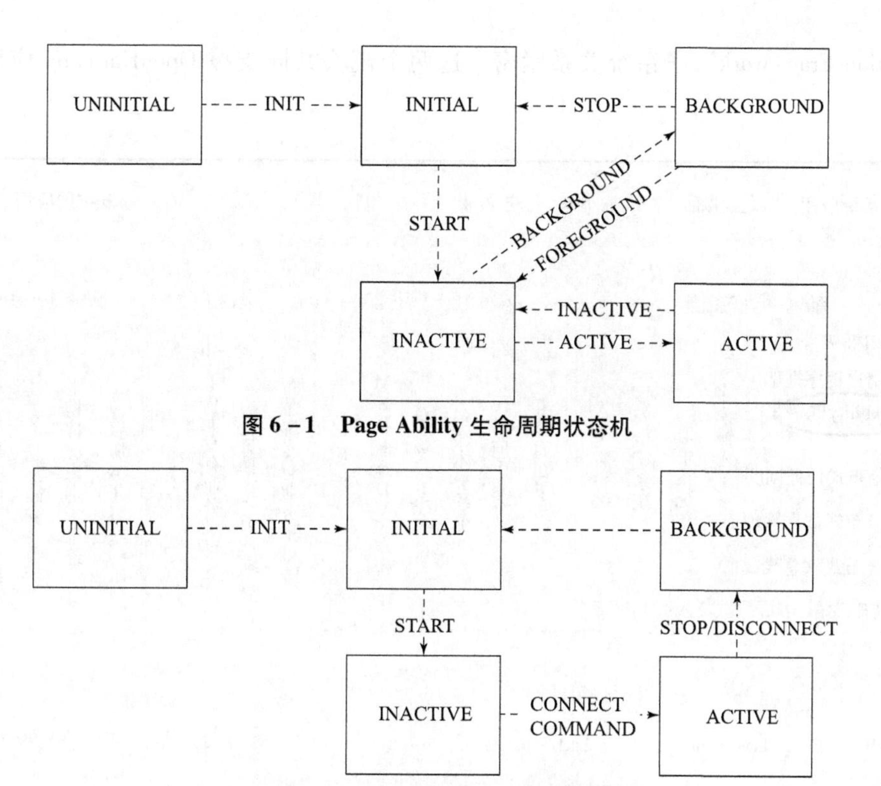

图 6-1 Page Ability 生命周期状态机

图 6-2 Service Ability 生命周期状态机

INITIAL 状态：表示 Ability 正在初始化，也表示停止状态，表示当前 Ability 未运行。Ability 启动后由 INITIAL 状态转换成 ACTIVE 状态。

INACTIVE 状态：一种短暂存在的状态，可理解为“激活中”，表示当前窗口已经显示但是没有焦点，由于窗口暂不支持焦点，所以当前状态和 ACTIVE 一致。

ACTIVE 状态：激活态，表示 Ability 已经激活。Ability 进入 BACKGROUND 状态之前先进入 INACTIVE 状态，而不是直接进入。

BACKGROUND 状态：后台状态，用户对其不可见。Ability 被销毁后由 BACKGROUND 状态进入 INITIAL 状态，或者被激活重新进入 ACTIVE 状态。

3. 服务层

服务层（Service Layer）的各模块运行在 OpenHarmony 的系统进程中，用于与底层交互并向框架层提供功能，其通过 IPC 调用的方式与用户进程相互传递信息。

4. 用户进程

用户进程（User Process）是指 OpenHarmony 上层的应用进程，包括系统应用与第三方应用等，各应用一般运行在独立的用户进程中。用户进程包含框架层的各模块逻辑，其通过框架层的接口以 IPC 调用的方式使用服务层的系统服务。

6.2 基本原理与实现

6.2.1 Ability 框架总体架构

Ability 子系统在 OpenHarmony 架构中的位置见图 6-3，该模块与用户程序框架

（Application Framework）子系统关系紧密，这两个模块共同支撑 OpenHarmony 应用程序的运行。

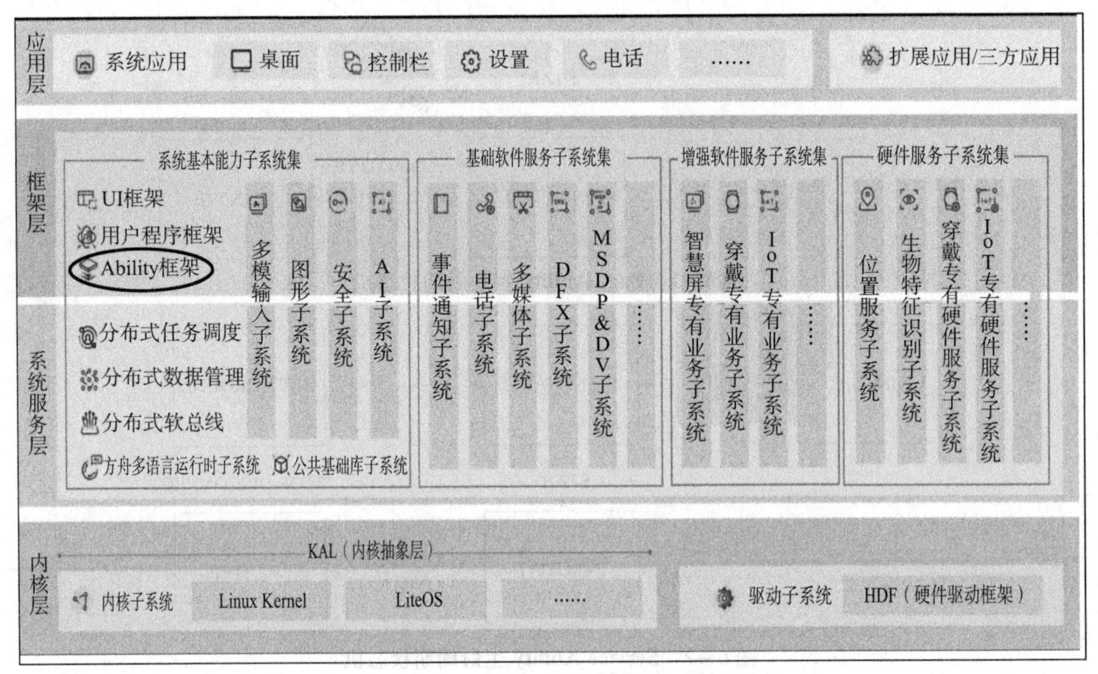

图 6－3　OpenHarmony 架构

Ability 子系统的架构如图 6－4 所示。

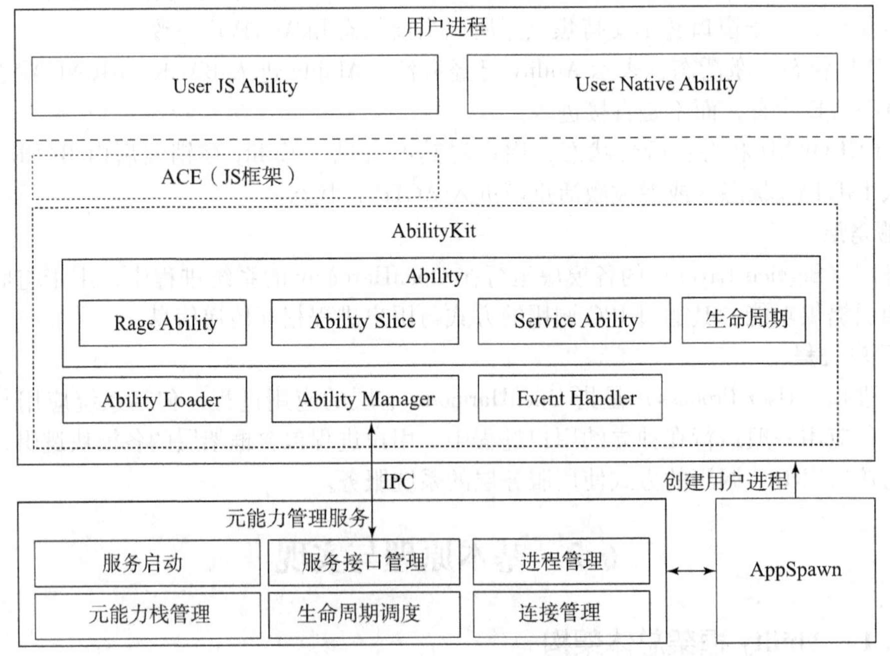

图 6－4　Ability 子系统架构

Ability子系统在服务层的核心模块为AbilityManagerService，其与AppManagerService、BundleManagerService关系紧密，共同提供功能支撑框架层运行。在用户进程中，Ability子系统的模块被称为AbilityKit，向应用程序提供框架层功能。AbilityManagerService与AbilityKit中包含多个相关联的子模块，它们之间的关系可以理解为管理者和代理人的关系，用户进程则是被管理者。

6.2.2 Ability框架功能简介

Ability框架主要分为AbilityKit层和AppManagerService层，下面分别对两个模块功能进行介绍。

介绍之前，首先了解一下Ability框架的代码结构：

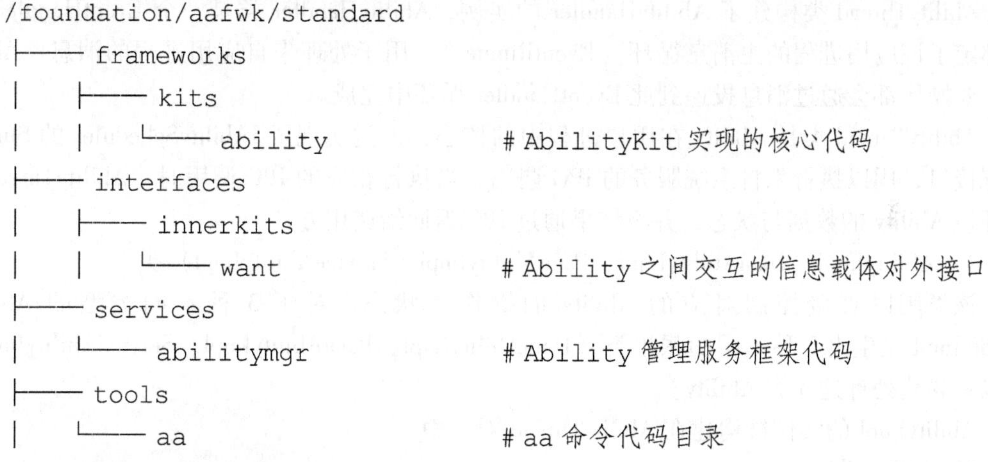

```
/foundation/aafwk/standard
├── frameworks
│   ├── kits
│   │   └── ability              # AbilityKit实现的核心代码
├── interfaces
│   ├── innerkits
│   │   └── want                 # Ability之间交互的信息载体对外接口
├── services
│   └── abilitymgr               # Ability管理服务框架代码
├── tools
│   └── aa                       # aa命令代码目录
```

1. AbilityKit（框架层）

AbilityKit为Ability提供基础的运行环境支撑。

AbilityKit的软件架构如图6-5所示。

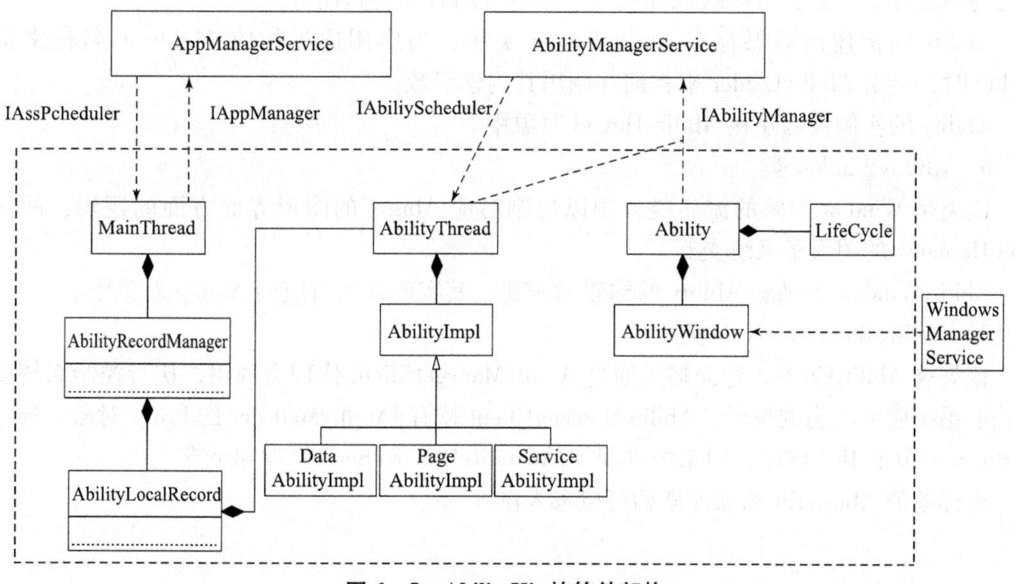

图6-5 AbilityKit的软件架构

1）MainThread 类

该类用于管理应用进程的数据和状态，是应用程序的核心类。该类实现了 IAppScheduler 的 Stub 的所有接口，用以执行来自系统服务的 IPC 调用。MainThread 并不属于 Ability 子系统，而属于用户程序框架子系统，但该类与 Ability 子系统关系密切，Ability 子系统的各类对象（如 AbilityThread）的管理以及 Ability 的创建等流程，都由此类处理。

2）AbilityRecordManager 类

该类存放了所属应用进程的所有 AbilityThread 对象，AbilityThread 被封装在 LocalAbilityRecord 类中，并以地图的形式存储于 AbilityRecordMgr 中。AbilityRecordManger 同样是用户程序框架子系统的一部分，其实例存储在 MainThread 类中。

3）AbilityThread 类

AbilityThread 类构建了 AbilityHandler 的实例，AbilityHandler 类是一个 EventHandler 类，它绑定了该应用进程的主消息循环（EventRunner），用于处理来自应用进程的消息。Ability 的主要操作都会通过消息投递到此 EventHandler 循环中完成。

AbilityThread 类是 Ability 在用户进程中的核心，该类实现了 IAbilityScheduler 的 Stub 的所有接口，用以执行来自系统服务的 IPC 调用。当执行相应的 IPC 调用时，AbilityThread 会处理该 Ability 的数据与状态，并将结果通过 IPC 返回给调用方。

4）AbilityImpl（DataAbilityImpl、PageAbilityImpl、ServiceAbilityImpl）类

该类用以直接控制对应的 Ability 的操作和状态。对于 3 种不同类型的 Ability，AbilityImpl 派生出 3 种不同的派生类（DataAbilityImpl、PageAbilityImpl、ServiceAbilityImpl），用以差异化处理这 3 类 Ability。

AbilityImpl 的实例被构建在 AbilityThread 对象中。

5）Ability 类

该类是应用程序的各 Ability 的基类，含有 Ability 运作时所需要的各用户进程中的数据，并定义了各生命周期切换时的回调接口。Ability 继承了 AbilityContext 类，AbilityContext 的功能是与系统环境交互，可以获取和改变一些与应用有关的属性值。

Ability 的构建函数保存在 AbilityLoader 类中，当应用通过相应 Ability 的名称来构建 Ability 时，会由 AbilityLoader 来查询并调用其构建函数。

Ability 的实例被构建在 AbilityThread 对象中。

6）AbilityWindow 类

该类是 Window 对象的派生类，用以控制对应 Ability 的图形界面方面的逻辑，间接与 OpenHarmony 的图形子系统交互。

AbilityWindow 会随着 Ability 的构建而构建，其实例存于对应的 Ability 对象中。

7）AbilityManagerService 类

该类被 AbilityContext 等众多类通过 AbilityManagerClient 代理类调用，执行控制系统服务或获取系统服务状态的逻辑。AbilityManagerClient 持有 IAbilityManager 的 Proxy 对象，通过对该 Proxy 对象的 IPC 调用，向系统进程中的 AbilityManagerService 发起请求。

更详细的 AbilityKit 的软件架构可以参考图 6－6。

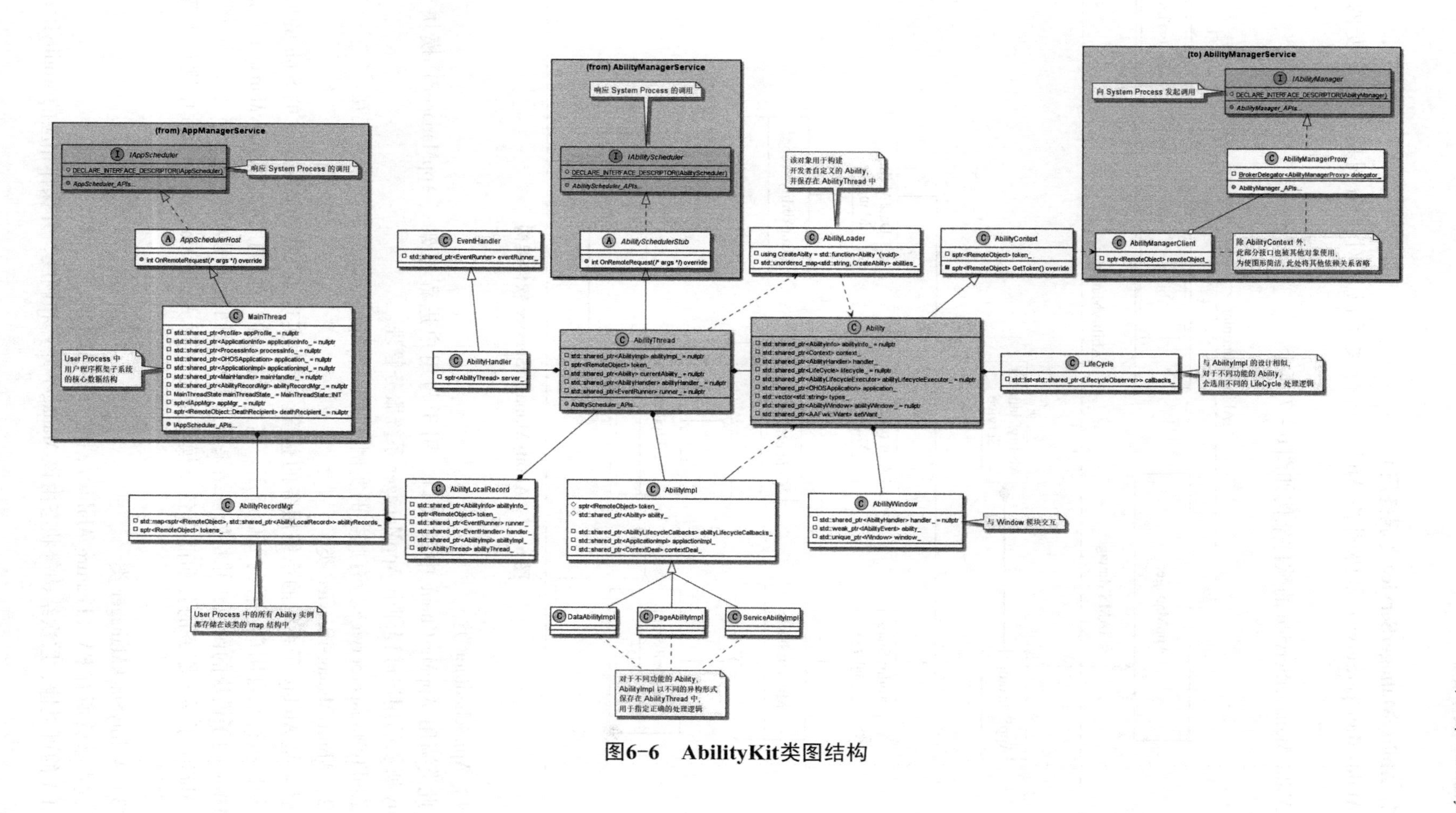

图6-6　AbilityKit类图结构

2. AbilityManagerService（服务层）

AbilityManagerService 是协调各 Ability 运行关系以及对生命周期进行调度的系统服务。

AbilityManagerService 的软件架构如图 6-7 所示。

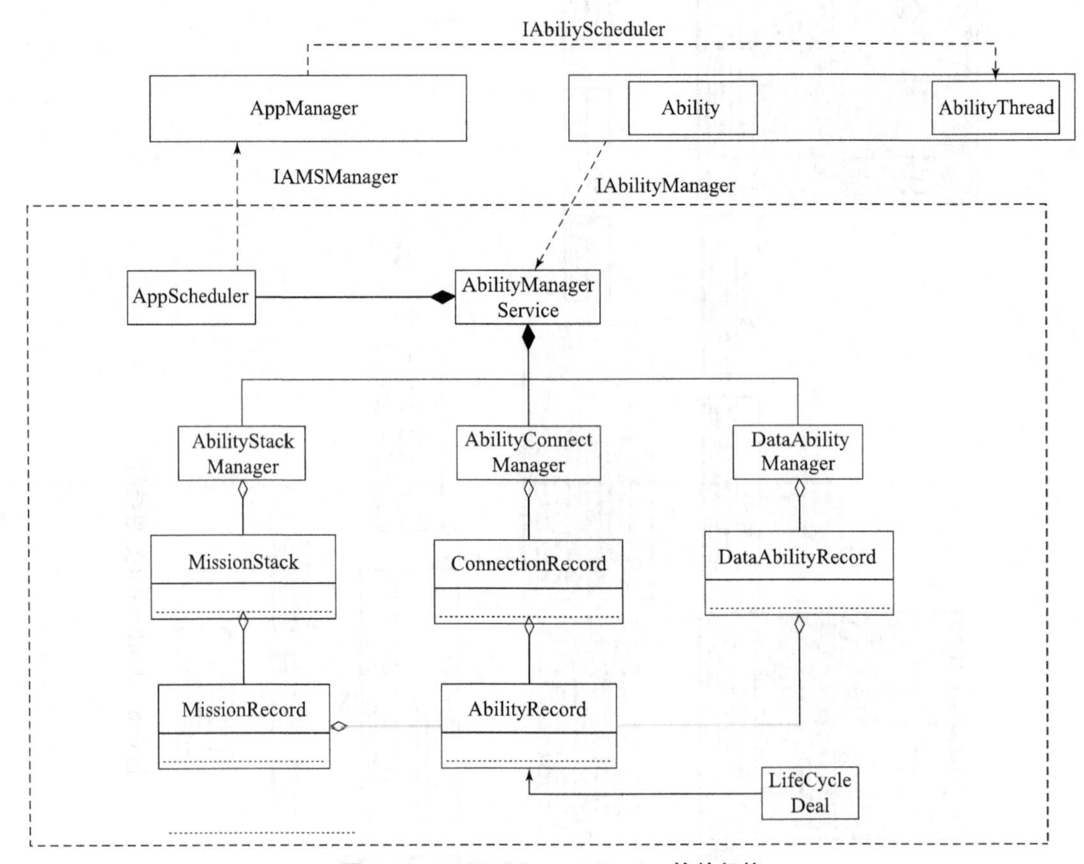

图 6-7 AbilityManagerService 软件架构

1）AppScheduler 类

此类调用 AppMgrClient 中的接口，用于与用户进程框架（AppManager）模块交互，Ability 所属的用户进程即由 AppManager 系统服务管理。

AbilityManagerService 持有此类的实例，用于与 AppManager 系统服务交互。

2）AbilityManagerService 类

此类是 Ability 子系统的系统服务的总管。该类实现了 IAbilityManager 的 Stub 的所有接口，用以执行来自用户进程的 IPC 调用。当执行相应的 IPC 调用时，AbilityManagerService 会调用相应的子模块的函数，并将处理结果通过 IPC 返回给调用方。

Ability 子系统服务的各功能由各子模块负责，而 AbilityManagerService 中则包含各子模块的实例。

3）AbilityStackManager 类

此类掌管所有 FA（Feature Ability），即 Page Ability。

FA 的可见性、层次结构等状态由该 Manager 计算和调度，并操作相应的 AbilityRecord。

4）AbilityConnectManager 类

此类掌管所有 PA（Particle Ability）中的 Service Ability。

Service Ability 的连接、生命周期等状态由该 Manager 计算和调度，并操作相应的 AbilityRecord。

5）DataAbilityManager 类

此类掌管所有 PA（Particle Ability）中的 Data Ability。

Data Ability 的连接、加载等逻辑由该 Manager 计算和调度，并操作相应的 AbilityRecord。

6）MissionStack 类

此类对应了名为 Stack 的逻辑概念，属于同一个显示区域的 Mission 合为一个 Stack，这些 Mission 的 MissionRecord 会以栈的形式保存在相应的 MissionStack 中。

需要注意的是，MissionStack 中的 MissionRecord 与 Mission 的顺序无关，每个 MissionRecord 会保存其自身的顺序关系。

各 MissionStack 实例保存在 AbilityStackManager 中，由 AbilityStackManager 管理。

7）MissionRecord 类

此类对应了名为 Mission 的逻辑概念，属于同一个逻辑栈的 Page Ability 合为一个 Misson，这些 Ability 的 AbilityRecord 会以栈的形式保存在相应的 MissionRecord 中。

MissionRecord 中的 AbilityRecord 顺序即是 Mission 中的 Ability 存在顺序，该顺序与 Ability 的进入和退出逻辑相关。

8）AbilityRecord 类

此类是应用 Ability 在系统服务中的映射。该类持有 IAbilityScheduler 的 Proxy 对象，通过对该 Proxy 对象的 IPC 调用，控制用户进程中的相应 Ability。

前面已介绍，Ability 是应用程序的最核心组件，当应用的 Ability 在使用时，其会在系统服务中产生一个对应的 AbilityRecord 对象，记录了该 Ability 的属性和状态，AbilityRecord 对象由 AbilityManagerService 管理，当需要操作、调度 Ability 时，就会调用相应的 AbilityRecord 的函数，并通过 IAbilityScheduler 的 Proxy 调用到用户进程，使用户进程作出响应动作（如生命周期切换等）。

9）ConnectionRecord 类

当 Service Ability 被连接时，会在系统层产生一个 ConnectionRecord 对象。ConnectionRecord 用以记录和控制该 Connection 的数据与状态。

各个 ConnectionRecord 实例保存在 AbilityConnectManager 中，全部由 AbilityConnectManager 管理。

10）DataAbilityRecord 类

当 Data Ability 被调用时，会在系统层产生一个 DataAbilityRecord 对象。DataAbilityRecord 用以记录和控制该 Data Ability 的数据与状态。

各 DataAbilityRecord 实例保存在 DataAbilityManager 中，由 DataAbilityManager 管理。

更详细的 AbilityManagerService 的软件架构可以参考图 6－8。

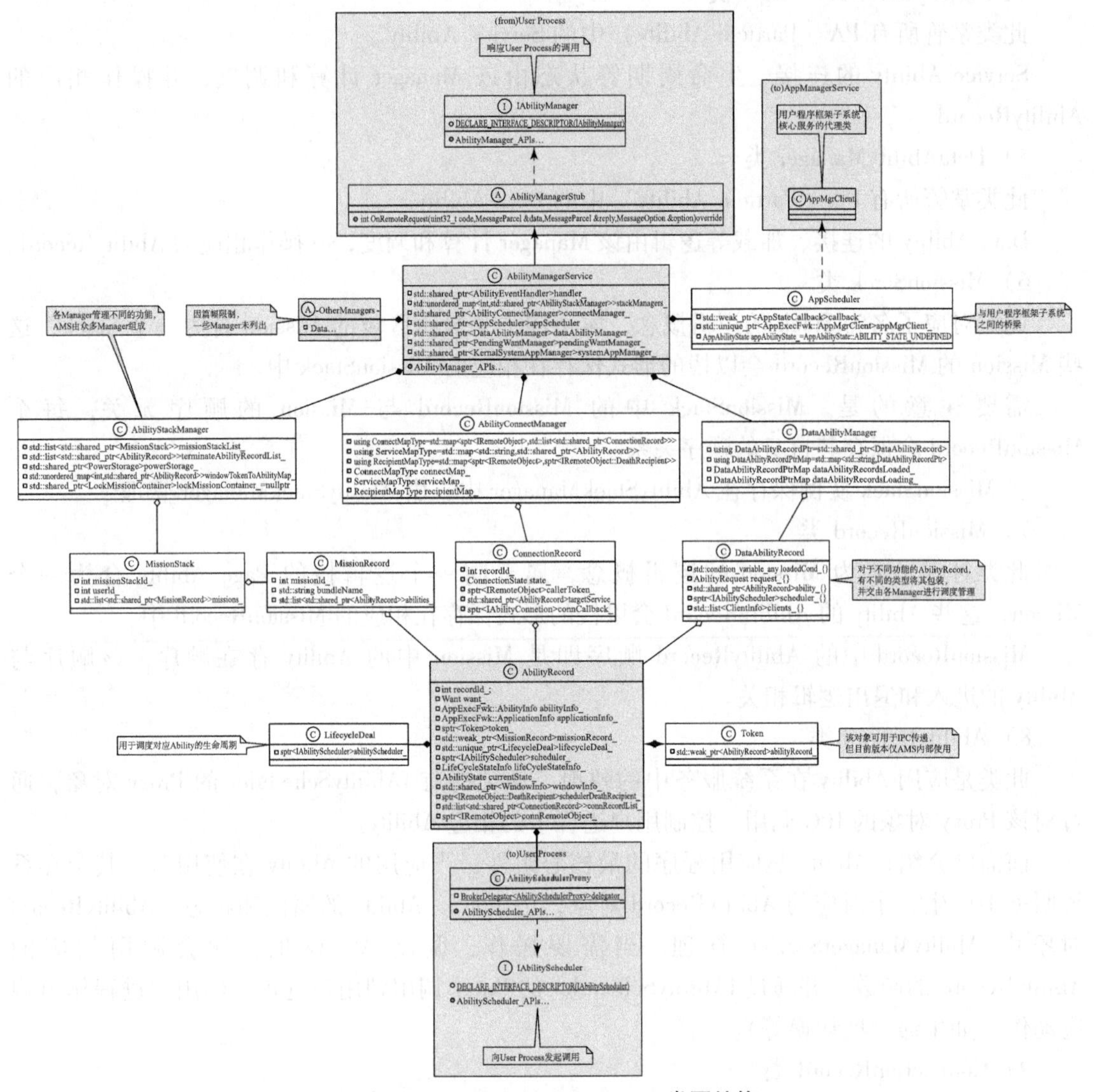

图 6-8　AbilityManagerService 类图结构

6.2.3　Ability 框架启动流程

Ability 子系统支撑了 OpenHarmony 应用程序 Ability 组件的调度，一种典型的参与场景就是启动一个新的 Ability。

本小节梳理和讲解最常见的启动 Page Ability 的流程，以加深对 Ability 子系统功能的了解。

1. Page Ability 启动流程图

启动流程贯穿了调用方应用程序用户进程、系统服务进程、目标方应用程序用户进程这 3 个模块，图 6-9 至图 6-11 分别是 3 个模块对应的流程框图。

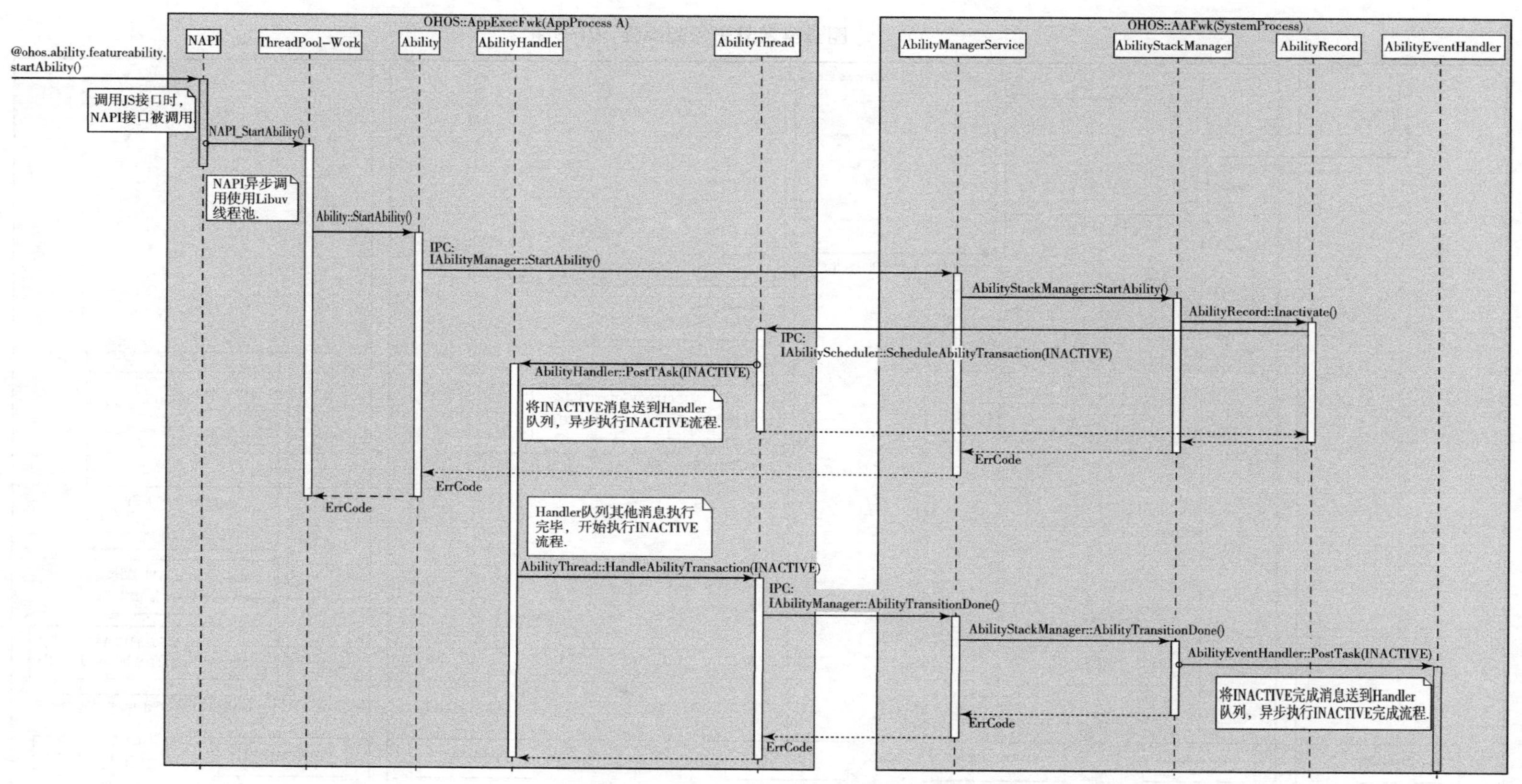

图6-9　调用方应用程序用户进程流程框图

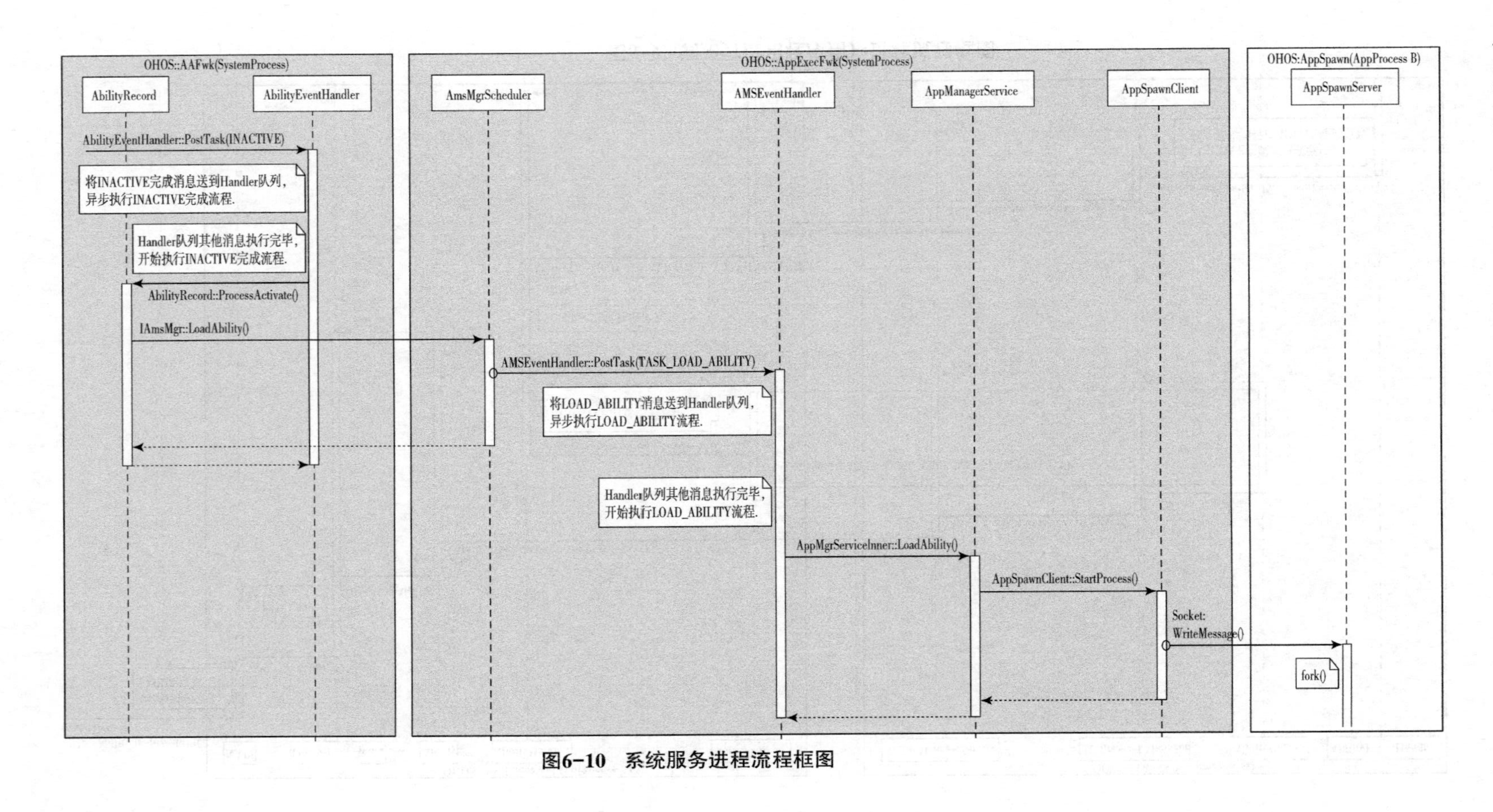

图6-10　系统服务进程流程框图

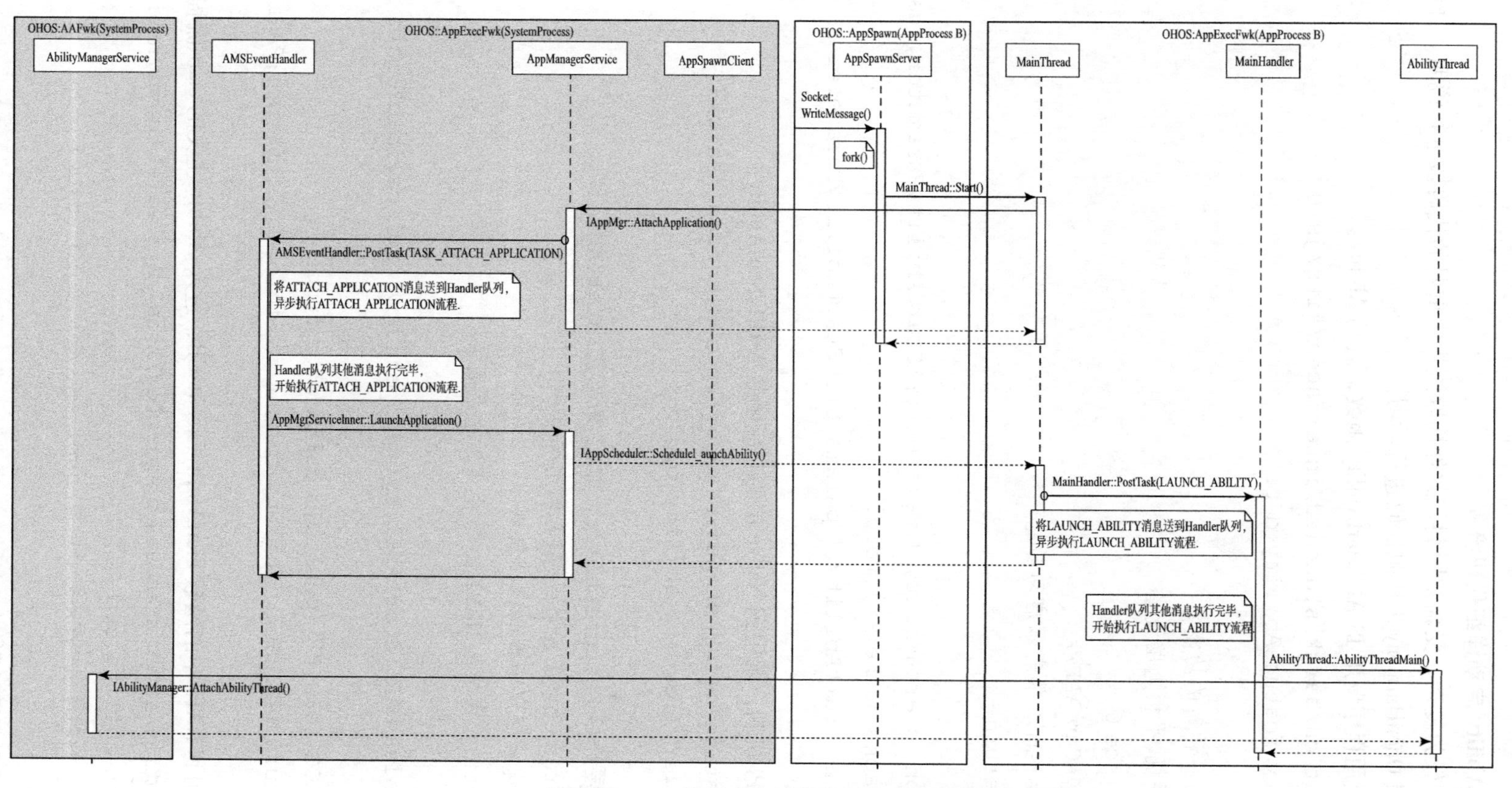

图6-11　目标方应用程序用户进程流程框图

2. Page Ability 启动详细代码流程

由于流程较为复杂，受篇幅限制，此处摘取流程中重要的代码段进行说明。详细的代码流程需要对照 OpenHarmony 3.0 源代码进行学习。

首先，应用程序调用 JS API startAbility 函数，启动 Ability：

```
/foundation/aafwk/standard/interfaces/kits/js/@
ohos.ability.featureAbility.d.ts
/**
  * 开始一种新的功能.
  * @ 手机、平板电脑设备
  * @ since 6
  * @ sysCap AAFwk
  * @ param 参数表示启动功能
  * @ return -
  */
function startAbility(parameter: StartAbilityParameter, callback:
AsyncCallback<number>):void;
function startAbility(parameter: StartAbilityParameter): Promise
<number>;
```

通过 NAPI 机制，调用到 Native 层的对应函数 NAPI_StartAbility：

```
/foundation/aafwk/standard/interfaces/kits/napi/aafwk/
featureAbility/feature_ability.cpp
/**
 * @ 简要介绍 FeatureAbility NAPI 的方法:startAbility.
 * @ param env 在 Node-API 调用环境中
 * @ 传递给回调函数的回调信息
 * @ return 模块从 NAPI C++ 到 JS 的返回值
*/
napi_value NAPI_StartAbility(napi_env env,napi_callback_info info)
{
    HILOG_INFO("%{public}s called.",__func__);
    return NAPI_StartAbilityCommon(env,info,AbilityType::PAGE);
}
```

之后调用到 NAPI 中的函数 StartAbilityExecuteCB，进入 Ability 主类的 start 流程中。

```
/foundation/aafwk/standard/interfaces/kits/napi/aafwk/inner/napi_common/
napi_common_ability.cpp
void StartAbilityExecuteCB(napi_env env,void* data)
{
    HILOG_INFO("%{public}s called.",__func__);
    AsyncCallbackInfo* asyncCallbackInfo = (AsyncCallbackInfo*)data;
```

```
    if(asyncCallbackInfo == nullptr){
        HILOG_ERROR("%{public}s asyncCallbackInfo == nullptr", __func__);
        return;
    }
    asyncCallbackInfo -> errCode = NAPI_ERR_NO_ERROR;
    if(asyncCallbackInfo -> ability == nullptr){
        asyncCallbackInfo -> errCode = NAPI_ERR_ACE_ABILITY;
        HILOG_ERROR("%{public}s ability == nullptr", __func__);
        return;
    }
    if(! CheckAbilityType(asyncCallbackInfo)){
        HILOG_ERROR("%{public}s wrong ability type", __func__);
        asyncCallbackInfo -> errCode = NAPI_ERR_ABILITY_TYPE_INVALID;
        return;
    }
    if(asyncCallbackInfo -> param. setting == nullptr){
        HILOG_INFO("%{public}s param. setting == nullptr call StartAbility. ",
__func__);
        asyncCallbackInfo -> ability -> StartAbility(asyncCallbackInfo ->
param. want);
    }else{
        HILOG_INFO("%{public}s param. setting!= nullptr call StartAbility. ",
__func__);
        asyncCallbackInfo -> ability -> StartAbility(asyncCallbackInfo ->
param. want, * (asyncCallbackInfo -> param. setting));
    }
    HILOG_INFO("%{public}s end. ", __func__);
}
```

在 Ability 主类中，调用了父类 Context 的 StartAbility 函数：

```
/foundation/aafwk/standard/frameworks/kits/ability/native/src/
ability. cpp
/**
 * 一个页面或服务功能使用这个方法来启动一个特殊的功能,系统根据参数的值从已安
装功能中定位目标功能,然后启动它。可以指定开始使用 intent 参数的功能
 * @ param intent 启动能力
 */
void Ability::StartAbility(const Want &want)
{
    APP_LOGI("%{public}s begin. ", __func__);
```

```
    AbilityContext::StartAbility(want, -1);
    APP_LOGI("%{public}s end. ",__func__);
}
```

之后调用到 Ability 子系统 Client 端，进入 IPC 调用流程。

/foundation/aafwk/standard/services/abilitymgr/src/ability_manager_client.cpp

```
ErrCode AbilityManagerClient::StartAbility(const Want &want, const sptr<IRemoteObject> &callerToken,int requestCode)
{
    CHECK_REMOTE_OBJECT_AND_RETURN(remoteObject_,ABILITY_SERVICE_NOT_CONNECTED);
    sptr<IAbilityManager> abms = iface_cast<IAbilityManager>(remoteObject_);
    return abms->StartAbility(want,callerToken,requestCode);
}
```

通过 IPC 调用，系统进程的 AbilityManagerService 做出响应，进入服务层的 Ability 启动逻辑，由于启动的是 Page Ability，因此流程交给 AbilityStackManager 处理。

/foundation/aafwk/standard/services/abilitymgr/src/ability_manager_service.cpp

```
int AbilityManagerService::StartAbility(const Want &want,const sptr<IRemoteObject> &callerToken,int requestCode)
{
    HILOG_INFO("%{public}s",__func__);
    return StartAbility(want,callerToken,requestCode, -1);
}

int AbilityManagerService::StartAbility(
    const Want &want, const sptr<IRemoteObject> &callerToken, int requestCode,int callerUid)
{
    HILOG_INFO("%{public}s",__func__);
    if(callerToken!=nullptr &&! VerificationToken(callerToken)){
        return ERR_INVALID_VALUE;
    }
    AbilityRequest abilityRequest;
    int result=GenerateAbilityRequest(want,requestCode,abilityRequest,callerToken);
```

```
    if(result!=ERR_OK){
        HILOG_ERROR("Generate ability request error.");
        return result;
    }
    auto abilityInfo=abilityRequest.abilityInfo;
     result = AbilityUtil:: JudgeAbilityVisibleControl ( abilityInfo,
callerUid);
    if(result!=ERR_OK){
        HILOG_ERROR("%{public}s JudgeAbilityVisibleControl error.",__
func__);
        return result;
    }
    auto type=abilityInfo.type;
    if(type==AppExecFwk::AbilityType::DATA){
        HILOG_ERROR("Cannot start data ability,use 'AcquireDataAbility
()' instead.");
        return ERR_INVALID_VALUE;
    }
    if(! AbilityUtil::IsSystemDialogAbility(abilityInfo.bundleName,
abilityInfo.name)){
        result=PreLoadAppDataAbilities(abilityInfo.bundleName);
        if(result!=ERR_OK){
            HILOG_ERROR ( "StartAbility:App data ability preloading
failed,'%{public}s',%{public}d",
                abilityInfo.bundleName.c_str(),
                result);
            return result;
        }
    }
    if(type==AppExecFwk::AbilityType::SERVICE){
        return connectManager_->StartAbility(abilityRequest);
    }
    if(IsSystemUiApp(abilityRequest.abilityInfo)){
        return systemAppManager_->StartAbility(abilityRequest);
    }
    return currentStackManager_->StartAbility(abilityRequest);
}
```

在 AbilityStackManager 的流程中，初始化目标 Ability 映射在系统层的 AbilityRecord、MissionRecord、MissionStack 等结构中，随后进入 AbilityRecord 的创建流程中。

/foundation/aafwk/standard/services/abilitymgr/src/ability_stack_manager.cpp

```
int AbilityStackManager::StartAbilityLocked(
    const std::shared_ptr<AbilityRecord> &currentTopAbility, const AbilityRequest &abilityRequest)
{
    HILOG_DEBUG("Start ability locked.");
    CHECK_POINTER_AND_RETURN(currentMissionStack_,INNER_ERR);
   //选择目标任务栈
    std::shared_ptr<MissionStack> targetStack = GetTargetMissionStack(abilityRequest);
    CHECK_POINTER_AND_RETURN(targetStack, CREATE_MISSION_STACK_FAILED);
    auto lastTopAbility = targetStack->GetTopAbilityRecord();

    //将目标任务栈移到最上面,currentMissionStack将被改变
    MoveMissionStackToTop(targetStack);

    //做好任务记录和能力记录
    std::shared_ptr<AbilityRecord> targetAbilityRecord;
    std::shared_ptr<MissionRecord> targetMissionRecord;
    GetMissionRecordAndAbilityRecord(abilityRequest, currentTopAbility,targetAbilityRecord,targetMissionRecord);
    if (targetAbilityRecord == nullptr || targetMissionRecord == nullptr){
        HILOG_ERROR("Failed to get ability record or mission record.");
        MoveMissionStackToTop(lastMissionStack_);
        return ERR_INVALID_VALUE;
    }
    targetAbilityRecord->AddCallerRecord(abilityRequest.callerToken, abilityRequest.requestCode);
    MoveMissionAndAbility(currentTopAbility, targetAbilityRecord, targetMissionRecord);

    //开始处理Ability生命周期
    if(currentTopAbility == nullptr){
        //最高Ability为空,然后启动第一个Ability
        targetAbilityRecord->SetLauncherRoot();
```

```
            return targetAbilityRecord->LoadAbility();
        }else{
            //如果需要,有完整的Ability背景
             return StartAbilityLifeCycle(lastTopAbility,currentTopAbility,
targetAbilityRecord);
        }
    }
```

在后续流程中，并未直接启动目标Ability，而是先去暂停并隐藏之前显示的Ability，称之为Inactive，当Inactive完成后再做切换动作。

/foundation/aafwk/standard/services/abilitymgr/src/ability_record.cpp

```
    void AbilityRecord::Inactivate()
    {
        HILOG_INFO("Inactivate.");
        CHECK_POINTER(lifecycleDeal_);

         SendEvent(AbilityManagerService::INACTIVE_TIMEOUT_MSG,Ability
ManagerService::INACTIVE_TIMEOUT);

        //在更新AbilityState并发送timeout消息以避免Ability async回调后调度
inactive
        //早于上述操作
        currentState_=AbilityState::INACTIVATING;
        lifecycleDeal_->Inactivate(want_,lifeCycleStateInfo_);
    }
```

当前一个Ability完成Inactive后，目标Ability进入ProcessActivate流程，调用LoadAbility函数。

/foundation/aafwk/standard/services/abilitymgr/src/ability_record.cpp

```
    void AbilityRecord::ProcessActivate()
    {
        std::string element=GetWant().GetElement().GetURI();
        HILOG_DEBUG("ability record:%{public}s",element.c_str());

        if(isReady_){
            if(IsAbilityState(AbilityState::BACKGROUND)){
                //后台激活状态
                if(! ProcessConfigurationChange()){
                    //true:递归重启,false:继续激活
```

```
                HILOG_DEBUG("MoveToForground,%{public}s",element.c_str());
                DelayedSingleton<AppScheduler>::GetInstance()->MoveToForground(token_);
            }
        }else{
            HILOG_DEBUG("Activate %{public}s",element.c_str());
            Activate();
        }
    }else{
        LoadAbility();
    }
}
```

随后进入 AppManagerService（用户程序框架）的流程中。之前章节曾提到，Ability 子系统与用户程序框架子系统的关系很紧密，一些重要的流程会有这两个模块共同参与。

/foundation/appexecfwk/standard/interfaces/innerkits/appexecfwk_core/src/appmgr/app_mgr_client.cpp

```
AppMgrResultCode AppMgrClient::LoadAbility(const sptr<IRemoteObject> &token,const sptr<IRemoteObject> &preToken,
    const AbilityInfo &abilityInfo,const ApplicationInfo &appInfo)
{
    sptr<IAppMgr> service = iface_cast<IAppMgr>(remote_);
    if(service != nullptr){
        sptr<IAmsMgr> amsService = service->GetAmsMgr();
        if(amsService != nullptr){
            //从这里开始,把 AbilityInfo 和 ApplicationInfo 从 AA 中分开
            std::shared_ptr<AbilityInfo> abilityInfoPtr = std::make_shared<AbilityInfo>(abilityInfo);
            std::shared_ptr<ApplicationInfo> appInfoPtr = std::make_shared<ApplicationInfo>(appInfo);
            amsService->LoadAbility(token,preToken,abilityInfoPtr,appInfoPtr);
            return AppMgrResultCode::RESULT_OK;
        }
    }
    return AppMgrResultCode::ERROR_SERVICE_NOT_CONNECTED;
}
```

AppManagerService 的处理流程中会判断目标 Ability 所在应用程序的进程是否存在，当

目标进程不存在时，代码进入启动相应应用程序进程的逻辑。

/foundation/appexecfwk/standard/services/appmgr/src/app_mgr_service_inner.cpp

```
void AppMgrServiceInner::LoadAbility(const sptr<IRemoteObject> &token, const sptr<IRemoteObject> &preToken, const std::shared_ptr<AbilityInfo> &abilityInfo, const std::shared_ptr<ApplicationInfo> &appInfo)
{
    if(!token||!abilityInfo||!appInfo){
        APP_LOGE("param error");
        return;
    }
    if(abilityInfo->name.empty()||appInfo->name.empty()){
        APP_LOGE("error abilityInfo or appInfo");
        return;
    }
    if(abilityInfo->applicationName!=appInfo->name){
        APP_LOGE("abilityInfo and appInfo have different appName,don't load for it");
        return;
    }

    std::string processName;
    if(abilityInfo->process.empty()){
        processName=appInfo->bundleName;
    }else{
        processName=abilityInfo->process;
    }
    auto appRecord=GetAppRunningRecordByProcessName(appInfo->name, processName);
    if(!appRecord){
        RecordQueryResult result;
        int32_t defaultUid=0;
            appRecord = GetOrCreateAppRunningRecord(token, appInfo, abilityInfo,processName,defaultUid,result);
        if(FAILED(result.error)){
            APP_LOGE("create appRunningRecord failed");
            return;
```

```
        }
        appRecord->SetEventHandler(eventHandler_);
        if(preToken!=nullptr){
            auto abilityRecord = appRecord -> GetAbilityRunning
RecordByToken(token);
            abilityRecord->SetPreToken(preToken);
        }
            StartProcess(abilityInfo->applicationName, processName,
appRecord);
    }else{
        StartAbility(token,preToken,abilityInfo,appRecord);
    }
    PerfProfile::GetInstance().SetAbilityLoadEndTime(GetTickCount());
    PerfProfile::GetInstance().Dump();
    PerfProfile::GetInstance().Reset();
}
```

当目标应用程序进程启动完成后，应用端会通过 IPC 调用 AttachApplication 函数，再次调回到 AppManagerService 端。

/foundation/appexecfwk/standard/kits/appkit/native/app/src/main_thread.cpp

```
/**
 * 简单地将主线程连接到 AppMgr
 */
bool MainThread::ConnectToAppMgr()
{
    APP_LOGI("MainThread::ConnectToAppMgr start");
    auto object = OHOS::DelayedSingleton<SysMrgClient>::GetInstance
()->GetSystemAbility(APP_MGR_SERVICE_ID);
    if(object==nullptr){
        APP_LOGE("failed to get bundle manager service");
        return false;
    }
    deathRecipient_=new(std::nothrow)AppMgrDeathRecipient();
    if(deathRecipient_==nullptr){
        APP_LOGE("failed to new AppMgrDeathRecipient");
        return false;
    }
    APP_LOGI("%{public}s,Start calling AddDeathRecipient.",__func__);
    if(!object->AddDeathRecipient(deathRecipient_)){
```

```
        APP_LOGE("failed to AddDeathRecipient");
        return false;
    }
    APP_LOGI("%{public}s,End calling AddDeathRecipient.",__func__);
    appMgr_=iface_cast<IAppMgr>(object);
    if(appMgr_==nullptr){
        APP_LOGE("failed to iface_cast object to appMgr_");
        return false;
    }
    APP_LOGI("MainThread::connectToAppMgr before AttachApplication");
    appMgr_->AttachApplication(this);
    APP_LOGI("MainThread::connectToAppMgr after AttachApplication");
    APP_LOGI("MainThread::connectToAppMgr end");
    return true;
}
```

函数处理逻辑回到服务层后，此时目标应用程序端状态准备就绪，AppManagerService会真正进入start待启动的Ability的流程LaunchPendingAbilities函数。

/foundation/appexecfwk/standard/services/appmgr/src/app_mgr_service_inner.cpp

```
void AppMgrServiceInner::AttachApplication(const pid_t pid,const sptr
<IAppScheduler>&app)
{
    if(pid<=0){
        APP_LOGE("invalid pid:%{public}d",pid);
        return;
    }
    if(!app){
        APP_LOGE("app client is null");
        return;
    }
    APP_LOGI("attach application pid:%{public}d",pid);
    auto appRecord=GetAppRunningRecordByPid(pid);
    if(!appRecord){
        APP_LOGE("no such appRecord");
        return;
    }
    appRecord->SetApplicationClient(app);
    if(appRecord->GetState()==ApplicationState::APP_STATE_CREATE){
```

```
        LaunchApplication(appRecord);
    }
    appRecord->RegisterAppDeathRecipient();
}

void AppMgrServiceInner::LaunchApplication(const std::shared_ptr<AppRunningRecord> &appRecord)
{
    if(!appRecord){
        APP_LOGE("appRecord is null");
        return;
    }
    if(appRecord->GetState()!=ApplicationState::APP_STATE_CREATE){
        APP_LOGE("wrong app state");
        return;
    }
    appRecord->LaunchApplication();
    appRecord->SetState(ApplicationState::APP_STATE_READY);
    OptimizerAppStateChanged(appRecord,ApplicationState::APP_STATE_CREATE);
    appRecord->LaunchPendingAbilities();
}
```

通过 IPC 调用 ScheduleLaunchAbility 函数，将操作传递到目标应用程序端，目标应用程序的相应 Ability 开始其生命周期切换，完成启动。

/foundation/appexecfwk/standard/services/appmgr/src/app_lifecycle_deal.cpp

```
void AppLifeCycleDeal::LaunchAbility(const std::shared_ptr<AbilityRunningRecord> &ability){
    appThread_->ScheduleLaunchAbility(*(ability->GetAbilityInfo()),ability->GetToken());
}
```

至此，Ability 的启动流程基本介绍完毕。通过这个例子，可以大体了解 Ability 子系统的系统层和用户进程是如何协作的，进而共同完成 Ability 调度中的启动流程。

6.2.4 Ability 框架工具模块

在开发过程中，常需要获取一些 Ability 子系统的 API 的调用结果，为了便于调试，Ability 子系统包含一个命令行工具模块，编译生成的可执行文件名为 aa。

当需要获取 Ability 子系统中的数据时，在终端使用 hdc 工具连接 OpenHarmony 设备，在设备的命令行中使用aa命令，再加上对应的参数。

aa工具内置的help内容如下：

```
usage:aa <command> <options>
These are common aa commands list:
    help                  list available commands
    start                 start ability with options
    stop-service          stop service with options
    dump                  dump the ability stack info
```

例6-1 打印栈中的Ability信息。

```
aa dump -a
```

打印结果如下：

```
User ID #100
  //Mission列表
Current mission lists:
  MissionList Type #NORMAL
      Mission ID #4 mission name #[com.example.mytest] lockedState #0
      //AbilityRecord ID为每个Ability对应的ID
AbilityRecord ID #16
        app name[com.example.mytest]
        main name[com.example.entry.MainAbility]
        bundle name[com.example.mytest]
        ability type[PAGE]
        state #FOREGROUND_NEW  start time[2125976]
        app state #FOREGROUND
        ready #1  window attached #0  launcher #0
        callee connections:
    MissionList Type #LAUNCHER
    Mission ID #1  mission name #[#com.ohos.launcher:com.ohos.launcher.
MainAbility]  lockedState #0
      AbilityRecord ID #3
        app name[com.ohos.launcher]
        main name[com.ohos.launcher.MainAbility]
        bundle name[com.ohos.launcher]
        ability type[PAGE]
        state #FOREGROUND_NEW  start time[33926]
        app state #FOREGROUND
        ready #1  window attached #0  launcher #1
        callee connections:
        can restart num #15
```

```
  default stand mission list:
    MissionList Type #DEFAULT_STANDARD
  default single mission list:
    MissionList Type #DEFAULT_SINGLE

//仅展示一个示例,省略其他展示
ExtensionRecords:
    uri[/com.example.kikakeyboard/ServiceExtAbility]
      AbilityRecord ID #10    state #ACTIVE    start time[35562]
      main name[ServiceExtAbility]
      bundle name[com.example.kikakeyboard]
      ability type[SERVICE]
      app state #FOREGROUND
      Connections:0

    PendingWantRecords:
//当前运行的进程,省略部分进程展示
AppRunningRecords:
    AppRunningRecord ID #0
      process name[com.ohos.telephonydataability]
      pid #1593 uid #20010028
      state #FOREGROUND
    AppRunningRecord ID #1
      process name[com.ohos.launcher]
      pid #1607   uid #20010021
      state #FOREGROUND
```

例 6－2 使用 aa 命令启动 com. kaihongdigi. demo 中的 MainAbility：

```
aa start -a com.kaihongdigi.demo.MainAbility -b com.kaihongdigi.demo
```

例 6－3 强制停止应用 com. kaihongdigi. demo：

```
aa force-stop com.kaihongdigi.demo
```

6.3 思考和练习

（1）查阅资料，对比 Android 操作系统的 Activity 组件和 OpenHarmony 的 Ability 子系统，并阐述两者的区别。

（2）查询资料，阐述 Service Ability 启动流程。

（3）阐述 Page Ability 和 Service Ability 的生命周期状态机。

（4）查询资料，熟悉使用 aa 的其他命令。

（5）使用海思设备开发一个简单应用，以熟悉并了解 Ability 的相关内容。

第 7 章
图形子系统

7.1 图形子系统概述

7.1.1 图形子系统定义

人们主要通过图形用户界面（Graphical User Interface，GUI）与计算机进行交互，在 OpenHarmony 3.0 中，GUI 由 UI 框架和用户程序框架共同组成，而本节图形子系统管理和呈现 UI 框架画面内容，用户看得到的画面内容实际由图形子系统来呈现。

图形子系统是 OpenHarmony 中比较复杂的子系统之一。对上，它要向用户程序框架和 UI 框架提供图形接口和窗口管理接口，该功能在图形子系统内部主要涉及窗口管理；对下，需要将图形图像合成输出到具体的显示设备中，该功能在 OpenHarmony 3.0 图形子系统中具体由 weston 实现。

图形子系统在整个 OpenHarmony 系统中的角色如图 7－1 所示。

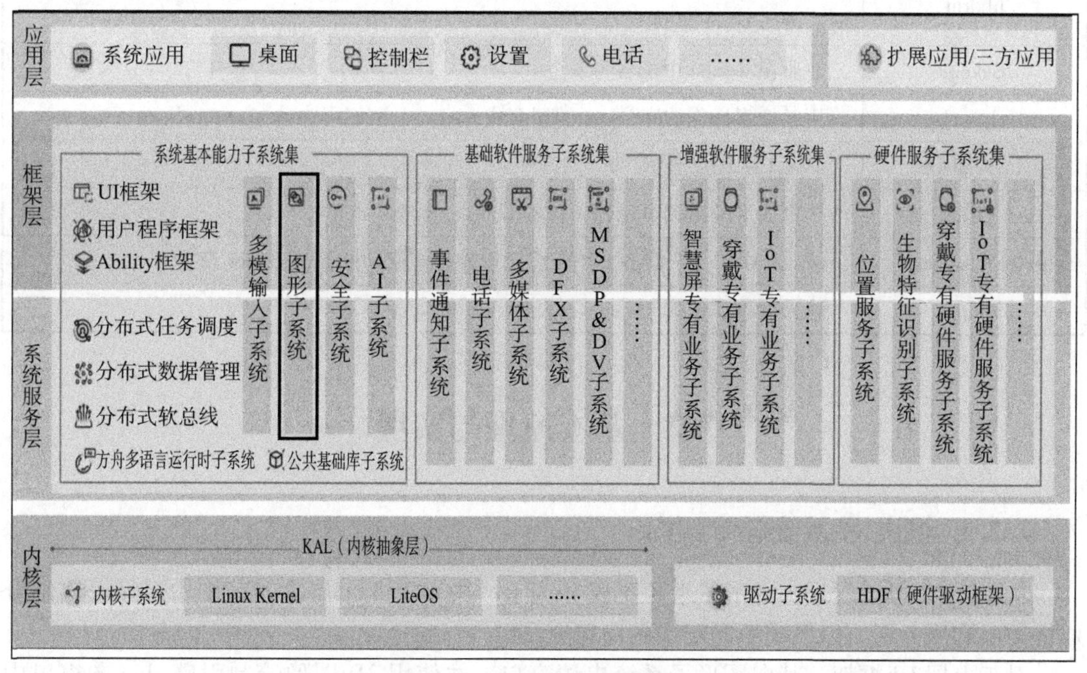

图 7－1 OpenHarmony 架构

7.1.2 图形子系统基本概念

图形子系统是操作系统的重要组成部分，是用户与操作系统交互的重要途径。OpenHarmony 的图形子系统与 Android 的图形子系统类似，包括窗口管理、图形绘制、窗口合成、硬件加速、显示驱动硬件等几大系统。本节着重介绍 OpenHarmony 的窗口管理，涉及 OpenHarmony 系统中一些专业词汇和概念，表 7－1 是对一些概念的简介。

表 7－1 图形子系统概念简介

概念	简介
图形子系统	用于管理窗口、合成窗口，并将窗口送给驱动显示
wayland	wayland 是一种新的显示服务器和合成协议
weston	weston 是 wayland 的 server 的参考实现
window	不同知识背景的人对 window 的概念理解以及在系统的不同层次 window 存在形式都有所不同，暂时可以将 window 理解成屏幕中一块矩形区域，用于承载图形画面
surface	持有 window 中具体的图形数据
vsync 信号	垂直同步信号，屏幕刷新频率，固定值，一般常见的显示器的频率为 60 Hz，大概 16 ms 刷新一次设备屏幕
生产消费模式	一种设计模式，平衡生产者和消费者的处理能力，同时可以解耦
bootanimation	开机动画，典型的图形子系统使用者
compositor	合成器，可将多个叠加的 surface 合成一个 surface
libdrm	内核驱动 DRM 的用户空间 client 库封装（KMS、GEM 等图形接口），其通过 ioctl 访问 DRM 驱动
backend	注册在 weston 中的各种服务
pixman	用于像素操作的库，cpu 图层合成
gl－renderer	opengl es 图层合成
drm－backend	负责图形输出到显示器，依赖 libdrm、kernel drm
fbdev－backend	weston 中的一个服务，用于将图形输出至驱动的 framebuffer 设备
libinput	输入处理，依赖于 mtdev、libudev、libevdev 等库

7.2 基本原理与实现

7.2.1 图形子系统总体架构

从图 7－2 可以发现，图形子系统主要分为上、中、下 3 个层次，其中中层又可以细分成框架层和服务层。以下是不同层次的简单介绍。

对于上层 UI 框架，其向图形子系统申请窗口，并使用 2D 图像绘制引擎 skia 向窗口中绘入画面；而窗口附着在 ability 上，ability 由元能力子系统 AAFWK 进行管理；bootanimation

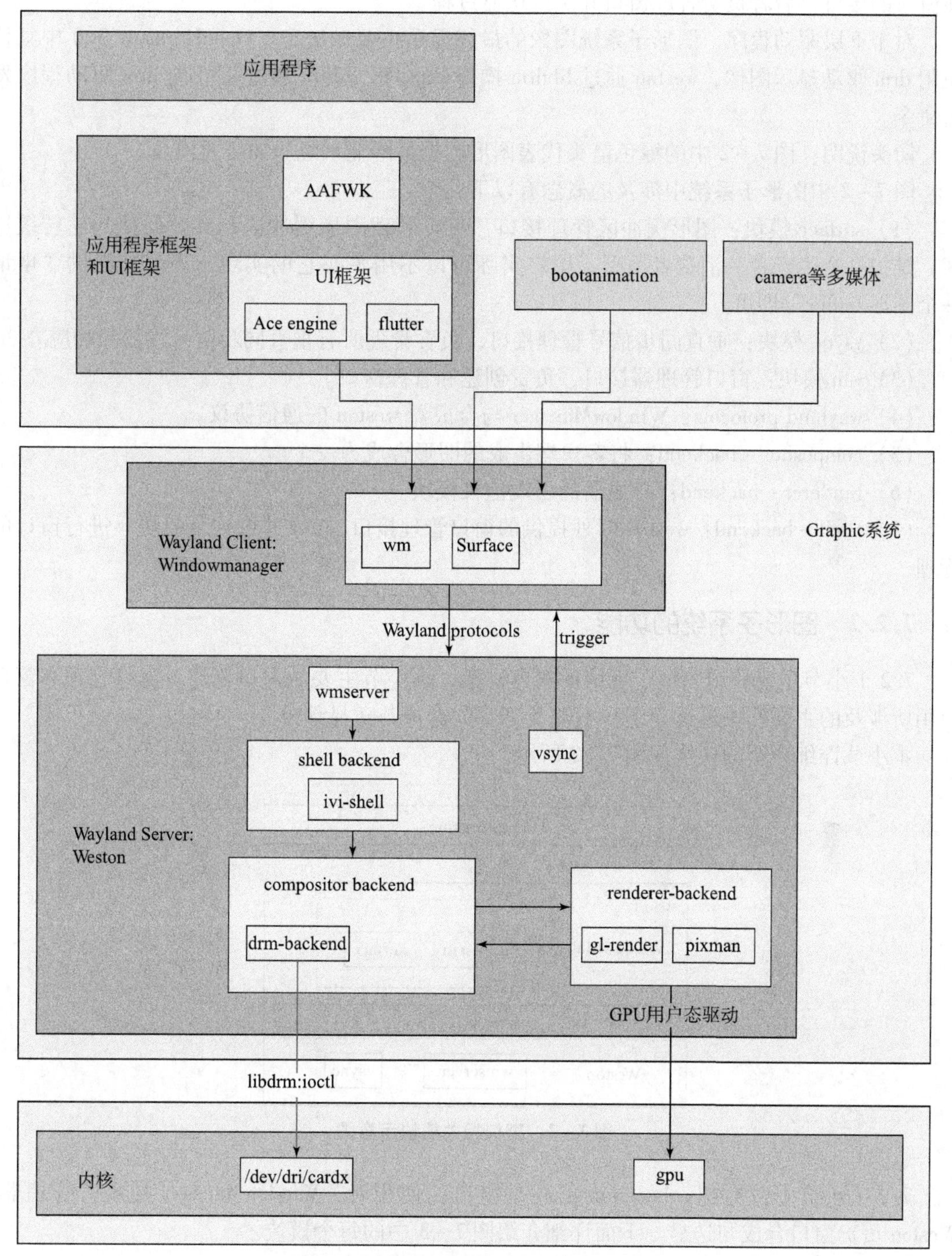

图 7-2　图形子系统架构图（附彩图）

和 camera 等多媒体都是 graphic 的使用者。

对于中层而言，主要提供创建、销毁窗口的接口以及窗口的显示、隐藏、切换、缩放等动作，都由其具体完成；内部分为 windowmanager 客户端和 weston 服务端，前者封装提供管理窗口的接口，后者负责合成窗口并决定送显过程。

对于下层驱动程序，图形子系统图像的最终显示由驱动决定。OpenHarmony 3.0 中默认使用 drm 驱动显示图像，weston 通过 libdrm 操作 drm 库，librm 通过 ioctl 向 drm 驱动程序发送命令。

箭头说明：图 7－2 中的绿色箭头代表图形数据最终显示经历的主要模块。

图 7－2 中图形子系统中涉及的概念有以下几个。

（1）surface 模块：图形缓冲区管理接口，负责管理图形缓冲区和高效便捷的轮转缓冲区，维护一个生产者－消费者模型，用户实际可以不用关心它的实现，了解其提供“申请一个图形 buffer”即可。

（2）vsync 模块：垂直同步信号管理接口，负责管理所有垂直同步信号注册和响应。

（3）wm 模块：窗口管理器接口，负责创建和管理窗口。

（4）wayland protocols：WindowManager 与合成器 weston 的通信协议。

（5）compositor－backend：将客户端生成的图形合成为一个。

（6）renderer－backend：合成器的后端渲染模块。

（7）shell－backend：weston 对外提供的窗口管理接口，wm 通过这个模块，进行窗口的管理。

7.2.2 图形子系统的功能

7.2.1 小节主要介绍图形子系统的整体框架，本小节主要从窗口创建、窗口管理和窗口使用所涉及的主要模块进行介绍，不涉及 weston 合成与送显部分。

本小节详细介绍的模块如图 7－3 所示。

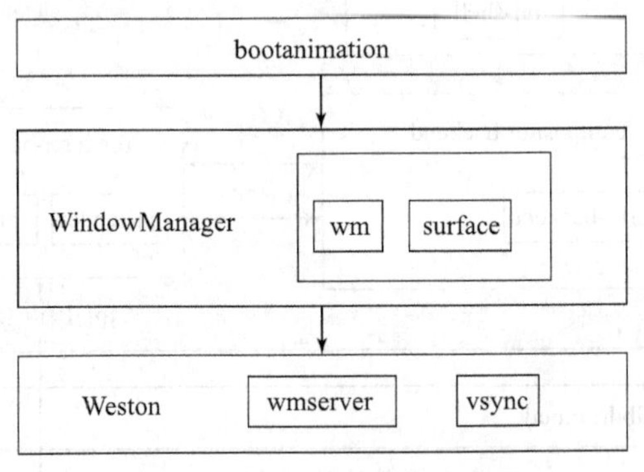

图 7－3 窗口相关模块示意图

7.2.1 小节中曾介绍，bootanimation 是窗口的使用者，WindowManager 是窗口管理器，Weston 负责窗口合成与送显。下面详细介绍图 7－3 中的每个模块。

1. surface 模块

1）概述

surface 模块主要提供申请和释放图形 buffer 的能力，供图形生产者进行图形的生产。

surface 模块内部维护了一个 buffer 生产者－消费者模型。

生产者－消费者模型可以用于平衡生产和消费两者的能力。如果没有使用该模型的生产者-消费者，生产者只有在消费者消费完成之后才能进行下一次生产；有了生产者和消费者模型之后，生产者生产的数据存到生产缓冲队列，消费者从消费缓冲队列中取数据去消费，两个队列互不影响、互不拖累，耦合性低。

surface 模块提供了 buffer 队列，供生产者和消费者分别进行生产和消费，这里的生产指的是将图形数据写入 buffer，消费指的是通知 wm 模块拿到有图形数据的 buffer，然后交给 weston 进行合成。

2）主要接口

接口应用开发者不可见，对本小节来说，wm 模块是本接口的使用者。surface 模块对外主要有 3 种类型的接口，即构造接口、生产者接口和消费者接口，表 7-2 是这 3 类接口的详细说明。

表 7-2 接口说明

类型	接口	说明
构造接口	CreateSurfaceAsConsumer	消费进程创建消费型 surface（具备消费者接口）
	GetProducer	消费进程获取一个 surface 内部的 IBufferProducer 对象
	CreateSurfaceAsProducer	生产者进程创建生产型 surface（具备生产者接口）
生产者接口	RequestBuffer	从空闲队列中取一个 SurfaceBuffer 对象，用于生产
	FlushBuffer	将生产好的 SurfaceBuffer 对象放入脏队列，并通知消费者可以进行一次消费
消费者接口	AcquireBuffer	在收到可消费通知之后，从脏队列取出一个 SurfaceBuffer 对象进行消费
	ReleaseBuffer	将已消费的 SurfaceBuffer 对象放入空闲队列

3）生产与消费模型原理

如图 7-4 所示，surface 模块维护了两个 buffer 队列，分别为空闲队列（绿色）和脏队列（橙色）。空闲队列中的 buffer 是空的，供生产者申请使用，生产者使用完成后，将 buffer 放入脏队列，而脏队列存放已经生产好的 buffer，消费者根据帧同步信号有节奏地从脏队列中取出 buffer 进行消费。

空闲队列和脏队列中的 buffer 由 gralloc 模块具体决定（可以是虚拟内存、FB 内存、DMA 内存等）。

4）生产与消费过程

生产者生产图形过程如下。

首先从 buffer 队列申请一块空闲 buffer，之后向这块 buffer 中写入图形数据，最后将携带图形数据的 buffer 放入 buffer 队列。

```
SurfaceBuffer buffer;
//申请一块 buffer
//向 buffer 写入图形数据
producer_surface ->RequestBuffer(buffer…);
//将写入了图形数据的 buffer 放入脏队列,并通知消费者消费
```

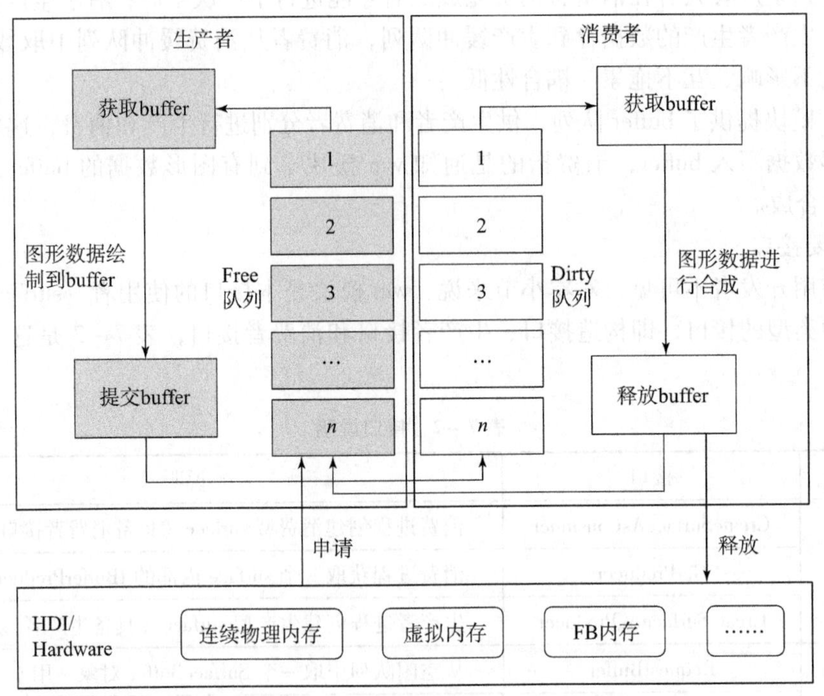

图 7-4　生产与消费模型原理

```
producer_surface->FlushBuffer(buffer…);
```

消费者消费过程如下。

生产者在调用 FlushBuffer 函数后，会触发回调消费者的 OnBufferAvailable 函数，OnBufferAvailable 函数从 buffer 队列拿到一块已经生产好的 buffer，然后将这块 buffer 交给 weston 模块进行合成，最后由 weston 模块进行释放，释放后的 buffer 放在 buffer 队列，供生产者下一次使用。

```
class TestConsumerListener:public IBufferConsumerListener{
  //收到消费的通知
    void OnBufferAvailable()override{
      SurfaceBuffer buffer;
      //从脏队列取出一块 buffer
      consumer_surface->AcquireBuffer(buffer…);
      //将 buffer 交给 weston 进行合成
      //将消费完成的 buffer 放入空闲队列,供生产者继续使用
      consumer_surface->ReleaseBuffer(buffer…);
    }
}
```

5）主要类关系

用户接口 surface 有两个实现，即 ProducerSurface 和 ConsumerSurface，分别代表生产者和消费者，前者可跨进程调用，而后者同时持有生产者服务端实现和消费者具体实现，两者的

实际业务都交由 BufferQueue 处理。图 7 - 5 所示的范围框中的类是为了实现 ProducerSurface 跨进程调用而设计的类。

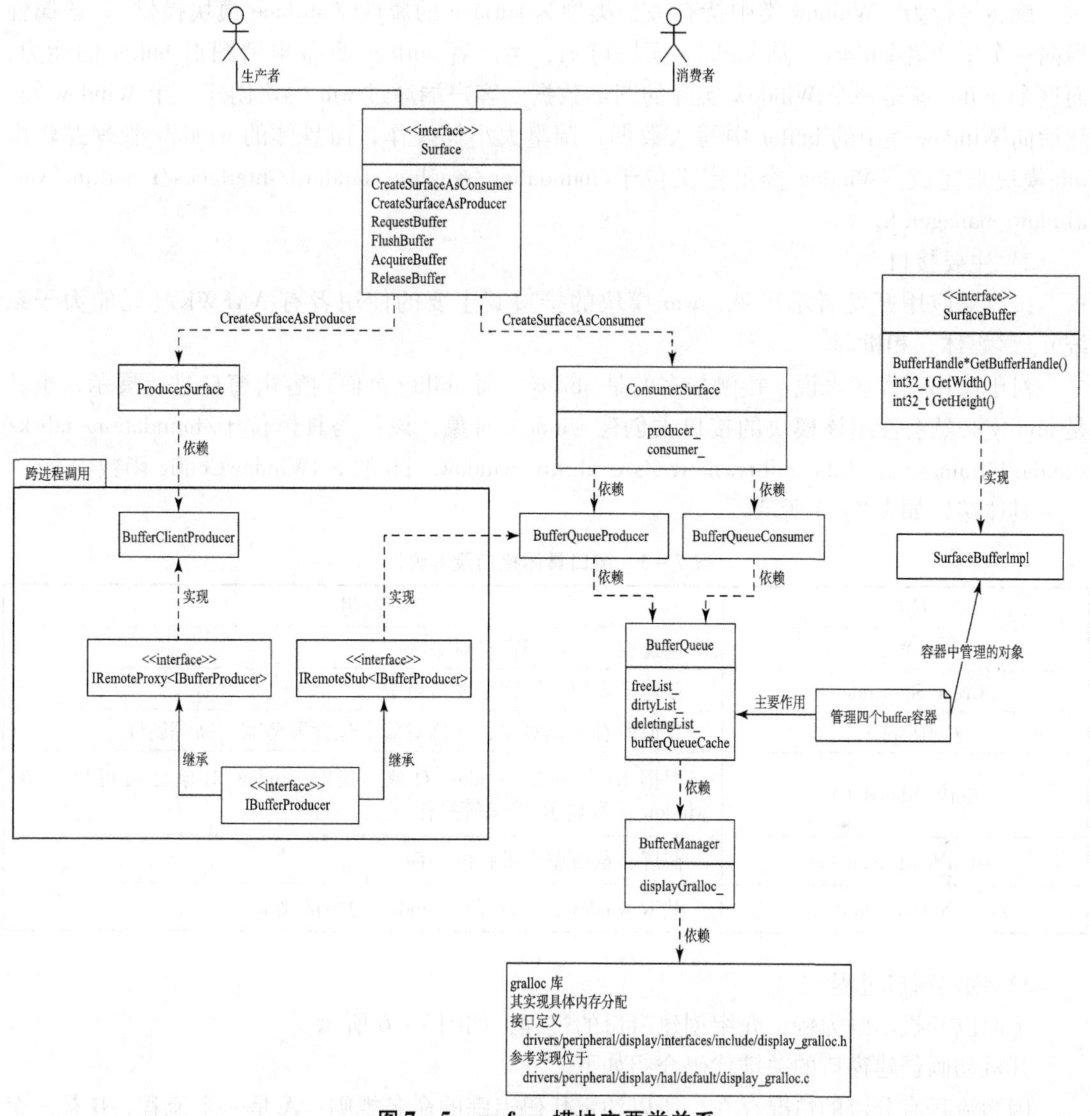

图 7 - 5　surface 模块主要类关系

BufferQueue 是生产者 - 消费者模型中缓冲队列的实现，其主要维护空闲队列和脏队列两个 buffer 容器（buffer 实际是 SurfaceBufferImpl 对象），BufferQueue 申请和释放 buffer 的任务交给了 BufferManager，而 BufferManager 又依赖 gralloc 库进行 buffer 的申请和释放，所以 gralloc 库才是决定申请的 buffer 具体是什么内存，一般 gralloc 与具体平台硬件相关，是平台预置的 so 库，并存放在 device 目录下。

2. wm 模块

1）概述

wm 模块主要为用户提供管理窗口的接口，包括创建、删除、显示、隐藏窗口等，是图形子系统对外的接口，并且它还是一个 wayland 客户端，具体逻辑业务交由 weston 模块进行处理。

窗口可以理解成屏幕上的一块矩形区域，具体到 OpenHarmony 3.0，其实就是定义了一个类 Window。Window 类拥有一些属性和行为，如窗口大小、窗口类型等属性以及显示、隐藏、旋转等行为。Window 类中持有一个类型为 surface 的属性（surface 模块提供），该属性指向一个生产者 surface。从 sruface 模块可知，生产者 surface 具备申请图形 buffer 的能力，而这个 buffer 就是一个 Window 实际的图形数据。客户端通过 wm 模块创建一个 Window 类，然后向 Window 类中的 buffer 中写入数据、调整大小等操作，而具体的 window 管理逻辑由 wm 模块来完成。Window 类的定义位于/foundation/graphic/standard/interfaces/innerkits/wm/window_manager. h。

2）主要接口

接口对应用开发者不可见，wm 模块的接口其主要的使用者有 AAFWK（元能力子系统）、多媒体、相机等。

对于应用开发者来说，接触最多的是 ability，而 ability 页面内容由窗口进行展示，也就是 ability 必然会使用该模块的接口去创建 window 对象，该代码具体位于/foundation/aafwk/standard/frameworks/kits/ability/native/src/ability_window. cpp 的 SetWindowConfig 函数中。

具体接口如表 7－3 所示。

表 7－3　窗口具体接口及其说明

接口	说明
CreateWindow	创建窗口，返回窗口对象
CreateSubwindow	创建子窗口，返回子窗口对象
GetDisplays	获取所有屏幕对象，屏幕对象中包含屏幕宽、高等属性
GetWindowByID	根据 ID 号获取 window 对象，获取 window 对象之后可以对该 window 进行显示/隐藏等操作
ListenNextScreenShot	截屏，截取整个屏幕的画面
ListenNextWindowShot	截取 window，截取单个 window 对象的画面

3）创建窗口过程

下面以开机动画为例，介绍创建窗口的过程，如图 7－6 所示。

开机动画创建窗口的关键代码介绍如下。

因为流程有分流的情况存在，所以约定代码追踪的命名规则：A 是一个流程，B 是一个流程，A－1 和 A－2 是 A 流程的分流程，以此类推。

开机动画会创建一个窗口，窗口承载开机动画的画面内容。

```
/foundation/graphic/standard/frameworks/bootanimation/src/main.cpp

WindowManager::GetInstance() -> CreateWindow(window,option)

...
/foundation/graphic/standard/frameworks/wm/src/window_manager.cpp

sptr<WindowManager>WindowManager::GetInstance(){
```

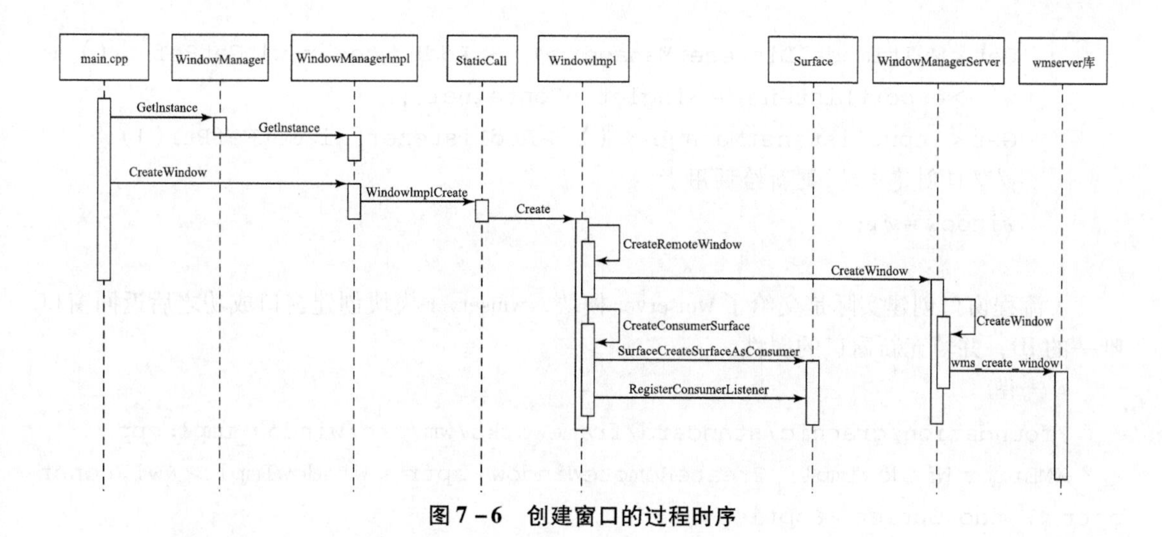

图7-6 创建窗口的过程时序

```
    return WindowManagerImpl::GetInstance();
}
```

WindowManager 单例，实际实现是 WindowManagerImpl 类：

```
/foundation/graphic/standard/frameworks/wm/src/window_manager_impl.cpp
WMError WindowManagerImpl::CreateWindow(sptr<Window> &window,const
sptr<WindowOption> &option){
    //wmservice 变量类型为 IWindowManagerService,其调用指向 libwmservice 库
    SingletonContainer::Get<StaticCall>()->WindowImplCreate
(window,option,wmservice);
    //缓存窗口
    windowCache.push_back(window);
}
```

中间省略了部分代码，读者继续追踪不难发现，继续调用到了 WindowImpl 的 create 函数，该函数中 A 流程获得新的 window 对象，B 流程创建一个 surface 消费者。

```
/foundation/graphic/standard/frameworks/wm/src/window_impl.cpp
WMError WindowImpl::Create(sptr<Window> &window, const sptr
<WindowOption> &option,const sptr<IWindowManagerService> &wms){
    sptr<WindowImpl> wi = nullptr;
    //参数检查
    CheckAndNew(wi,option,wms);
    //A 流程
    CreateRemoteWindow(wi,option);
    //B 流程
    CreateConsumerSurface(wi,option);
    //注册多模和输入事件 callback
    wi->mmiListener = SingletonContainer::
```

```
    Get<MultimodalListenerManager>()->AddListener(wi.GetRefPtr());
    wi->exportListener = SingletonContainer::
    Get<InputListenerManager>()->AddListener(wi.GetRefPtr());
    //窗口创建成功,更新给调用者
    window = wi;
}
```

A 流程窗口创建实际是交给了 wmserver 模块，wmserver 模块创建窗口成功之后返回窗口唯一的 ID，并填充新窗口的属性。

A 流程

/foundation/graphic/standard/frameworks/wm/src/window_impl.cpp

```
WMError WindowImpl::CreateRemoteWindow(sptr<WindowImpl> &wi,const sptr<WindowOption> &option){
    //wayland 协议连接相关:创建 wl_surface
    wi->wlSurface = SingletonContainer::Get<WlSurfaceFactory>()->Create();
    //windowManagerServer 变量的调用最终指向 wmserver 库
    auto windowManagerServer = SingletonContainer::
    Get<WindowManagerServer>();
    //A-1 流程
    //第二个参数是屏幕 id,代表第几个屏幕,目前看该分支未使能该特性,将 0 改成 option->GetDisplay()使能
    auto promise = windowManagerServer->CreateWindow(wi->wlSurface,0,option->GetWindowType());
    //等待执行结果
    auto wminfo = promise->Await();
    //填充新窗口信息
    //这里的窗口 id 可用于定位操作 wmserver 中的窗口
    wi->attr.SetID(wminfo.wid);
    wi->attr.SetType(option->GetWindowType());
    wi->attr.SetVisibility(true);
    wi->attr.SetXY(wminfo.x,wminfo.y);
    wi->attr.SetWidthHeight(wminfo.width,wminfo.height);
    wi->attr.SetDestWidthHeight(wminfo.width,wminfo.height);
    wi->wlSurface->SetUserData(wi.GetRefPtr());
}
```

wmserver 模块实际是调用 wms_create_window 进行窗口创建，7.2.3 小节还会继续追踪这个过程。

A-1 流程

/foundation/graphic/standard/frameworks/wm/src/window_manager_server.

```
cpp
    sptr<Promise<struct WMSWindowInfo> >WindowManagerServer::CreateWindow(
    const sptr<WlSurface> &wlSurface,int32_t did,WindowType type){
        sptr<Promise<struct WMSWindowInfo> > ret = new Promise<struct
WMSWindowInfo>();
        if(wlSurface == nullptr){
            struct WMSWindowInfo info = {.wret = WM_ERROR_NULLPTR,.wid = -1,};
            ret->Resolve(info);
            return ret;
        }
        promiseQueue.push(ret);
        //该方法位于/foundation/graphic/standard/frameworks/wmserver/
        src/wmserver.c 的 ControllerCreateWindow 函数
        wms_create_window(wms,wlSurface->GetRawPtr(),did,type);
        delegator.Dep<WlDisplay>()->Flush();
        return ret;
    }
```

B 流程会准备 surface 消费者，并与窗口进行绑定，从下面的代码可以看出 window 持有生产者-消费者，具备生产消费的能力：

```
    B 流程
    /foundation/graphic/standard/frameworks/wm/src/window_impl.cpp
    WMError WindowImpl::CreateConsumerSurface(sptr<WindowImpl> &wi,
        const sptr<WindowOption> &option){
        const auto &sc = SingletonContainer::Get<StaticCall>();
        //准备 surface 生产消费环境,并返回消费接口
        wi->csurface = sc->SurfaceCreateSurfaceAsConsumer("Window");
        //注册消费 callback(在每次生产完成后触发一次),这里注册的是 window_
impl.h,所以每次消费实际回调的是 window_impl.cpp 的 OnBufferAvailable
        wi->csurface->RegisterConsumerListener(wi.GetRefPtr());
        //获取 surface 生产者接口
        auto producer = wi->csurface->GetProducer();
        wi->psurface = sc->SurfaceCreateSurfaceAsProducer(producer);
        wi->csurface->SetDefaultWidthAndHeight(wi->attr.GetWidth(),
        wi->attr.GetHeight());
        wi->csurface->SetDefaultUsage(HBM_USE_CPU_READ |HBM_USE_CPU_
WRITE |HBM_USE_MEM_DMA);
    }
```

4）主要类关系

wm 模块主要类关系如图 7-7 所示。

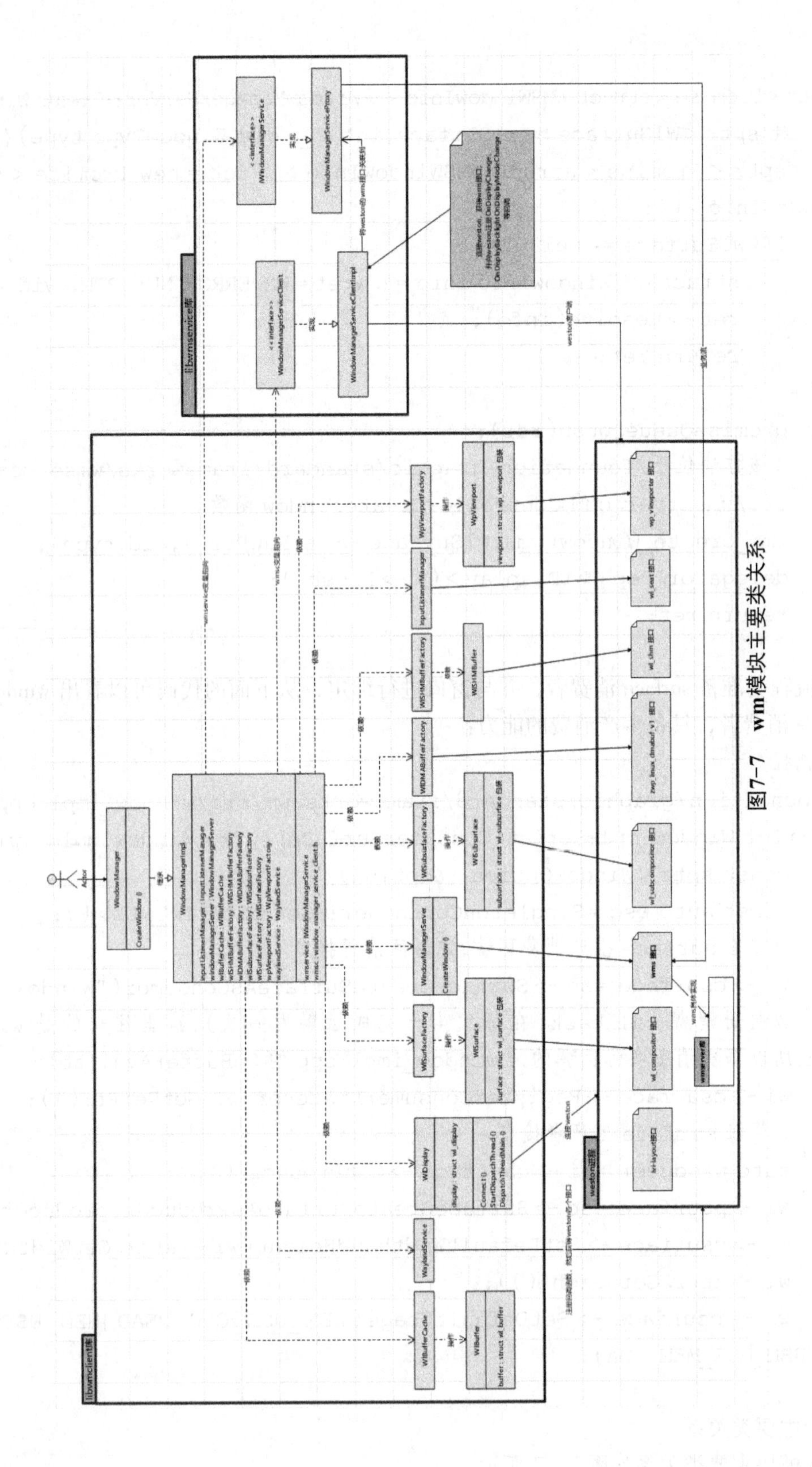

图7-7　wm模块主要类关系

类的主要作用说明如表 7－4 所示。

表 7－4　wm 模块类说明

类	说明
WindowManagerImpl	继承自 WindowManager，进程单例
WaylandService	向 weston 注册回调并获得各种接口
Wldisplay	连接 weston，并获得 wl_display 结构
WlBufferCache	缓存 WlBuffer，而 WlBuffer 是 wl_buffer 结构的包装
WlSurfaceFactory	weston 的 wl_compositor 的接口，可创建 wl_surface，使用 WlSurface 进行包装
WindowManagerServer	weston 的 wms 接口，其服务端实现的是 wmserver 模块
WlSubsurfaceFactory	weston 的 wl_subcompositor 的接口，用于创建子窗口
WlDMABufferFactory	weston 的 zwp_linux_dmabuf_v1 接口，用于操作 dma 内存
WlSHMBufferFactory	weston 的 wl_shm 接口，用于操作共享内存
InputListenerManager	weston 的 wl_seat 接口，用于处理输入事件
WpViewportFactory	weston 的 wp_viewporter 接口
libwmservice 库	同样是 weston 的一个客户端，其主要用于监听显示设备注册、窗口大小改变及显示器背光改变等

3. wmserver 模块

1）概述

wmserver 模块是注册在 weston 的名为 wms 的服务，提供图层管理、窗口管理的功能，它由 weston 进程以 so 的形式动态加载，是 wm 模块的 wms 服务端。

wm 模块对窗口的管理（创建、显示、隐藏等）实际交由 wmserver 模块继续处理，而 wmserver 的业务逻辑主要是调用 ivi_layout_api_for_wms 等其他 weston 接口来完成。

2）主要接口

wmserver 实际是 weston 中名为 wms 的服务，其接口定义符合 wayland 协议接口定义的形式，wayland 通过 xml 定义接口，所以实际 xml 文件位于/foundation/graphic/standard/frameworks/wmserver/protocol/wms.xml，也可查看/out/hi3516dv300/gen/foundation/graphic/standard/frameworks/wmserver/protocol 目录观察 xml 自动生成的接口文件。wmserver 模块接口的唯一使用者为 wm 模块。

主要接口如表 7－5 所示。

表 7－5　wmserver 模块主要接口说明

接口	说明
create_window	在指定的屏幕上创建窗口，wm 模块在创建窗口的过程中会调用该接口
destroy_window	销毁指定的窗口
set_window_top	将窗口移动到最前面，此时屏幕上会看到这个窗口

其他接口还有 set_window_size、set_window_scale、set_window_position、set_window_visibility、set_window_type、set_window_mode、set_display_mode、commit_changes、config_global_window_status、screenshot、windowshot，读者可自行查阅 wms. xml 文件。

在下面的小节，会着重讲解 create_window 接口。

3）模块编译

该模块编译文件位于/foundation/graphic/standard/frameworks/wmserver/BUILD. gn，主要包含两个编译目标，一个是 wmserver 共享库，另一个是与 wayland 协议相关的编译目标。其中 wayland_protocol 编译模板的定义位于/third_party/wayland_standard/wayland_protocol. gni 文件。

```
import("//build/ohos. gni")
import("//third_party/wayland_standard/wayland_protocol. gni")

wayland_protocol("wms_protocol"){
    sources = [ "protocol/wms. xml"]
}
ohos_shared_library("wmserver"){
...
}
```

与 wayland 协议相关的编译结果（由 xml 文件生成的中间产物）最终位于/out/hi3516dv300/gen/foundation/graphic/standard/frameworks/wmserver/protocol 目录。

4）layer 配置加载

窗口的管理是分类型的，系统在开发时，会规定相同类型的窗口放在一组，这里的组可以理解成 layer，如承载应用程序页面的 window 就属于一个类型为 normal 的 layer、承载 status bar 的 window 属于一个类型为 status bar 的 layer，并且 layer 根据优先级进行排序，优先级高的 layer 最先显示。

wmserver 模块在/third_party/weston/weston. ini 进行配置，由 weston 加载，作为 weston 进程的一个服务，接口名为“wms”，其入口为 wet_module_init 函数，最终会调用到以下代码块。解析出来的 layer 信息保存在 modeLayoutMap 数组变量中，数组索引号代表不同窗口模式，其数组的元素代表不同窗口类型对应的 layer 信息，以 map <uint32_t, struct Layout> 键值对的结构保存。

/foundation/graphic/standard/frameworks/wmserver/src/layout _ controller. cpp

```
#define DEF_LYT_MACRO(wt,lt,ptx,pty,_x,_y,_w,_h)
    modeLayoutMap[WINDOW_MODE_UNSET][WINDOW_TYPE_##wt] = {
        .windowType = WINDOW_TYPE_##wt,
        .windowTypeString = "WINDOW_TYPE_" #wt,
        .zIndex = WINDOW_TYPE_##wt,
        .positionType = Layout::PositionType::lt,
```

```
        .pTypeX = Layout::XPositionType::ptx,
        .pTypeY = Layout::YPositionType::pty,
        .layout = {.x = _x,.y = _y,.w = _w,.h = _h,},
}
#define DEF_POS_LYT(lt,ptx,pty,w,h,wt)
    DEF_LYT_MACRO(wt,lt,ptx,pty,0,0,w,h)

#define DEF_RCT_LYT(lt,x,y,w,h,wt)
    DEF_LYT_MACRO(wt,lt,UNSET,UNSET,x,y,w,h)

void LayoutController::InitByDefaultValue(){
    constexpr double full = 100.0; //100%
    DEF_POS_LYT(RELATIVE,MID,MID,full,full,NORMAL);
    //填充默认的 layer 配置
    modeLayoutMap[WINDOW_MODE_FREE][WINDOW_TYPE_NORMAL] = {
        .windowType = WINDOW_TYPE_NORMAL,
        .windowTypeString = "WINDOW_TYPE_NORMAL",
        .zIndex = static_cast<int32_t>(51.0 +1e -6),
        .positionType = Layout::PositionType::FIXED,
        .pTypeX = Layout::XPositionType::MID,
        .pTypeY = Layout::YPositionType::MID,
        .layout = {
        .x = 0,
        .y = 0,
        .w = full,
        .h = full,
    },
};
DEF_POS_LYT(STATIC,MID,TOP,full,7.0,STATUS_BAR);
DEF_POS_LYT(STATIC,MID,BTM,full,7.0,NAVI_BAR);
DEF_POS_LYT(FIXED,MID,MID,80.0,30.0,ALARM_SCREEN);
DEF_POS_LYT(FIXED,MID,MID,full,full,SYSTEM_UI);
DEF_POS_LYT(RELATIVE,MID,MID,full,full,LAUNCHER);
DEF_POS_LYT(FIXED,MID,MID,full,full,VIDEO);
DEF_POS_LYT(RELATIVE,MID,BTM,full,33.3,INPUT_METHOD);
DEF_POS_LYT(RELATIVE,MID,BTM,90.0,33.3,INPUT_METHOD_SELECTOR);
DEF_RCT_LYT(FIXED,2.5,2.5,95.0,40.0,VOLUME_OVERLAY);
DEF_POS_LYT(FIXED,MID,TOP,full,50.0,NOTIFICATION_SHADE);
DEF_RCT_LYT(RELATIVE,7.5,7.5,85.0,50.0,FLOAT);
```

```
}
```

窗口模式有以下几种：

```
enum WindowMode{
    WINDOW_MODE_UNSET = 0,
    //全屏
    WINDOW_MODE_FULL = 1,
    //多窗口
    WINDOW_MODE_FREE = 2,
    WINDOW_MODE_MAX,
};
```

一个 layer 信息以 map <uint32_t, struct Layout> 键值对的结构保存，key 代表 layer 的类型（或者说窗口的类型），value 是具体的 layer 配置，layer 配置以 struct Layout 结构保存，具体有以下几种 layer 类型。

窗口类型的枚举值，代表了这个窗口的显示优先级，值越大优先级越高。

```
/foundation/graphic/standard/interfaces/innerkits/wmclient/wm_common.h
enum WindowType{
    WINDOW_TYPE_NORMAL = 0,
    //屏幕上方的 status bar
    WINDOW_TYPE_STATUS_BAR = 10,
    //屏幕下方的导航栏
    WINDOW_TYPE_NAVI_BAR = 20,
    WINDOW_TYPE_ALARM_SCREEN = 30,
    WINDOW_TYPE_SYSTEM_UI = 31,
    WINDOW_TYPE_LAUNCHER = 40,
    WINDOW_TYPE_VIDEO = 41,
    WINDOW_TYPE_INPUT_METHOD = 50,
    WINDOW_TYPE_INPUT_METHOD_SELECTOR = 60,
    WINDOW_TYPE_VOLUME_OVERLAY = 70,
    WINDOW_TYPE_NOTIFICATION_SHADE = 80,
    WINDOW_TYPE_FLOAT = 90,
    WINDOW_TYPE_MAX,
};
```

5）创建窗口及初始化 layer

上面介绍的 wm 模块提到创建窗口的任务交给了 wmserver 模块，每次在创建新的 window 时，都会创建 window 所属类型的 layer。图 7－8 是创建 window 及初始化 layer 时序图。

由介绍 wm 模块的内容中可知，wm 模块窗口创建会走到 wmserver 模块的 ControllerCreateWindow 函数，如果继续追踪，该方法会生成一个新 window 的 ID。

```
/foundation/graphic/standard/frameworks/wmserver/src/wmserver.c
static void ControllerCreateWindow(struct wl_client* pWlClient,
```

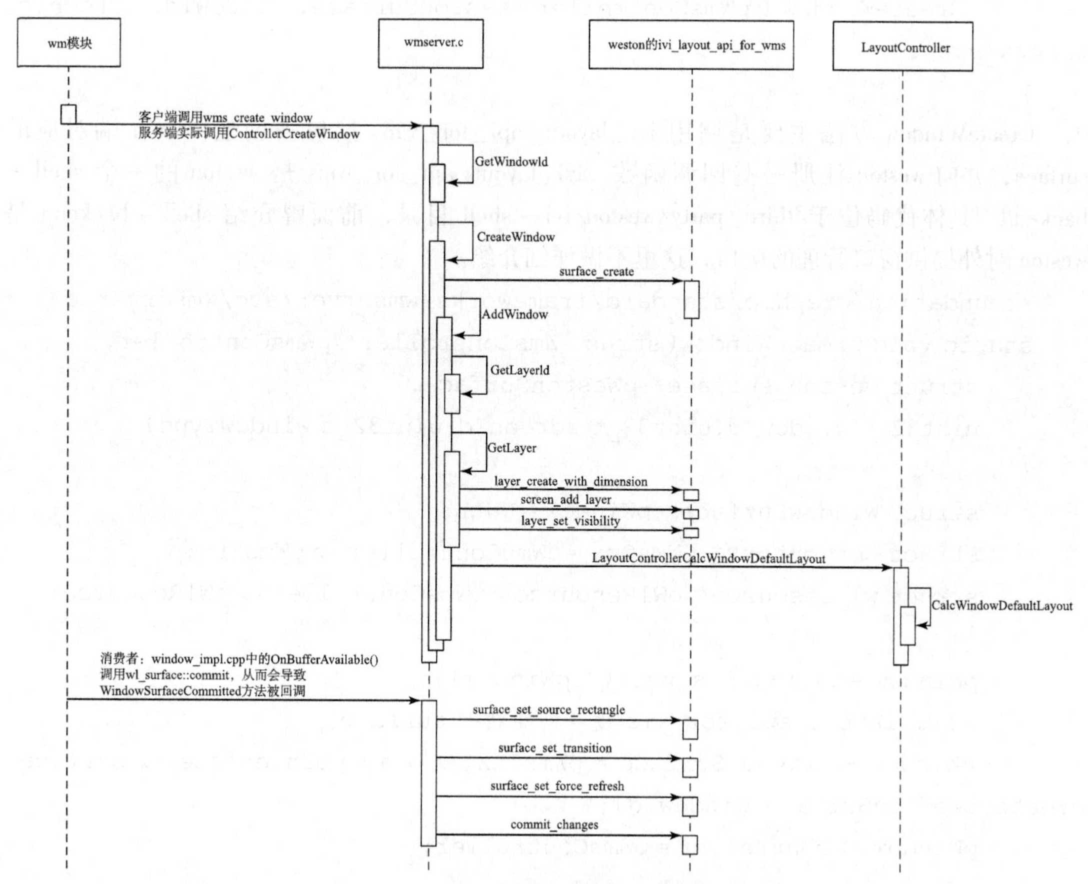

图7-8　window创建及初始化layer时序图

```
    struct wl_resource* pWlResource,
    struct wl_resource* pWlSurfaceResource,
    uint32_t screenId,uint32_t windowType)
{
    LOGD("start. screenId =%{public}d, windowType =%{public}d",
screenId,windowType);
    uint32_t windowId=WINDOW_ID_INVALID;
    struct WmsController* pWmsController=wl_resource_get_user_data
(pWlResource);
    struct WmsContext* pWmsCtx=pWmsController->pWmsCtx;
    struct weston_surface* westonSurface=wl_resource_get_user_data
(pWlSurfaceResource);
    //参数检查和提取
    ...
    //生成 window id
    windowId=GetWindowId(pWmsController);
```

```
    CreateWindow(pWmsController, westonSurface, windowId, screenId,
windowType);
}
```

CreateWindow 方法主要是调用 ivi_layout_api_for_wms 接口去创建 weston 端对应的 surface，并向 weston 注册一些回调函数。ivi_layout_api_for_wms 是 weston 的一个 shell - backend，具体代码位于/third_party/weston/ivi - shell 目录，前面曾介绍 shell - backend 是 weston 对外提供窗口管理的接口，这里不做详细介绍。

```
/foundation/graphic/standard/frameworks/wmserver/src/wmserver.c
static void CreateWindow(struct WmsController* pWmsController,
    struct weston_surface* pWestonSurface,
    uint32_t windowId,uint32_t screenId,uint32_t windowType)
{
    struct WindowSurface* pWindow = NULL;
    struct WmsContext* pWmsCtx = pWmsController -> pWmsCtx;
    struct wl_resource* pWlResource = pWmsController -> pWlResource;

    pWindow = calloc(1,sizeof(* pWindow));
    //ivi_layout_api_for_wms 接口创建新的 surface
    pWindow -> layoutSurface = pWmsCtx -> pLayoutInterface -> surface_
create(pWestonSurface,windowId);
    pWindow -> controller = pWmsController;
    pWindow -> surface = pWestonSurface;
    //注意这里的 id
    pWindow -> surfaceId = windowId;
    pWindow -> type = windowType;
    pWindow -> mode = WINDOW_MODE_UNSET;
    pWindow -> screenId = screenId;
    //
    AddWindow(pWindow);
    //注册 committed 函数,其在 wl_surface::commit 调用后回调,
    //commit 实际位于 foundation/graphic/standard/frameworks
    /wm/src/window_impl.cpp 中的 OnBufferAvailable()
    //
    pWestonSurface -> committed = WindowSurfaceCommitted;
    pWestonSurface -> committed_private = pWindow;

    //缓存新的 window
    wl_list_init(&pWindow -> link);
    wl_list_insert(&pWmsCtx -> wlListWindow,&pWindow -> link);
```

```
        //添加 surface destroy callback
        pWindow->surfaceDestroyListener.notify=WindowSurfaceDestroy;
        wl_signal_add(&pWestonSurface->destroy_signal,&pWindow->
surfaceDestroyListener);

        pWindow->propertyChangedListener.notify=WindowPropertyChanged;
        wl_signal_add(&pWindow->layoutSurface->property_changed,
&pWindow->propertyChangedListener);
        //向客户端发送窗口创建成功的消息
        wms_send_window_status(pWlResource,WMS_WINDOW_STATUS_CREATED,
windowId,pWindow->x,pWindow->y,pWindow->width,pWindow->height);
        SendGlobalWindowStatus(pWmsController,windowId,WMS_WINDOW_
STATUS_CREATED);
    }
```

AddWindow 方法中会遍历所有屏幕，然后根据 surface 所属窗口模式和窗口类型获取对应的 layer ID 号，然后查找对应的 layer，如果对应的 layer 不存在就会新创建一个，然后将 surface 添加进对应 layer 中。

layer 可以理解成一个组，一个组里存放着具有相同类型的 window，并且 layer 的 ID 越大，就有越高的显示优先级，默认的 layout 显示优先级是 FLOAT > NOTIFICATION_SHADE > VOLUME_OVERLAY > INPUT_METHOD_SELECTOR > INPUT_METHOD > VIDEO > LAUNCHER > SYSTEM_UI > ALARM_SCREEN > NAVI_BAR > STATUS_BAR > NORMAL，普通应用程序的 surface 一般是 NORMAL 类型。

```
    /foundation/graphic/standard/frameworks/wmserver/src/wmserver.c
    static bool AddWindow(struct WindowSurface* windowSurface)
    {
        struct ivi_layout_layer* layoutLayer=NULL;
        struct WmsContext* ctx=windowSurface->controller->pWmsCtx;
        struct WmsScreen* screen=NULL;

        //遍历所有屏幕
        wl_list_for_each(screen,&ctx->wlListScreen,wlListLink){
            if(screen->screenId==windowSurface->screenId
                ||ctx->displayMode==WMS_DISPLAY_MODE_CLONE){
                //根据 surface 所属的窗口模式和窗口类型，获取 layer id，对应
default.scss 中的 z-index 值
                    uint32_t layerId=GetLayerId(screen->screenId,
windowSurface->type,windowSurface->mode);
                //根据 id 获取已经创建的 layout，没有就新创建一个
                    layoutLayer=GetLayer(screen->westonOutput,ctx->
```

```
pLayoutInterface,layerId);
                //将新的 surface 添加到 layer
                ctx->pLayoutInterface->layer_add_surface(layoutLayer,
                    windowSurface->layoutSurface);
                //设置 surface 可见
                ctx->pLayoutInterface->surface_set_visibility(
                    windowSurface->layoutSurface,true);
            }
        }

    //window position,size calc.
    CalcWindowInfo(windowSurface);
    return true;
}
```

GetLayer 函数获取对应的 layer，如果不存在，则会创建新的 layer，并将 layer 添加到对应的屏幕。

/foundation/graphic/standard/frameworks/wmserver/src/wmserver.c

```
static struct ivi_layout_layer* GetLayer(struct weston_output*
westonOutput,
    struct ivi_layout_interface_for_wms* pLayoutInterface,
    uint32_t layerId)
{
    struct ivi_layout_layer* layoutLayer = pLayoutInterface->get_
layer_from_id(layerId);
    //如果没有对应 id 的 layer,就新建一个屏幕大小的 layer
    if(! layoutLayer){
        layoutLayer = pLayoutInterface->layer_create_with_dimension(
            layerId,westonOutput->width,westonOutput->height);
      //将 layer 添加到对应的屏幕中
        pLayoutInterface->screen_add_layer(westonOutput,layoutLayer);
        pLayoutInterface->layer_set_visibility(layoutLayer,true);
    }
    return layoutLayer;
}
```

CalcWindowInfo 函数根据 surface 所属的窗口类型和窗口模式计算 surface 的大小和位置。

/foundation/graphic/standard/frameworks/wmserver/src/wmserver.c

```
static void CalcWindowInfo(struct WindowSurface* surface)
{
    struct WmsScreen* screen = GetScreen(surface);
```

```
    int maxWidth = screen -> westonOutput -> width;
    int maxHeight = screen -> westonOutput -> height;
    //设置 layer 屏幕宽高
    LayoutControllerInit(maxWidth,maxHeight);
    struct layout layout = {};
    //根据 surface 所属的窗口模式和窗口类型,计算 surface 左上角坐标和宽高,如
类型为 statusbar,那么高就为 default.scss 中配置的屏幕高的 7%
    LayoutControllerCalcWindowDefaultLayout(surface -> type,surface -
>mode,NULL,&layout);
    surface -> x = layout.x;
    surface -> y = layout.y;
    surface -> width = layout.w;
    surface -> height = layout.h;
}
```

LayoutControllerCalcWindowDefaultLayout 和 CalcWindowDefaultLayout 函数是根据 default.scss 配置文件计算的详细过程。

```
/foundation/graphic/standard/frameworks/wmserver/src/layout_controller.
cpp
int32_t LayoutControllerCalcWindowDefaultLayout(uint32_t type,
    uint32_t mode,uint32_t* zIndex,struct layout* outLayout)
{
    struct OHOS::WMServer::Layout layout = {};
     auto ret = OHOS::WMServer::LayoutController::GetInstance().
CalcWindowDefaultLayout(type,mode,layout);
    if(zIndex!=nullptr){
        * zIndex = layout.zIndex;
    }
    if(outLayout!=nullptr){
        * outLayout = layout.layout;
    }
    return ret;
}

int32_t LayoutController::CalcWindowDefaultLayout(uint32_t type,
uint32_t mode,struct Layout &outLayout)
{
    //modeLayoutMap 是之前 wms 初始化过程中解析 default.scss 文件的结果
    //根据 surface 所属模式和类型获取 layout 配置,对应 default.scss 文件
    auto it = modeLayoutMap[mode].find(type);
```

```
    struct layout rect = {0, 0, (double) displayWidth, (double)
displayHeight};
    outLayout = it -> second;
    ...
    outLayout.layout.x = floor(rect.w* outLayout.layout.x/full + 1e -
6);
    outLayout.layout.y = floor(rect.h* outLayout.layout.y/full + 1e -
6);
    outLayout.layout.w = floor(rect.w* outLayout.layout.w/full + 1e -
6);
    //以 status bar 为例,floor(屏幕高* 7% )
    outLayout.layout.h = floor(rect.h* outLayout.layout.h/full + 1e -
6);
    ...
    return 0;
}
```

WindowSurfaceCommitted 函数向 weston 注册 committed 的回调函数，WindowSurfaceCommitted 函数会在 wl_surface:: commit 调用后被调用，OpenHarmony 实际触发 commit 位于/foundation/graphic/standard/frameworks/wm/src/window_impl.cpp 中的 OnBufferAvailable 函数。函数中根据实际大小和位置调整 surface，然后 commit 告知 weston 进行合成输出。

```
static void WindowSurfaceCommitted(struct weston_surface* surface,
int32_t sx,int32_t sy)
{
    struct WindowSurface* windowSurface = GetWindowSurface(surface);
    if (windowSurface -> lastSurfaceWidth! = surface -> width ||
windowSurface -> lastSurfaceHeight! = surface -> height){
        const struct ivi_layout_interface_for_wms* layoutInterface =
            windowSurface -> controller -> pWmsCtx -> pLayoutInterface;
        //wms 接口 surface_set_source_rectangle surface 渲染指定区域
        SetSourceRectangle(windowSurface,0,0,surface -> width,surface
-> height);
        //wms 接口 surface_set_destination_rectangle 缩放 surface 到指定
位置和大小
        SetDestinationRectangle(windowSurface,
            windowSurface -> x, windowSurface -> y, windowSurface ->
width,windowSurface -> height);
        layoutInterface -> surface_set_force_refresh(windowSurface ->
layoutSurface);
```

```
        //提交变更
        layoutInterface -> commit_changes();

        windowSurface -> lastSurfaceWidth = surface -> width;
        windowSurface -> lastSurfaceHeight = surface -> height;
    }
}
```

4. vsync 模块

1）概述

vsync 模块是垂直同步信号管理接口，负责管理所有垂直同步信号注册和响应。

vsync 信号用来同步图形生产者和图形消费者有规律地进行工作，默认是60 Hz，相当于16 ms 显示一次图形数据。

垂直同步（VSync）：当屏幕从缓冲区扫描完一帧之后，开始扫描下一帧之前，发出的一个同步信号。

vsync 垂直同步信号来源一般有两种，即软件定义或硬件产生。垂直同步频率是指设备刷新屏幕的频率，该值对于特定的设备来说是个常量，如 60 Hz。

2）主要接口

该模块的接口使用者主要有 wm 模块、多媒体、相机等。

RequestFrameCallback：注册一个帧回调。

GetSupportedVsyncFrequencys：获取支持的频率。

3）主要类关系

vsync 模块主要类关系如图 7 -9 所示。

VsyncHelperImpl 继承自 VsyncHelper 类，进程单例，其业务交由 VsyncClient 处理，业务主要是向 vsync 服务注册 callback，callback 的类型为 VsyncCallback，在 VsyncCallback 进一步循环回调所有该客户端注册的回调。

vsync 模块的服务端由 weston 进程启动和触发，具体位于/third_party/weston/compositor/main. c，VsyncModuleImpl 类实现服务端的主要业务逻辑，其主要就是启动一个循环进行回调，每次触发回调的时机由 weston 决定。

vsync 由 weston 启动及触发，主要触发逻辑位于 VsyncModuleImpl 类中。weston 进程启动过程中会将 VsyncManager 注册到 SystemAbilityManager，client 可以通过 SystemAbilityManager 调用到 VsyncManager，之后会启动一个线程，该线程位于 weston 进程中，该线程中有一个 while 死循环，循环中一直等待，直到 weston 进行触发，收到信号后触发 VsyncManager 进行一次回调，VsyncManager 缓存了每个客户端进程注册的 IVsyncCallback 类型的回调，VsyncManager 遍历所有 callback，从而回调到客户端进程。

7.2.3 开机动画启动流程

开机动画是系统创建的第一个窗口，其流程直接涉及 7.2.2 小节介绍到的 surface、wm、vsync 模块，但又不涉及系统 UI 框架，是了解窗口如何使用的最佳案例。

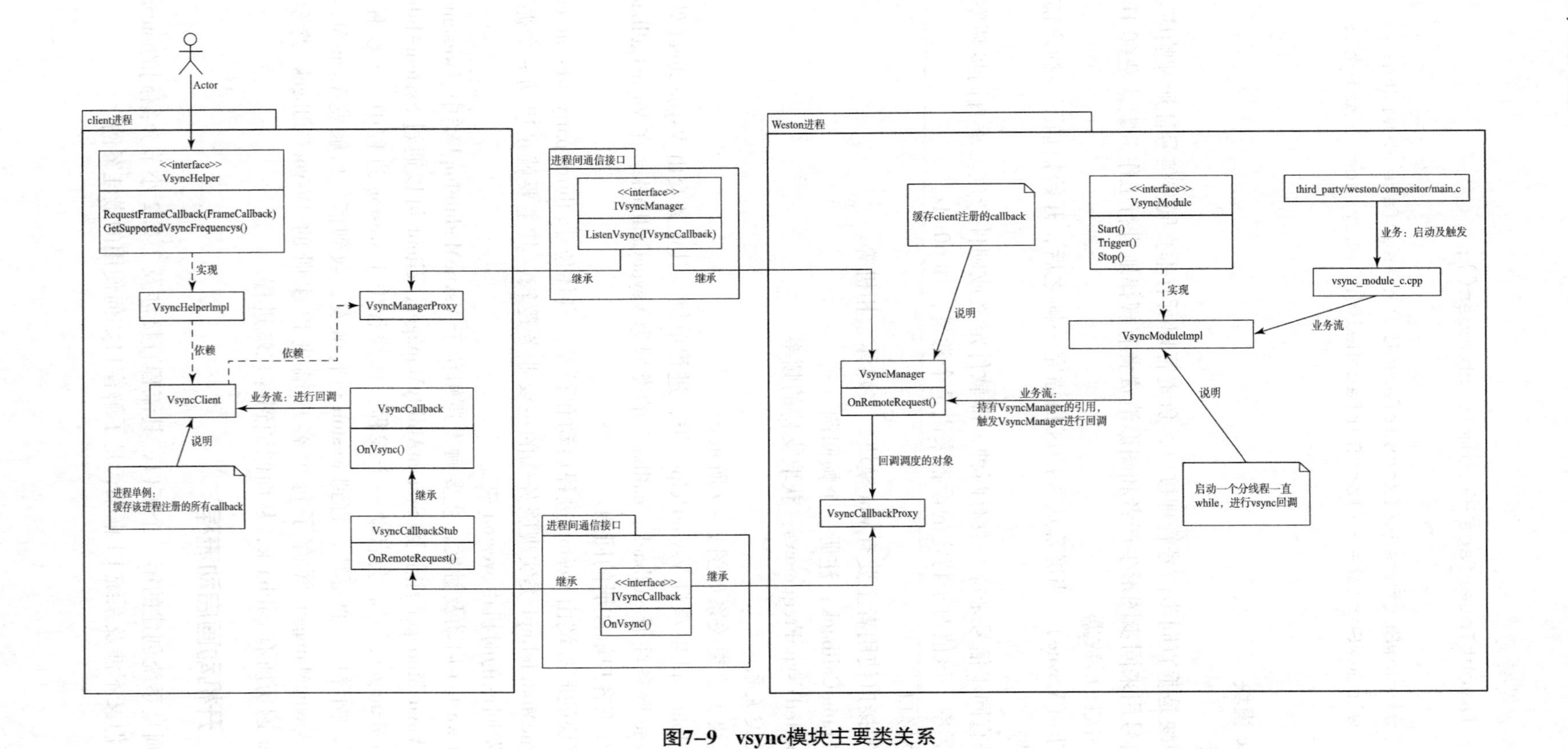

图7-9 vsync模块主要类关系

1. 主要业务逻辑

开机动画显示的主要流程大致如下。

（1）连接 Weston，准备 Surface 生产消费环境，之后便可以创建窗口。

（2）获取屏幕的宽高，并解析压缩文件，将压缩文件中的每一帧数据保存在容器中。

（3）向 Vsync 注册回调，在回调中绘制每一帧数据。

①创建一个全屏窗口。

②申请一块空闲 Buffer。

③向空闲 Buffer 写入图形数据。

④将生产好的 Buffer 放入脏队列，并通知消费者进行消费。

（4）结束 Bootanimation 进程。

以下是动画显示过程的详细内容。

首先获取屏幕的大小，然后解析当前的 Raw 动画文件，之后使用开机动画当前进程的主线程创建 EventRunner 和 EventHander 对象，并在该主线程运行 Init 函数。

```
/foundation/graphic/standard/frameworks/bootanimation/src/main.cpp
int main(int argc,const char* argv[]){
    //初始化 wms,准备 surface 生产消费模型,连接 weston 等
    const auto &wmi = WindowManager::GetInstance();
    auto wret = wmi -> Init();

    //获取屏幕信息
    std::vector < struct WMDisplayInfo > displays;
    wmi -> GetDisplays(displays);
    //解析当前动画文件
    RawParser::GetInstance() -> Parse(displays[0].width,displays[0].
height);
    Main m;
    //当前主线程创建 runner
    auto runner = AppExecFwk::EventRunner::Create(false);
     auto handler = std:: make _ shared < AppExecFwk:: EventHandler >
(runner);
    //当前主线程执行 Main::Init
    handler -> PostTask(std::bind(&Main::Init,&m,displays[0].width,
displays[0].height));
    //主线程处于 wait 状态,等待 EventHander 消息
    runner -> Run();
    return 0;
}
```

在 Init 函数中创建类型为 WINDOW_TYPE_NORMAL 的窗口，并移动到最前端。

```
void Main::Init(int32_t width,int32_t height){
```

```
    const auto &wmi = WindowManager::GetInstance();
    auto option = WindowOption::Get();
    option -> SetWindowType(WINDOW_TYPE_NORMAL);
    option -> SetWidth(width);
    option -> SetHeight(height);
    option -> SetX(0);
    option -> SetY(0);
    //创建一个全屏窗口
    auto wret = wmi -> CreateWindow(window,option);
    window -> SwitchTop();
    //libwmservice 库,其是 weston 的一个客户端
    const auto &wmsc = WindowManagerServiceClient::GetInstance();
    //libwmservice 连接 weston
    wret = wmsc -> Init();
    //向 weston 的 wms 服务注册相关 callback
    const auto &wms = wmsc -> GetService();
    wms -> OnWindowListChange(this);
    Sync(0,nullptr);
    //15 s 后结束进程,所以开机动画超过 15 s,那么需要调整这个值
    constexpr int32_t exitTime = 15* 1 000;
    PostTask(std::bind(exit,0),exitTime);
}
```

Sync 函数向 vsync 模块注册回调：

```
void Main::Sync(int64_t,void* data){
    //绘制一帧画面
    Draw();
    //vsync 的周期回调
    struct FrameCallback cb = {
        .frequency_ = freq,
        .timestamp_ =0,
        .userdata_ = data,
        .callback_ = std::bind(&Main::Sync,this,SYNC_FUNC_ARG),
    };
    //向 vsync 注册回调
    VsyncError ret = VsyncHelper::Current() -> RequestFrameCallback
(cb);
}
```

Draw 函数具体的绘制操作：首先从 window 中获取 surface 生产者，生产者申请一块 buffer，将图片数据复制到 buffer 中，然后生产者调用 flush 方法将生产好的 buffer 放入

surface 中的 dirty buffer 队列，等待消费者消费。

```
void Main::Draw(){
    //获取 surface 的生产者接口
    sptr<Surface>surface=window->GetSurface();
    do{
        sptr<SurfaceBuffer>buffer;
        int32_t releaseFence;
        //buffer 的大小格式信息
        BufferRequestConfig config={
            .width=surface->GetDefaultWidth(),
            .height=surface->GetDefaultHeight(),
            .strideAlignment=0x8,
            .format=PIXEL_FMT_RGBA_8888,
            .usage=surface->GetDefaultUsage(),
        };
        //surface 生产者申请一块空的 buffer
        SurfaceError ret=surface->RequestBuffer(buffer,releaseFence,
config);
        auto addr=static_cast<uint8_t* >(buffer->GetVirAddr());
        //向 buffer 复制图像数据(利用 zlib 解压文件数据,然后复制一帧数据到
buffer)
        DoDraw(addr,buffer->GetWidth(),buffer->GetHeight(),
count);
        BufferFlushConfig flushConfig={
            .damage={
                .w=buffer->GetWidth(),
                .h=buffer->GetHeight(),
            },
};
//surface 生产者将填充了图像数据的 buffer 放入脏缓冲区,并通知 surface 消费者
进行一次消费
surface->FlushBuffer(buffer,-1,flushConfig);
//下一帧
count++;
    }while(false);
}
```

2. 制作开机动画

开机动画的压缩格式如下，OpenHarmony master 分支包含一个生成开机动画的工具，其可以根据图片和 MP4 生成 raw 开机动画文件。该工具是一个逆向的过程：将图片进行压缩，

按照以下压缩格式进行组织：

```
struct HeaderInfo{
uint32_t type;        #占 4 个字节,固定值为 2
uint32_t offset;      #占 4 个字节,与上一帧对比,像素开始不同的位置
uint32_t length;      #占 4 个字节,压缩前的数据长度
uint32_t clen;        #占 4 个字节,压缩后的数据长度
uint8_t mem[0];       #实际的压缩数据
}
```

bootanimation. raw 压缩文件格式如图 7－10 所示。

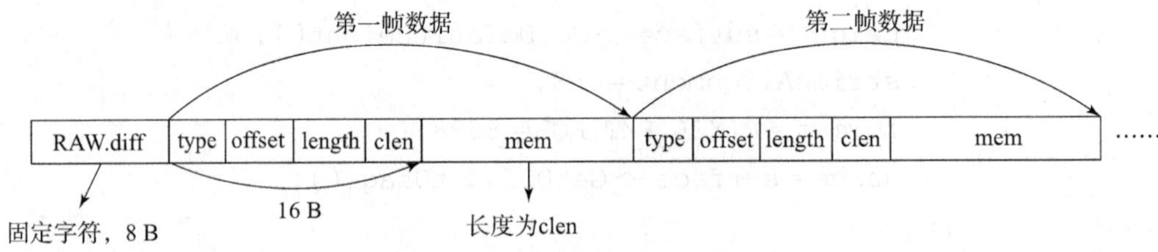

图 7－10　开机动画压缩文件格式

动画制作工具具体位于 Master 分支的/foundation/graphic/standard/framework/bootanimation/data/bootanimation_tool 目录，该工具由 Python 实现，使用时需要安装 Python 3. 8 以上版本。

下面是工具参数说明：

```
-h, --help
查看命令帮助并退出
-m <*.mp4>, --mp4 <*.mp4>
制作开机动画所依赖的 <*.mp4> 源文件
-i <directory>, --image <directory>
制作开机动画所依赖的源 image 文件存放路径 <directory>
-o <directory>, --out <directory>
制作开机动画 .raw 文件的输出路径 <directory>
-d <size>, --display <size>
设置开机动画分辨率,如 640×480
-r <angle>, --rotate <angle>
设置开机动画旋转角度,如 90°、180°或 270°
-f, --flip
设置开机动画是否翻转
```

例如，通过图片制作开机动画，－i 指定 ./source 图片所在目录：

```
python raw_maker.py -i ./source -d 640x480
```

例如，通过 MP4 视频文件制作开机动画，输出到 out 目录下并设置分辨率为 640×480。

```
python raw_maker.py -m ./animation.mp4 -o ./out -d 640x480
```

生成raw动画文件后，可以使用hdc工具，将动画文件放入系统/system/etc/目录下，之后重启系统，查看开机动画替换后的效果。

```
hdc file send xxx. raw/system/etc/
```

7.3 Wayland和Weston概述

7.3.1 Wayland概述

1. 概述

Wayland是一个合成器与其客户端对话的协议。服务端与客户端的通信通过socket实现。

OpenHarmony 3.0之后的版本，不再使用wayland/weston，这里只对wayland/weston进行简介。

2. Wayland架构

图7-11示意了从输入设备的事件，直到它影响的更改出现在屏幕上的过程，具体过程如下。

（1）从内核获取一个事件并将其发送给合成器。

（2）合成器决定哪个窗口应该接收事件。

（3）当客户端接收到事件时，它会更新UI作为响应。但是在Wayland的情况下，渲染发生在客户端，客户端只是向合成器发送请求以指示更新的区域。

（4）合成器从其客户端收集damage请求，重新合成屏幕。然后合成器可以直接发出ioctl以使KMS（Kernel Mode Setting）进行显示buffer的切换，KMS主要包含两个功能，即更新画面和设置显示参数。

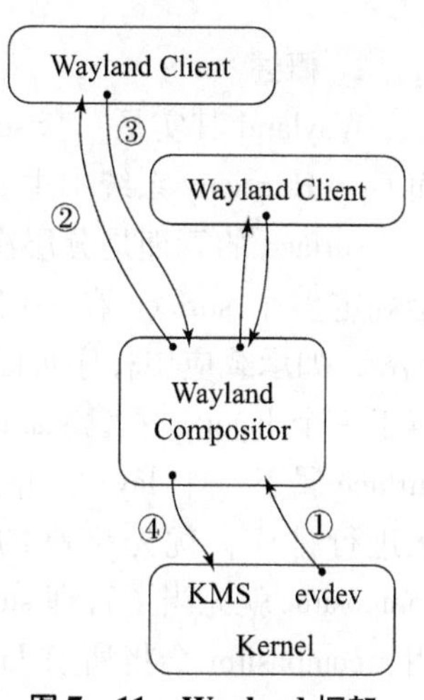

图7-11 Wayland框架

3. Wayland协议接口

Wayland的标准协议主要定义在:

```
/third_party/weston
/third_party/wayland_standard
/third_party/wayland-ivi-extension
/third_party/wayland-protocols_standard
```

其协议是以xml的方式定义，通过wayland_standard目录下的scanner. c自动化生成对应的c和h文件，OpenHarmony中定义了一个gn模板函数用于根据xml定义生成协议文件，具体查看/third_party/wayland_standard/wayland_protocol. gni中的wayland_protocol模板函数。

生成的协议文件可到以下目录查看生成的接口:

```
/out/ohos-arm-release/gen/third_party/weston/protocol
/out/ohos-arm-release/gen/third_party/wayland_standard/protocol
/out/ohos - arm - release/gen/third _party/wayland - ivi - extension/
protocol
```

/out/ohos - arm - release/gen/third_party/wayland - protocols_standard/protocol

除了 Wayland 的标准协议外，OpenHarmony 3.0 也扩展了一些其他的协议，如 wms 协议，也就是 wmserver 模块，wms 协议对应的 xml 文件所在位置是/foundation/graphic/standard/frameworks/wmserver/protocol/wms. xml，协议文件位于/out/ohos - arm - release/gen/foundation/graphic/standard/frameworks/wmserver/protocol 目录下。

client 端添加依赖，导入 wms - client - protocol. h 头文件，即可调用到 wmserver 模块。

```
├─── wms - client - protocol. h
├─── wms - protocol. c
├─── wms - server - protocol. h
```

7. 3. 2 Weston 概述

1. 概述

Wayland 其实是一套 server 与 client 间通信的协议，Weston 才是图形合成器真正的实现，而 OpenHarmony 系统中主要的 client 就是上面讲到的 wm 模块。

surface 的管理是分层次，系统在开发时会规定多个 surface 在一组，这里的组就是 layer，如承载应用程序页面内容的 surface 就属于一个 layer、承载 status bar 页面内容的 surface 属于一个 layer，并且 layer 根据优先级进行排序，优先级高的 layer 最先显示，compositor 就充当了管理 surface 和 layer 的作用，compositor 会将所有 layer 合成一个，然后送显。

Weston 涉及的内容很多，这里主要介绍相关概念和架构以及典型示例，不涉及深层代码，阅读本小节可以了解相关概念和主要组成部分。

2. 主要模块组成

如图 7 – 12 所示，Weston 主要包含以下几个 backend 后台服务，如 shell – backend、renderer – backend、compositor – backend。shell – backend 用于窗口管理，renderer – backend 用于合成渲染，compositor – backend 用于合成内容输出。

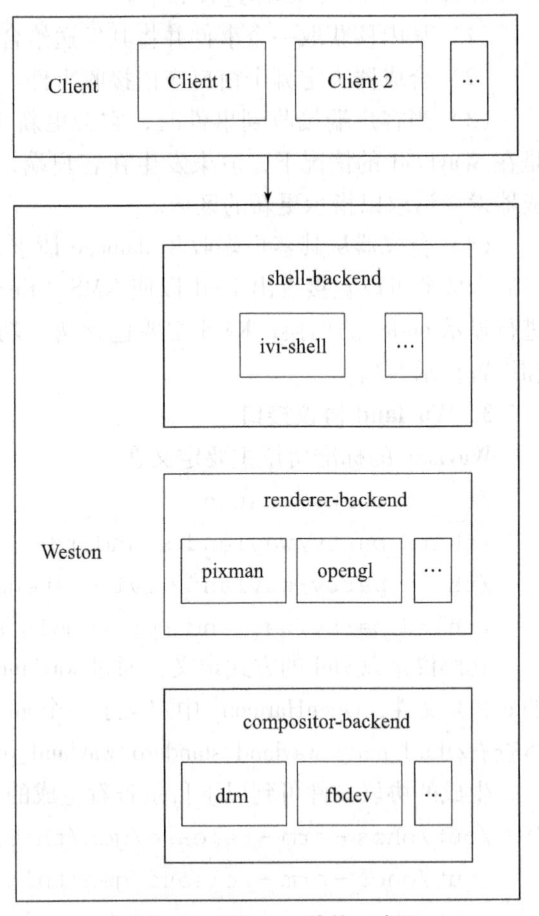

图 7 – 12 Weston 功能示意图

每一种 backend，可以有多种实现方式，Weston 是以加载动态库的形式去加载具体的 backend 实现，这样可以做成可配置的形式，根据具体硬件的能力，去切换不同的

backend。

例如，上面提到 compositor - backend 的作用是决定合成后的图形如何显示，OpenHarmony 3.0 目前默认 drm - backend 作为 compositor - backend，在/third_party/weston/weston.cfg 中的 weston 的启动命令中进行配置。renderer - backend 主要用于合成渲染，有 gl - renderer 和 pixman - renderer 两种。前者为 GPU 硬件渲染，后者为软件渲染，根据具体硬件不同，选择其中一种 renderer。OpenHarmony 3.0 目前默认使用 pixman 渲染，同样在 weston.cfg 中的 weston 的启动命令中进行配置。shell - bakcend 主要对外提供窗口管理的接口，OpenHarmony 3.0 目前默认使用 ivi - shell，在/third_party/weston/weston.ini 中进行配置。

3. 渲染流水线

渲染流水线的目的是把三维数据渲染生成一张成型的二维图像并输出。如图 7 - 13 所示，客户端和服务器端主要通过共享 buffer 的方式，应用程序作为 Wayland 客户端的角色，申请了 graphic buffer，使用 flutter skia 2D 绘制将要显示的画面内容放置到这个 graphic buffer 中。Wayland compositor 会周期性地把所有客户端提交的 graphic buffer 进行合成后输出。理论上讲，客户端和 compositor 共享的 buffer 可以是普通共享内存，也可以是 DRM 中的 GBM 或是 gralloc 提供的可供 GPU 硬件操作的 graphic buffer。根据 buffer 类型的不同，客户端可以选择自己绘制（OpenHarmony 3.0 目前使用 flutter skia 2D 绘制图形），或是通过 OpenGL 绘制。客户端绘制完后，服务器端获取到共享 buffer 的 handle（以及需要重绘的区域），该共享 buffer 被 compositor 转为纹理，最后与其他的窗口内容进行合成。

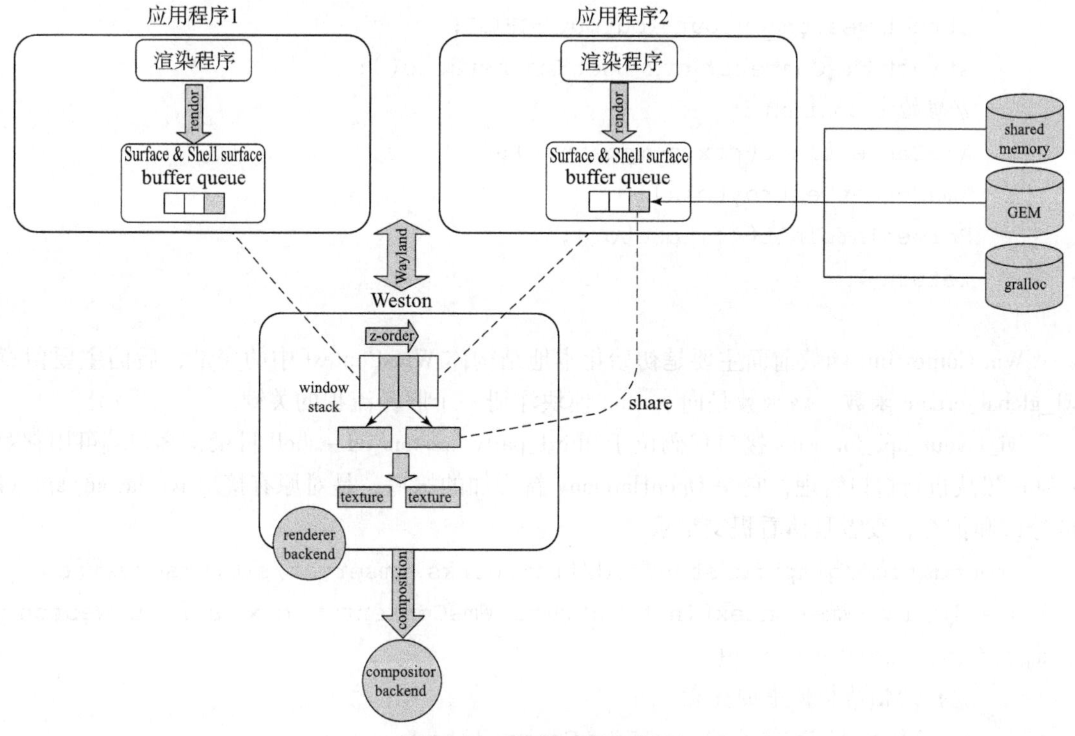

图 7 - 13　渲染流程示意图

注意：Wayland 设计中默认 buffer 是由客户端分配的，上文中的 surface 模块就是充当了这个角色。因为客户端和服务器端同时访问共享 buffer 会产生竞争关系，所以一般客户端不会只申请一块 buffer，而是使用 buffer 队列，OpenHarmony 系统中 surface 模块实现了 buffer 队列。流水线上比较关键的一环是 buffer 跨进程的传输，buffer 当然不可能通过复制传输，此处采用了 Linux 内核一切皆是文件的思想，只会传 buffer 的 handle，本质是传 buffer 的 fd。fd 是 per - process 的，而可以传递 fd 的主要 IPC 机制有 binder、domain socket、pipe 等。Wayland 底层用的是 domain socket，因此可以用于传 fd。

4. 接口注册典型过程

weston 中注册接口服务的过程基本类似，wmserver 模块中曾提到，wmserver 模块是注册在 weston 的名为 wms 的服务，所以这里以 wmserver 模块为例跟踪 wms 注册过程。

weston 服务的注册主要涉及以下 3 个函数，即 wl_global_create、wl_resource_create、wl_resource_set_implementation，所以如果需要查找其他类似 zwp_linux_dmabuf_v1、wl_compositor 服务时，可以搜索关键字，查找服务接口的实际实现。

weston 在加载 so 后，会调用函数 wet_module_init 作为这个模块的入口。

wet_module_init 函数由 weston 在启动过程中调用，参数 compositor 类似容器，保存了 weston 启动过程中实例化的 head、output、seat 等数据结构。

```
/foundation/graphic/standard/frameworks/wmserver/src/wmserver.c
WL_EXPORT int wet_module_init(struct weston_compositor* compositor,
    int* argc,char* argv[])
{
    struct weston_output* output = NULL;
    struct WmsContext* ctx = GetWmsInstance();
    //初始化 context
    WmsContextInit(ctx,compositor);
    WmsScreenDestroy(ctx);
    ScreenInfoInit(compositor);
    return 0;
}
```

WmsContextInit 函数前面主要是初始化本地结构体 WmsContext 中的变量，后面主要留意 wl_global_create 函数，该函数是向 weston 模块注册一个服务流程的关键。

ivi_layout_api_for_wms 接口代码位于/third_party/weston/ivi - shell 目录，客户端可用它对 weston 模块进行窗口管理，它是 OpenHarmony 新添加的接口，是对原有接口 ivi_layout_api_v1 的修改和扩充，读者具体看提交记录。

```
/foundation/graphic/standard/frameworks/wmserver/src/wmserver.c
static int WmsContextInit ( struct WmsContext * ctx, struct weston _
compositor* compositor){
    //初始化结构体中的变量
    wl_list_init(&ctx->wlListController);
    wl_list_init(&ctx->wlListWindow);
```

```
    wl_list_init(&ctx->wlListScreen);
    wl_list_init(&ctx->wlListSeat);
    wl_list_init(&ctx->wlListGlobalEventResource);
    ctx->pCompositor = compositor;
    //ivi_layout_api_for_wms 接口,初始化接口变量
    ctx->pLayoutInterface = (struct ivi_layout_interface_for_wms* )
    ivi_layout_get_api_for_wms(compositor);
    ctx->pInputInterface = ivi_input_get_api_for_wms(compositor);
    //注册 weston_output 的创建/销毁 callback
    ctx->wlListenerOutputCreated.notify = OutputCreatedEvent;
    ctx->wlListenerOutputDestroyed.notify = OutputDestroyedEvent;
    wl_signal_add(&compositor->output_created_signal, &ctx->
wlListenerOutputCreated);
    wl_signal_add(&compositor->output_destroyed_signal, &ctx->
wlListenerOutputDestroyed);
    //注册 seat 的创建 callback
    ctx->wlListenerSeatCreated.notify = &SeatCreatedEvent;
    wl_signal_add(&compositor->seat_created_signal, &ctx->
wlListenerSeatCreated);
    //注册 wms 接口
    //wms_interface 变量用于描述 wms 服务的名称、版本号等,定义在 wms-client
-protocol.h 文件中
    //ctx 是传入的参数,就是 BindWmsController 函数的第二个参数
    //BindWmsController 用来绑定接口具体的函数
    wl_global_create(compositor->wl_display, &wms_interface, 1, ctx,
BindWmsController);
    ctx->wlListenerDestroy.notify = WmsControllerDestroy;
    ctx->displayMode = WMS_DISPLAY_MODE_SINGLE;
    wl_signal_add(&compositor->destroy_signal, &ctx->wlListenerDestroy);
    //初始化图层控制器
    LayoutControllerInit(0,0);
    return 0;
}
```

wl_resource_create 函数是向 weston 模块注册一个服务的流程的关键。

```
/foundation/graphic/standard/frameworks/wmserver/src/wmserver.c
//1-1-1
static void BindWmsController(struct wl_client* pClient, void* pData,
uint32_t version, uint32_t id){
    struct WmsContext* pCtx = pData;
```

```
        (void)version;
        struct WmsController* pController=calloc(1,sizeof(* pController));
        //create new wl_resource
        pController -> pWlResource = wl_resource_create(pClient, &wms_
interface,version,id);
        //g_controllerImplementation 代表 wms 服务端接口的具体实现,client 的
调用实际会调用到该结构体变量绑定的函数
        wl_resource_set_implementation(pController -> pWlResource, &g_
controllerImplementation,pController,UnbindWmsController);
        //初始化结构体中的变量
        pController -> pWmsCtx = pCtx;
        pController -> pWlClient = pClient;
        pController -> id = id;
        wl_list_init(&pController -> wlListLinkRes);
        wl_list_insert(&pCtx -> wlListController, &pController ->
wlListLink);
        wl_list_init(&pController -> stListener.frameListener.link);
        wl_list_init(&pController -> stListener.outputDestroyed.link);
        struct weston_output* pOutput = NULL;
    wl_list_for_each(pOutput,&pCtx -> pCompositor -> output_list,link){
            //向客户端发送 event
            wms_send_screen_status(pController -> pWlResource,pOutput ->
id,pOutput -> name, WMS_SCREEN_STATUS_ADD, pOutput -> width, pOutput ->
height);
        }
        //设置屏幕默认显示模式(多屏相关),有 4 种,即 single、clone、extend、
expand,默认 single
        uint32_t flag = GetDisplayModeFlag(pController -> pWmsCtx);
        wms_send_display_mode(pController -> pWlResource,flag);
    }
```

wms_interface 结构体绑定的函数，是 wms server 的实际调用。

```
    /foundation/graphic/standard/frameworks/wmserver/src/wmserver.c
    //客户端调用 wms 时,wms 这边实际的实现
    static const struct wms_interface g_controllerImplementation = {
        ControllerGetDisplayPower,
        ...
        ControllerCreateWindow,
        ControllerSetGlobalWindowStatus,
        ControllerSetWindowTop,
```

```
    ...
};
```

除了 wms 外，还注册了一个名为 screen_info 的服务，提供两个接口，注册过程与 wms 类似。

```
/foundation/graphic/standard/frameworks/wmserver/src/screen_info.c
//screen_info 提供 2 个接口
static const struct screen_info_interface g_screenInfoInterface = {
    GetScreenInformation,
    SetListener
};

static void BindScreenInfo(struct wl_client* client,void* data,uint32_t version,uint32_t id){
    struct wl_resource* resource = wl_resource_create(client,&screen_info_interface,version,id);
    wl_resource_set_implementation(resource,&g_screenInfoInterface,NULL,NULL);
}
int ScreenInfoInit(const struct weston_compositor* pCompositor){
    wl_global_create(pCompositor->wl_display,&screen_info_interface,1,NULL,BindScreenInfo)
    return 0;
}
```

至此，wms 模块和 screen_info 两个 backend 注册完成，客户端可通过 Wayland 协议进行连接，实现跨进程调用功能。

5. weston 典型连接过程伪代码

wm 模块的 wayland_service.cpp 和 wl_display.cpp 两个文件涉及连接 weston 模块，对于事先不了解 wayland 和 weston 的人来说，阅读相关代码比较难以理解。

以下伪代码是典型的客户端连接 weston 并获得 weston 中服务接口的过程：

```
void registry_listener_callback(void* data,struct wl_registry* registry,uint32_t id,const char* interface,uint32_t version){
    struct wl_compositor* wlCompositor;
    if(interface == "wl_compositor"){
        //获得 wl_compositor 接口
        wlCompositor = (struct wl_compositor*)(wl_registry_bind(registry,id,&wl_compositor_interface,1));
    }
    struct wms* wms;
    if(interface == "wms")  {
```

```
        //获得 wms 接口
            wms = (struct wms * )(wl _registry _bind(registry, id, &wms _
interface,1));
    }
}
static const struct wl_registry_listener registry_listener = {
    registry_listener_callback,
    NULL
};
//1. 连接 weston,并获取接口
wl_surface wlDisplay = wl_display_connect(NULL);
wl_registry wlRegistry = wl_display_get_registry(wlDisplay);
wl_registry_add_listener(wlRegistry,&registry_listener,NULL);
//2. 调用 wl_compositor 接口,创建 surface
wl_surface wlSurface = wl_compositor_create_surface(wlCompositor);
//3. 调用 wms 接口:创建 window
wms_create_window(wms,wlDisplay,window_id,window_type);
//4. 向 buffer 生产图形数据
wl_buffer buffer = 生产出的图形数据;
//5. 将图形 buffer 送给 weston 进行合成
wlSurface.attach(buffer);
wlSurface.damage(x,y,w,h);
wlSurface.commit();
```

7.4 思考和练习

（1）阐述图形子系统在 OpenHarmony 开源操作系统中的作用。

（2）画出 OpenHarmony 3.0 图形子系统架构图，并描述架构图中具体模块的作用。

（3）使用伪代码的形式描述 surface 模块生产者和消费者模型。

（4）查阅资料，了解业界其他的图形解决方案。

（5）下载 OpenHarmony 3.0 代码，替换其开机动画，并在实际设备上查看效果。

第8章

短距离通信子系统——蓝牙

8.1 蓝牙子系统概述

8.1.1 蓝牙子系统的定义

蓝牙是实现短距离通信的无线电技术，它与 NFC、WiFi 等共同组成了 OpenHarmony 分布式软总线的底座，为设备间的无缝互联提供了统一的分布式通信能力，能够快速发现并连接设备，高效地传输语音和数据。

蓝牙子系统所属的分布式软总线在整个 OpenHarmony 系统中的位置在图 8－1 所示的矩形框处，蓝牙子系统和分布式软件总线的关系可参考 4.1.3 小节，此处就不展开描述了。

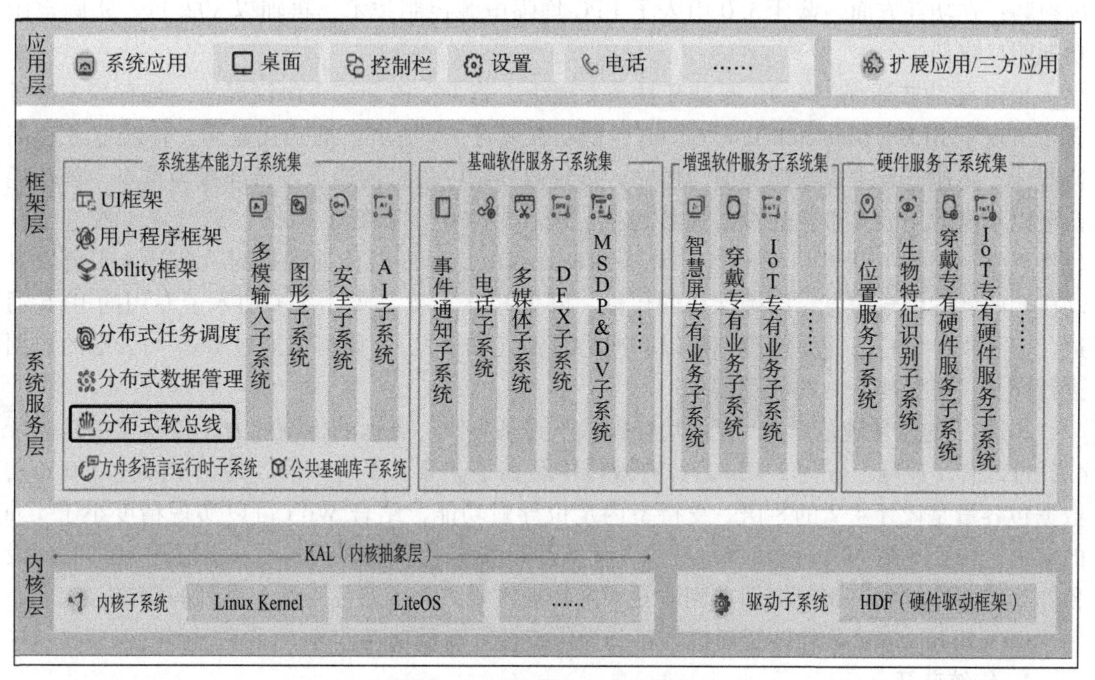

图 8－1 OpenHarmony 结构

8.1.2 蓝牙子系统的基本概念

“蓝牙”（Bluetooth）原本来源于一位在 10 世纪统一丹麦的国王哈拉尔，由于他有着标志性的坏牙，被人们称为“蓝牙”王。他将当时的挪威与丹麦统一起来。用他的名字来命名这种新的技术标准，含有将四分五裂的局面统一起来的意思。1996 年，当时以 Intel、Ericsson 和 Nokia 为代表的通信巨头都认为需要一个全世界通用的标准来规范短距离的无线通信传输，这个标准也将承担起连接 PC 和无线蜂窝网络的艰巨使命。而后，一位 Intel 无线技术工程师 Jim Kardash 提出了以“Bluetooth”来命名此技术，它使用高速跳频（Frequency Hopping，FH）和时分多址（Time Divesion Multi - Access，TDMA）等先进技术，在近距离内最廉价地将多台数字化设备（移动设备、固定通信设备、计算机及其终端设备、数字数据系统，如数字照相机、数字摄像机等甚至家用电器、自动化设备）呈网状链接起来。

经过多年的发展，蓝牙的功能和性能不断得到完善和增强。蓝牙最初仅仅是尝试通过无线音频传输让无线耳机成为可能的技术，最开始传输速率仅为 0.7 Mb/s，而且容易受到同频率之间产品干扰。后来，2003 年的蓝牙规范 1.2 增添了 AFH（Adaptive Frequency Hopping，适应性跳频）技术，增加了蓝牙无线通信抗干扰性能。2004 年的蓝牙规范 2.0，增加的双工模式和 EDR（Enhanced Data Rate）技术，提高了多任务处理和多种蓝牙设备同时运行的能力，蓝牙设备的传输率也达到 3 Mb/s。2007 年的蓝牙规范 2.1 增添了 Sniff Subrating 省电功能，大幅度地降低了蓝牙芯片的工作负载。2009 年的蓝牙规范 3.0 又新增了可选技术 High Speed，High Speed 可以使蓝牙调用 802.11WiFi 用于实现高速数据传输，传输率高达 24 Mb/s，是蓝牙 2.0 的 8 倍；而蓝牙 3.0 的核心是 AMP（Generic Alternate MAC/PHY），这是一种全新的交替射频技术，允许蓝牙协议栈针对任一任务动态地选择正确射频；在功耗方面，蓝牙 3.0 引入了 EPC 增强电源控制技术，再辅以 802.11，实际空闲功耗明显降低。

2010 年的蓝牙规范 4.0，是蓝牙技术发展史上第一个蓝牙综合协议规范，具有标志性意义，出现了 BLE（Bluetooth Low Energy，低功耗蓝牙），提出了低功耗蓝牙、传统蓝牙和高速蓝牙。高速蓝牙主攻数据交换与传输，传统蓝牙则以信息沟通、设备连接为重点，低功耗蓝牙以不需占用太多带宽的设备连接为主，功耗较老版本降低了 90%。蓝牙 4.1 改进了其软件，支持与 LTE 无缝协作，当蓝牙与 LTE 无线电信号同时传输数据时，蓝牙 4.1 可以自动协调两者的传输信息，以确保协同传输，降低相互干扰。蓝牙 4.1 加入了专用的 IPv6 通道，蓝牙 4.1 设备只需要连接到可以联网的设备（如手机），就可以通过 IPv6 与云端的数据进行同步，满足物联网的应用需求。

2016 年的蓝牙规范 5.0，在低功耗模式下具备更快、更远的传输能力，传输速率是蓝牙 4.2 的 2 倍（速度上限为 2 Mb/s），有效传输距离是蓝牙 4.2 的 4 倍（理论上可达 300 m），数据包容量是蓝牙 4.2 的 8 倍。支持室内定位导航功能，结合 WiFi 可以实现精度小于 1 m 的室内定位；支持 Mesh 网状网络技术，使蓝牙设备实现多对多的关系，并且可以将蓝牙设备作为信号中继站，将数据覆盖到非常大的物理区域，兼容蓝牙 4 和 5 系列的协议。

OpenHarmony 蓝牙软件层面也主要分为传统蓝牙和低功耗蓝牙。

1. 传统蓝牙

OpenHarmony 3.0 版本传统蓝牙提供的功能有以下几个。

1）传统蓝牙本机管理

打开和关闭蓝牙、设置和获取本机蓝牙名称、扫描和取消扫描周边蓝牙设备、获取本机蓝牙配置文件对其他设备的连接状态、获取本机蓝牙已配对的蓝牙设备列表。

2）传统蓝牙远端设备操作

查询远端蓝牙设备名称和 MAC 地址、设备类型和配对状态，以及向远端蓝牙设备发起配对。

2. 低功耗蓝牙（BLE）

OpenHarmony 低功耗蓝牙提供的功能有以下几个。

1）BLE 扫描和广播

根据指定状态获取外围设备、启动或停止 BLE 扫描、广播。

2）BLE 中心设备与外围设备进行数据交互

BLE 外围设备和中心设备建立 GATT 连接后，中心设备可以查询外围设备支持的各种数据，向外围设备发起数据请求，并向其写入特征值数据。

3）BLE 外围设备数据管理

BLE 外围设备作为服务端，可以接收来自中心设备（客户端）的 GATT 连接请求，应答来自中心设备的特征值内容读取和写入请求，并向中心设备提供数据。同时外围设备还可以主动向中心设备发送数据。

8.2 基本原理和实现

8.2.1 蓝牙子系统总体架构

蓝牙子系统架构从上至下主要分为 4 层，即 APP 应用层、框架层、HDF 驱动层、硬件层，如图 8－2 所示。

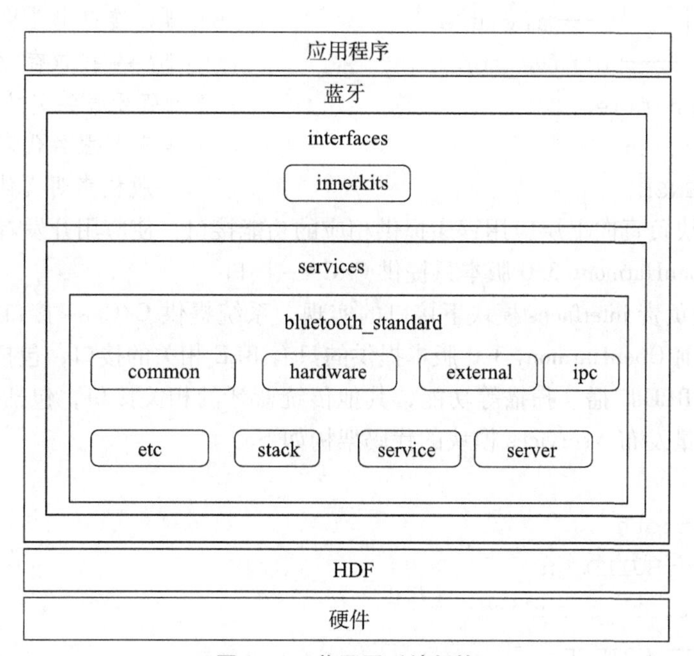

图 8－2　蓝牙子系统架构

1. APP 应用层

蓝牙应用程序，即使用蓝牙 API 的程序，对手机端来讲，一般是在设备的 settings 里实现。通过调用蓝牙的 interfaces 下的对应接口来实现应用程序的功能，目前 3.0 版本部分功能还不支持，在 3.1 版本后补充完整。

2. 框架层

蓝牙框架层，主要包括 interfaces 和 services，8.2.2 小节将对该部分做详细解读。

3. HDF 驱动层

HDF 即硬件驱动框架，蓝牙的设备驱动的开发是基于该框架的基础上，结合操作系统适配层（OSAL）和平台驱动接口（如 I^2C/SPI/UART 总线等平台资源）能力，屏蔽不同操作系统和平台总线资源差异，实现蓝牙驱动“一次开发，多系统部署”的目标。

4. 硬件层

各类具有蓝牙模块硬件实体的硬件设备，如移动电话、PDA、无线耳机、笔记本电脑、相关外设等众多设备。

8.2.2 蓝牙子系统的功能

图 8-2 中蓝牙框内的内容说明了蓝牙子系统框架层代码层次，OpenHarmony 3.0 版本中蓝牙模块框架层的代码目录结构如下：

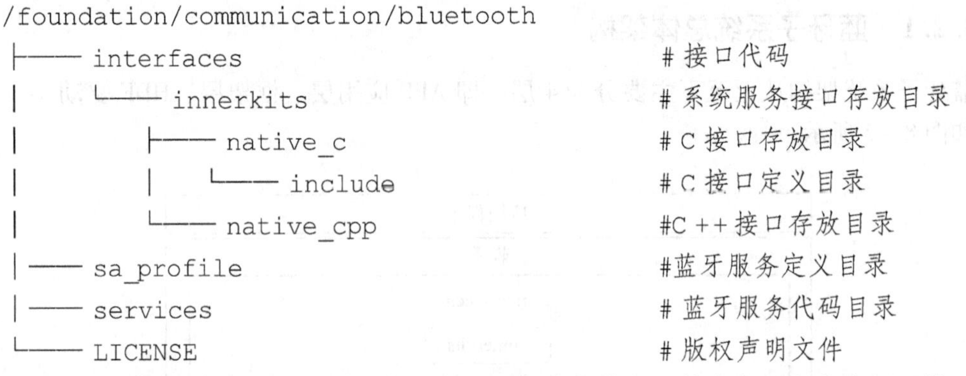

```
/foundation/communication/bluetooth
├── interfaces                          # 接口代码
│   └── innerkits                       # 系统服务接口存放目录
│       ├── native_c                    # C 接口存放目录
│       │   └── include                 # C 接口定义目录
│       └── native_cpp                  # C ++ 接口存放目录
├── sa_profile                          # 蓝牙服务定义目录
├── services                            # 蓝牙服务代码目录
└── LICENSE                             # 版权声明文件
```

interfaces 模块负责向上层应用程序提供相应的功能接口，使应用开发者实现具体蓝牙业务功能，目前 OpenHarmony 3.0 版本只提供 C/C ++ 接口。

services 模块负责 interfaces 模块下接口的实现。系统提供 C/C ++ 接口定义及服务和协议栈的代码，目前 OpenHarmony 3.0 版本提供的只有 BLE 相关的接口，包括 BLE 设备 GATT 相关的操作以及 BLE 广播、扫描等功能，其他传统蓝牙的相关接口，包括 A2DP、AVRCP、HFP 等在后续增量发布。services 模块的代码架构如下：

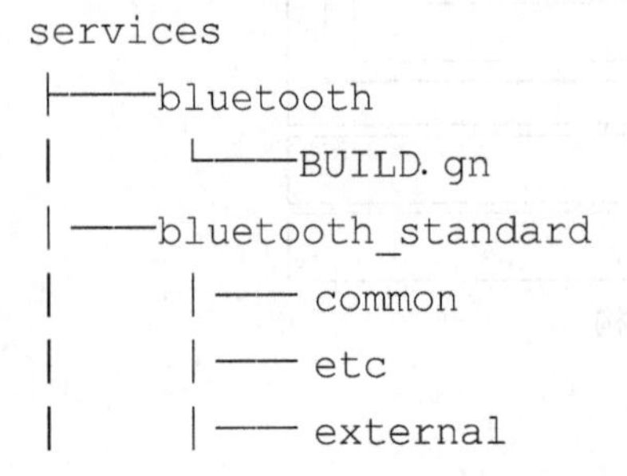

```
services
├──bluetooth
│    └──BUILD.gn
├──bluetooth_standard
│    ├── common
│    ├── etc
│    ├── external
```

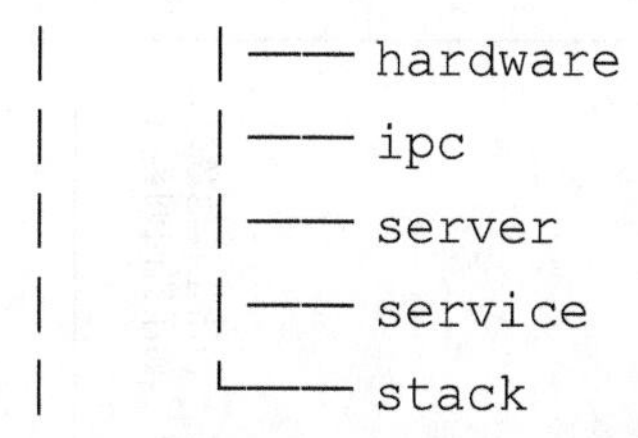

```
|       |—— hardware
|       |—— ipc
|       |—— server
|       |—— service
|       └─── stack
```

services 部分，通过 bluetooth_standard 目录下的相关模块来实现 interfaces 接口。相关的模块有 common、hardware、external、etc、ipc、stack、service、server。模块间利用 C ++ 的相关特性，完成了各自的分层功能，最终实现了蓝牙不同 profile 的场景功能。模块说明如表 8 – 1 所列。

表 8 – 1　模块说明

模块	说明
common	定义蓝牙相关的数据结构，供其他子模块调用
hardware	定义 HCI 的相关接口供其他子模块调用
etc	蓝牙服务的配置文件存放处，蓝牙设备、profile 的配置文件
ipc	实现进程间通信，不同协议的 proxy 和 stub 之间的数据传递等
stack	实现蓝牙协议栈的所有功能，还包括一些 list、queue、信号量、互斥量等对象操作
service	实现蓝牙协议的服务接口及实现，供 server 调用
server	主从模式的 server 端代码存放处，供 ipc 目录下的 stub 类调用

1. 蓝牙框架整体调用流程

图 8 – 3 显示蓝牙框架代码总体的调用过程。

应用程序按照蓝牙模块所提供的对外接口调用相关的接口功能。需注意，接口函数的实现不能直接通过函数调用的方式，必须通过 IPC 机制来完成，下面详细介绍这个机制。主要是蓝牙通过 ipc 的 proxy 类调用 sendRequest 函数触发 stub 类的响应，而对应的 stub 类会重载 OnRemoteRequest 响应函数，并在其中处理相关功能数据。server 类的存在使 IPC 通信通常采用客户端 – 服务器模式，自然有一层 server 类的封装，需要把各种不同 service 统一管理，然后根据应用程序具体需求来调用相应功能。

2. IPC 模块

蓝牙子系统框架层主要是通过 IPC 机制来实现接口调用来完成数据的传递，OpenHarmony 3.0 中 IPC（Inter – Process Communication）与 RPC（Remote Procedure Call）机制用于实现跨进程通信，不同的是前者使用 Binder 驱动，用于设备内的跨进程通信，而后者使用软总线驱动，用于跨设备跨进程通信。此类通信通常采用客户端 – 服务器模型，服务请求方（客户端）可获取服务提供方（服务器）的代理，并通过此代理读写数据来实现进程间的数据通信。通常，系统能力（System Ability）服务器会先注册到系统能力管理者（System Ability Manager，SAMgr）中，SAMgr 负责管理这些 SA 并向客户端提供相关的接口。客户端要和某个具体的 SA 通信，必须先从 SAMgr 中获取该 SA 的代理，然后使用代理和 SA 通信。下面使用 Proxy 表示服务请求方，Stub 表示服务提供方，如图 8 – 4 所示。

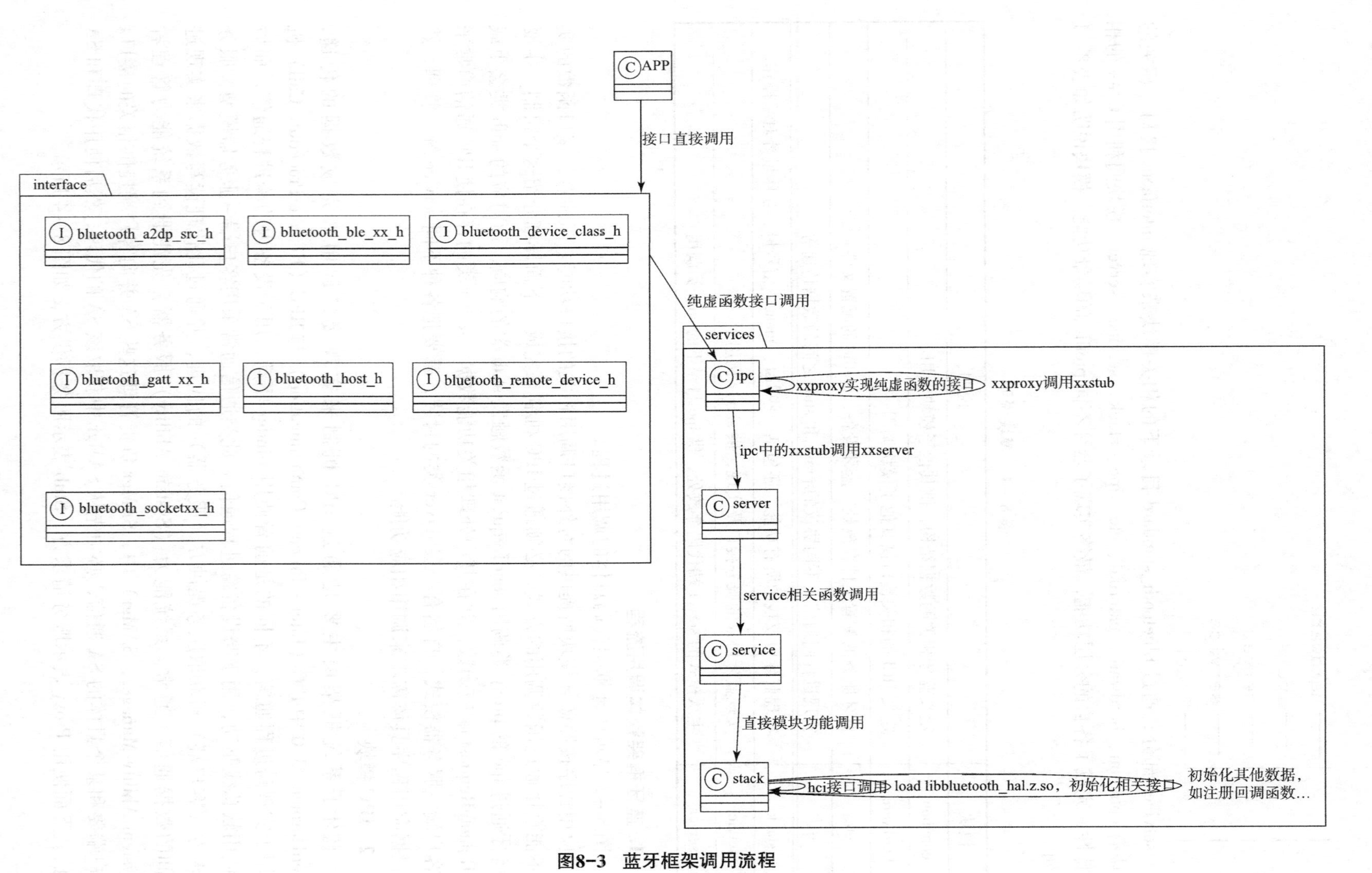

图8-3 蓝牙框架调用流程

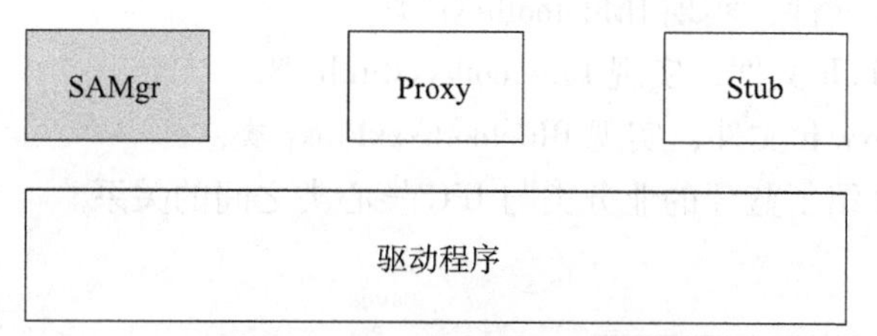

图 8－4 IPC 模块角色示意图

IPC 机制是一个通用的模块，不仅仅是蓝牙子系统会使用它，在整个 OpenHarmony 系统中都被广泛使用，实现 IPC 机制通信的基本步骤如下。

（1）定义接口类。这个接口类必须继承 IRemoteBroker，定义描述符、业务函数和消息码。

（2）实现服务提供端（Stub）。Stub 继承 IRemoteStub，除了接口类中未实现方法外，还需要实现 AsObject 方法及 OnRemoteRequest 方法。

（3）实现服务请求端（Proxy）。Proxy 继承 IRemoteProxy，封装业务函数，调用 SendRequest 将请求发送到 Stub。

（4）注册 SA。服务提供方所在进程启动后，申请 SA 的唯一标识，将 Stub 注册到 SAMgr。

（5）获取 SA。

（6）通过 SA 的标识和设备标识，从 SAMgr 获取 Proxy，通过 Proxy 实现与 Stub 的跨进程通信。

IPC 机制中 IRemoteStub 和 IRemoteProxy 是蓝牙子系统中 service 目录下 ipc 子模块所有 stub/proxy 类的基类，类关系图如图 8－5 所示。

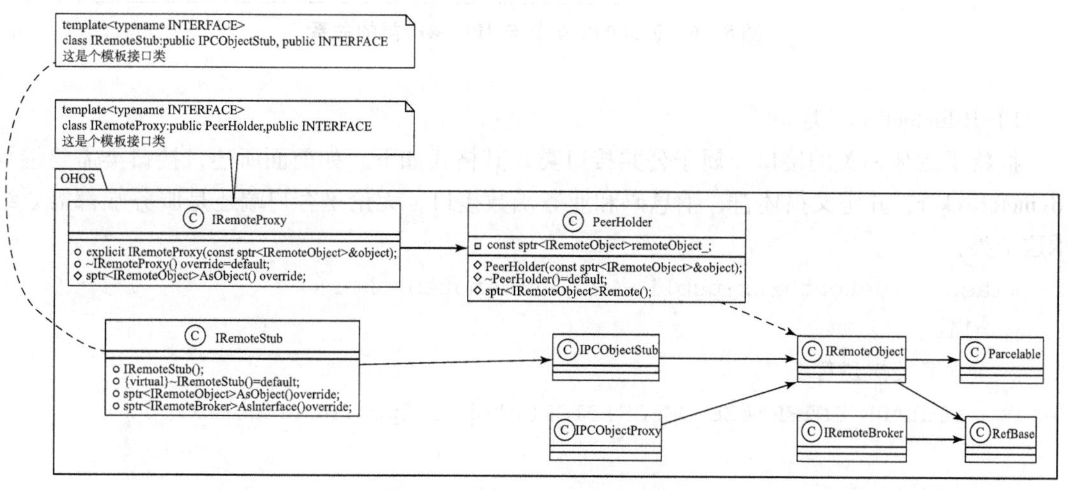

图 8－5 蓝牙子系统类关系

蓝牙子系统 ipc 目录下的代码实现了蓝牙子系统具体业务进程间的通信功能，每个蓝牙业务都会有 3 个不同的文件（或类），xxx 表示具体的业务，如 a2dp。

i_bluetooth_xxx. h 文件，实现 IBluetoothxxx 类。

bluetooth_xxx_stub. h 文件，实现 BluetoothxxxStub 类。

bluetooth_xxx_proxy. h 文件，实现 BluetoothxxxProxy 类。

图 8 -6 详细地介绍了蓝牙的业务类与 IPC 核心类之间的关系。

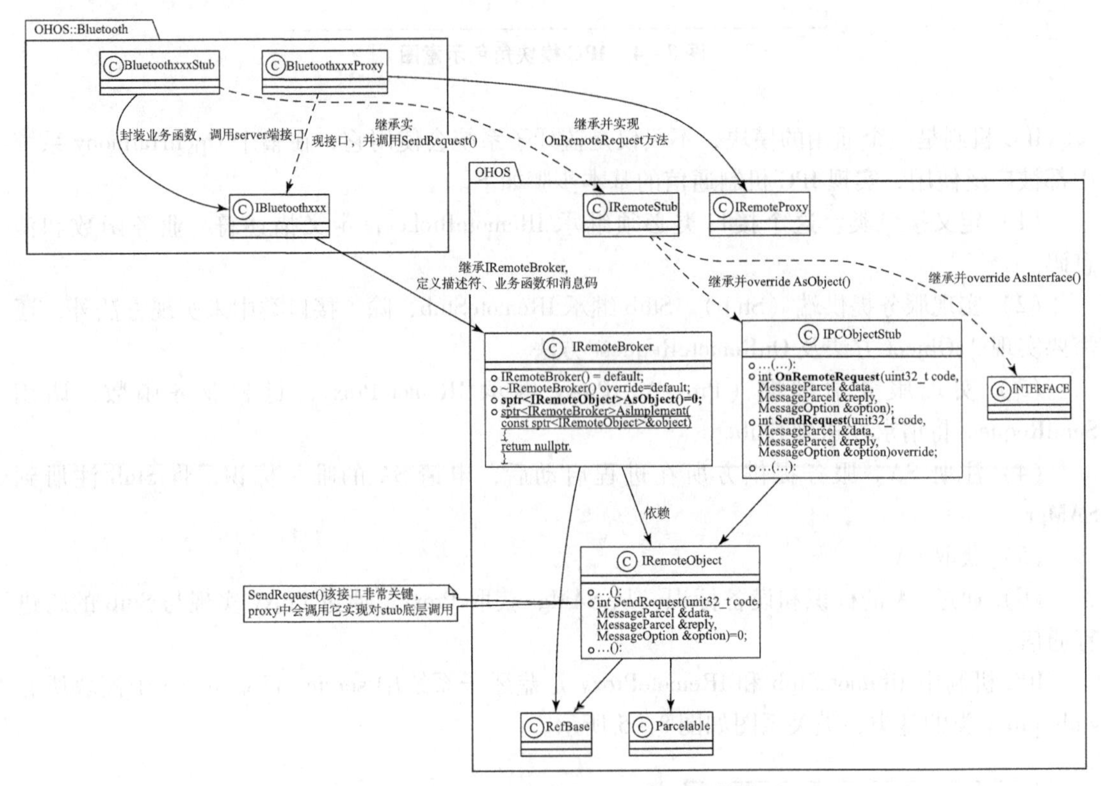

图 8 -6　蓝牙的业务类与 IPC 核心类的关系

1）IBluetoothxxx 类

抽象了蓝牙相关的接口，属于公共接口类，其格式如下。如前面所述，接口类需要继承 IRemoteBroker，并定义描述符、消息码和业务函数接口，无论是客户端还是服务端都需要继承这个类：

```
class IBluetoothxxx:public OHOS::IRemoteBroker{
public:
    //定义描述符
    DECLARE_INTERFACE_DESCRIPTOR(u"ohos. ipc. IBluetootxxx");

    //定义消息码
    enum Code{
        BLE_REGISTER_OBSERVER = 0,
```

```
        BLE_DEREGISTER_ OBSERVER,
        ...
    };
  //定义业务函数接口
    virtual void RegisterObserver(const sptr < IBluetoothHostObserver >
&observer) =0;
    virtual void DeregisterObserver(const sptr < IBluetoothHostObserver >
&observer) =0;
    ...
  };
```

2）BluetoothxxxStub 类

Stub 类代码结构如下，OnRemoteRequest 函数需要各 Stub 业务类来具体实现，在 IPC 通信机制中担当了服务器的角色：

```
  class BluetoothxxxStub:public IRemoteStub < IBluetoothxxx > {
  public:
    BluetoothxxxStub();
    virtual ~BluetoothxxxStub();

    virtual int OnRemoteRequest(
         uint32 _t code, MessageParcel &data, MessageParcel &reply,
MessageOption &option)override;

  private:
    ErrCode RegisterObserverInner(MessageParcel &data,MessageParcel
&reply);
    ErrCode DeregisterObserverInner(MessageParcel &data,MessageParcel
&reply);
   ...
   Static const std::map < uint32_t,std::function < ErrCode(BluetoothGatt
ClientStub* ,MessageParcel &,MessageParcel &) > >
  memberFuncMap_;
    DISALLOW_COPY_AND_MOVE(BluetoothXXXStub);
  };
```

3）BluetoothxxxProxy 类

Proxy 的代码结构如下，该类需要具体实现 IBluetoothxxx 中的接口，在 IPC 通信机制中担当了客户端的角色：

```
  class BluetoothxxxProxy:public IRemoteProxy < IBluetoothxxx > {
  public:
```

```
        explicit BluetoothxxxProxy(const sptr < IRemoteObject > &impl):
IremoteProxy<IBluetoothxxx>(impl)
        {}
        ~BluetoothxxxProxy()
        {}
        //以下部分实现 IBluetoothxxx 中的接口
        ...
        void Funcl(…)override;
        ...

    private:
        ErrCode InnerTransact (uint32 _ t code, MessageOption &flags,
MessageParcel &data,MessageParcel &reply);
        static inline BrokerDelegator<BluetoothBleHostProxy>delegator_;
    };
```

而 InnerTransact( ) 中的 SendRequest 用来和对应的 stub 交互：

```
    ErrCode BluetoothxxxProxy::InnerTransact(
        uint32_t code,MessageOption &flags,MessageParcel &data,MessageParcel
&reply)
    {
        auto remote = Remote();
        if(remote == nullptr){
            HILOGW("[InnerTransact]fail:get Remote fail code %{public}d",
code);
            return OBJECT_NULL;
        }
        int err = remote -> SendRequest(code,data,reply,flags);
        switch(err){
            case NO_ERROR:{
                return NO_ERROR;
            }
            case DEAD_OBJECT:{
                HILOGW("[InnerTransact] fail:ipcErr =%{public}d code %
{public}d",err,code);
                return DEAD_OBJECT;
            }
            default:{
                HILOGW("[InnerTransact] fail:ipcErr =%{public}d code %
{public}d",err,code);
```

```
            return TRANSACTION_ERR;
        }
    }
}
```

3. interface 模块

interface 是提供给应用程序开发者调用的蓝牙接口模块。蓝牙子系统提供了传统蓝牙（BR/EDR）和低功耗蓝牙（BLE）的功能。OpenHarmony 的蓝牙子系统使用了观察者模式的设计模式。interface 中根据不同的蓝牙协议（或功能）提供各自不同的接口文件，下面以 bluetooth_host. h 为例来说明接口文件的结构。略去次要的信息，接口文件中主要包括两个类，即 BluetoothHostObserver/BluetoothRemoteDeviceObserver 和 BluetoothHost。

BluetoothHostObserver/BluetoothRemoteDeviceObserver 类是观察者模式中的 Observer 类，包括本地和远端两个 observer 类，用来监听相关消息并做出相应的处理。这里要着重指出目前蓝牙通信采用了对等模式，所以才设计了本地类和远端类两个实体类，BluetoothHostObserver 类是针对本地设备的行为消息做相应处理，BluetoothRemoteDeviceObserver 类则针对远端设备的行为消息做相应处理。

观察者的 Observer 类的接口都是采用了纯虚函数设计，这需要各应用程序实现相应的消息处理函数，如经典蓝牙和低功耗蓝牙互相具体处理不一样。但是通信模型需要完成的行为却是一样的，如都有链路状态、采用 C++ 多态的机制、增强 OpenHarmony 代码的可扩充性。具体代码如下：

```
/**
* 表示框架主机设备基本 observer
*
* @ since6
*/
class BluetoothHostObserver{
public:
    virtual ~BluetoothHostObserver() = default;

    //普通
    virtual void OnStateChanged(const int transport,const int status) = 0;

    //缝隙
    virtual void OnDiscoveryStateChanged(int status) = 0;
     virtual void OnDiscoveryResult ( const BluetoothRemoteDevice
&device) = 0;
    virtual void OnPairRequested(const BluetoothRemoteDevice &device) = 0;
     virtual void OnPairConfirmed ( const BluetoothRemoteDevice, int
reqType,int number) = 0;
    virtual void OnScanModeChanged(int mode) = 0;
```

```
        virtual void OnDeviceNameChanged(const std::string &deviceName) =0;
        virtual void OnDeviceAddrChanged(const std::string &address) =0;
    };
    /**
    * 表示远程设备观察者
    *
    * @ since6
    */

    class BluetoothRemoteDeviceObserver{
    public:
    virtual ~BluetoothRemoteDeviceObserver() = default;

        virtual void OnPairStatusChanged(const BluetoothRemoteDevice
&device,int status) =0;
        virtual void OnRemoteUuidChanged(const BluetoothRemoteDevice
&device,const std::vector<ParcelUuid>uuids) =0;
        virtual void OnRemoteNameChanged(const BluetoothRemoteDevice
&device,const std::string deviceName) =0;
        virtual void OnRemoteAliasChanged(const BluetoothRemoteDevice
&device,const std::string alias) =0;
        virtual void OnRemoteCodChanged(const BluetoothRemoteDevice
&device,const BluetoothDeviceClass &cod) =0;
    virtual void OnRemoteBatteryLevelChanged(const BluetoothRemoteDevice
&device,int batteryLevel) =0;
        virtual void OnReadRemoteRssiEvent(const BluetoothRemoteDevice
&device,int rssi,int status) =0;
    };
```

BluetoothHost 类：该类提供蓝牙主机功能的全部接口，同时提供传统蓝牙和低功耗蓝牙的相关接口。传统蓝牙和低功耗蓝牙的 enable/disable 及状态获取功能由各自不同的接口来提供，供不同的蓝牙设备调用。

```
    /**
    * 表示框架主机设备
    *
    * @ since6
    */

    class BLUETOOTH_API BluetoothHost{
    public:
```

```
    static BluetoothHost &GetDefaultHost();
    BluetoothRemoteDevice GetRemoteDevice(const std::string &addr,int
transport)const;

    void RegisterObserver(BluetoothHostObserver &observer);
    void DeregisterObserver(BluetoothHostObserver &observer)override;

    bool EnableBt();
    bool DisableBt();
    int GetBtState()const;

    bool DisableBle();
    bool EnableBle();
    bool IsBleEnabled()const;

    bool BluetoothFactoryReset();

    std::vector<uint32_t>GetProfileList()const;
    ...
  private:
    static BluetoothHost hostAdapter_;
    BluetoothHost();
    ~BluetoothHost();

    BLUETOOTH_DISALLOW_COPY_AND_ASSIGN(BluetoothHost);
    BLUETOOTH_DECLARE_IMPL();
  };
```

接口文件中最重要的两个类：一个是 Observer 类（或多个）；另一个就是 BLUETOOTH_API 类。其他的接口文件有着类似的类结构。这里就不一一展开介绍了。

4. server 模块

该模块实现了蓝牙子系统 server 模块的功能（图 8 - 7），如蓝牙主机功能。蓝牙子系统是基于 IPC 机制，各 Server 类继承并实现对应的 Stub 类从接口类中继承的纯虚函数接口，供 IPC 调用。

其中，在 bluetooth_host_server. cpp 中完成 bluetoothHostServer 的注册。

```
  sptr<BluetoothHostServer>BluetoothHostServer::instance;
  //SAMgr 中注册 BluetoothHostServer
  const bool REGISTER_RESULT = SystemAbility::MakeAndRegisterAbility
(BluetoothHostServer::GetInstance().GetRefPtr());
```

提供以下的 server：

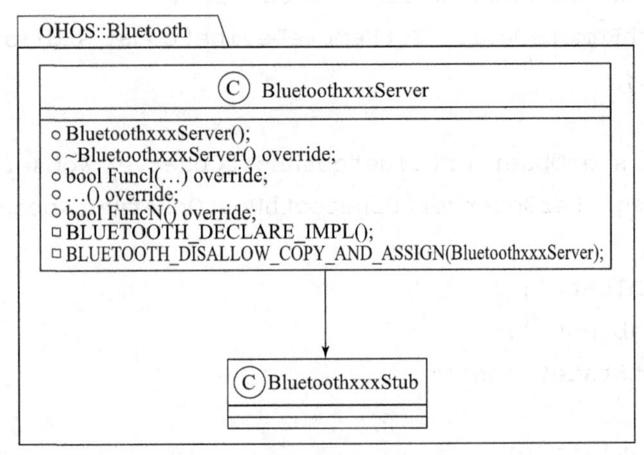

图 8－7　Bluetooth server 模块类图

```
bluetooth_a2dp_source_server
bluetooth_ble_advertiser_server
bluetooth_ble_central_manager_server
bluetooth_gatt_client_server
bluetooth_gatt_server_server
bluetooth_host_server
bluetooth_socket_server
```

5. service 模块

service 模块实现了具体设备的业务，供 server 模块调用，可分为两个部分：一部分是 adapter 的 service，另一部分是各 profile 的 service。adapter 代表本地蓝牙设备适配器。adapter 可以让我们执行基本的蓝牙任务，如发现蓝牙、查询蓝牙已配对列表以及通过已知的 MAC 地址初始化一个 BluetoothDevice 实例。

service 部分的接口文件目录结构如下：

```
service
|——include
|     |——interface_adapter_ble.h
|     |——interface_adapter_classic.h
|     |——interface_adapter_manager.h
|     |——interface_adapter.h
|     |——interface_profile_a2dp_snk.h
|     |——interface_profile_a2dp_src.h
|     |——interface_profile_avrcp_ct.h
|     |——interface_profile_avrcp_tg.h
|     |——interface_profile_gatt_client.h.h
|     |——interface_profile_gatt_server.h
|     |——interface_profile_hfp_ag.h
```

```
|      |——interface_profile_hfp_hf.h
|      |——interface_profile_manager.h
|      |——interface_profile_map_mce.h
|      |——interface_profile_map_mse.h
|      |——interface_profile_pbap_pce.h
|     |——interface_profile_pbap_pse.h
|     |——interface_profile_socket.h
|     └——interface_profile.h
```

Adapter 相关的接口类文件包括以下几个。

（1）adapter 基类接口 interface_adapter.h。

interface_adapter.h 为基类，提供图 8-8 所示的接口。

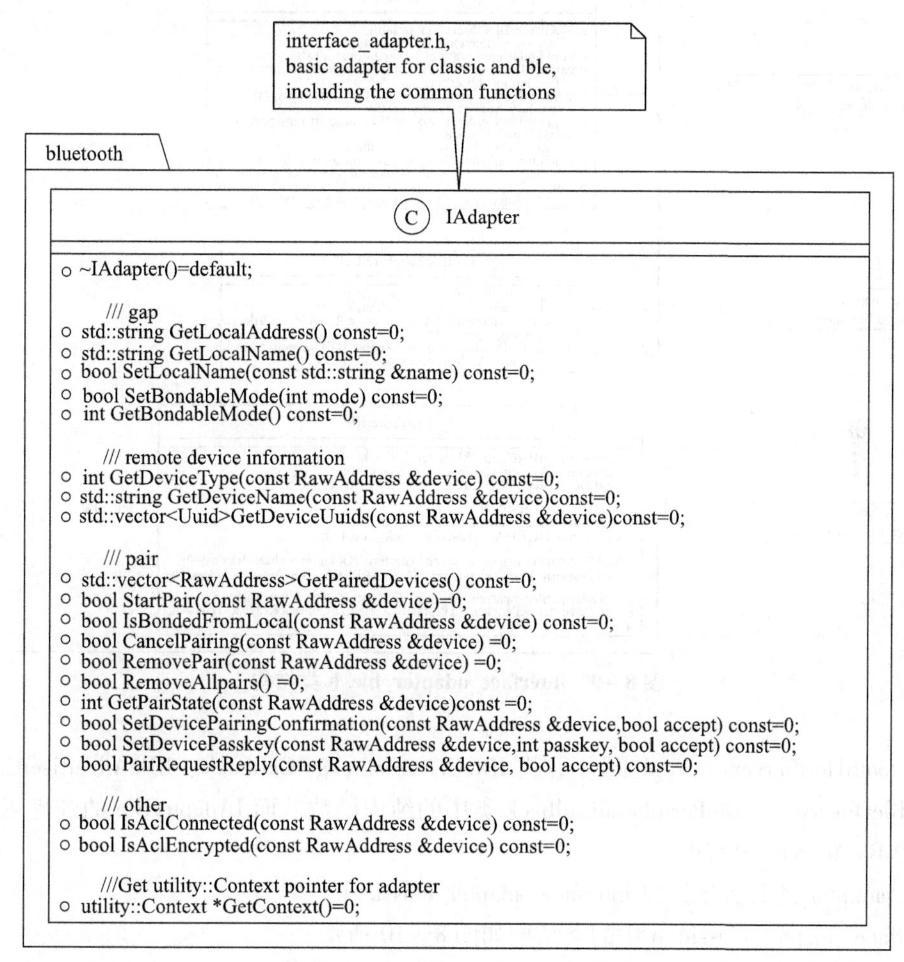

图 8-8　interface_adapter.h 接口

（2）ble adapter 接口 interface_adapter_ble.h。

interface_adapter_ble. h 中的类结构如图 8－9 所示。

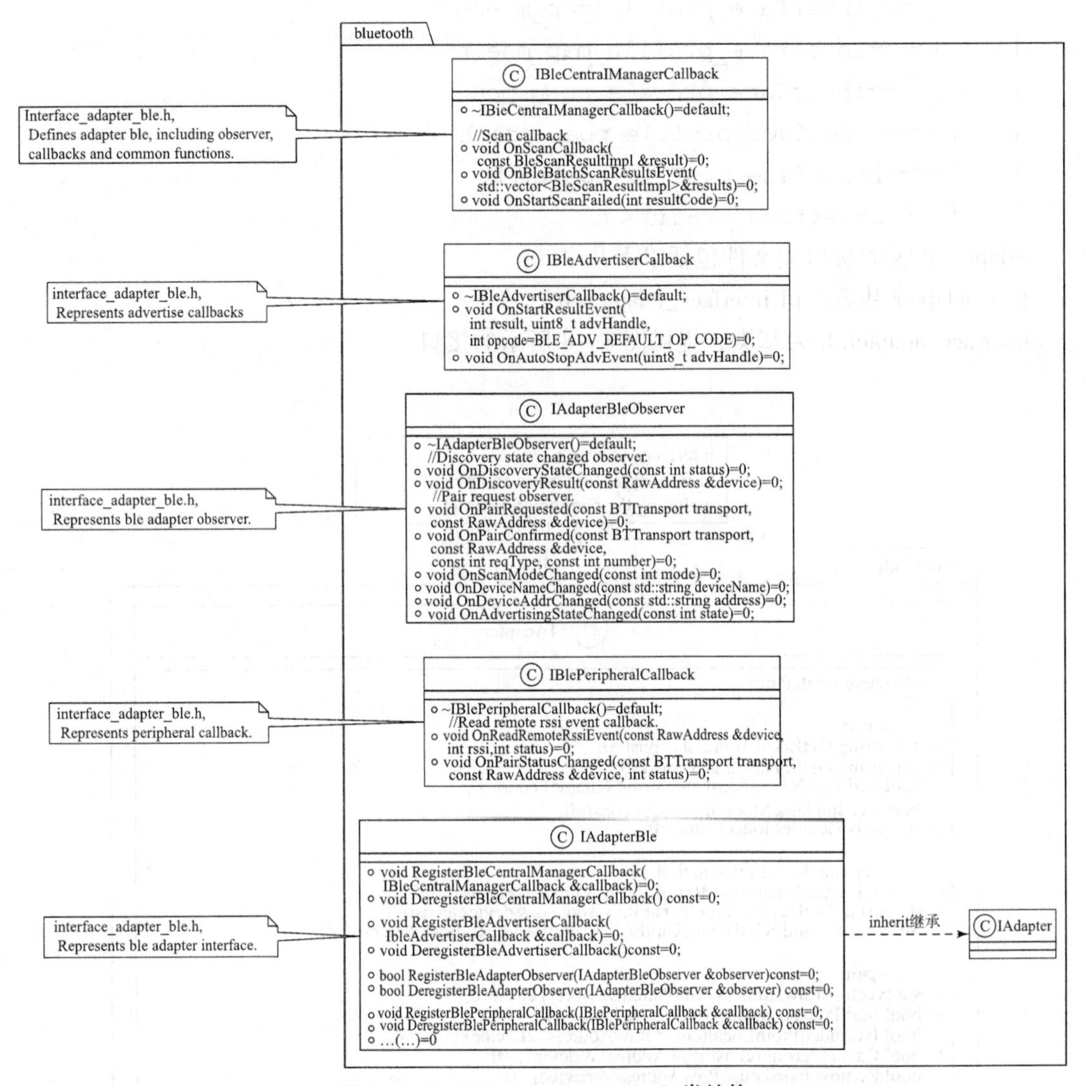

图 8－9 interface_adapter_ble. h 类结构

BluetoothHostServer::impl 将会重载 IBleCentralManagerCallback、IBleAdvertiserCallback、IAdapterBleObserver、IBlePeripheralCallback 类中的纯虚函数。而 IAdapterBle 的纯虚函数将在 service 的 BleAdapter 中实现。

（3）adapter 经典蓝牙接口 interface_adapter_classic. h。

interface_adapter_classic. h 中的类结构如图 8－10 所示。

与 ble 类似，BluetoothHostServer::impl 将会重载观察者接口类中的相关纯虚函数，而 IAdapterClassic 中的接口会在 service 的 ClassicAdapter 中实现。

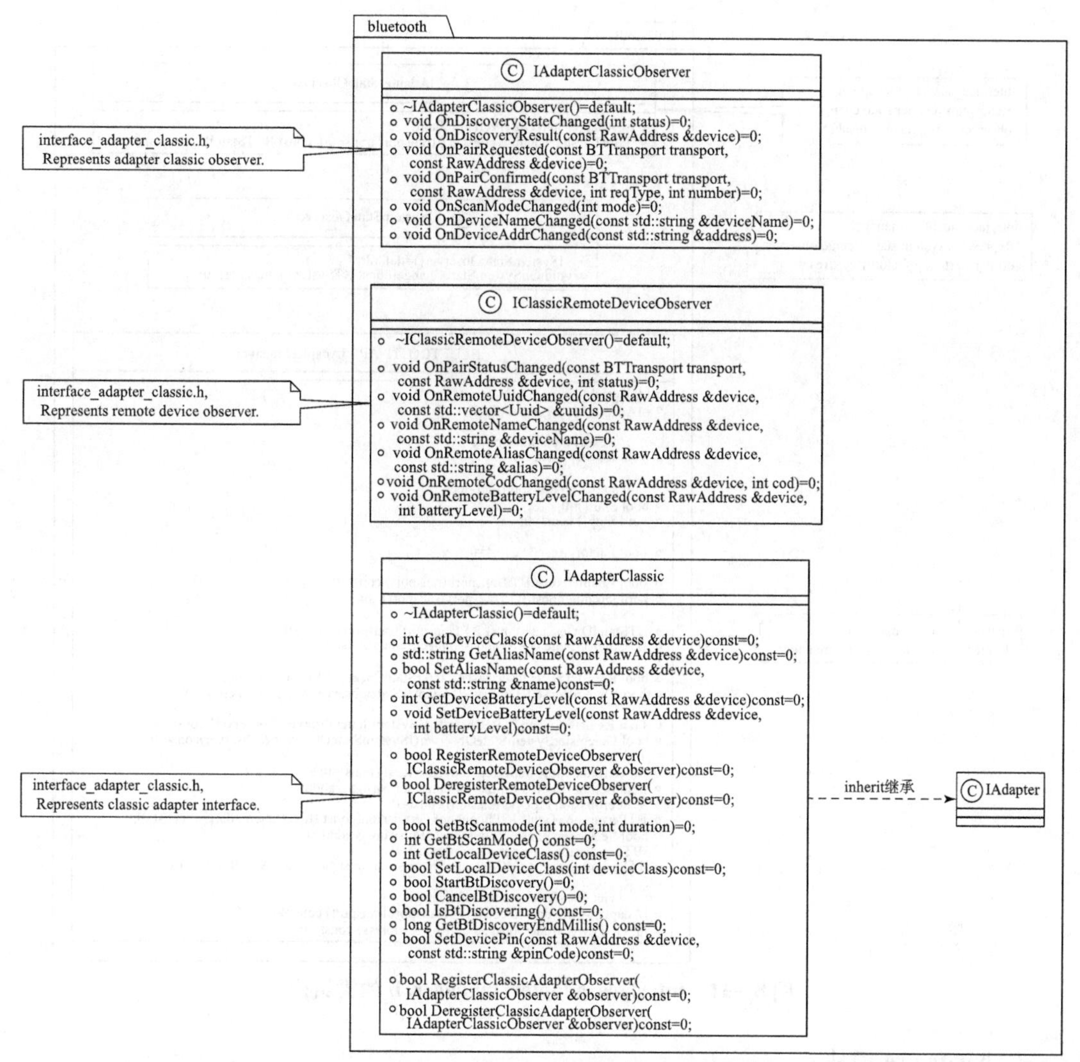

图 8-10 interface_adapter_classic. h 类结构

（4）adapter 管理接口 interface_adapter_manager. h。

interface_adapter_manager. h 中的类结构如图 8-11 所示。

server 中的观察者类将会实现 interface_adapter_manager. h 中的观察者接口类的纯虚函数。而 IAdapterManager 中的接口在 service 下的 AdapterManager 中实现。

xxxService：指不同业务的 profile 中的 Service，如 A2DP、SPP、GATT。

不同的 profile 的 service 将提供相关的 services 功能，供对应的 server 调用。其相关类关系如图 8-12 所示。

6. stack 模块

本模块提供 stack 相应的 API 接口供上层 service 调用，如队列、线程操作。这里限于篇幅不做过多介绍。

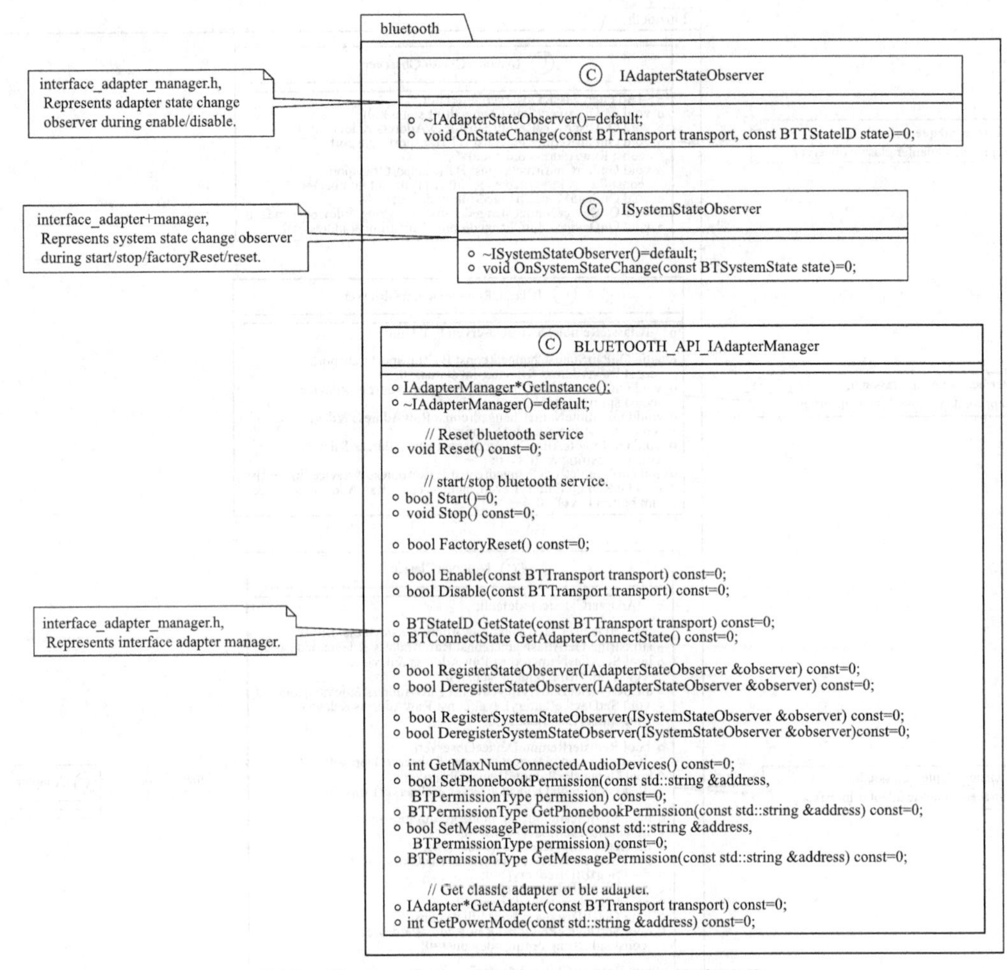

图 8-11　interface_adapter_manager. h 的类结构

7. hardware 模块

本模块提供蓝牙底层驱动的相应功能，使硬件透明化。

bluetooth_hci_callbacks. h 主要实现了 HCI 的回调函数，用于接收远端返回的 HCI 数据。

bluetooth_hdi. h 文件用于发送业务数据到 HCI，对外提供以下几种接口：

```
int HdiInit(BtHciCallbacks* callbacks);
int HdiSendHciPacket(BtPacketType type,const BtPacket* packet);
void HdiClose(void);
```

bt_vendor_lib. h：实现蓝牙 vendor 的数据结构定义。

8.2.3　本地蓝牙使能流程

以 enableBLE 代码调用过程为例，本地蓝牙使能流程如下。

应用程序直接调用 BluetoothHost::EnableBle（）。

BluetoothHost：调用 IBluetoothHost -> EnableBle（）。

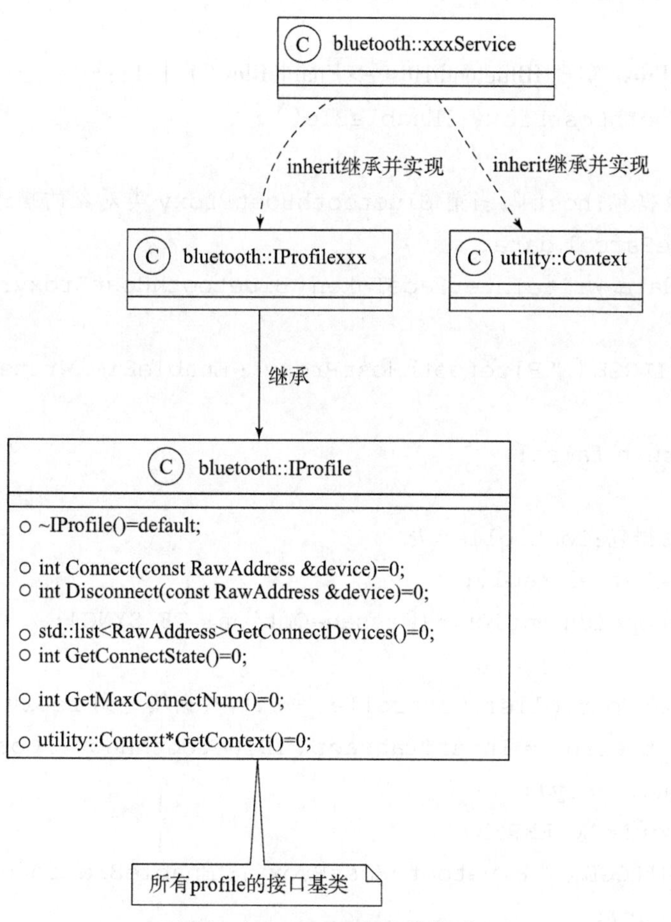

图 8-12　profile 相关类关系

```
bool BluetoothHost::EnableBle()
{
    HILOGE("BluetoothHost::Enable BLE starts");
    if(! pimpl){
            HILOGE("BluetoothHost::Enable BLE fails:no pimpl");
            return false;
        }

        if(pimpl ->proxy_ ==nullptr){
            HILOGE("BluetoothHost::Enable fails,no proxy");
            return false;
    }
    //通过框架层蓝牙 proxy 使能蓝牙
```

```
        return pimpl->proxy_->EnableBle();
    }
```

BluetoothHostProxy 实现 IBluetoothHost -> EnableBle（）接口：

```
    bool BluetoothHostProxy::EnableBle()
    {
        //消息数据包:host 写当前 BluetoothHostProxy 类对象的描述符
        MessageParcel data;
        if(! data.WriteInterfaceToken(BluetoothHostProxy::GetDescriptor
())){
            HILOGE("BluetoothHostProxy::EnableBle WriteInterfaceToken
error");
            return false;
        }
        //消息数据包:Controller 写
        MessageParcel reply;
        MessageOption option = {MessageOption::TF_SYNC};

    //data 传递给 Controller,Controller 写入的数据填充到 reply
        int32_t error = InnerTransact(IBluetoothHost::Code::BT_ENABLE_
BLE,option,data,reply);
        if(error!=NO_ERROR){
            HILOGE("BluetoothHostProxy::EnableBle done fail,error:%
{public}d",error);
            return false;
        }
        return reply.ReadBool();
    }

    ErrCode BluetoothHostProxy::InnerTransact(
        uint32_t code,MessageOption &flags,MessageParcel &data,MessageParcel
&reply)
    {
        auto remote = Remote();
        if(remote == nullptr){
            HILOGW("[InnerTransact]fail:get Remote fail code %{public}d ",
code);
            return OBJECT_NULL;
        }
        //Proxy 发送数据到 Stub
```

```
        int32_t err = remote -> SendRequest(code,data,reply,flags);
        switch(err){
            case NO_ERROR:{
                return NO_ERROR;
            }
            case DEAD_OBJECT:{
                 HILOGW("[InnerTransact]fail:ipcErr =%{public}d code %
{public}d",err,code);
                return DEAD_OBJECT;
            }
            default:{
                 HILOGW("[InnerTransact]fail:ipcErr =%{public}d code %
{public}d",err,code);
                return TRANSACTION_ERR;
            }
        }
        return NO_ERROR;
    }
```

BluetoothHostStub 的 OnRemoteRequest 函数将会收到 code 9，即 enableBLE 的信息：

```
    int32_t BluetoothHostStub::OnRemoteRequest(
        uint32_t code,MessageParcel &data,MessageParcel &reply,MessageOption
&option)
    {
         HILOGD("BluetoothHostStub::OnRemoteRequest, cmd =%{public}d,
flags =%{public}d",code,option.GetFlags());
        std::u16string descriptor = BluetoothHostStub::GetDescriptor();
        std::u16string remoteDescriptor = data.ReadInterfaceToken();
        if(descriptor != remoteDescriptor){
            HILOGE("BluetoothHostStub::OnRemoteRequest,local descriptor
is not equal to remote");
            return ERR_INVALID_STATE;
        }
        auto itFunc = memberFuncMap_.find(code);
        if(itFunc != memberFuncMap_.end()){
            auto memberFunc = itFunc -> second;
            if(memberFunc != nullptr){
                return memberFunc(this,data,reply);
            }
        }
```

```
        HILOGW("BluetoothHostStub::OnRemoteRequest, default case, need
check.");
        return IPCObjectStub::OnRemoteRequest(code,data,reply,option);
    }

    //Code 码与功能实现函数之间的映射表
    BluetoothHostStub::memberFuncMap_={
        {BluetoothHostStub::BT_REGISTER_OBSERVER,
          std::bind(&BluetoothHostStub::RegisterObserverInner, std::
placeholders::_1,std::placeholders::_2,
        std::placeholders::_3)},
        {BluetoothHostStub::BT_DEREGISTER_OBSERVER,
          std::bind(&BluetoothHostStub::DeregisterObserverInner, std::
placeholders::_1,std::placeholders::_2,
        std::placeholders::_3)},
        {BluetoothHostStub::BT_ENABLE,
        std::bind(&BluetoothHostStub::EnableBtInner,std::placeholders::_
1,std::placeholders::_2,
        std::placeholders::_3)},
        {BluetoothHostStub::BT_DISABLE,
        std::bind(&BluetoothHostStub::DisableBtInner,std::placeholders::_
1,std::placeholders::_2,
        std::placeholders::_3)},
        {BluetoothHostStub::BT_GETPROFILE,
            std::bind(&BluetoothHostStub::GetProfileInner, std::
placeholders::_1,std::placeholders::_2,
        std::placeholders::_3)},
        {BluetoothHostStub::BT_DISABLE_BLE,
            std::bind(&BluetoothHostStub::DisableBleInner, std::
placeholders::_1,std::placeholders::_2,
        std::placeholders::_3)},
        {BluetoothHostStub::BT_ENABLE_BLE,
        std::bind(&BluetoothHostStub::EnableBleInner,std::placeholders::_
1,std::placeholders::_2,
        std::placeholders::_3)},

    ErrCode BluetoothHostStub::EnableBleInner(MessageParcel &data,
MessageParcel &reply)
    {
```

```
//此处调用基类 IbluetoothHost ->EnableBle()
        bool result =EnableBle();
        bool ret =reply.WriteBool(result);
        if(! ret){
            HILOGE("BluetoothHostStub:reply writing failed in:%{public}
s.",__func__);
            return TRANSACTION_ERR;
        }
        return NO_ERROR;
    }
```

BluetoothHostServer 继承 BluetoothHostStub，并实现了 EnableBle() 接口：

```
    bool BluetoothHostServer::EnableBle()
    {
        HILOGD("[%{public}s]:%{public}s():Enter!",__FILE__,__FUNCTION__);
        //调用 IAdapterManager 的 Enable 接口
         return IAdapterManager::GetInstance()->Enable(BTTransport::
ADAPTER_BLE);
    }

    Class AdapterManager:public IadapterManager
    {
        ...
        bool Enable(const BTTransport transport)const override;
        ...
    }

    Bool AdapterManager::Enable(const BTTransport transport)const
    {
        LOG_DEBUG("%{public}s start transport is %{public}d)",__PRETTY_
FUNCTION__,transport);
        std::lock_guard<std::recursive_mutex>lock(pimpl->syncMutex_);

        if(GetSysState()!=SYS_STATE_STARTED){
            LOG_ERROR("AdapterManager system is stoped");
            return false;
        }

        if(pimpl->adapters_[transport]==nullptr){
             LOG_ERROR("%{public}s BTTransport not register",__PRETTY_
```

```
FUNCTION__);
            return false;
        }

        //检测蓝牙是否处于非关闭状态
        if(GetState(transport)!=BTStareID::STATE_TURN_OFF){
            utility::Message msg(AdapterStateMachine::MSG_USER_ENABLE_
REQ);
            pimpl -> dispatcher_ -> PostTask(std:bind(&AdapterManager::
impl::ProcessMessage,piml.get(),transport,msg));
            return true;
        }else if(GetState(transport)==BTStateID::STATE_TURN_ON){
            LOG_INFO("{public}s is turn on",__PRETTY_FUNCTION__);
            return false;
        }else{
            LOG_INFO("{public}s is turning state %{public}d",__PRETTY_
FUNCTION__,GetState(transport));
            return false;
        }
    }
```

AdapterManager 调用 stateMachine 的 ProcessMessage() 函数：

```
    Void AdapterManager::impl::ProcessMessage(const BTTransport
transport,const utility::Message &msg)
    {
    std::lock_guard<std::recursive_mutex>lock(syncMutex_);

    if(adapters_[transport]==nullptr){
        LOG_DEBUG("%{public}s adapter is nullptr",__PRETTY_FUNCTION__);
        return;
    }
    if(adapters_[transport]->stateMachine_==nullptr){
        LOG_DEBUG("%{public}s stateMachine_ is nullptr",__PRETTY_
FUNCTION__);
        return;
    }
    //开关状态机进行状态消息处理
    adapters_[transport]->stateMachine_->ProcessMessage(msg);
    }
```

```
//状态机处理函数
bool StateMachine::ProcessMessage(const Message &msg)const
{
State* current = current_;
if(current == nullptr){
    return false;
}else{
    While(! current -> Dispatch(msg)){
        current = current -> parent_;
        if(current == nullptr){
            return false;
        }
    }
}
return true;
}

bool AdapterTurnOffState::Dispatch(const utility::Message &msg)
{
switch(msg.what_){
    //状态机状态切换
        case AdapterStateMachine::MSG_USER_ENABLE_REQ;
            Transition(TURNING_ON_STATE);
            return true;
        default:
            return false;
}
}
```

AdapterTurningOnState::Entry() 中调用 IAdapter::GetContext() -> Enable() 函数:

```
//状态机状态转换函数
Void StateMachine::Transition(const std::string &name)
{
auto it = states_.find(name);
if(it! = states_.end()){
     std:: array < State * , STACK _ dEPTH > dstStack { nullptr, nullptr,
nullptr,nullptr,nullptr};

    int dstDepth = GetStateDepth(* it -> second);
    State* tmp = it -> second.get();
```

```
    for(int i =0;i <dstDepth;i ++){
        dstStack[dstDepth - i -1] =tmp;
        tmp =tmp ->parent_;
    }
    int sameDepth;
    for(sameDepth =0;sameDepth <STACK_DEPTH;sameDepth ++){
        if(dstStack[sameDepth] !=stack_[sameDepth]){
            break;
        }
    }

    for(int i =top_;i >sameDepth;i --){
        stack_[i -1] ->Exit();
    }
    current_ =it ->second.get();

    stack_ =dstStack;
    for(int i =sameDepth;i <dstDepth;i ++){
//进入对应状态的处理
        stack_[i] ->Entry();
    }
    top_ =dstDepth;
}
}

void AdapterTurningOnState::Entry()
{
BTTranspory transport =
    (adapter_.GetContext() -> Name() == ADAPTER_NAME_CLASSIS)?
BTTransport:: ADAPTER_BREDR: BTTransport:: ADAPTER_BLE; AdapterManager::
GetInstance() ->OnAdapterStateChange(transport,BTStateID::STATE_TURNING_
ON);
LOG_DEBUG("AdapterStateMachine::Timer enable adapter start transport
is %{public}d",transport);
//adapter,通知使能状态
adapter_.GetContext() ->Enable();
}
```

BleAdapter 实现了基类的 Enable( ) 接口:

```
class IAdapterBle:public IAdapter{...}
class BleAdapter:public IAdapterBle,public utility::Context{...}
...
void BleAdapter::Enable()
{
LOG_DEBUG("[BleAdapter]%{public}s:%{public}s",__func__,Name().c_
str());
GetDispatcher() -> PostTask(std::bind(&BleAdapter::EnableTask,
this));
}

bool BleAdapter::EnableTask()
{
LOG_DEBUG("[BleAdapter]%{public}s",__func__);
std::lock_guard<std::recursive_mutex>lk(pimpl->syncMutex_);
bool ret = (BTM_Enable(LE_CONTROLLER) == BT_NO_ERROR);
if(! ret){
    pimpl->btmEnableFlag_ = false;
    LOG_ERROR("[BleAdapter]%{public}s:BTM enable failed!",__func__);
}else{
    pimpl->btmEnableFlag_ = true;
    LoadConfig();
    ret = (InitBtmAndGap() == BT_NO_ERROR);
    LOG_DEBUG("[BleAdapter]%{public}s:BTM enable successfully!",__
func__);
}
//将执行结果传递给 Adapter
GetContext() -> OnEnable(ADAPTER_NAME_BLE,ret);

return ret;
}
```

BleAdapter 将会调用 stack\include\btm 的 BTM_Enable 函数执行 enable 的功能。

最后，把 BTM_Enable 的结果，通过 OnEnable 进行状态更新，从而完成整个 enable 的操作。

图 8 - 13 所示为 enableBLE 的类调用时序图，其细节如图 8 - 14 至图 8 - 16 所示。

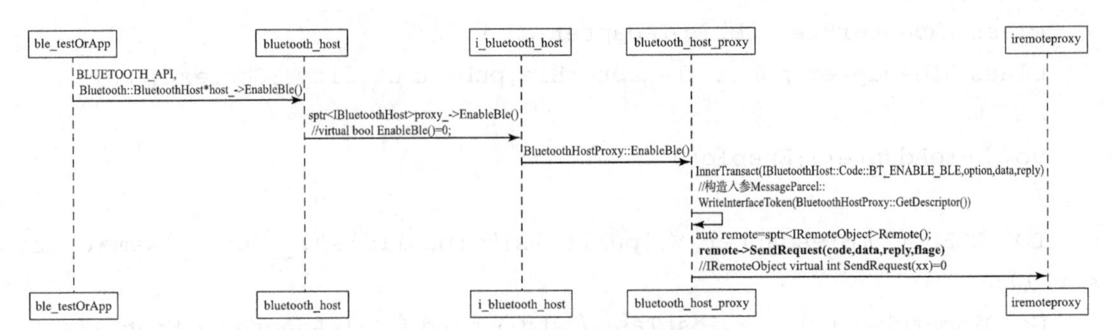

图 8－13 enableBLE 的类调用时序

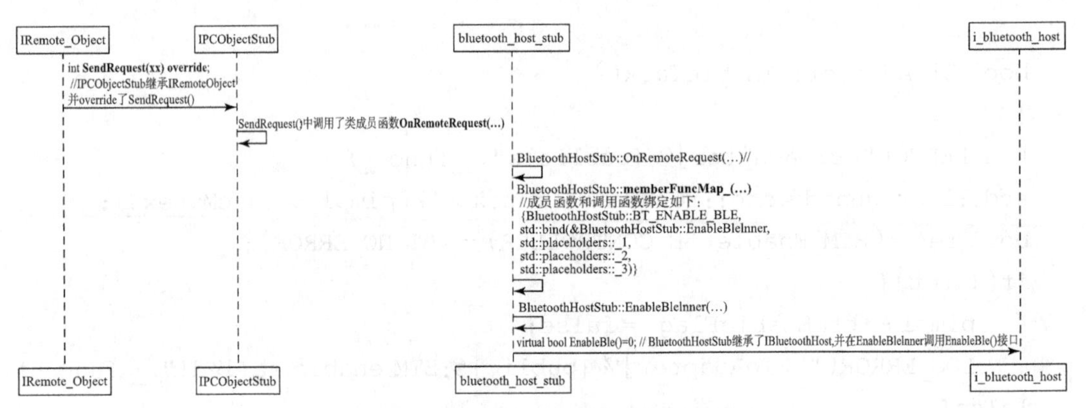

图 8－14 enableBLE 的类调用时序细节 1

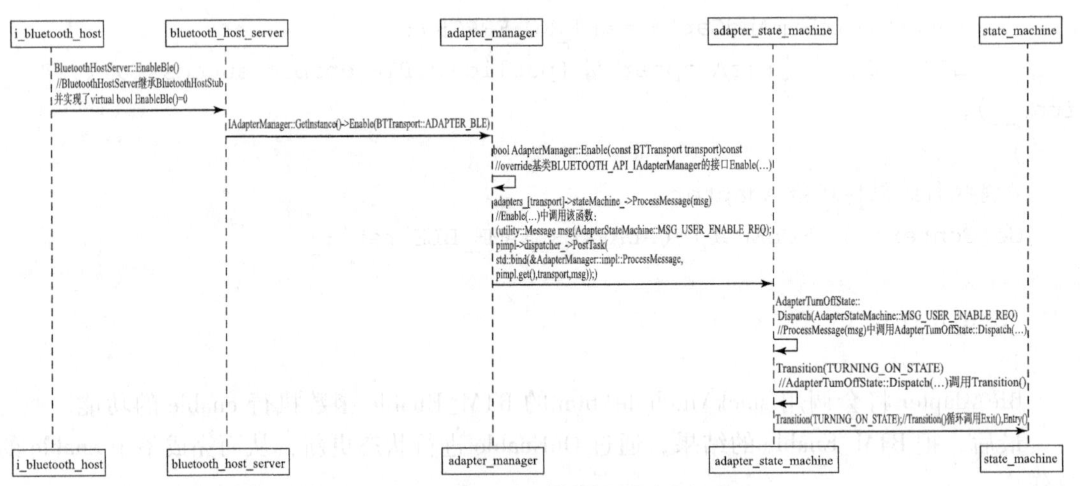

图 8－15 enableBLE 的类调用时序细节 2

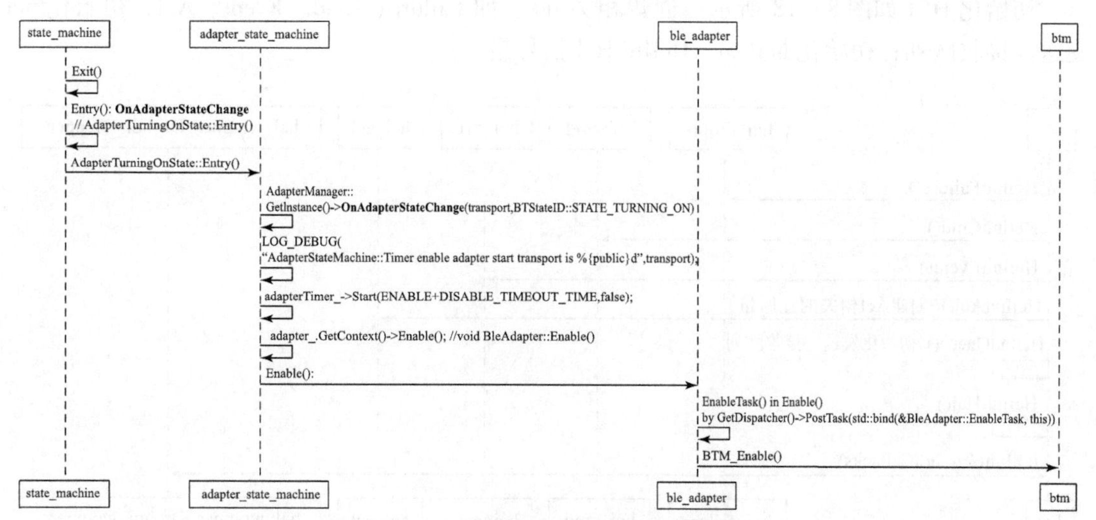

图 8-16　enableBLE 的类调用时序细节 3

App -> bluetooth_host_proxy：直接调用 host 中的 EnableBle( ) 开始，最后在 proxy 中调用 SendRequest 函数，触发 stub 中的 OnRemoteRequest( ) 函数。

bluetooth_host_stub -> i_bluetooth_host：stub 中的 OnRemoteRequest( ) 会调用 server 中的 EnableBle( ) 的实现。

bluetooth_host_server -> state_machine：server 调用 adapter_manager 的实现部分，最终调用状态机的 transition( )。

state_machine -> btm：adapter_state_machine 通过调用 ble_adapter 的 Enable( ) 来实现对 btm 中的 BTM_enable( ) 的调用。

BTM_Enable 的详细过程可参考图 8-17。

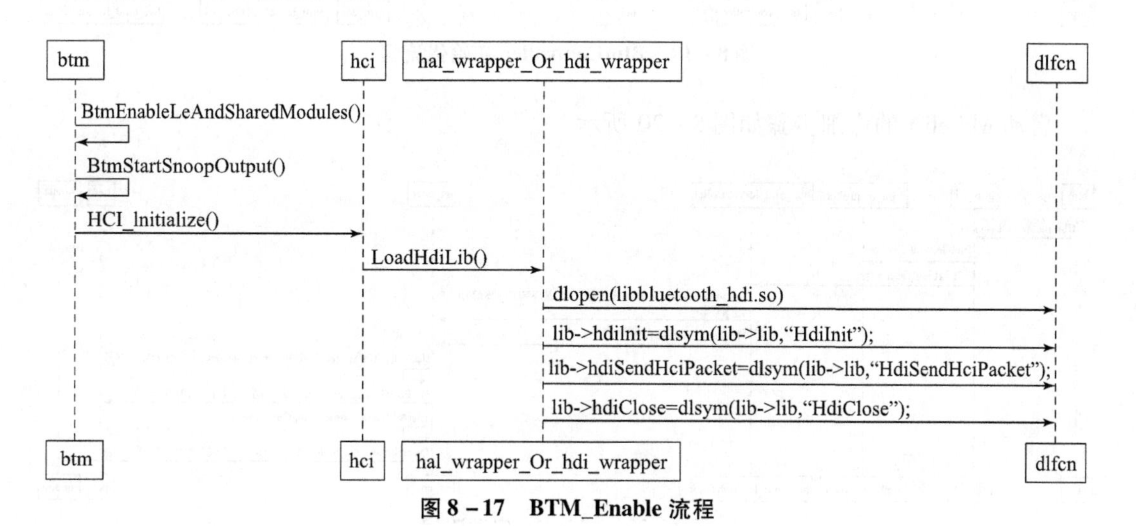

图 8-17　BTM_Enable 流程

启动 ble 的所有 modules；初始化 HCI 接口前，首先调用 libbluetooth_hal. z. so，初始化提供的接口函数。

初始化 HCI 如图 8－18 所示。创建相关 list，如 Failure、Cmd、Event、Acl；初始化 hci 发送、接收队列；初始化 hciHal、HciInitHal 信号量。

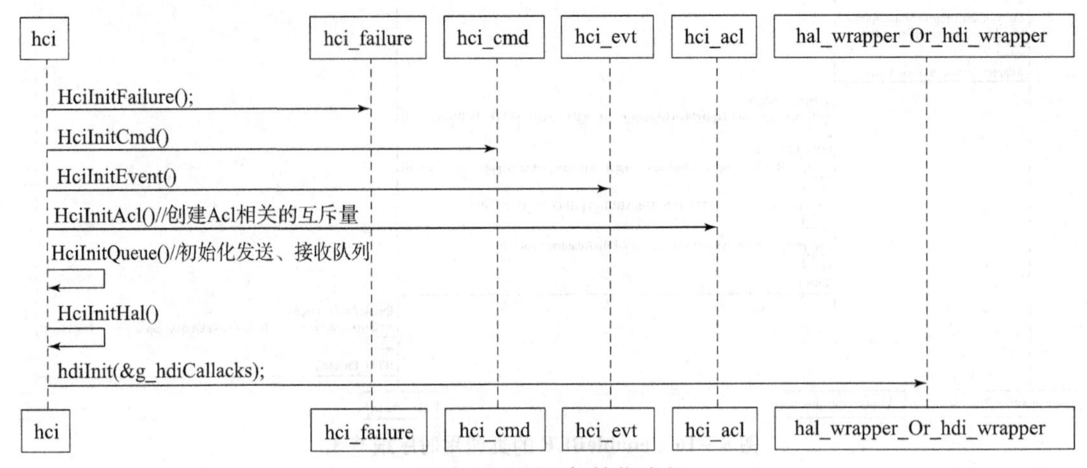

图 8－18　HCI 初始化流程

BtmController 的初始化，如 startAcl、startLeSecurity、startWhiteList，如图 8－19 所示。

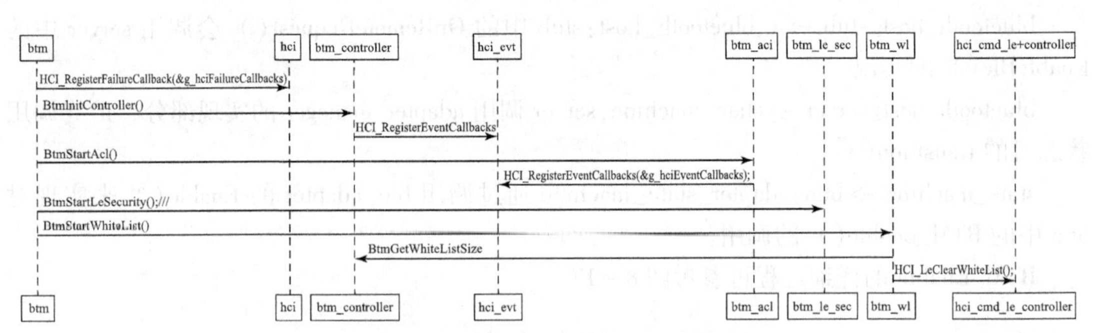

图 8－19　BtmController 初始化流程

启动 whitelist 的详细步骤如图 8－20 所示。

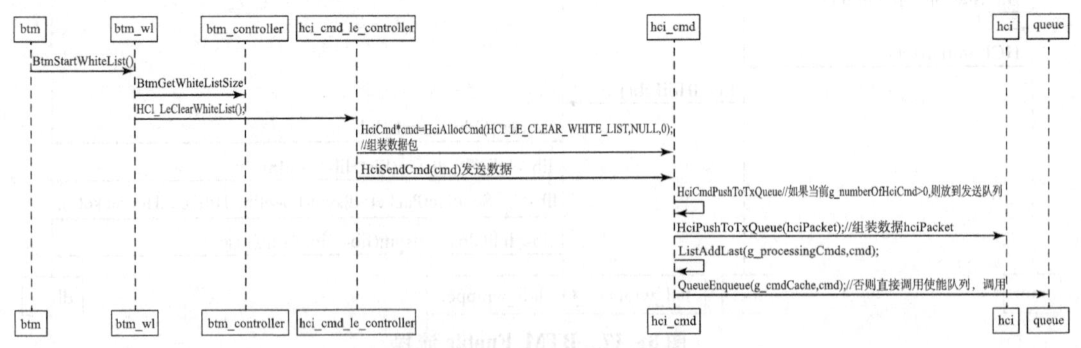

图 8－20　whitelist 启动流程

whitelist 启动后，再启动所有的 btm modules，则 BTM_Enable 完成，最终完成蓝牙使能。

8.3　部分应用场景

OpenHarmony 3.0 版本蓝牙部分目前仅提供 C/C++应用开发的接口，由于底层的驱动程序尚待完善，目前提供的只有 BLE 相关的接口，包括 BLE 设备 GATT 相关的操作，以及 BLE 广播、扫描等功能，其他 A2DP、AVRCP、HFP 等相关接口在后续增量发布，本书主要讨论 Host 管理、BLE 扫描和广播、GATT 管理 3 方面内容。

8.3.1　Host 管理

蓝牙 Host 管理主要是针对蓝牙本机的基本操作，如打开蓝牙和关闭蓝牙（包括传统蓝牙和 BLE）、设置和获取本机蓝牙名称、传统蓝牙的扫描和取消扫描周边蓝牙设备、获取本机蓝牙 profile service 列表、获取对其他设备的连接状态、获取/移除本机蓝牙（包括传统蓝牙和 BLE）已配对的蓝牙设备或列表等。

主要接口如表 8-2 所列。

表 8-2　蓝牙 Host 主要接口

接口名	功能描述
GetDefaultHost()	获取 BluetoothHost 实例，去管理本机蓝牙操作
EnableBt()	打开本机蓝牙
DisableBt()	关闭本机蓝牙
GetBtState() const	获取本机传统蓝牙状态： * BTStateID::STATE_TURNING_ON * BTStateID::STATE_TURN_ON * BTStateID::STATE_TURNING_OFF * BTStateID::STATE_TURN_OFF
SetLocalName(const std::string &name)	设置本机蓝牙名称
GetLocalName()	获取本机蓝牙名称
int GetBtConnectionState() const	获取蓝牙连接状态 * BTConnectState::CONNECTING * BTConnectState::CONNECTED * BTConnectState::DISCONNECTING * BTConnectState::DISCONNECTED
startBtDiscovery()	发起蓝牙设备扫描
cancelBtDiscovery()	取消蓝牙设备扫描
isBtDiscovering()	检查蓝牙是否在扫描设备中
std::vector <uint32_t> GetProfileList()	获取 profile service ID 列表
GetBtProfileConnState(uint32_t profileId)	获取本机蓝牙 profile 对其他设备的连接状态 BTConnectState
getPairedDevices(int transport)	获取本机蓝牙已配对的蓝牙设备列

续表

接口名	功能描述
bool BluetoothFactoryReset( )	FactoryReset 蓝牙服务
GetLocalDeviceClass( ) const	获取本机 device class
SetLocalDeviceClass (const BluetoothDeviceClass &deviceClass)	设置本机 device class
DisableBle( )	关闭本机 BLE
EnableBle ( )	打开本机 BLE
IsBleEnabled( ) const	获取 BLE 状态

1. 打开/关闭传统蓝牙

主要步骤如下：

（1）调用 BluetoothHost 的 GetDefaultHost( ) 接口，获取 BluetoothHost 实例，管理 Host 蓝牙操作。

（2）打开蓝牙。

（3）查看蓝牙状态，关闭蓝牙。

伪代码如下：

```
//获取蓝牙本机管理对象
BluetoothHost* host_ = &BluetoothHost::GetDefaultHost();

//打开本机传统蓝牙
EXPECT_TRUE(host_->EnableBt());
std::this_thread::sleep_for(std::chrono::seconds(3));
…
//开始扫描
EXPECT_TRUE(host_->StartBtDiscovery());
//确认扫描进行
EXPECT_TRUE(host_->IsBtDiscovering(BTTransport::ADAPTER_BREDR));
…
//关闭本机传统蓝牙
EXPECT_TRUE(host_->DisableBt());
std::this_thread::sleep_for(std::chrono::seconds(3));
…
```

2. 本机传统蓝牙扫描

要获取蓝牙的扫描结果，首先要实现以下观察类的接口：

```
class BluetoothHostObserverCommon:public BluetoothHostObserver{
public:
    BluetoothHostObserverCommon() = default;
```

```
    virtual ~BluetoothHostObserverCommon() = default;
    static BluetoothHostObserverCommon &GetInstance();
    void OnStateChanged(const int transport,const int status)override;
    void OnDiscoveryStateChanged(int status)override;
    void OnDiscoveryResult (const BluetoothRemoteDevice &device)
override{};
    void OnPairRequested (const BluetoothRemoteDevice &device)
override{};
    void OnPairConfirmed (const BluetoothRemoteDevice &device, int
reqType,int number)override{};
    void OnDeviceNameChanged(const std::string &deviceName)override{};
    void OnScanModeChanged(int mode)override{};
    void OnDeviceAddrChanged(const std::string &address)override{};

private:
    std::mutex mtx_;
};
```

8.3.2　BLE 扫描和广播

低功耗蓝牙 BLE 设备交互时，会分为不同的角色，即中心设备和外围设备。其中，中心设备负责扫描外围设备，发现广播信息；而外围设备负责发送广播信息。目前实现的主要功能是 BLE 广播和扫描。根据指定状态获取外围设备，启动或停止 BLE 扫描、广播。

若要进行 BLE 业务（扫描、广播）的调用，首先需实现相关回调函数和观察者接口类的接口函数：

```
namespace OHOS{
namespace Bluetooth{
using namespace testing::ext;

class BleAdvertiseCallbackTest:public Bluetooth::BleAdvertiseCallback{
public:
    BleAdvertiseCallbackTest(){};
    ~BleAdvertiseCallbackTest(){};

private:
    void OnStartResultEvent(int result){…}
};

class BleHostObserverTest:public Bluetooth::BluetoothHostObserver{
public:
```

```
        BleHostObserverTest(){};
        ~BleHostObserverTest(){};

    private:
        void OnStateChanged(const int transport,const int status){…}
        void OnDiscoveryStateChanged(int status){…}
        void OnDiscoveryResult(const BluetoothRemoteDevice &device){…}
        void OnPairRequested(const BluetoothRemoteDevice &device){…}
        void OnPairConfirmed(const BluetoothRemoteDevice &device, int reqType,int number){…}
        void OnScanModeChanged(int mode){…}
        void OnDeviceNameChanged(const std::string &device){…}
        void OnDeviceAddrChanged(const std::string &address){…}
    };

    class BleCentralManagerCallbackTest: public Bluetooth:: BleCentraManagerCallback{
    public:
        BleCentralManagerCallbackTest(){};
        ~BleCentralManagerCallbackTest(){};

    private:
        void OnScanCallback(const Bluetooth::BleScanResult &result){…}
        void OnBleBatchScanResultsEvent(const std::vector<Bluetooth::BleScanResult>&results){…}
        void OnStartScanFailed(int resultCode){…}
    };
    }
    }
```

然后构造相关的入参数据，最后根据接口函数的入参要求，调用相关的扫描或广播接口。

1. BLE 广播

主要步骤如下：

（1）进行 BLE 广播前需要先继承 Bluetooth:: BleAdvertiseCallback 类实现 OnStartResultEvent（int result）回调，用于获取广播结果。

（2）获取广播对象，构造广播参数和广播数据。

（3）调用 StartAdvertising（const BleAdvertiserSettings &settings，const BleAdvertiserData &advData，const BleAdvertiserData &scanResponse，BleAdvertiseCallback &callback）接口，开始 BLE 广播。

伪代码如下。

其中，回调类接口函数实现部分不再赘述，可参考前面部分代码。

首先，打开 BLE：

```
//enable BLE
Bluetooth::BluetoothHost* host_ = &BluetoothHost::GetDefaultHost();
host_->EnableBle();
wait(g_wait_time);
if(! host_->IsBleEnabled())
{
    return;
}
```

其次，构造数据：

```
//Bluetooth::BleAdvertiserSettings 初始化
Bluetooth::BleAdvertiserSettings bleAdvertiserSettings_{};
bleAdvertiserSettings_.SetConnectable(true);
bleAdvertiserSettings_.SetLegacyMode(true);
bleAdvertiserSettings_.SetInterval(INTERVAL);
bleAdvertiserSettings_.SetTxPower(BLE_ADV_TX_POWER_LEVEL::BLE_ADV_
TX_POWER_MEDIUM);
bleAdvertiserSettings_.SetPrimaryPhy(PHY_TYPE::PHY_LE_ALL_SUPPORTED);
bleAdvertiserSettings_.SetSecondaryPhy(PHY_TYPE::PHY_LE_2M);

//构造 BleAdvertiser 对象
BleAdvertiser bleAdvertise;

//构造 BleAdvertiserData 数据
BleAdvertiserData advData;
BleAdvertiserData scamData;

std::String g_serviceData = "123321";
int g_manufactureID = 24;
std::String g_manufacturerData = "156789";
Bluetooth::UUID g_uuid = Bluetooth::UUID::FromString("00000000-0000-
1000-8000-00805F9B34FB");
Bluetooth::UUID g_serviceDataUuid = Bluetooth::UUID::FromString("
00000000-0000-1000-8000-00805F9B34FA");

advData.AddServiceUuid(g_uuid);
advData.AddManufacturerData(g_manufacturerId,g_manufacturerData);
```

```
advData.AddServiceData(g_serviceDataUuid,g_serviceData);
advData.SetAdvFlag(BLE_ADV_FLAG_GEN_DISC);
```

接着，调用广播接口开始 BLE 广播：

```
BleAdvertiseCallbackTest bleAdvertiseCallbackTest_{};
///开始广播 StartAdvertising
bleAdvertise.StartAdvertising(
    bleAdvertiserSettings_,advData,scanData,bleAdvertiseCallbackTest_);
```

最后，调用 stop 接口停止广播，并注销回调函数，即 disable BLE：

```
///停止广播
bleAdvertise.StopAdvertising(bleAdvertiseCallbackTest_);

///注销 bleAdvertiseCallbackTest_
bleAdvertise.Close(bleAdvertiseCallbackTest_);
///disable BLE,调用 host_->DisableBle();
EXPECT_TRUE(DisableBle());
```

2. BLE 扫描

主要步骤如下：

（1）进行 BLE 扫描之前要先继承 BleCentralManagerCallback 类实现 scanResultEvent 和 scanFailedEvent 回调函数，用于接收扫描结果。

（2）调用 BleCentralManager（BleCentralManagerCallback &callback）构造函数，获取中心设备管理对象。

（3）构造扫描过滤器（或不使用过滤器扫描）。

（4）调用 startScan( )/StartScan（const BleScanSettings &settings）开始扫描 BLE 设备，在回调中获取扫描到的 BLE 设备。

伪代码如下。

其中，回调类接口函数实现部分不再赘述，可参考前面部分代码。

首先，打开 BLE：

```
//enable BLE
Bluetooth::BluetoothHost* host_=&BluetoothHost::GetDefaultHost();
host_->EnableBle();
wait(g_wait_time);
if(! host_->IsBleEnabled())
{
    return;
}
```

其次，构造数据：

```
//回调类对象
BleCentralManagerCallbackTest bleCentralManagerCallbackTest_{};
```

```
//Bluetooth::BleScanSettings 初始化
Bluetooth::BleScanSettings bleScanSettings_{};
bleScanSettings_.SetReportDelay(defaultInt);
bleScanSettings_.SetScanMode(SCAN_MODE::SCAN_MODE_LOW_POWER);
bleScanSettings_.SetLegacy(true);
bleScanSettings_.SetPhy(PHY_TYPE::PHY_LE_ALL_SUPPORTED);
```

接着，调用 StartScan（const BleScanSettings &settings）进行 BLE 扫描：

```
//中心设备管理对象
BleCentralManager bleCentralManager(bleCentralManagerCallbackTest_);
//ble 扫描
bleCentralManager.StartScan(bleScanSettings_);
```

最后，停止扫描并且注销回调函数，即 disable BLE：

```
//检查是否正在扫描
EXPECT_TRUE(host_->IsBtDiscovering(1));
//停止扫描
bleCentralManager.StopScan();
//disable BLE
EXPECT_TRUE(DisableBle());
```

8.3.3 GATT 管理

BLE 外围设备和中心设备建立 GATT 连接，通过该连接中心设备可以获取外围设备所支持的 Service、Characteristic、Descriptor 等数据。同时，中心设备可以向外围设备进行数据请求，并向外围设备写入 Characteristic、Descriptor 等特征值数据。两台设备建立连接后，其中一台作为 GATT 服务端，另一台作为 GATT 客户端。通常发送广播的外围设备作为服务端，负责扫描的中心设备作为客户端。

1. GATT 服务端

BLE 外围设备作为服务端，可以接收来自中心设备（客户端）的 GATT 连接请求，应答来自中心设备的特征值内容读取和写入请求，并向中心设备提供数据，从而实现信息交互和消息同步。同时外围设备还可以主动向中心设备发送数据。

GATT 服务端的接口如下：

```
class GattServerCallback{
public:

    virtual void OnConnectionStateChanged(const BluetoothRemoteDevice
&device,int3 ret,int3 state)=0;
    virtual void OnServiceAdded(GattService* Service,int ret){}
    virtual void OnCharacteristicReadRequest(…){}
        virtual    void    OnCharacteristicWriteRequest    (  const
BluetoothRemoteDevice &device, GattCharacteristic &characteristic, bool
```

```
requestId){}
        virtual void OnDescriptorReadRequest(…){}
        virtual void OnDescriptorWriteRequest(const BluetoothRemoteDevice
&device,GattDescriptor &descriptor,int requestId){}
        virtual void OnMtuUpdate(const BluetoothRemoteDevice &device,int
mtu){}
        virtual void OnNotificationCharacteristicChanged(const Bluetooth
RemoteDevice &device,int result){}
        virtual void OnConnectionParameterChanged(const BluetoothRemote
Device &device,int interval,int latency,int timeout,int status){}
        virtual ~GattServerCallback()
    };
    /**
     * @ Gatt 服务器 API 的简短类
     */
    class BLUETOOTH_API GattServer{
    public:
        explicit GattServer(GattServerCallback &callback);

        int AddService(GattService &services);
        int RemoveGattService(const GattService &services);
        void ClearServices();
        std::optional<std::reference_wrapper<GattService>>GetService
(const UUID &uuid,bool isPrimary);
        std::list<GattService>&GetServices();
        int NotifyCharacteristicChanged(const BluetoothRemoteDevice
&device,const GattCharacteristic &characteristic,bool confirm);
        int SendResponse(const BluetoothRemoteDevice &device, int
requeseId,int status,int offset,const uint8_t* value,int length);
        void CancelConnection(const BluetoothRemoteDevice &device);
        ~GattServer();

        GattServer()=delete;

        BLUETOOTH_DISALLOW_COPY_AND_ASSIGN(GattServer);

    private:
        BLUETOOTH_DECLARE_IMPL();
    };
```

主要步骤：与 BLE 类似，要想正常调用相关的接口调用，首先得实现 GattServerCallback 中相关的回调函数接口：

```
class BluetoothGattServerCallbackCommon:public GattServerCallback{
public:
    BluetoothGattServerCallbackCommon()=default;
    virtual ~BluetoothGattServerCallbackCommon()=default;
    void OnConnectionStateUpdate(const BluetoothRemoteDevice &device,
int state)override{…}
    void OnServiceAdded(GattService* Service,int ret)override{…}
    void OnCharacteristicReadRequest(
    const BluetoothRemoteDevice &device,GattCharacteristic &chara cteristic,
int requestId)override{…}
    void OnCharacteristicWriteRequest(
       const BluetoothRemoteDevice &device, GattCharacteristic
&characteristic,int requestId)override{…}
    void OnDescriptorReadRequest(
     const BluetoothRemoteDevice &device,GattDescriptor &descriptor,
int requestId)override{…}
    void OnDescriptorWriteRequest(
     const BluetoothRemoteDevice &device,GattDescriptor &descriptor,
int requestId)override{…}
     void OnMtuUpdate(const BluetoothRemoteDevice &device,int mtu)
override{…}
     void OnNotificationCharacteristicChanged(const BluetoothRemote
Device &device,int result)override{…}
    void OnConnectionParameterChanged(
    const BluetoothRemoteDevice &device,int interval,int latency,int
timeout,int status)override{…}
};
static BluetoothGattServerCallbackCommon callback_;
```

（1）调用接口创建外围设备服务端并开启服务。

（2）调用 GattService（UUID uuid，boolean isPrimary）接口创建服务对象，向外围设备添加服务。

（3）从回调接口 OnCharacteristicWriteRequest 中获取中心设备发送来的消息，调用 NotifyCharacteristicChanged 接口向中心设备发送通知。

伪代码如下：

```
//创建 GattServer
GattServer server(callback_);
```

```
UUID uuidSerPer;
uuidSerPer=UUID::FromString("00001810-0000-1000-8000-00805F9B34FB");
//创建服务对象,向外围设备添加服务
GattService serviceOne(uuidSerper,GattServiceType::PRIMARY);
int ret=server.AddService(serviceOne);
if(ret==0)
{
    //检查服务
    std::list<GattService>list=service.GetServices();
    EXPECT_EQ((int)list.size(),1);
}
…
//调用 NotifyCharacteristicChanged 接口向中心设备发送通知
GattCharacteristic * aa = new GattCharacteristic ( uuidSerper, Gatt
Characteristic::Propertie::WRITE,GattCharacteristic::Propertie::WRITE);
aa->SetValue((uint8_t*)valueChrNine.c_str(),valueChrNine.size());
int res=server.NotifyCharacteristicChanged(deviceBle_.* aa,false);
EXPECT_EQ(res,0);
…
```

2. GATT 客户端

BLE 外围设备和中心设备建立 GATT 连接，通过该连接，中心设备可以获取外围设备所支持的 Service、Characteristic、Descriptor 等数据。另外，中心设备也可以向外围设备进行数据请求，并向外围设备写入 Characteristic、Descriptor 等特征值数据。

GATT 客户端的接口如下：

```
/**
 * 简短类的 GattClientCallback 函数
 */
class GattServerCallback{
public:
     virtual void OnConnectionStateChanged(int connectionState,int
ret)=0;
     virtual void OnCharacteristicChanged(const GattCharacteristic
&characteristic){}
     virtual void OnCharacteristicReadResult(const GattCharacteristic
& characteristic,int ret){}
     virtual void OnCharacteristicWriteResult(const GattCharacteristic
& characteristic,int ret){}
     virtual void OnDescriptorReadResult(const GattDescriptor &descriptor,
int ret){}
```

```
        virtual void OnDescriptorWriteResult(const GattDescriptor & descriptor,
int ret){}
        virtual void OnMtuUpdate(int mtu,int ret){}
        virtual void OnServicesDiscovered(int status){}
          virtual  void  OnConnectionParameterChanged ( int  interval, int
latency,int timeout,int status){}
        virtual void OnSetNotifyCharacteristic(int status){}
        virtual ~GattServerCallback(){}
    };

    /**
     * 简短类的 GattClient 函数
     */
    class BLUETOOTH_API GattClient{
    public:
         int Connect(GattClientCallback &callback,bool isAutoConnect,int
transport);
        int RequestConnectionPriority(int connPriority);
        int Disconnect();
        int DiscoveryServices();
        std::optional<std::reference_wrapper<GattService>>GetService
(const UUID &uuid);
        std::vector<GattService>&GetService();
        int ReadCharacteristic(GattCharacteristic &characteristic);
        int ReadDescriptor(GattDescriptor &descriptor);
        int RequestBleMtuSize(int mtu);
         int SetNotifyCharacteristic(GattCharacteristic &characteristic,
bool enable);
        int WriteCharacteristic(GattCharacteristic* characteristic);
        int WriteDescriptor(GattDescriptor* descriptor);

        explicit GattClient(const BluetoothRemoteDevice &device);
         ~GattClient();

        BLUETOOTH_DISALLOW_COPY_AND_ASSIGN(GattClient);

    private:
        BLUETOOTH_DECLARE_IMPL();
    };
```

主要步骤与 server 端类似，若要能进行有效的 GATT 客户端的代码调用，需要实现回调函数类中的接口。

```
class GattServerCallbackTest:public GattClientCallback{
public:
    GattClientCallbackTest(){}
    ~GattClientCallbackTest(){}
    //连接状态变化回调函数
    virtual void OnConnectionStateChanged(int connectionState, int ret){…}
    //Characteristic 改变回调函数
    void OnCharacteristicChanged(const GattCharacteristic &characteristic){…}
    void OnCharacteristicReadResult(const GattCharacteristic & characteristic, int ret){…}
    void OnCharacteristicWriteResult(const GattCharacteristic & characteristic, int ret){…}
    void OnDescriptorReadResult(const GattDescriptor &descriptor,int ret){…}
    void OnDescriptorWriteResult(const GattDescriptor &descriptor,int ret){…}
    virtual void OnMtuUpdate(int mtu,int ret){…}
    virtual void OnServicesDiscovered(int status){…}
    virtual void OnConnectionParameterChanged(int interval, int latency,int timeout,int status){…}
    virtual void OnSetNotifyCharacteristic(int status){…}
};
GattServerCallbackTest callback_;
```

（1）调用相关接口启动 BLE 扫描来获取外围设备（可参考 BLE 扫描部分）。

（2）获取外围设备后，初始化 GattClient 对象。

（3）调用 Connect（GattClientCallback &callback，bool isAutoConnect，int transport）接口，建立与外围 BLE 设备的 GATT 连接，boolean 参数 isAutoConnect 用于设置是否允许设备在可发现距离内自动建立 GATT 连接。

（4）启动 GATT 连接后，会触发 OnConnectionStateChanged（int connectionState，int ret）回调，根据回调结果判断是否连接 GATT 成功。

（5）在 GATT 连接成功时，中心设备可以调用 DiscoverServices( ) 接口，获取外围设备支持的 Services、Characteristics 等特征值，在回调 OnServicesDiscovered（int status）中获取外围设备支持的服务和特征值，并根据 UUID 判断是什么服务。

（6）根据获取到的服务和特征值，调用 read 和 write 方法可以读取或者写入对应特征值数据。

伪代码如下：

```
//BLE 扫描远端设备(省略)
//假设远端设备为 device
BluetoothRemoteDevice device;

//GattClient 构造
GattClient client(device);
GettClientCallbackTest callback_;
bool isAutoConnect = true;
int transport = 12;
//连接
client.Connect(callback_,isAutoConnect,transport);

//查询 services
int result = client.DiscoverServices();
EXPECT_EQ(result,(int)bluetooth::GattStatus::GATT_SUCCESS);
…
//Write/read characteristic
UUID uuid_ = UUID::RandomUUID();
int permissions = 17;
int properties = 37;
GattCharacteristic characteristic = GattCharacteristic(uuid_,permissions,
properties);
//读数据
int result = client.ReadCharacteristic(characteristic);
EXPECT_EQ(result,(int)bluetooth::GattStatus::GATT_SUCCESS);

//写数据
result = client.WriteCharacteristic(characteristic);
EXPECT_EQ(result,(int)bluetooth::GattStatus::GATT_SUCCESS);
…
//SetNotifyCharacteristic
GattCharacteristic characteristic = GattCharacteristic(uuid_,permissions,
properties);
bool enable = true;
result = client.SetNofityCharacteristic(characteristic,enable);
EXPECT_EQ(result,(int)bluetooth::GattStatus::GATT_SUCCESS);
…
```

```
result = client.Disconnect();
EXPECT_EQ(result,(int)bluetooth::GattStatus::GATT_SUCCESS);
```

8.4 思考和练习

（1）查阅资料，了解蓝牙协议中的传统蓝牙和低功耗蓝牙两者的区别和应用场景。

（2）查阅资料，阐述蓝牙协议层次，并介绍每个协议层实现的功能。

（3）阅读 OpenHarmony 3.0 版本源代码，查阅蓝牙分布式子系统提供了哪些接口。

（4）阅读蓝牙子系统代码，尝试画出蓝牙连接的流程框图。

（5）找两块支持蓝牙的 OpenHarmony 开发板，编写程序实现 BLE 客户端和服务器，并实现客户端和服务器数据收发。

第 9 章

短距离通信子系统——WiFi

9.1 WiFi 子系统概述

9.1.1 WiFi 子系统的定义

与蓝牙类似，WiFi 也是实现短距离通信的一种无线局域网技术，它也是 OpenHarmony 分布式软总线的底座，为设备间的无缝互联提供了统一的分布式通信能力，能够快速发现并连接设备，高效地传输语音和数据。

WiFi 子系统所属的分布式软总线在整个 OpenHarmony 系统中的位置和蓝牙一样，在图 9-1 所示的矩形框处。

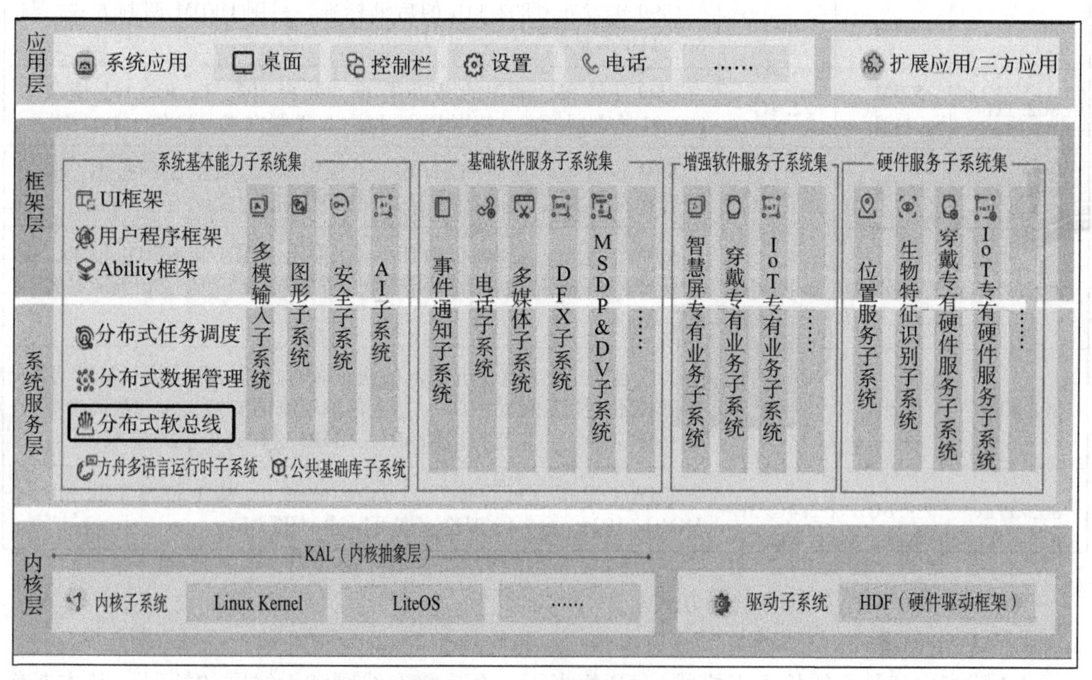

图 9-1　OpenHarmony 架构

9.1.2 WiFi 子系统的基本概念

1991 年，NCR 工程团队和合作伙伴 AT&T 在荷兰开发了 WaveLAN 技术，被认为是 WiFi

的雏形，但真正的 WiFi 却是由澳大利亚一位名为约翰·沙利文博士率领的团队创造出来的，他们所属澳大利亚最大的科研机构，名为联邦科学与工业研究组织 CSIRO。这个科研组织是澳大利亚国有的，时至今日，澳大利亚政府每年都可以获得高达数十亿美元的专利使用费。

WiFi 是一种无线通信技术，可以将 PC、手持设备（如 Pad、手机）等终端以无线方式互相连接。WiFi 网络是使用无线通信技术在一定的局部范围内建立的网络，是计算机网络与无线通信技术相结合的产物，它以无线多址信道作为媒介，提供传统局域网的功能，使用户真正实现随时随地随意的宽带网络接入。

WiFi 主要遵循 IEEE 802.11 系列协议标准，WiFi 凭借其独特的技术优势，被公认为是目前最为主流的 WLAN（无线局域网）技术标准。随着 WiFi 无线通信技术的不断优化和发展，目前主要的通信协议标准有 802.11a、802.11b、802.11g、802.11n、802.11ac 和 802.11ax，根据不同的协议标准主要有两个工作频段，分别为 2.4 GHz 和 5.0 GHz。

表 9－1 简单介绍了各个标准的发布时间和特点。

表 9－1　WiFi 标准介绍

IEEE 标准	速度/（$b \cdot s^{-1}$）	频带/Hz	附注
802.11	1M、2M	2.4G	1997 年发布，定义了物理层数据传输方式：DSS（直接序列扩频，1 Mb/s）、FHSS（跳频扩频，2 Mb/s）和红外线传输。MAC 层采用了类似于有线以太网 CSMACD 协议的 CSMA/CA 协议
802.11a	54M	5G	1999 年发布，802.11b 的后继标准，采用 OFDM 调制方式，与 802.11b 不兼容
802.11b	5.5M、11M	2.4G	1999 年发布，最初的 WiFi 标准，兼容 802.11。802.11b 修改了 802.11 物理层标准，使用 DSSS 和 CCK 调制方式，速率可达 11 Mb/s
802.11g	54M	2.4G	2003 年发布，在 2.4 GHz 频带上采用 802.11a 的编码技术，向下兼容现有的 802.11b 网络，采用 OFDM 调制方式
802.11n	600M	2.4G/5G	2009 年发布，兼容 802.11b/a/g，采用 MIMO 和 OFDM 技术，更宽的 RF 信道和改进的协议栈，传输速率可达 300 Mb/s 甚至 600 Mb/s
802.11ac	6.9G	5G	2012 年发布，802.11n 技术的演进版本，通过物理层、MAC 层一系列技术更新实现对 1 Gb/s 以上传输速率的支持，它的最高速率可达 6.9 Gb/s，并且支持诸如 MU－MIMO 这样高价值的技术
802.11ax	9.6G	2.4G/5G	2019 年发布，向下兼容 11a/b/g/n/ac，支持上行与下行 MU－MIMO，1024－QAM，理论速度可以达到 96 Gb/s

WiFi 有以下 3 种经典的组网方式。

1. AP 组网模式

AP 模式也就是无线接入点模式。AP 相当于一个连接有线网和无线网的桥梁，其主要作用是将各个无线网络客户端连接到一起，然后将无线网络接入以太网，如图 9－2 所示。

有几个概念需要说明。

（1）工作站（STA）。工作站是指配备无线网络接口的终端设备（计算机、手机等），构建网络的目的就是为了在工作站间传送数据。

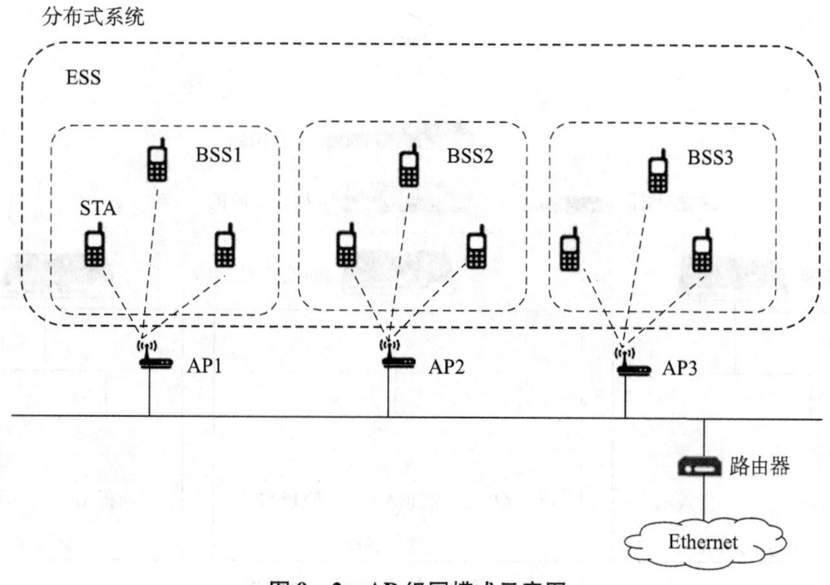

图 9－2　AP 组网模式示意图

（2）基本服务集（BSS）。由一组彼此通信的工作站组成，一个热点覆盖的范围称为一个 BSS。这是最简单的组网方式。

（3）分布式系统（Distribution system）。几个接入点串联起来可以覆盖一块比较大的区域，接入点之间相互通信可以掌握移动式工作站的行踪，这就组成了一个分布式系统。分布式系统属于 802.11 的逻辑组件，负责将帧（frame）传送至目的地，分布式系统是接入点间转发帧的骨干网络，因此通常称为骨干网络（backbone network），基本都是以太网（Ethernet）。

2. AC＋AP 组网模式

AC＋AP 是针对大型无线网络的一种组网方案，是一种 WLAN 系统。AC 是接入控制器，用来控制 AP；而 AP 是无线接入点，通过无线 WiFi 信号来连接手机、笔记本电脑等无线终端。AC 控制器负责把来自不同 AP 的数据进行汇聚并接入 Internet，同时完成 AP 设备的配置管理、无线用户的认证、管理及宽带访问、安全等控制功能，如图 9－3 所示。

（1）AP。AP 有多种形态，面板 AP 与普通的网络插座大小一样，都是 86 盒设计，它可以提供 WiFi 信号，同时 WiFi 信号不受墙体的阻碍。而吸顶 AP 就是将 AP 放在了屋子上方，不占用空间，看起来美观些，和面板 AP 作用没有区别，只是安装位置不同。

（2）AC。AC 就是无线控制器，是用来集中管理局域网中所有的无线 AP，是一个无线网络的核心。对 AP 管理包括下发配置、修改相关配置参数、射频智能管理、接入安全控制等。

3. Mesh 组网模式

Mesh 组网模式如图 9－4 所示。

无线 Mesh 网络由 Mesh Router（路由器）和 Mesh Client（客户端）组成，其中 Mesh Router 组成骨干网络，并和有线 Internet 连接，为 Mesh Client 提供多跳的无线 Internet 连接。无线 Mesh 网络（无线网状网络）也称为“多跳（multi－hop）无线网络”。

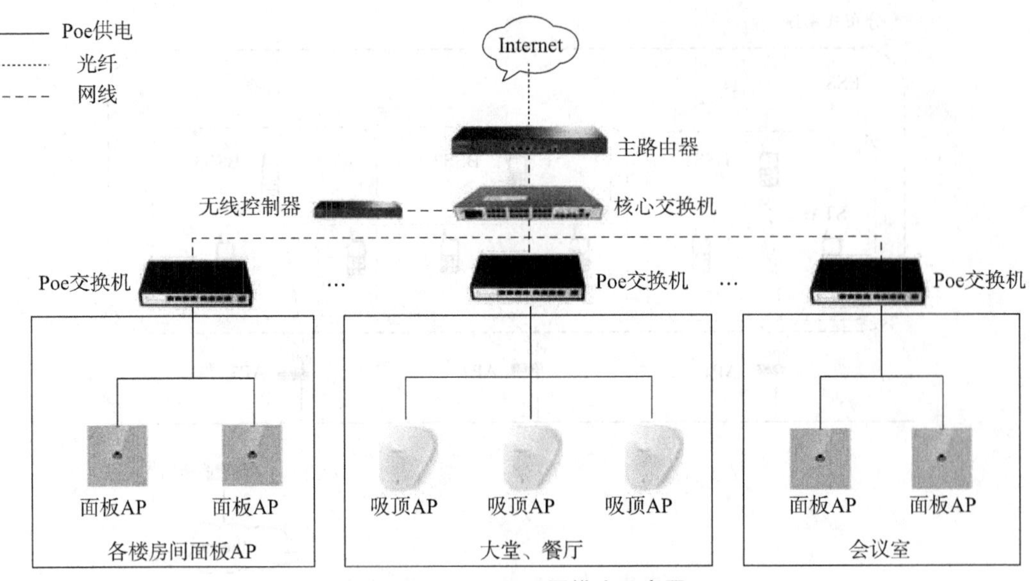

图 9-3　AC+AP 组网模式示意图

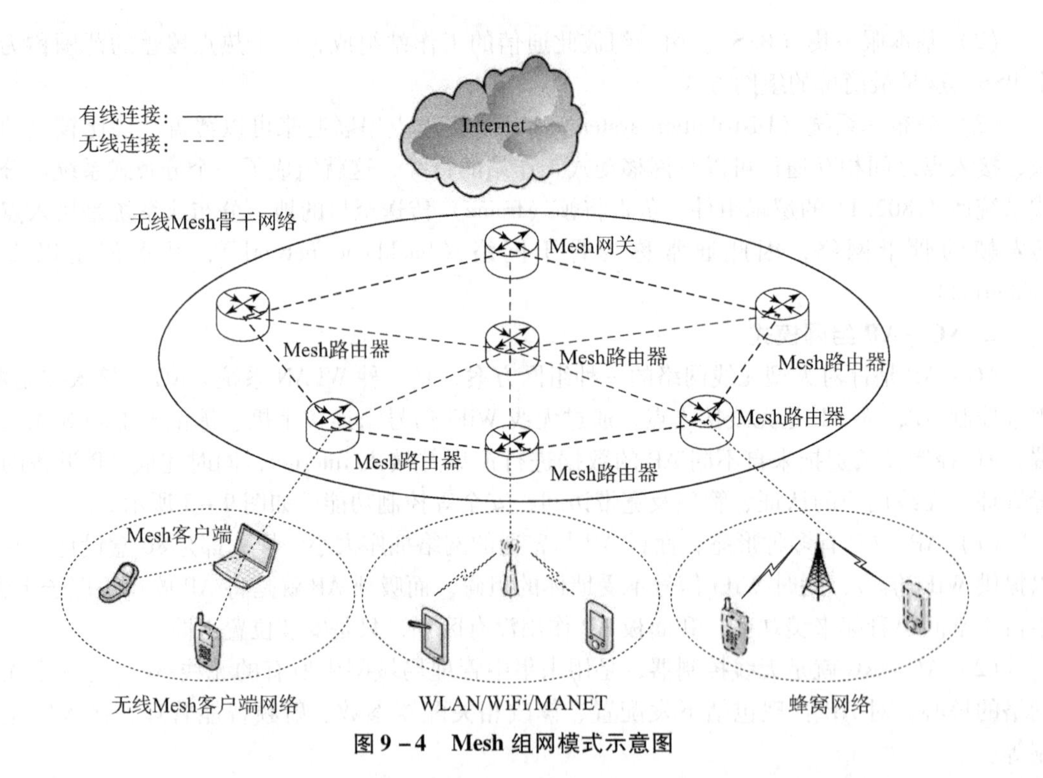

图 9-4　Mesh 组网模式示意图

无线 Mesh 骨干网络由一组呈网状分布的无线 AP 构成，AP 均采用点对点方式通过无线中继链路互联，将传统 WLAN 中的无线“热点”扩展为真正大面积覆盖的无线“热区”。无线 Mesh 骨干网再通过其中的 Mesh 路由器与外部网络相连。

无线 Mesh 客户端网络的结构是由 Mesh 用户端之间互联构成一个小型对等通信网络，

在用户设备间提供点到点的服务。Mesh 网用户终端可以是手提电脑、手机、PDA 等装有无线网卡、天线的用户设备。

9.1.3　WiFi 网络安全技术

IEEE 802.11 技术从出现开始，就一直被安全问题所困扰。继因安全性问题被指责的 WEP 后，WiFi 联盟先后推出了 WPA 和 WPA2 安全标准以及最新的 WPA3 标准。下面对常见的这几种安全标准做简单说明。

WEP（Wired Equivalent Privacy，有线等效加密）是 IEEE 802.11 最初提出的基于 RC4 流加密算法的安全协议，存在加密流重用、密钥管理等问题，已基本被弃用。

WPA（WiFi Protected Access，WiFi 保护访问）是 WiFi 联盟在 IEEE 802.11i 草案基础上制定的一项无线网络安全技术，目的在于替代传统 WEP 安全技术，分为 WPA Personal（pre - shared key 身份验证）和 WPA Enterprise。WPA 使用临时密钥完整性协议（Temporal Key Integrity Protocol，TKIP），提高了无线网络的安全性。

WPA2 是 WPA 的加强版，支持高级加密协议（Advanced Encryption Standard，AES），使用计数器模式密码块链消息完整码协议（CCMP），安全性比 WPA 有进一步提升。

WPA3 是 WiFi 联盟组织于 2018 年 1 月 8 日发布的 WiFi 新加密协议，是 WPA2 技术的后续版本。WPA3 支持 SAE（对等同步认证）以及具有 192 位加密功能的 WPA3 - Enterprise，比 WPA2 更安全。

9.2　基本原理和实现

9.2.1　WiFi 子系统总体架构

如图 9 - 5 所示，OpenHarmony 的 WiFi 子系统是典型的分层结构，自上而下包括 Application、WiFi Native JS、WiFi 框架、WiFi HAL、WPA Supplicant、WiFi 驱动框架、内核驱动等层次。

1. Application 层

Application 层主要包含 OpenHarmony 提供的 settings 应用，该应用是典型的用户使用 WiFi 的方式，提供用户可见的设置界面，包含 WiFi 开关、WiFi 扫描、连接断开等基本功能。

应用代码通过导入相应的接口类，从而调用 WiFi Native 层提供的 JS 接口，这部分实现的代码在/applications/standard/settings 目录中。

2. WiFi Native JS 层

这一层应用了 Node.js 推出的用于开发 C++原生模块的接口 N - API 技术，对框架提供的 C++接口进行封装，为应用提供了调用 WiFi 功能的 JS 接口。

这部分代码在/foundation/communication/wifi/interfaces 目录中。

3. WiFi 框架层

框架层主要包含了 WiFi 服务的具体实现，如表 9 - 2 所示。

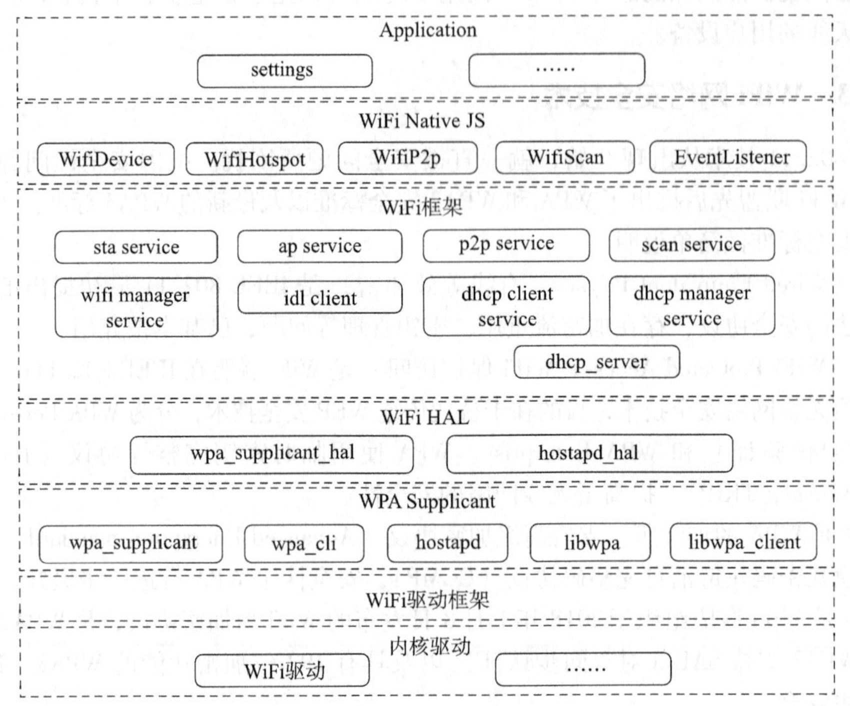

图 9-5 WiFi 系统架构

表 9-2 WiFi 框架层类说明

类名	说明
wifi_manager_service	管理 STA、SCAN、AP、P2P 等服务的加载和卸载
wifi_ap_service	实现 AP 模式的状态机管理和事件处理
wifi_p2p_service	实现 P2P 模式的状态机管理和事件处理
wifi_scan_service	实现 SCAN 模式的状态机管理和事件处理
wifi_sta_service	实现 STA 模式的状态机管理和事件处理
wifi_idl_client	实现了与 WiFi HAL 进行 RPC 通信的客户端
dhcp_manager_service	实现 DHCP 管理服务，启动 DHCP 客户端或者 DHCP 服务器
dhcp_client_service	是 DHCP 客户端的实现
dhcp_server	是 DHCP 服务器的实现

这部分代码在/foundation/communication/wifi 目录中。

4. WiFi HAL 层

WiFi HAL 层提供 RPC 服务端，响应 WiFi 框架的远程调用，HAL 的主要功能是适配 WPA Supplicant，负责启动 wpa_supplicant 或者 hostapd 并添加网络接口，向 wpa_supplicant 或 hostapd 发送控制命令完成 WiFi 相关的业务操作。WiFi HAL 作为 wpa_supplicant 的适配层，依赖 wpa_supplicant 的 libwpa_cli 库。

这部分代码在/foundation/communication/wifi/services/wifi_standard/wifi_hal 目录中。

5. WPA Supplicant 层

wpa_supplicant 本是开源项目源代码，被谷歌修改后加入 Android 移动平台，它主要用来支持 WEP、WPA/WPA2 和 WAPI 无线协议和加密认证，而实际工作内容是通过 socket（不管是 wpa_supplicant 与上层还是 wpa_supplicant 与驱动都采用 socket 通信）与驱动交互，上报数据给用户，而用户可以通过 socket 发送命令给 wpa_supplicant 调用驱动程序，实现 WiFi 芯片操作。简单地说，wpa_supplicant 就是 WiFi 驱动和用户的中转站外加对协议和加密认证的支持，OpenHarmony 3.0 目前也是采用了这个第三方库，但做了一定的封装。

该层包含 libwpa、libwpa_client 库和 wpa_cli、wpa_supplicant、hostapd 可执行程序。

（1）libwpa 是一个包含 wpa_suppliant 和 hostapd 具体实现的库，WiFi HAL 启动 WPAS 就是通过加载 libwpa 库，去执行 hostapd 或 wpa_supplicant 的入口函数。

（2）libwpa_client 是一个给客户端连接和调用的库，提供创建与 wpa_supplicant 或 hostapd 通信控制接口的能力。

（3）wpa_cli 和 wpa_supplicant 是客户端和服务器的关系，通过 wpa_cli 可以向 wpa_supplicant 发送命令，进行扫描、连接等操作，可用来进行 WiFi 功能的验证，WiFi HAL 也是 wpa_supplicant 的客户端。

（4）wpa_supplicant 和 hostapd 可执行程序依赖 libwpa，启动这两个可执行程序，可以运行 WPAS 提供的所有功能。

（5）hostapd 包含了 IEEE 802.11 接入点管理、IEEE 802.1x/WPA/WPA2 认证、EAP 服务器以及 Radius 鉴权服务器功能。

这部分代码的路径为/third_party/wpa_supplicant/wpa_supplicant - 2.9_standard。

6. WiFi 驱动框架层

OpenHarmony 提供了 HDF 驱动框架的 WiFi 驱动模型，可实现跨操作系统迁移、自适应器件差异、模块化拼装编译等功能。各 WiFi 厂商驱动开发人员可根据 WiFi 模块提供的向下统一接口适配各自的驱动代码。

7. 内核驱动层

该层包含 Linux 内核标准的 WiFi 驱动程序和协议。

9.2.2　WiFi 子系统的功能

1. 关键模块实现

1）进程间通信

Native JS 和 WiFi 框架通过 IPC（Inter - Process Communication）进行通信，实现接口调用及事件传递。IPC 通信采用客户端 - 服务器（Client - Server）模式，服务请求方（Client）可获取服务提供方（Server）的代理（Proxy），并通过此代理读写数据来实现进程间的数据通信。

在 OpenHarmony 系统中，首先服务端注册系统能力（System Ability）到系统能力管理者（System Ability Manager，SAMgr），SAMgr 负责管理这些 SA 并向客户端提供相关的接口。客户端要和某个具体的 SA 通信，必须先从 SAMgr 中获取该 SA 的代理，然后使用代理和服务端通信，Proxy 表示服务请求方，Stub 表示服务提供方。

WiFi 系统对不同模式各实现了一套 Proxy - Stub 类，分别是 WifiDeviceProxy 和

WifiDeviceStub（图9－6）、WifiHotspotProxy 和 WifiHotspotStub、WifiP2pProxy 和 WifiP2pStub、WifiScanProxy 和 WifiScanStub，对于不同业务流程进行了分离。

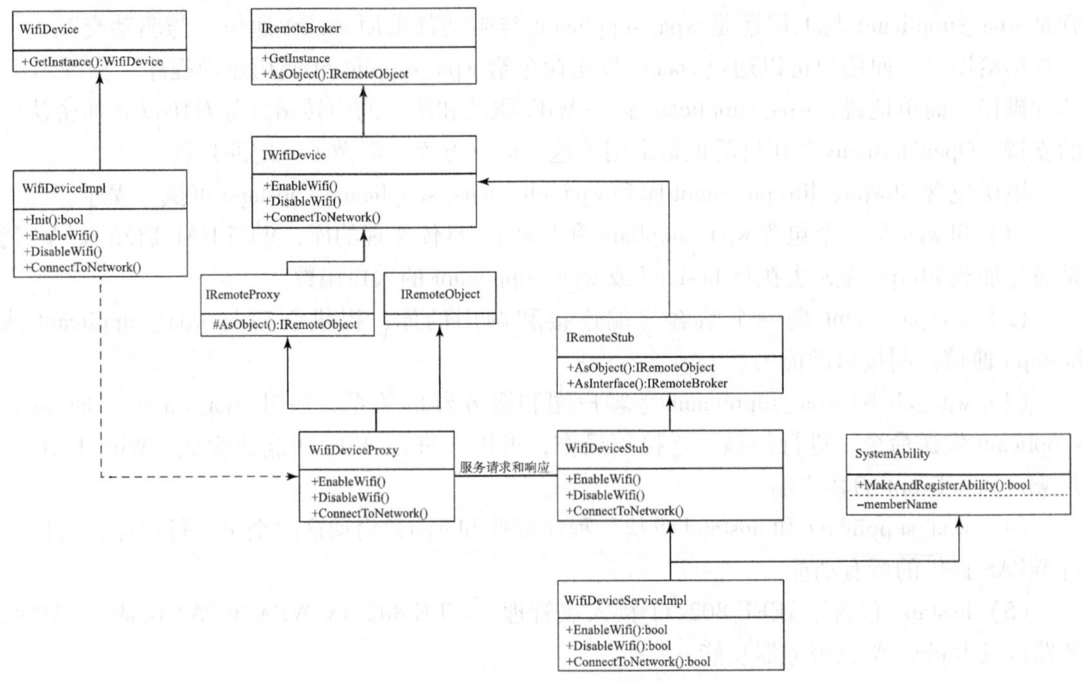

图9－6　WifiDeviceProxy 和 WifiDeviceStub 类图

以 WifiDeviceProxy 和 WifiDeviceStub 为例，分别从服务方和代理方说明实现过程。

WiFi 框架提供服务方 WifiDeviceStub，继承 IRemoteStub，实现了 IWifiDevice 接口类中未实现的方法，并重写了 OnRemoteRequest 方法。Proxy 请求方发来的请求就在 OnRemoteRequest 中处理，在 OpenHarmony 3.0 中的代码如下：

```
int WifiDeviceStub:: OnRemoteRequest ( uint32 _ t  code, MessageParcel &data,MessageParcel &reply,MessageOption &option)
{
    int exception = data.ReadInt32();
    if(exception){
        return WIFI_OPT_FAILED;
    }
  //处理函数
    HandleFuncMap::iterator iter = handleFuncMap.find(code);
    if(iter == handleFuncMap.end()){
        WIFI_LOGI("not find function to deal,code % {public}u",code);
        reply.WriteInt32(0);
        reply.WriteInt32(WIFI_OPT_NOT_SUPPORTED);
    }else{
```

```
        (this ->* (iter -> second))(code,data,reply);
    }

    return 0;
}
```

以开关 WiFi 接口处理函数为例，WifiDeviceStub 对 Proxy 请求事件和相应处理函数进行了映射。

```
handleFuncMap[WIFI_SVR_CMD_ENABLE_WIFI] = &WifiDeviceStub::OnEnableWifi;
handleFuncMap[WIFI_SVR_CMD_DISABLE_WIFI] = &WifiDeviceStub::OnDisableWifi;
```

WifiDeviceServiceImpl 继承 WifiDeviceStub 类和 SystemAbility 类，是 IPC 通信服务方的具体实现，如以下代码所示，WifiDeviceServiceImpl 通过 MakeAndRegisterAbility 将 WifiDeviceServiceImpl 实例注册到 SAMgr。接下来，服务请求方就可以通过 SAMgr 获取代理和服务提供方通信。

```
//将服务端注册到 SAMgr
const bool REGISTER_RESULT = SystemAbility::MakeAndRegisterAbility
(WifiDeviceServiceImpl::GetInstance().GetRefPtr());

sptr<WifiDeviceServiceImpl> WifiDeviceServiceImpl::GetInstance()
{
    if(g_instance == nullptr){
        std::lock_guard<std::mutex> autoLock(g_instanceLock);
        if(g_instance == nullptr){
            auto service = new(std::nothrow)WifiDeviceServiceImpl;
            g_instance = service;
        }
    }
    return g_instance;
}

WifiDeviceServiceImpl::WifiDeviceServiceImpl():SystemAbility(WIFI_
DEVICE_ABILITY_ID, true), mPublishFlag(false), mState(ServiceRunning
State::STATE_NOT_START)
{}
```

WifiDeviceProxy 继承自 IRemoteProxy，封装 WiFi Station 模式相关业务函数，调用 SendRequest 将请求发送到服务端 Stub。

WiFi Native JS 作为服务请求方构造代理 WifiDeviceProxy，WifiDeviceImpl 实例初始化时通过 Init 函数构造 WifiDeviceProxy，步骤如下。

①首先，获取 SAMgr。

②然后，通过 SAMgr 及相应的 ability id 获取对应 SA 的代理 IRemoteObject。

③最后，使用 IRemoteObject 构造 WifiDeviceProxy。

```
bool WifiDeviceImpl::Init()
{   //获取 SAMgr
    sptr<ISystemAbilityManager> sa_mgr = SystemAbilityManagerClient::GetInstance().GetSystemAbilityManager();
    if(sa_mgr == nullptr){
        WIFI_LOGE("failed to get SystemAbilityManager");
        return false;
    }
    //通过 SAMgr 及相应的 ability id 获取到对应 SA 的代理 IRemoteObject
    sptr<IRemoteObject> object = sa_mgr->GetSystemAbility(systemAbilityId_);
    if(object == nullptr){
        WIFI_LOGE("failed to get DEVICE_SERVICE");
        return false;
    }
    //使用 IRemoteObject 构造 WifiDeviceProxy
    client_ = iface_cast<IWifiDevice>(object);
    if(client_ == nullptr){
        client_ = new(std::nothrow)WifiDeviceProxy(object);
    }
    if(client_ == nullptr){
        WIFI_LOGE("wifi device init failed.%{public}d",systemAbilityId_);
        return false;
    }
    return true;
}
```

WifiDeviceProxy 通过 Remote()->SendRequest() 发送请求，服务方通过 OnRemoteRequest 进行处理。下面以 EnableWifi 为例，代码如下：

```
ErrCode WifiDeviceProxy::EnableWifi()
{
    if(mRemoteDied){
        WIFI_LOGD("failed to `%{public}s`,remote service is died!",__func__);
        return WIFI_OPT_FAILED;
    }
    MessageOption option;
    MessageParcel data;
    MessageParcel reply;
```

```
        data.WriteInt32(0);
    //发送请求
        int error = Remote() -> SendRequest(WIFI_SVR_CMD_ENABLE_WIFI,data,
reply,option);
        if(error != ERR_NONE){
            WIFI_LOGE("Set Attr(%{public}d)failed,error code is %{public}
d",WIFI_SVR_CMD_ENABLE_WIFI,error);
            return WIFI_OPT_FAILED;
        }
        int exception = reply.ReadInt32();
        if(exception){
            return WIFI_OPT_FAILED;
        }
        return ErrCode(reply.ReadInt32());
    }
```

2）状态机管理

WiFi 框架维护了 4 个状态机，分别是 sta 状态机、scan 状态机、p2p 状态机和 ap 状态机。WiFi 各个模式工作流程中会涉及各个不同的阶段，需要对不同阶段的状态进行管理。对于 Native JS 通过代理发送到 WiFi 框架的请求以及 HAL 回送的 WPA Supplicant 的响应，需要在相应模式的相应状态下做合适的处理。

本书仅介绍 WiFi 基本模式 sta 状态机和 scan 状态机。

（1）sta 状态机。

sta 状态机维护了 WiFi 打开、关闭、连接、获取 IP 及漫游的状态及切换。WiFi 打开时，会启动 staService，构造 sta 状态机并初始化，如图 9 - 7sta 状态机树状图所示，sta 状态机在初始化时，会创建状态树，创建子状态必须保证相应的父状态被创建。当迁移到子状态，子状态激活，也就是执行 GoInState 后，其父节点会同时处于激活状态，不会调用 GoOutState，子节点需要共同处理的事件或者不关心的事件由父状态处理，子状态只负责处理自己感兴趣的消息。

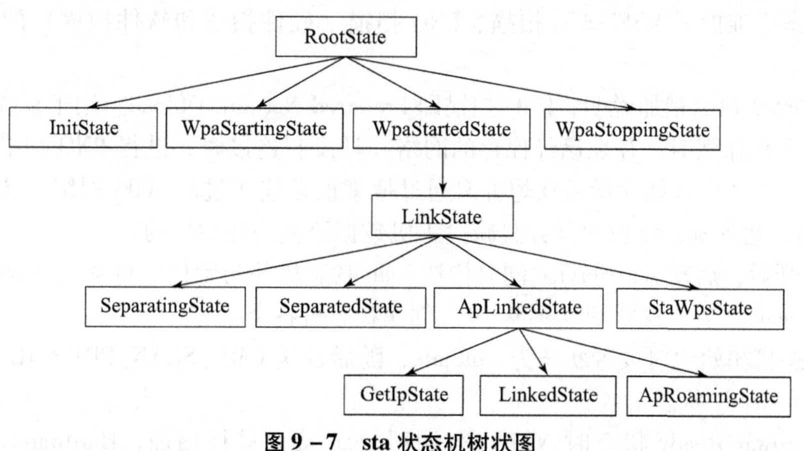

图 9 - 7　sta 状态机树状图

比如 WiFi 打开时，状态机从 InitState 迁移到目标状态 SeparatedState，这时处于激活状态的有 WpaStartedState 及 LinkState，如图 9 –8 所示。

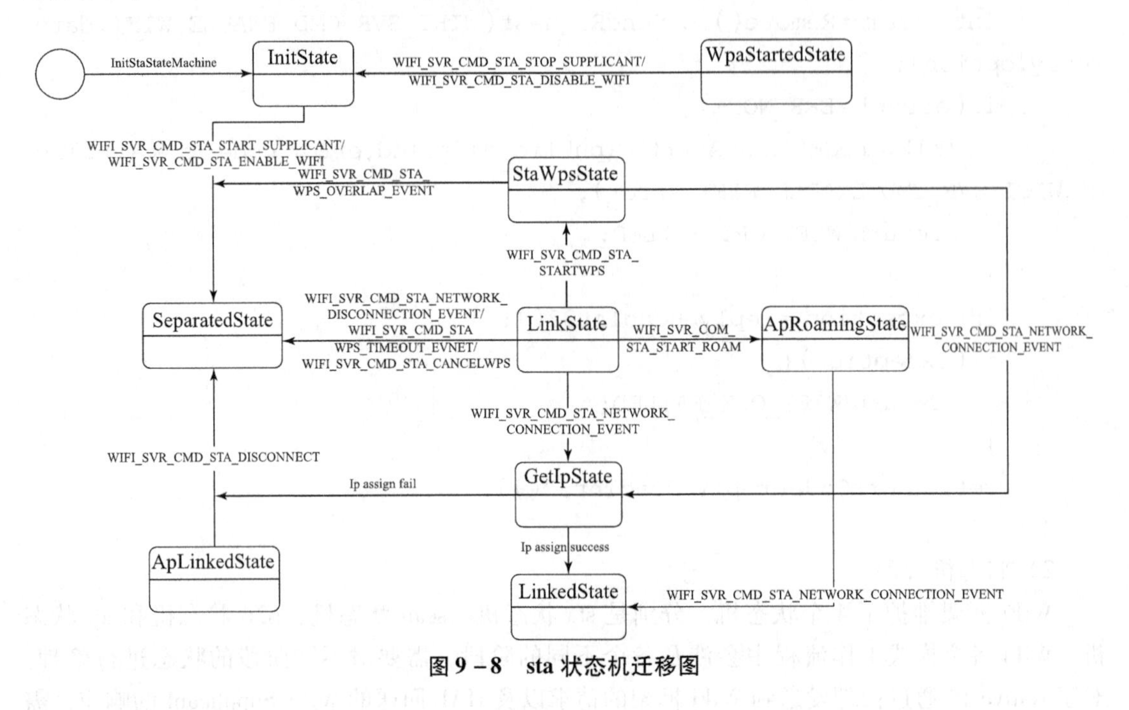

图 9 –8　sta 状态机迁移图

当 WiFi 关闭时，WpaStartedState 处理 WIFI_SVR_CMD_STA_DISABLE_WIFI 事件，关闭 WiFi，回到 InitState 状态。

当用户连接网络时，LinkState 处理 CMD_START_CONNECT_SELECTED_NETWORK 事件进行连接网络的动作，收到 WIFI_SVR_CMD_STA_NETWORK_CONNECTION_EVENT 后，迁移到 GetIpState 状态，同时 ApLinkedState 处于激活状态。在 GetIpState 状态，如果 IP 地址分配成功，则进入 LinkedState。如果分配失败，则回到 SeparatedState。

不管是在 GetIpState 还是在 LinkedState，只要收到断开网络请求 WIFI_SVR_CMD_STA_DISCONNECT，都由 ApLinkedState 处理，进入 SeparatedState。

（2） scan 状态机。

scan 状态机维护了 WiFi 普通扫描、PNO 扫描（硬件扫描和软件扫描）的状态及切换过程。

这里对 PNO 扫描稍加说明，PNO 扫描即 Preferred Network Offload，用于系统在休眠时连接 WiFi。当手机休眠时，存在已经保存的网络并且没有连接时，进行 PNO 扫描，只扫描已保存的网络。PNO 模式能让设备在熄屏时通过搜索最近连接过的 WiFi 网络，从而优先连接至 WiFi 网络，达到延长续航时间并且减少手机数据流量消耗的目的。

WiFi 打开后，启动 scanService 同时构造 scan 状态机并初始化，与 sta 状态机相同，scan 状态机按照 scan 状态机树状图（图 9 –9）创建状态机各个状态。

scan 状态机初始化时设置状态为 InitState，随后发送 CMD_SCAN_PREPARE 给 InitState，进入 HardwareReady 状态。

处于 HardwareReady 状态时 Native JS 调用 scan 接口进行扫描，HardwareReady 会收到

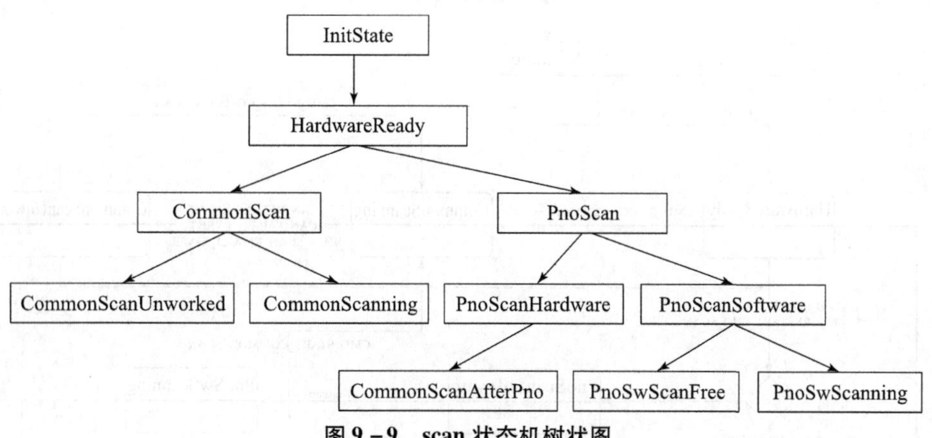

图 9 -9　scan 状态机树状图

CMD_START_COMMON_SCAN 消息进入 CommonScanning 状态，扫描成功、失败或者超时后进入 CommonScanUnworked 状态，如果这时再次发起扫描，则会回到 CommonScanning 状态。

处于 HardwareReady 状态时发起 PNO 扫描时，首先判断系统是否支持硬件 PNO 扫描，如果支持，则进入 PnoScanHardware 状态，向底层下发出 PNO 扫描命令。

在 PnoScanHardware 状态，如果收到 PNO 扫描结果通知，并且 NeedCommonScanAfterPno 为 true，则进入 CommonScanAfterPno 状态，等收到 CMD_START_COMMON_SCAN 进入 CommonScanning，或者收到普通扫描命令，进入 HardwareReady 状态准备进行普通扫描；否则一直处于 PNO 硬件扫描状态。

当发起 PNO 扫描后，如果系统不支持硬件 PNO 扫描，则进入 PnoScanSoftware 状态，启动一次软件 PNO 扫描，进入 PnoSwScanning 状态，扫描成功或者失败或者超时后进入 PnoSwScanFree 状态。

在 PnoSwScanFree 状态，收到 CMD_START_COMMON_SCAN 命令，则回到 HardwareReady 状态准备进行一次普通扫描；如果收到 PNO 扫描命令则回到 PnoSwScanning 状态，如图 9 - 10 所示。

3）wpa_supplicant

wpa_supplicant 是一个独立运行的守护进程，其核心是一个消息循环，在消息循环中处理 wpa 状态机、控制命令、驱动事件、配置信息等。

wpa_supplicant 由 WiFi HAL 启动，通过 wpa_ctrl 创建两个上行接口，通过这两个接口进行命令发送和事件监听；通过 socket 通信实现下行接口，与内核驱动器进行通信、下发命令和获取消息。下面重点介绍 HAL 如何启动 wpa_supplicant 以及如何添加控制接口及网络接口。

WiFi HAL 在处理打开 WiFi 的请求时，启动 wpa_supplicant。图 9 - 11 为 wpa_supplicant 功能示意图。

首先，复制预置在 system/etc/wifi/下的 wpa_supplicant 配置文件到/data/misc/wifi/wpa_supplicant 路径下，这个配置文件后面添加网络接口时会用到。

然后调用 StartModule，传入服务名称 g_serviceName 及 g_startCmd，真正执行启动 wpa_supplicant 过程。

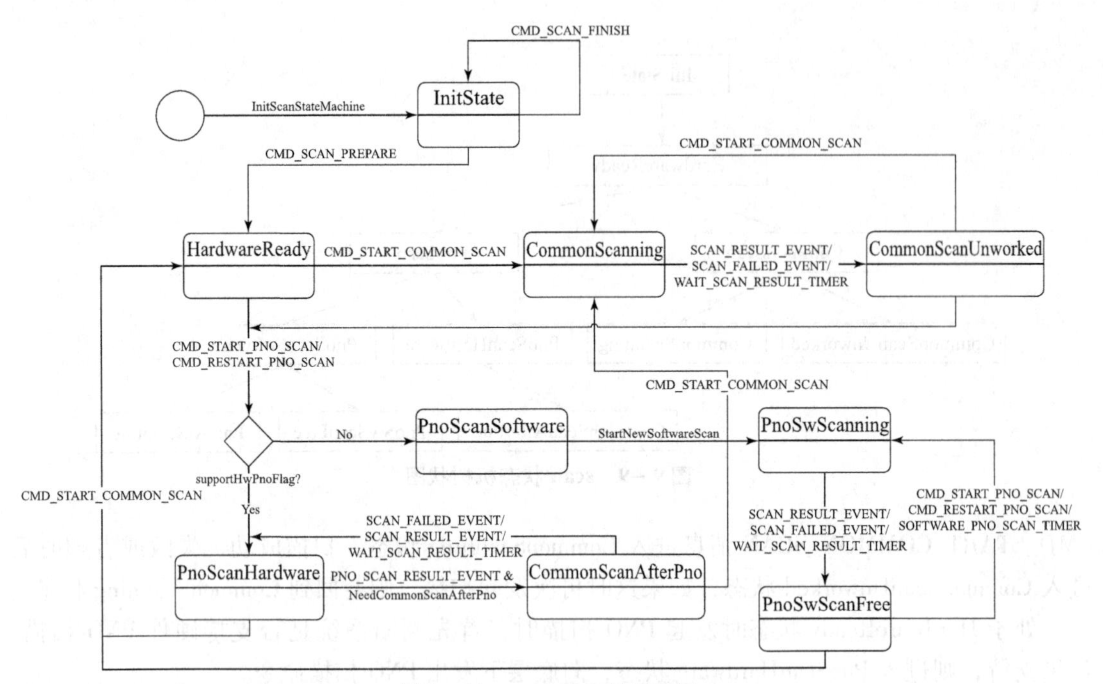

图 9-10　scan 状态机迁移图

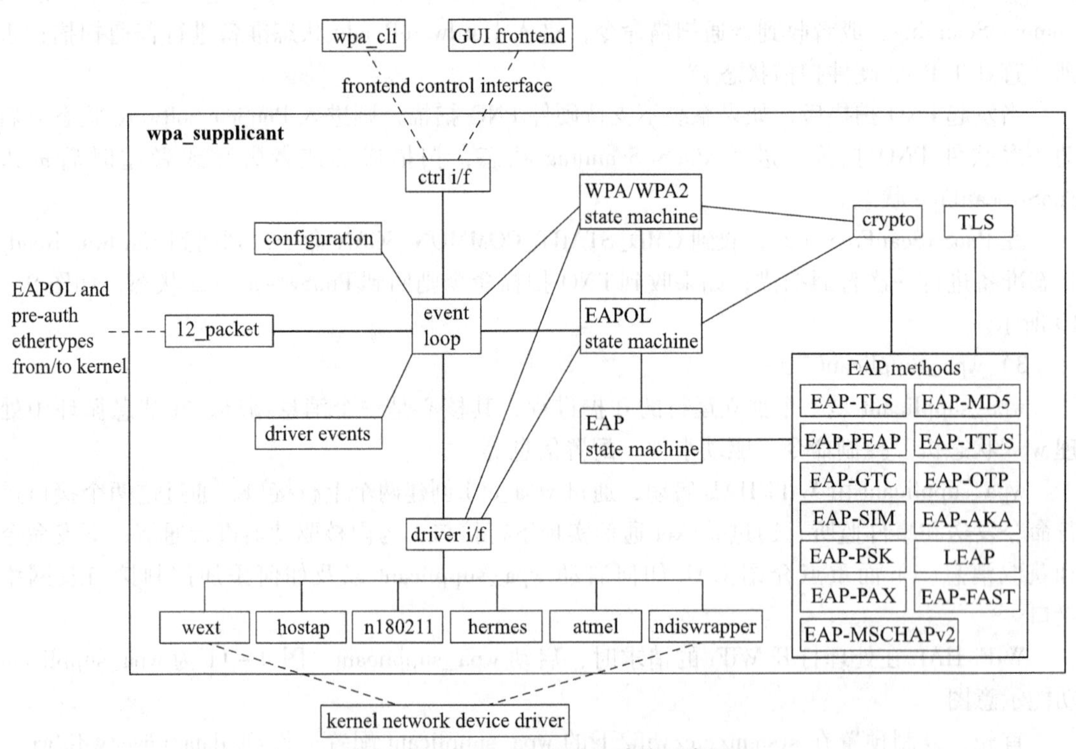

图 9-11　wpa_supplicant 功能示意图

```
static const char* g_serviceName = "wpa_supplicant";
static const char* g_startCmd = "wpa_supplicant - iglan0 - g/data/misc/
```

```
wifi/sockets";

    WifiErrorNo StartSupplicant(void)
    {  //复制 wpa_supplicant.conf
        const char* wpaConf = "/data/misc/wifi/wpa_supplicant/wpa_supplicant.
conf";
        if((access(wpaConf,F_OK))!= -1){
            LOGD("wpa configure file %{private}s is exist. ",wpaConf);
        }else{
            char szcpCmd[BUFF_SIZE] = {0};
            const char* cpWpaConfCmd = "cp/system/etc/wifi/wpa_supplicant.
conf/data/misc/wifi/wpa_supplicant";
            int iRet = snprintf_s(szcpCmd,sizeof(szcpCmd),sizeof(szcpCmd) -
1,"%s",cpWpaConfCmd);
            if(iRet <0){
                return WIFI_HAL_FAILED;
            }
            ExcuteStaCmd(szcpCmd);
        }
      //调用 StartModule,真正启动 supplicant 模块
        ModuleManageRetCode ret = StartModule(g_serviceName,g_startCmd);
        if(ret!=MM_SUCCESS){
            LOGE("start wpa_supplicant failed!");
            return WIFI_HAL_FAILED;
        }
        return WIFI_HAL_SUCCESS;
    }
```

StartModule 首先调用 FindModule 检查服务进程是否已经存在，WifiHalModuleManage 定义了一个全局变量 g_halModuleList 记录所有已启动的模块，通过查找 ModuleList 记录中的模块信息，检查该模块是否被启动。如果在 ModuleList 中没有找到，则调用 StartModuleInternal 启动。

StartModuleInternal 首先 fork 一个子进程，然后调用 pthread_create 创建线程，该线程从 WpaThreadMain 函数开始运行。

```
    int StartModuleInternal(const char* moduleName,const char* startCmd,
pid_t* pProcessId)
    {
        if(moduleName == NULL ||startCmd == NULL ||pProcessId == NULL){
            return -1;
        }
```

```
    pid_t pid = fork(); //fork 一个子进程
    if(pid < 0){
        LOGE("Create wpa process failed!");
        return -1;
    }
    if(pid == 0){/* sub process */
        pthread_t tid;
         int ret = pthread_create(&tid, NULL, WpaThreadMain, (void* )
startCmd); //创建一个线程,从 WpaThreadMain 开始执行

        if(ret != 0){
            LOGE("Create wpa thread failed!");
            return -1;
        }
        pthread_join(tid,NULL);
        exit(0);
    }else{
        LOGE("Create wpa process id is[%{public}d]",pid);
        sleep(1);
        * pProcessId = pid;
    }
    return 0;
}
```

WpaThreadMain 函数首先调用 dlopen 加载 libwpa. z. so 库，然后调用 dlsym 获取入口函数地址。

当加载 libwpa 库后，dlopen 返回的句柄作为 dlsym 的第一个参数，以获得符号在库中的地址；dlsym 的第二个参数是入口函数名，需要根据启动命令的参数判断，如果第一个参数为 wpa_supplicant，则入口函数为 wpa_main；否则为 ap_main。

获取入口函数地址后，将启动命令参数作为函数参数传入，执行入口函数。

最后关闭 libwpa 库。

入口函数中，wpa_main 实现在 wpa_supplicant/main. c 中，当 WiFi 工作在 STATION 模式或者 P2P 模式时调用，而 ap_main 实现在 hostapd/ap_main. c，当 WiFi 工作在 AP 模式时调用。启动命令分别如下。

①STATION/P2P 模式：wpa_supplicant - iglan0 - g/data/misc/wifi/sockets。

②AP 模式：hostapd/data/misc/wifi/wpa_supplicant/hostapd. conf。

```
static void* WpaThreadMain(void* p)
{
    if(p == NULL){
        return NULL;
```

```
    }
    const char* startCmd = (const char* )p;
    struct StWpaMainParam param = {0};
    SplitCmdString(startCmd,&param);
    void* handleLibWpa = dlopen("/system/lib/libwpa.z.so",RTLD_NOW |
RTLD_LOCAL);//打开 libwpa 库
    if(handleLibWpa == NULL){
        LOGE("dlopen libwpa failed.");
        return NULL;
    }
    int(* func)(int,char** ) = NULL;
    if(strcmp(param.argv[0],"wpa_supplicant") == 0){
        func = (int(* )(int,char** ))dlsym(handleLibWpa,"wpa_main");
    }else{
        func = (int(* )(int,char** ))dlsym(handleLibWpa,"ap_main");
    }
    if(func == NULL){
        dlclose(handleLibWpa);
        LOGE("dlsym wpa_main failed.");
        return NULL;
    }
    char* tmpArgv[MAX_WPA_MAIN_ARGC_NUM] = {0};
    for(int i = 0;i < param.argc;i ++){
        tmpArgv[i] = param.argv[i];
    }
    int ret = func(param.argc,tmpArgv);
    LOGD("run wpa_main ret:%{public}d.\n",ret);
    if(dlclose(handleLibWpa) != 0){
        LOGE("dlclose libwpa failed.");
        return NULL;
    }
    return NULL;
}
```

启动 wpa_supplicnat 后，需要创建控制接口与 wpa_supplicant 进行通信，并创建网络接口进行网络操作。这部分内容通过调用 AddWpaIface 函数完成，代码如下：

```
static WifiErrorNo AddWpaIface(int staNo)
{
    WifiWpaInterface* pWpaInterface = GetWifiWapGlobalInterface();
    if(pWpaInterface == NULL){
```

```
        LOGE("Get wpa interface failed!");
        return WIFI_HAL_FAILED;
    }
    //创建控制接口
    if(pWpaInterface -> wpaCliConnect(pWpaInterface) < 0){
        LOGE("Failed to connect to wpa!");
        return WIFI_HAL_FAILED;
    }
    AddInterfaceArgv argv;
    if(staNo == 0){
        if(strcpy_s(argv.name,sizeof(argv.name),"wlan0")!= EOK ||strcpy_s
(argv.confName,sizeof(argv.confName),
            "/data/misc/wifi/wpa_supplicant/wpa_supplicant.conf")!=
EOK){
            return WIFI_HAL_FAILED;
        }
    }else{
        if(strcpy_s(argv.name,sizeof(argv.name),"wlan2")!= EOK ||strcpy_s
(argv.confName,sizeof(argv.confName),
            "/data/misc/wifi/wpa_supplicant/wpa_supplicant.conf")!=
EOK){
            return WIFI_HAL_FAILED;
        }
    }
    //创建网络接口
    if(pWpaInterface -> wpaCliAddIface(pWpaInterface,&argv) < 0){
        LOGE("Failed to add wpa iface!");
        return WIFI_HAL_FAILED;
    }
    return WIFI_HAL_SUCCESS;
}
```

如以上代码所示，AddWpaIface 首先调用 WpaCliConnect 创建控制接口，然后调用 wpaCliAddIface 创建网络接口。

WpaCliConnect 首先初始化 wpaCtrl，调用 wpa_ctrl_open( ) 两次，分别建立两个 control interface 接口。一个 send 接口，用于发送命令，获取信息；一个 recv 接口，作为参数调用 wpa_ctrl_attach，wpa_ctrl_attach 将这个接口注册为事件监听接口，接收来自 wpa_supplicant 的事件。

然后调用 pthread_create 创建线程，从 WpaReceiveCallback 开始运行。

WpaCliConnect

```
-->InitWpaCtrl(&p->wpaCtrl,"127.0.0.1:9878");
-->pCtrl->pSend=wpa_ctrl_open(ifname);
   pCtrl->pRecv=wpa_ctrl_open(ifname);
wpa_ctrl_attach(pCtrl->pRecv)
-->pthread_create(&p->tid,NULL,WpaReceiveCallback,p)
```

WpaReceiveCallback 会发起一个循环读取 recv 接口事件，步骤如下。

第一步：调用 MyWpaCtrlPending。MyWpaCtrlPending 获取 recv 控制接口的文件描述符并轮询，poll 成功时返回就绪的文件描述符总数；若在超时时间内没有任何文件描述符就绪，将返回 0；失败将返回 -1 并设置 errno。

第二步：poll 返回就绪的文件描述符数后，调用 wpa_ctrl_recv，从控制接口读取消息存入 buf。

第三步：解析 buf，获取 WPA 事件。

第四步：调用注册的 P2P 回调函数处理 P2P 相关事件，并通知框架层。

第五步：调用注册的 Station 回调函数处理 Station 相关事件，并通知框架层。

WpaReceiveCallback 在接收到 WPA_EVENT_TERMINATING 事件后退出循环。

```
WpaReceiveCallback
-->MyWpaCtrlPending(pWpa->wpaCtrl.pRecv)
-->pfd.fd=wpa_ctrl_get_fd(ctrl);
-->int ret=poll(&pfd,1,100);/* 100 ms */
-->wpa_ctrl_recv(pWpa->wpaCtrl.pRecv,buf,&len);
-->解析 buf,获取其中的事件
-->WpaP2pCallBackFunc(p)
-->WpaCallBackFunc(p);
```

wpaCliAddIface 调用 WpaCliCmd 向 supplicant 发送命令：

```
AddInterfaceArgv argv;
if(staNo==0){
    if(strcpy_s(argv.name,sizeof(argv.name),"wlan0")!=EOK ||strcpy_s
(argv.confName,sizeof(argv.confName),
          "/data/misc/wifi/wpa_supplicant/wpa_supplicant.conf")!=
EOK){
        return WIFI_HAL_FAILED;
    }
}else{
    if(strcpy_s(argv.name,sizeof(argv.name),"wlan2")!=EOK ||strcpy_s
(argv.confName,sizeof(argv.confName),
          "/data/misc/wifi/wpa_supplicant/wpa_supplicant.conf")!=
EOK){
        return WIFI_HAL_FAILED;
    }
```

```
    }
    //发送命令给 supplicant,携带配置文件,添加网络接口
    if(pWpaInterface ->wpaCliAddIface(pWpaInterface,&argv) <0){
        LOGE("Failed to add wpa iface!");
        return WIFI_HAL_FAILED;
```

WpaCliCmd 是 HAL 向 wpa_supplicant 发送命令的函数，INTERFACE_ADD 以外其他命令也通过该函数发送。WpaCliCmd 首先会获取 WpaCliConnect 中创建的 send 控制接口，而后调用 wpa_ctrl_request 发送命令到 wpa_supplicant。

```
    int WpaCliCmd(const char* cmd,char* buf,size_t bufLen)
    {
        if(cmd ==NULL |buf ==NULL |bufLen < =0){
            return -1;
        }
        //获取控制接口
        WpaCtrl* ctrl =GetWpaCtrl();
        if(ctrl ==NULL ||ctrl ->pSend ==NULL){
            return -1;
        }
        size_t len =bufLen -1;
        //发送命令
        int ret =wpa_ctrl_request(ctrl ->pSend,cmd,strlen(cmd),buf,&len,
NULL);
        if(ret ==WPA_CMD_RETURN_TIMEOUT){
            LOGE("[%{private}s]command timed out.",cmd);
            return WPA_CMD_RETURN_TIMEOUT;
        }else if(ret <0){
            LOGE("[%{private}s]command failed.",cmd);
            return -1;
        }
        buf[len] ='\0';
        if(strncmp(buf,"FAIL\n",strlen("FAIL\n")) ==0 ||
            strncmp(buf,"UNKNOWN COMMAND\n",strlen("UNKNOWN COMMAND\n"))
==0){
            LOGE("%{private}s request sucess,but response %{public}s",
cmd,buf);
            return -1;
        }
        return 0;
    }
```

WiFi HAL 与 wpa_cli 作用类似，都是作为客户端对 wpa_supplicant 发送命令进行 WiFi 相关操作，因此在进行 WiFi 开发之前，验证驱动功能是否正常，可以绕过 WiFi HAL 通过 wpa_cli 进行验证。

首先在 shell 中使用以下命令启动 wpa_supplicant 进程：

```
wpa_supplicant -iwlan0 -d -c data/misc/wifi/wpa_supplicant/wpa_supplicant.conf
```

然后启动 wpa 客户端，通过 wpa_cli 向 wpa_supplicant 下发命令：

```
#wpa_cli -iwlan0
```

客户端与 wpas 连接成功后，可以进行扫描、添加网络等操作：

```
>scan  //扫描
>scan_results  //获取扫描结果
>add_network  //添加网络,返回网络 ID
>set_network id ssid "xxx"  //设置"网络名称"
>set_network id psk "xxxxxxxx"  //设置"网络密码"
>enable_network  //使能网络
>status  //查看网络接口状态
>quit  //退出
```

WiFi AP 模式的管理涉及 hostapd，启动过程与 wpa_supplicant 类似，本书就不展开讲解了。

2. WiFi 接口说明

WiFi 基础功能由@ohos.wifi 类提供，其接口（JS 接口）说明如表 9-3 所示。

表 9-3 WiFi 接口说明

接口名	描述
function enableWifi()：boolean	打开 WiFi
function disableWifi()：boolean	关闭 WiFi
function isWifiActive()：boolean	查询 WiFi 是否处于打开状态
function scan()：boolean	发起 WiFi 扫描
function getScanInfos()：Promise <Array<WifiScanInfo>> function getScanInfos（callback：AsyncCallback<Array<WifiScanInfo>>）：void	获取 WiFi 扫描结果，接口可采用 promise 或 callback 方式调用
function addDeviceConfig（config：WifiDeviceConfig）：Promise <number> function addDeviceConfig（config：WifiDeviceConfig，callback：AsyncCallback<number>）：void	添加 WiFi 的配置信息，接口可采用 promise 或 callback 方式调用
function connectToNetwork（networkId：number）：boolean	连接到 WiFi 网络
function connectToDevice（config：WifiDeviceConfig）：boolean	连接到 WiFi 网络
function disconnect()：boolean	断开 WiFi 连接
function getSignalLevel（rssi：number，band：number）：number	获取 WiFi 信号强度

3. WiFi 接口使用

WiFi JS 接口使用步骤示例如下。

在调用 WiFi JS 接口前需要导入接口类：

```
import wf from '@ ohos. wifi';//导入 JS 接口类
```

（1）首先通过下面的函数获取 WiFi 状态：

```
var isWifiActive = wf. isWifiActive( );//若 WiFi 打开,则返回 true;否则返回 false
```

（2）其次发起扫描并获取结果。

第一步：调用 scan( ) 接口发起扫描。

第二步：调用 getScanInfoList( ) 接口获取扫描结果，示意代码如下：

```
//调用 WiFi 扫描接口
var isScanSuccess = wf. scan( ); //true
//延迟一定时间
//获取扫描结果
wifi_native_js. getScanInfos(result = > {
    var num = Object. keys(result). length;
    console. info("wifi scan result mum:" + num);
    for(var i =0;i < num; + + i) {
        console. info("ssid:" + result[i]. ssid);
    console. info("bssid:" + result[i]. bssid);
    console. info("securityType:" + result[i]. securityType);
    console. info("rssi:" + result[i]. rssi);
    console. info("band:" + result[i]. band);
    console. info("frequency:" + result[i]. frequency);
    console. info("timestamp:" + result[i]. timestamp);
    }
})
```

（3）连接 WiFi。

通过调用 addDeviceConfig 添加配置，然后通过返回的配置 ID 连接 WiFi 或调用 connectToDevice 通过配置直接连接 WiFi，示意代码如下：

```
//WiFi 配置信息
var config = {
    "ssid":"test_wifi",
    "bssid":"",
    "preSharedKey":"12345678",
    "isHiddenSsid":false,
    "securityType":3,
}
方式一:
```

```
//添加配置
wf.addDeviceConfig(config,(result) => {
    console.info("config id:" + result);
  //通过配置 ID 连接 WiFi
    wf.connectToNetwork(result);
});
方式二:
//通过配置信息直接连接 WiFi
wf.connectToDevice(config);
```

9.3　工作模式

OpenHarmony 系统的 WiFi 组件在驱动支持的前提下，可以支持 3 种工作模式，即 STATION 模式、AP 模式和 P2P 模式。

（1）STATION 模式，就是上面讲到的工作站，也就是无线局域网中的一个客户端，这是 WiFi 最基本的工作模式，通过连接其他接入点访问网络。

（2）AP 模式也就是接入点模式，即设备作为接入点，为无线局域网中的客户端提供网络接入功能，大多数终端设备称其为 hotspot（热点）或者 softap，通过 WiFi 的 AP 模式，可以将设备的运营商数据网络共享给接入的客户端，实现随时随地的网络资源共享。

（3）P2P 模式是 WFA（WiFi 联盟）推出的一项与蓝牙类似的技术，允许设备间一对一直连，无须通过 AP 即可相互连接。P2P 模式中的设备，称为 P2P 设备，P2P 设备组成的网络叫 P2P Group。在 P2P 网络中，P2P 设备有两个角色，一个是 GO（Group Owner），其作用类似于 AP；另一个角色是 GC（Group Client），类似于工作站（Station）。P2P 设备完成协商组建为一个 P2P 网络时，有且只能有一个设备作为 GO，其他设备作为 GC。WiFi P2P 模式传输速度和传输距离比蓝牙有大幅提升，但功耗也要比蓝牙高。

9.3.1　STATION 模式

1. 打开流程

图 9-12 所示为 WiFi 启动时序图，其中 WifiDeviceImpl 是 Native JS 层 WifiDevice 的实现类。

WifiDeviceServiceImpl 是 WiFi 框架层对 Navtive JS 端 IPC 通信服务的实现类。

StaService 是 WiFi 框架层 Station 服务的主要实现，通过创建 StaStateMachine 和 StaMonitor 对 WiFi Station 命令和事件进行处理。

如图 9-12 所示，调用 Native JS 中的 EnableWifi 接口，首先获取 WifiDevice 实例，调用该实例提供的 EnableWifi:

```
std::unique_ptr<WifiDevice> wifiDevicePtr = WifiDevice::GetInstance
(WIFI_DEVICE_ABILITY_ID);

ErrCode ret = wifiDevicePtr->EnableWifi();
```

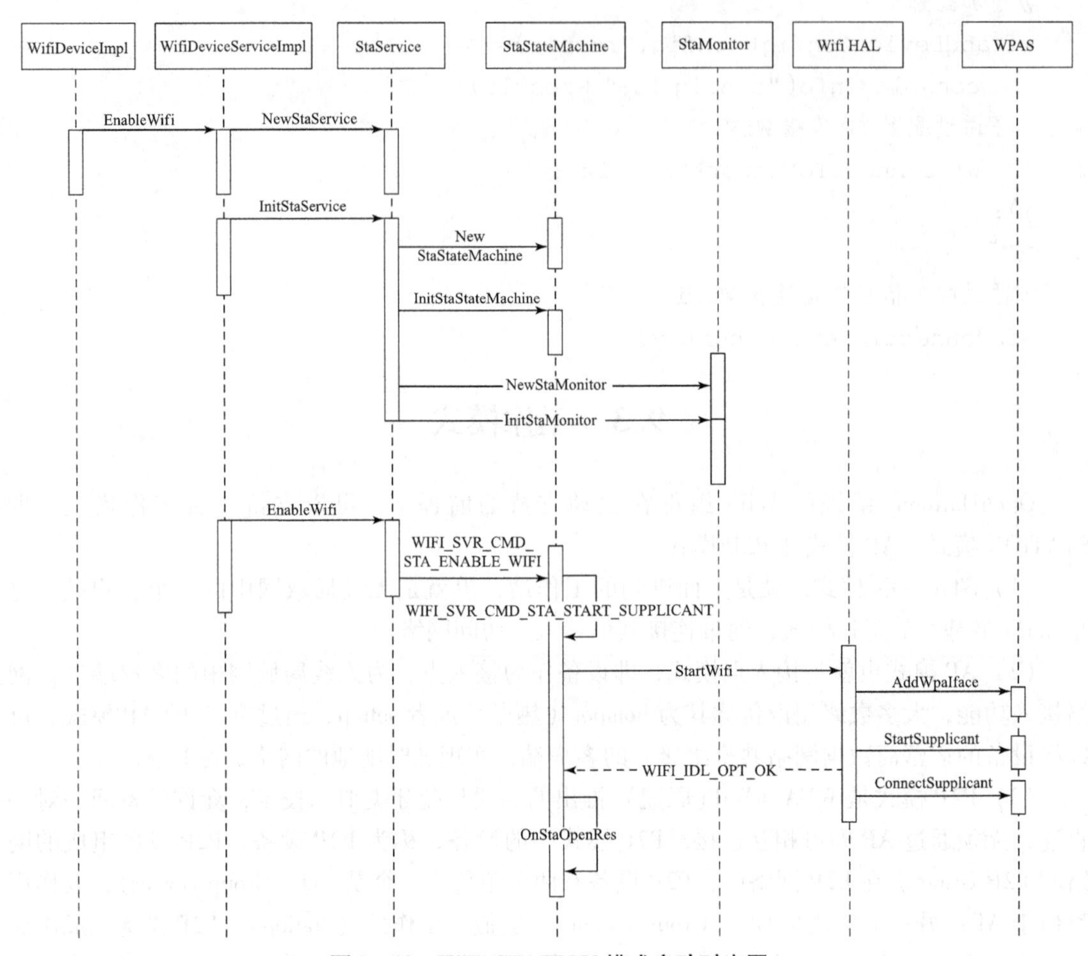

图 9-12　WiFi STATION 模式启动时序图

然后通过 WifiDeviceProxy 向 Stub 发送请求，Stub 响应请求：

```
//WifiDeviceProxy 发送请求
int error = Remote() -> SendRequest(WIFI_SVR_CMD_ENABLE_WIFI,data,
reply,option);
//WifiDeviceStub 响应请求
int WifiDeviceStub::OnRemoteRequest(uint32_t code, MessageParcel
&data,MessageParcel &reply,MessageOption &option)
{
    int exception = data.ReadInt32();
    if(exception){
        return WIFI_OPT_FAILED;
    }

    HandleFuncMap::iterator iter = handleFuncMap.find(code);
```

```
    if(iter == handleFuncMap.end()){
        WIFI_LOGI("not find function to deal,code %{public}u",code);
        reply.WriteInt32(0);
        reply.WriteInt32(WIFI_OPT_NOT_SUPPORTED);
    }else{
        (this -> * (iter -> second))(code,data,reply);
    }

    return 0;
}

//定义响应请求的处理函数
handleFuncMap[WIFI_SVR_CMD_ENABLE_WIFI] = &WifiDeviceStub::OnEnableWifi;
```

Stub服务端实现了EnableWifi的实现逻辑。首先，构造StaService并进行初始化，StaService初始化时构造StaStateMachine并初始化状态机，进入InitState状态，接下来构造StaMonitor并初始化，注册事件回调函数。StaMonitor主要对AP连接状态改变等事件进行处理。

这些准备工作做完后，就要真正执行EnableWifi的流程。

StaService向StaStateMachine发送WIFI_SVR_CMD_STA_ENABLE_WIFI消息，StaStateMachine转化为WIFI_SVR_CMD_STA_START_SUPPLICANT消息后通过wifi_idl_client向WiFi HAL发起RPC调用“Start”。

```
WifiErrorNo WifiStaHalInterface::StartWifi(void)
{
    return mIdlClient -> StartWifi();
}
WifiErrorNo Start(void)
{
    RpcClient* client = GetStaRpcClient();
    LockRpcClient(client);
    Context* context = client -> context;
    WriteBegin(context,0);
    WriteFunc(context,"Start");
    WriteEnd(context);
    if(RpcClientCall(client,"Start") != WIFI_IDL_OPT_OK){
        return WIFI_IDL_OPT_FAILED;
    }
    int result = WIFI_IDL_OPT_FAILED;
    ReadInt(context,&result);
    ReadClientEnd(client);
```

```
        UnlockRpcClient(client);
        return result;
    }
```

WiFi Hal 作为 RPC 服务端，启动后调用 InitRpcFunc 初始化 RPC 函数，然后执行 CreateRpcServer。

```
    char rpcSockPath[] = "/data/misc/wifi/unix_sock.sock";

    if(access(rpcSockPath,0) == 0){
        unlink(rpcSockPath);
    }
    if(InitRpcFunc() < 0){
        LOGE("Init Rpc Function failed!");
        return -1;
    }
    RpcServer* server = CreateRpcServer(rpcSockPath);
    if(server == NULL){
        LOGE("Create RPC Server by %{public}s failed!",rpcSockPath);
        return -1;
    }
    SetRpcServerInited(server);
    setvbuf(stdout,NULL,_IOLBF,0);
    signal(SIGINT,SignalExit);
    signal(SIGTERM,SignalExit);
    signal(SIGPIPE,SIG_IGN);

    RunRpcLoop(server);
```

最后调用 RunRpcLoop 循环读取远程调用信息，处理客户端请求。

InitRpcFunc 中 Map 了 “Start” 消息的处理函数 PushRpcFunc （“Start”，RpcStart）。RpcStart 实际操作实现在 wifi_hal_sta_interface 的 Start 函数，主要做了 3 步操作。

①开始请求。

命令：wpa_supplicant -iglan0 -g/data/misc/wifi/sockets

②添加一个新的接口 wlan0。

命令：interface_add wlan0/data/misc/wifi/wpa_supplicant/wpa_supplicant.conf

③构造并初始化 WifiWpaStaInterface，封装了 wpa_supplicant 关于 STA 的操作命令。

以上 3 步成功后，RPC 调用返回 WIFI_HAL_SUCCESS。

StaStateMachine 在 EnableWifi 成功后，执行 OnStaOpenRes 回调，在此回调里，广播 WiFi 状态改变消息，构造 ScanService 并初始化。初始化过程做了以下的工作。

①构造 ScanStateMachine 并初始化，调用 EnrollScanStatusListener 绑定 Scan 状态上报事件的处理函数。

②构造 ScanMonitor 并初始化，在初始化函数中调用 RegisterSupplicantEventCallback，注册 supplicant 事件回调。

```
bool ScanService::InitScanService(const IScanSerivceCallbacks &scan
SerivceCallbacks)
    {
        WIFI_LOGI("Enter ScanService::InitScanService.\n");
        mScanSerivceCallbacks = scanSerivceCallbacks;
        //构造 scan 状态机
        pScanStateMachine = new(std::nothrow)ScanStateMachine();
        if(pScanStateMachine == nullptr){
            WIFI_LOGE("Alloc pScanStateMachine failed.\n");
            return false;
        }
      //初始化 scan 状态机
        if(! pScanStateMachine->InitScanStateMachine()){
            WIFI_LOGE("InitScanStateMachine failed.\n");
            return false;
        }
        //注册 scan 状态监听
        if(! pScanStateMachine->EnrollScanStatusListener(
              std::bind(&ScanService::HandleScanStatusReport, this, std::
placeholders::_1))){
              WIFI_LOGE("ScanStateMachine_->EnrollScanStatusListener
failed.\n");
            return false;
        }
        //构造 ScanMonitor
        pScanMonitor = new(std::nothrow)ScanMonitor();
        if(pScanMonitor == nullptr){
            WIFI_LOGE("Alloc pScanMonitor failed.\n");
            return false;
        }
        //初始化 ScanMonitor,注册 supplicant 事件回调
        if(! pScanMonitor->InitScanMonitor()){
            WIFI_LOGE("InitScanMonitor failed.\n");
            return false;
    }
    ...
    }
```

执行完 OnStaOpenRes 回调，打开流程至此结束。

2. 扫描流程

图 9 - 13 所示为 WiFi 扫描时序图，其中 WifiScanImpl 是 Native JS 层 WifiScan 的实现类。

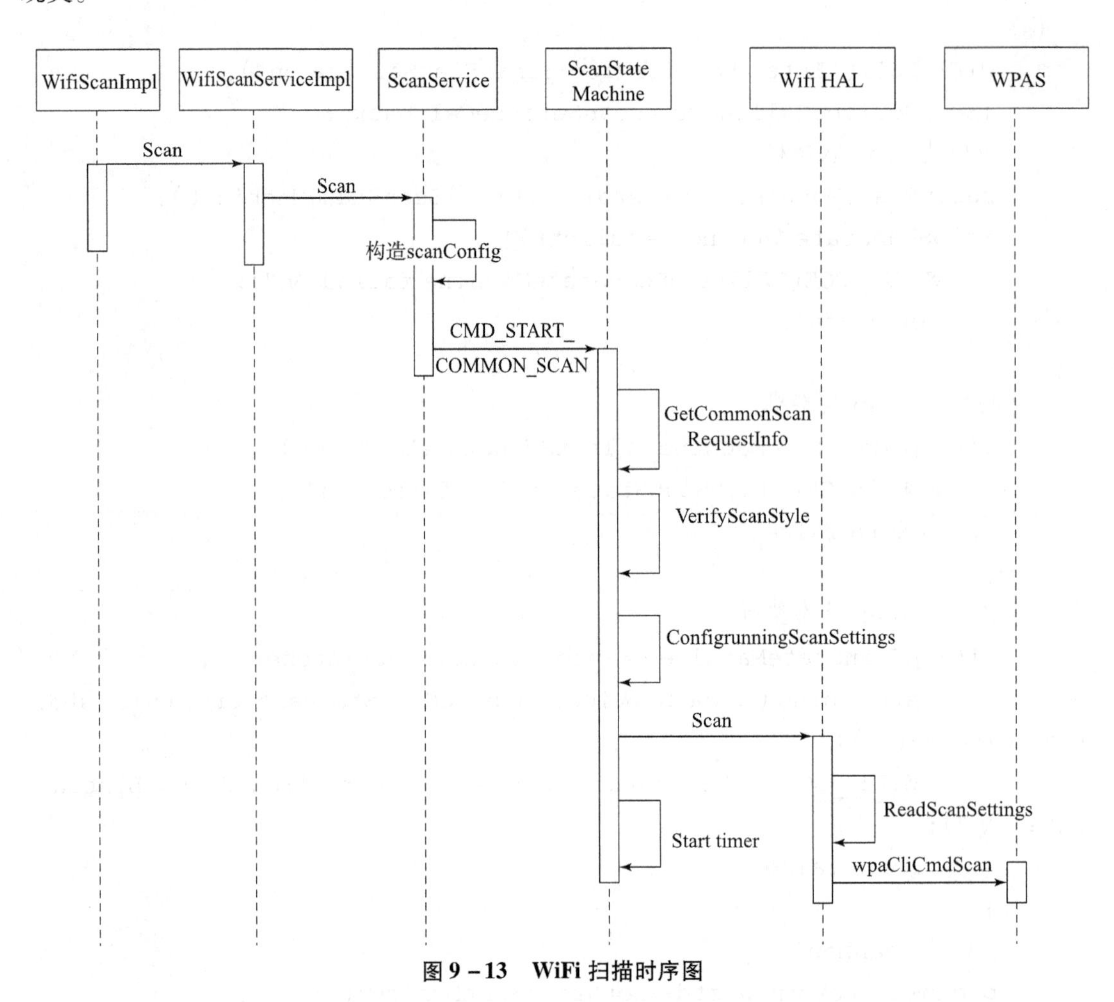

图 9 - 13　WiFi 扫描时序图

WifiScanServiceImpl 是 WiFi 框架层对 Navtive JS 端 IPC 通信服务的实现类。

ScanService 是 WiFi 框架层 Scan 服务的主要实现，通过创建 ScanStateMachine 和 ScanMonitor 对 WiFi Station 命令和事件进行处理。

当应用调用 Native JSOL 的 Scan 接口时，与 WiFi 打开过程类似，会通过获取 WifiScan 实例，调用 C ++ 接口，最终通过 WifiScanProxy 向服务框架发送 WIFI_SVR_CMD_FULL_SCAN 请求。

收到请求，WifiScanServiceImpl 调用 ScanService，构造 scanConfig，然后向 ScanStateMachine 发送 CMD_START_COMMON_SCAN 命令并携带 scanConfig。

如果 ScanStateMachine 处于 HardwareReady 等可以发起扫描的激活状态下，则进行获取扫描参数的操作，并校验 Scan 类型是否合法，之后转换扫描参数，通过 RPC 调用 HAL 的 scan 操作，HAL 得到 scan 配置参数后，向 supplicant 发送 scan 命令，完成扫描请求。

扫描请求和获取扫描结果是两个调用过程，图 9-14 是获取扫描结果的时序图。

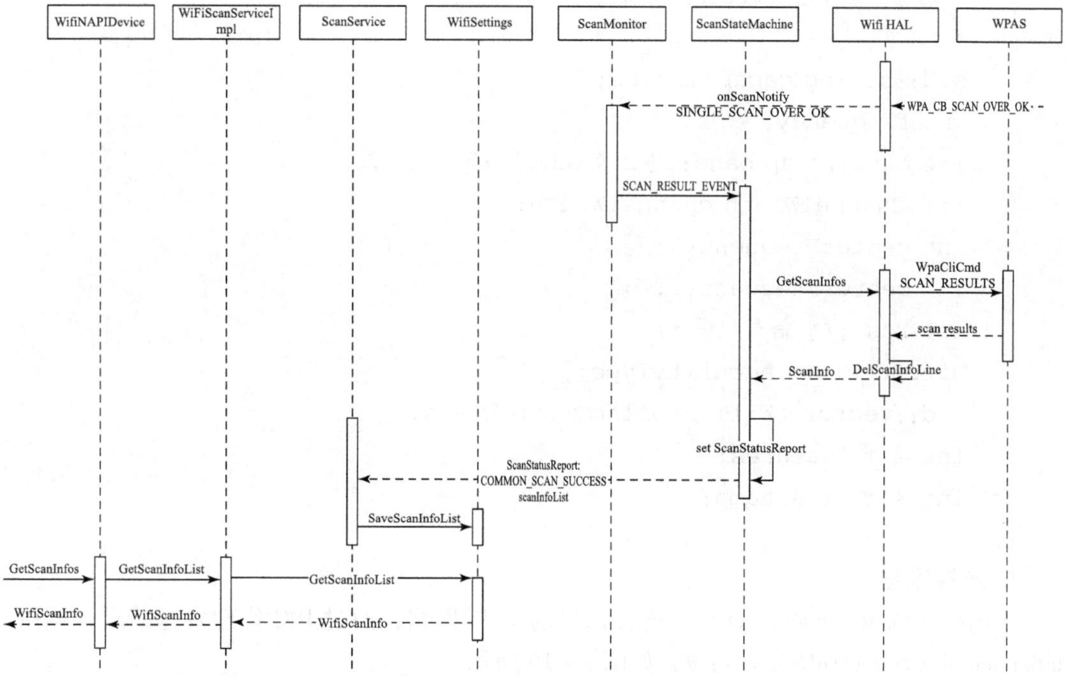

图 9-14 WiFi 获取扫描结果时序图

Supplicant 执行扫描成功后，调用 WifiHalCbNotifyScanEnd（WPA_CB_SCAN_OVER_OK）通知扫描成功。ScanMonitor 执行回调，向 ScanStateMachine 发送 SCAN_RESULT_EVENT 事件。

ScanStateMachine 处理事件，远程调用 WiFi HAL 获取扫描结果。

WifiHal 返回扫描结果给 ScanStateMachine 后，ScanStateMachine 构造 ScanStatusReport，包含 scanInfoList 和 status，交给回调函数 ScanService::HandleScanStatusReport 处理。

ScanService 拿到扫描结果后，主要工作是调用 WifiSettings 的 SaveScanInfoList（filterScanInfo），将扫描结果保存。然后调用 native js 的 GetScanInfos 接口，通过 WifiScanServiceImpl 调用 WifiSettings 的 GetScanInfoList 获取到保存的扫描结果，流程至此结束。

扫描结果中包含的信息如下：

- Bssid—扫描到的 AP 的 MAC 地址；
- Ssid—扫描到的 AP 的标识名称；
- Band—支持频段为 2.4 GHz 还是 5 GHz；
- securityType—安全类型，有 OPEN、WEP、PSK、EAP、SAE、EAP_SUITE_B、OWE、WAPI_CERT、WAPI_PSK 等安全类型。

```
/* 扫描结果信息*/
struct WifiScanInfo{
    std::string bssid;
    std::string ssid;
```

```
    /**
     * 网络性能,包括认证、密钥管理、加密机制和接入点支持
     */
    std::string capabilities;
    int frequency;
    int band;/* ap band:1 ~2.4 GHz,2 ~5 GHz */
    WifiChannelWidth channelWidth;
    int centerFrequency0;
    int centerFrequency1;
    int rssi;/* 信号电平*/
    WifiSecurity securityType;
    std::vector<WifiInfoElem>infoElems;
    int64_t features;
    int64_t timestamp;
};
```

3. 连接流程

Native JS 调用 connectToDevice 连接选择的 WiFi 网络，通过 IPC 代理发送请求，调用到 staService 的 ConnectToDevice 函数，如图 9－15 所示。

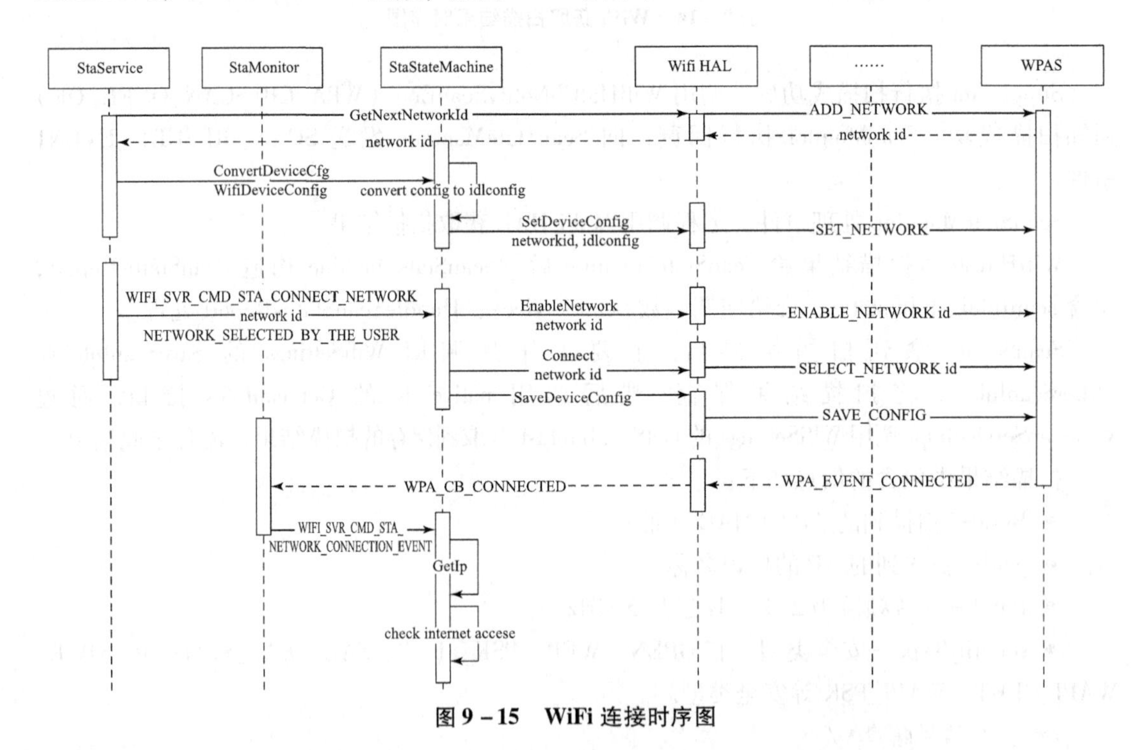

图 9－15　WiFi 连接时序图

StaService 首先调用 AddDeviceConfig，在这个函数中主要做了以下两件事。

①调用 GetNextNetworkId，通过 WiFi HAL 向 supplicant 发送 ADD_NETWORK 命令，得到 netwrok id，保存在 WifiDeviceConfig 中。

②调用 ConvertDeviceCfg，在 StaStateMachine 中将网络配置参数转换为 idl 参数，然后调用 HAL 的 SetDeviceConfig 函数，向 supplicant 发送 SET_NETWORK 命令。

StaService 在调用 AddDeviceConfig 得到 network id 并且设置配置参数到 supplicant 成功后，向 StaStateMachine 发送消息，向 supplicant 发送 EnableNetwork、SELECT_NETWORK 及 SAVE_CONFIG 命令，supplicant 根据收到的命令完成 AP 的连接管理。

Supplicant 连接成功后，回送 WPA_EVENT_CONNECTED 事件，经过 HAL，转换为 WPA_CB_CONNECTED 由 StaMonitor 的回调函数处理，StaMonitor 发送消息给 StaStateMachine，状态机进入 getIpState，获取 IP 成功后，继续调用 StaNetworkCheck 检查网络连接状态，最后完成连接流程。

9.3.2　AP 模式

图 9-16 所示为 WiFi 热点启动时序图，其中 WifiHotspotImpl 是 Native JS 层 WifiHotspot 的实现类。WifiHotspotServiceImpl 是 WiFi 框架层对 Navtive JS 端 IPC 通信服务的实现类。ApService 是 WiFi 框架层 AP 服务的主要实现，通过创建 ApStateMachine 和 ApMonitor 对 WiFi 热点命令和事件进行处理。

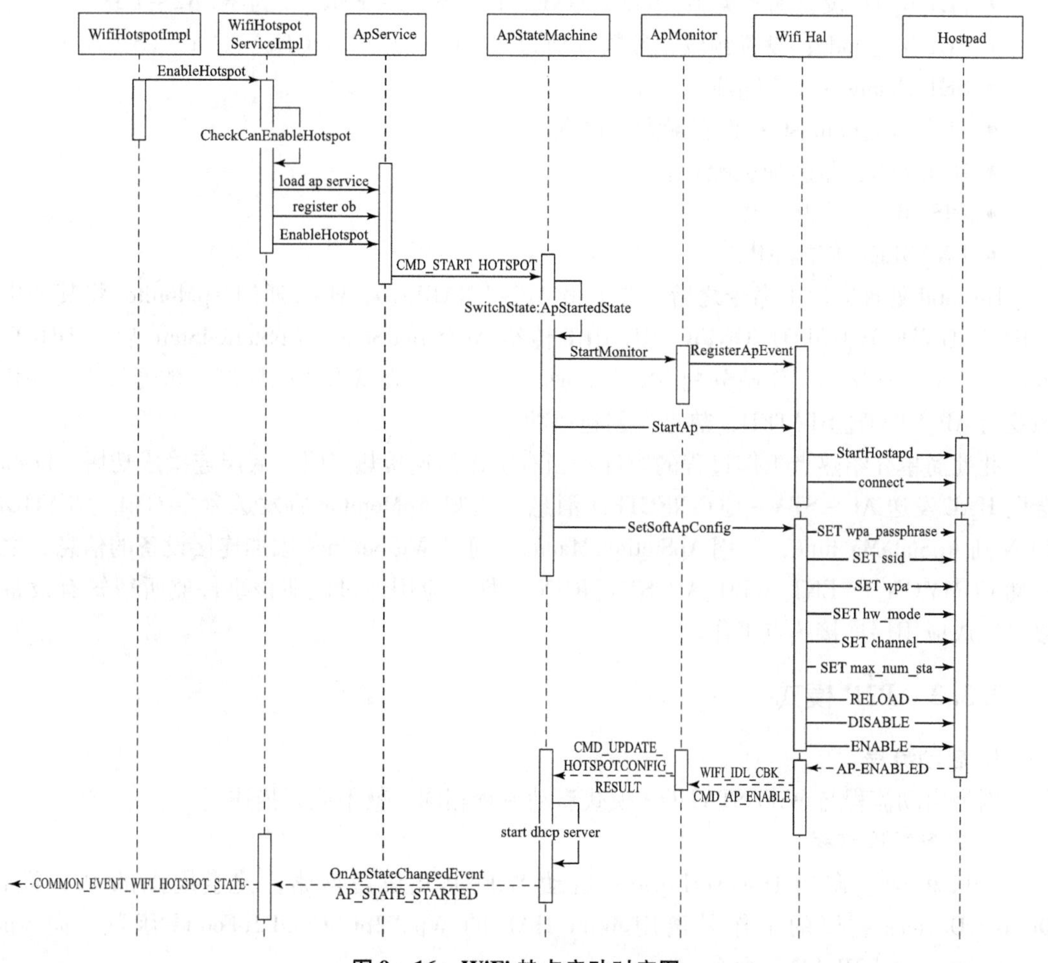

图 9-16　WiFi 热点启动时序图

WifiHotspotImpl 通过 IPC 调用框架 WifiHotspotServiceImpl 的 EnableHotspot，首先检查是否处于飞行模式或者省电模式，在这两种模式中禁用热点，返回相应的错误码；然后加载 APService 并初始化，注册 WifiManager 的回调函数到 APService 并通过 APService 向 APStateMachine 发送 CMD_START_HOTSPOT 消息，AP 状态机切换到 ApStartedState 状态。

AP 状态机进入 ApStartedState 状态后会启动 APMonitor，通过 RegisterApEvent 函数发送事件触发 WifiApHalInterface 处理工作站接入或离开事件以及热点状态变化事件。

在这个状态下通过下面两个步骤来启动 AP。

①调用 WifiApHalInterface 的 StartAp 启动 hostapd，构造 WifiHostapdHalDevice 并创建与 hostapd 通信的控制接口 ctrlConn 和 ctrlRecv，ctrlConn 用于向 hostapd 发送命令，ctrlRecv 用于接收从 hostapd 通知的事件。

②调用 WifiApHalInterface 的 SetSoftApConfig 对 softap 进行配置，基本配置信息包括 ssid（WiFi 热点名称）、热点密码及安全类型（可选的有无加密、WPA - PSK 和 WPA2 - PSK）、最大连接数、支持频带及信道等。通过 RPC 调用，向 hostapd 下发以下一系列命令。

- SET wpa_passphrase：设置密码。
- SET ssid：设置热点名称。
- SET wpa：设置加密类型，0 为 NONE，1 为 WPA - PSK，2 为 WPA2 - PSK。
- SET hw_mode：设置频段，参数分别为“any”“g（2.4 GHz）”“a”（5 GHz）。
- SET channel：设置信道。
- SET max_num_sta：设置最大连接数。
- RELOAD：重新加载配置。
- DISABLE：关闭 AP。
- ENABLE：使能 AP。

Hostapd 处理完以上命令之后，会上报 AP - ENABLED，HAL 通知 ApMonitor 将其转化为 CMD_UPDATE_HOTSPOTCONFIG_RESULT 传给 ApStartedState，ApStartedState 启动 DHCP 服务器，负责为连接的工作站分配 IP，最后通过之前注册在状态机的回调函数通知上层 AP 状态变为 AP_STATE_STATED，热点就创建成功。

此处简单介绍热点工作过程的原理：当有工作站连接热点时，底层连接成功后，hostapd 会向 HAL 发送 AP - STA - CONNECTED 消息，通知 ApMonitor 后发送命令 CMD_STATION_JOIN 到 ApStateMachine，调用 ApStationsManager 通过 WifiSettings 添加连接设备的信息，之后广播 COMMON_EVENT_WIFI_AP_STA_JOIN 事件，应用通过注册该事件监听得知有设备连接，完成应用层连接热点工作。

9.3.3 P2P 模式

1. 启动流程

因为启动流程与 WiFi STATION 模式启动流程相同，就不展开描述了。

2. 设备发现流程

WiFi 框架层调用 DiscoverDevices 启动 WiFi P2P 设备搜索，搜索周围的 P2P 设备。DiscoverDevices 主要的工作是调用 WiFi HAL 的 WpaP2pCliCmdP2pFound 函数，向 wpa_supplicant 发送 P2P_FIND 命令。

wpa_supplicant 收到 P2P_FIND 后，就会开始搜索周边的 P2P 设备，如果找到，则会给 WiFi HAL 发送 P2P_EVENT_DEVICE_FOUND 事件，这个事件会带有对方设备的信息，包括 MAC 地址、设备类型、设备名及配置方法等。

WiFi HAL 收到这样的事件后，会将 P2P_EVENT_DEVICE_FOUND 事件携带的数据封装成 HidlP2pDeviceInfo，通过 RPC 服务端回送给 WiFi 框架。HidlP2pDeviceInfo 参考代码如下：

```
typedef struct HidlP2pDeviceInfo{
    short configMethods;
    int deviceCapabilities;
    int groupCapabilities;
    unsigned int wfdLength;
    char srcAddress[WIFI_BSSID_LENGTH];
    char p2pDeviceAddress[WIFI_BSSID_LENGTH];
    char primaryDeviceType[WIFI_P2P_DEVICE_TYPE_LENGTH];
    char deviceName[WIFI_P2P_DEVICE_NAME_LENGTH];
    char wfdDeviceInfo[WIFI_P2P_WFD_DEVICE_INFO_LENGTH];
}HidlP2pDeviceInfo;
```

作为 PRC 客户端，WiFi 框架收到 HAL 事件 P2P_DEVICE_FOUND_EVENT 对应的事件 WIFI_IDL_CBK_CMD_P2P_DEVICE_FOUND_EVENT，读取 HidlP2pDeviceInfo，发送 P2P_EVENT_DEVICE_FOUND 事件通知 wifiP2pStateMachine，wifiP2pStateMachine 调用 WifiP2pDeviceManager 的 UpdateDeviceSupplicantInf 函数，更新并保存本地设备列表之后调用 BroadcastP2pPeersChanged 发送设备列表改变的通知。

注册了相关事件监听的应用，在收到通知后调用 QueryP2pDevices 获取设备列表，最终调用 WifiP2pDeviceManager 的 GetDevicesList 获取本地保存的设备列表，设备发现流程至此完成。

3. 连接流程

这里分别介绍 WiFi 设备的主动连接过程和被动连接过程。

1）主动连接

P2P 设备发现完成后，应用调用 QueryP2pDevices 获取设备显示在界面上，用户选择某个 P2P 设备并与之连接。WiFi 框架通过 P2pConenct 携带 P2P 设备参数进行连接，经过状态机处理，由 HAL 向 wpa_supplicant 发送消息，调用 WpaP2pCliCmdInvite 发送 P2P_INVITE 给 wpa_supplicant 进行连接邀请。

对端设备接收连接邀请后，驱动收到的响应包，经由 wpa_supplicant 处理向 HAL 发送 P2P_EVENT_PROV_DISC_PBC_RESP 事件。

```
static void DealProDiscPbcRespEvent(const char * buf,unsigned long length)
{
    if(buf == NULL || length < strlen(P2P_EVENT_PROV_DISC_PBC_RESP) + WIFI_MAC_LENGTH){
        return;
```

```
    }
    char macAddr[WIFI_MAC_LENGTH+1]={0};
    const char* pos=buf+strlen(P2P_EVENT_PROV_DISC_PBC_RESP);
    if(strncpy_s(macAddr,sizeof(macAddr),pos,WIFI_MAC_LENGTH)!=
EOK){
        return;
    }
    P2pHalCbProvisionDiscoveryPbcResponse(macAddr);
    return;
}
void P2pHalCbProvisionDiscoveryPbcResponse(const char* address)
{
    if(address==NULL){
        LOGI("P2p provision discovery pbc response event address is
NULL");
        return;
    }
    LOGD("P2p provision discovery pbc response event address:%
{private}s",address);
    WifiHalEventCallbackMsg* pCbkMsg=(WifiHalEventCallbackMsg*)
calloc(1,sizeof(WifiHalEventCallbackMsg));
    if(pCbkMsg==NULL){
        LOGE("create callback message failed!");
        return;
    }
    if(strncpy_s(pCbkMsg->msg.deviceInfo.srcAddress,sizeof(pCbkMsg
->msg.deviceInfo.srcAddress),address,
        sizeof(pCbkMsg->msg.deviceInfo.srcAddress)-1)!=EOK){
        free(pCbkMsg);
        return;
    }
    EmitEventCallbackMsg(pCbkMsg,P2P_PROV_DISC_PBC_RSP_EVENT);
    return;
}
```

HAL 侧处理相应事件，传回 p2p 状态机处理，主要处理是调用 WifiP2pHalInterface 的 connect 发送 P2P_CONNECT 命令，状态机状态变化为 GroupNegotiationState，开始群组协商后，wpa_supplicant 会发多个事件给 HAL，HAL 处理后也会发送多个事件消息给 P2pStateMachine，其中比较重要的是 P2P_GROUP_STARTED_EVENT。

状态机处于 GroupNegotiationState，接收到 P2P_EVENT_GROUP_STARTED 会更新和设置

Group（群组）信息，如果本端是GO，则调用StartDhcpServer；否则调用StartDhcpClient，为设备分配IP地址。最后状态迁移到p2pGroupFormedState，并更新P2P状态为connected，完成主动连接流程。

```
bool GroupNegotiationState:: ProcessGroupStartedEvt ( InternalMessage
&msg)const
{
    WifiP2pGroupInfo group;
    if(! msg.GetMessageObj(group)){
        WIFI_LOGE("Failed to obtain the group information.");
        return EXECUTED;
    }
    group.SetP2pGroupStatus(P2pGroupStatus::GS_STARTED);
    groupManager.SetCurrentGroup(group);
    //判断是否为GO,若是则保存GO信息到WifiP2pGroupInfo,并设置当前group
    if(groupManager.GetCurrentGroup().IsGroupOwner()&&
            MacAddress:: IsValidMac ( groupManager.GetCurrentGroup ( )
.GetOwner().GetDeviceAddress().c_str())){
        group.SetOwner(deviceManager.GetThisDevice());
        groupManager.SetCurrentGroup(group);
    }
    ...
    if(groupManager.GetCurrentGroup().IsGroupOwner()){
        //如果是GO设备,启动DHCP Server
        if(! p2pStateMachine.StartDhcpServer()){
            WIFI_LOGE("failed to startup Dhcp server.");
            p2pStateMachine.SendMessage(static_cast<int>(P2P_STATE_
MACHINE_CMD::CMD_REMOVE_GROUP));
        }
        //发送SET p2p_group_idle命令,设置P2P Group最大空闲时间
        if(WifiErrorNo::WIFI_IDL_OPT_OK!=
                WifiP2PHalInterface:: GetInstance ( ) . SetP2pGroupIdle
(groupManager.GetCurrentGroup().GetInterface(),0)){
            WIFI_LOGE("failed to set GO Idle time.");
        }
    }else{
        if(WifiErrorNo::WIFI_IDL_OPT_OK!=
                WifiP2PHalInterface:: GetInstance ( ) . SetP2pGroupIdle
(groupManager.GetCurrentGroup().GetInterface(),0)){
            WIFI_LOGE("failed to set GC Idle time.");
```

```
        }
        //如果是 GC 设备,启动 DHCP 客户端
        p2pStateMachine.StartDhcpClient();
        ...
    }
p2pStateMachine.ChangeConnectedStatus(P2pConnectedState::P2P_CONNECTED);
p2pStateMachine.SwitchState(&p2pStateMachine.p2pGroupFormedState);
    return EXECUTED;
}
```

2）被动连接

被动连接时，HAL 会收到 wpa_supplicant 发送的 P2P_EVENT_PROV_DISC_PBC_REQ，回送 WIFI_IDL_CBK_CMD_P2P_PROV_DISC_PBC_REQ_EVENT 给 P2pMonitor，调用 MessageToStateMachine 给 P2pStateMachine 发送 P2P_EVENT_PROV_DISC_PBC_REQ 消息。

P2pIdleState 不处理此消息，等 wpa_supplicant 发出 P2P_EVENT_GO_NEG_REQUEST 后续消息，P2pIdleState 切换状态至 p2pAuthorizingNegotiationRequestState。

```
void AuthorizingNegotiationRequestState::GoInState()
{
    WIFI_LOGI("      GoInState");
    if(p2pStateMachine.savedP2pConfig.GetWpsInfo().GetWpsMethod() =
=WpsMethod::WPS_METHOD_PBC ||p2pStateMachine.savedP2pConfig.GetWpsInfo()
.GetPin().empty()){
        p2pStateMachine.NotifyUserInvitationReceivedMessage();
    }
}
```

状态机切换进入 p2pAuthorizingNegotiationRequestState 状态后，调用 NotifyUserInvitationReceivedMessage 弹出对话框，如果 WPS 方式是 keypad 或者 display，则显示输入 pin 码的输入框或者显示框。以 PBC 为例，当用户单击确认后，发送消息 INTERNAL_CONN_USER_ACCEPT，p2pAuthorizingNegotiationRequestState 处理这个消息，调用 WifiP2pHalInterface 的 Connect 向 wpa_supplicant 发送 P2P_CONNECT 命令，然后切换状态到 p2pGroupNegotiationState，之后与主动连接的方式相同，完成被动连接过程。

9.4 思考和练习

（1）查看手机是否支持 802.11ac 协议。

（2）查阅 WiFi 工作模式相关资料，简述 STATION 模式、AP 模式及 P2P 模式的使用场合。

（3）简述蓝牙和 WiFi 有何异同。

（4）简述 WiFi 子系统总体框架。

（5）阐述 STATION 模式下的 WiFi 流程。

第 10 章

传感器子系统

10.1 传感器系统概述

10.1.1 传感器系统的定义

人类获取外界信息必须借助感觉器官，而在研究自然现象和规律以及生产活动时，仅靠感官已经远远不够了，因此出现了传感器。随着物联网、移动互联网的快速发展，在数字时代，传感器在智能交通、智能工业、智能穿戴等领域有着广阔的应用空间。

传感器是检测到被测量信息，将非电量信息转换成电信号的检测装置，就像眼睛是人类心灵的窗户，传感器则是计算机感知世界万物的眼睛。

传感器子系统在 OpenHarmony 系统中的位置如图 10 - 1 所示，隶属于基础软件服务子系统集中的 MSDP&DV 子系统。

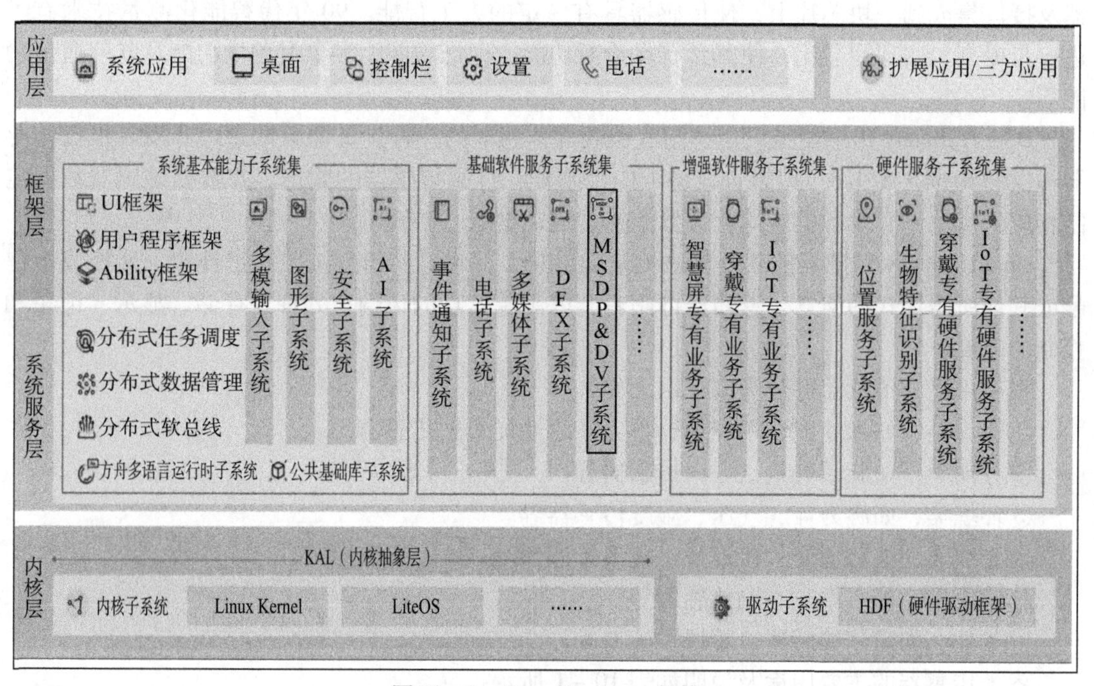

图 10 - 1　OpenHarmony 架构

MSDP：Mobile Sensing Development Platform，移动感知平台。

DV：Device Virtualization，设备虚拟化，通过虚拟化技术可以实现不同设备的能力和资源融合。

10.1.2 传感器系统的基本概念

传感器的技术发展演变历史经历了以下几代。

第一代是结构型传感器，它利用结构参量变化来感受和转化信号。例如，电阻应变式传感器，它是利用金属材料发生弹性形变时电阻的变化来转化电信号的。

第二代传感器是 20 世纪 70 年代开始发展起来的固体传感器，这种传感器由半导体、电介质、磁性材料等固体元件构成，是利用材料某些特性制成的，如利用热电效应、霍尔效应、光敏效应分别制成热电偶传感器、霍尔传感器、光敏传感器。

20 世纪 70 年代后期，随着集成技术、分子合成技术、微电子技术及计算机技术的发展，出现了集成传感器。集成传感器包括两种类型，即传感器本身的集成化、传感器与后续电路的集成化，如电荷耦合器件（CCD)、集成温度传感器 AD590、集成霍尔传感器 UG3501 等。这类传感器主要具有成本低、可靠性高、性能好、接口灵活等特点。集成传感器发展非常迅速，现已占传感器市场的 2/3 左右，它正向着低价格、多功能和系列化方向发展。

第三代传感器是 20 世纪 80 年代发展起来的智能传感器。智能传感器是指其对外界信息具有一定检测、自诊断、数据处理及自适应能力，是微型计算机技术与检测技术相结合的产物。80 年代智能化测量主要以微处理器为核心，把传感器信号调节电路、微计算机、存储器及接口集成到一块芯片上，使传感器具有一定的人工智能。90 年代智能化测量技术有了进一步提高，实现智能化，使其具有自诊断功能、记忆功能、多参量测量功能及联网通信功能等。

OpenHarmony 传感器是应用访问底层硬件传感器的一种设备抽象概念。开发者根据传感器提供的 Sensor API，可以查询设备上的传感器，订阅传感器的数据，并根据传感器数据定制相应的算法，开发各类应用，如指南针、运动健康、游戏等。

OpenHarmony 传感器能感受到被测量的信息，并将这些信息按照一定规律，转换成电信号或其他所需形式的信息，返回给订阅者，以满足信息的传输、处理、存储、显示、记录和控制的需要。

根据用途，传感器可分为以下六大类。

①运动类，如加速度、陀螺仪、重力、线性加速度传感器等。

②方向类，如旋转矢量、方向传感器等。

③环境类，如磁力计、气压、湿度传感器等。

④光线类，如环境光、接近光、色温传感器等。

⑤健康类，如心率、心跳传感器等。

⑥其他，如霍尔传感器、手握传感器等。

各类传感器的主要用途及说明如表 10 -1 所示。

表 10－1　传感器列表

分类	API 类名	传感器类型	中文描述	说明	主要用途
运动类	ohos. sensor. agent. Category MotionAgent	SENSOR_TYPE_ACCELEROMETER	加速度传感器	单位：m/s^2；测量 3 个物理轴（x、y 和 z）上施加在设备上的加速度，包括重力加速度	主要作用是检测运动的状态
		SENSOR_TYPE_ACCELEROMETER_UNCALIBRATED	未校准加速度传感器	单位：m/s^2；测量 3 个物理轴（x、y 和 z）上施加在设备上的未校准的加速度，包括重力加速度	作用是检测加速度偏差估值
		SENSOR_TYPE_LINEAR_ACCELERATION	线性加速度传感器	单位：m/s^2；测量 3 个物理轴（x、y 和 z）上施加在设备上的线性加速度，不包括重力加速度	作用是检测每个单轴方向上的线性加速度
		SENSOR_TYPE_GRAVITY	重力传感器	单位：m/s^2；测量 3 个物理轴（x、y 和 z）上施加在设备上的重力加速度	作用是测量重力大小
		SENSOR_TYPE_GYROSCOPE	陀螺仪传感器	单位：rad/s；测量 3 个物理轴（x、y 和 z）上设备的旋转角速度	作用是测量旋转的角速度
		SENSOR_TYPE_GYROSCOPE_UNCALIBRATED	未校准陀螺仪传感器	单位：rad/s；测量 3 个物理轴（x、y 和 z）上设备的未校准旋转角速度	作用是测量旋转的角速度及偏差估值
		SENSOR_TYPE_DROP_DETECTION	跌落检测传感器	检测设备的跌落状态；如果取值为 0 则代表没有发生跌落，取值为 1 则代表发生跌落	用于检测设备是否发生了跌落
		SENSOR_TYPE_PEDOMETER_DETECTION	计步器检测传感器	检测用户的计步动作；如果取值为 0 则代表用户没有发生运动；取值为 1 则代表用户产生了计步行走的动作	用于检测用户是否有计步的动作
		SENSOR_TYPE_PEDOMETER	计步器传感器	统计行走步数	用于提供用户行走的步数数据

续表

分类	API 类名	传感器类型	中文描述	说明	主要用途
环境类	ohos. sensor. agent. Category Environment Agent	SENSOR _ TYPE _ AMBIENT _ TEMPERATURE	环境温度传感器	单位:℃; 测量环境温度	用于测量环境温度
		SENSOR _ TYPE _ MAGNETIC_FIELD	磁场传感器	单位: μT; 测量 3 个物理轴（x、y、z）上环境地磁场	用于创建指南针
		SENSOR _ TYPE _ MAGNETIC _ FIELD _ UNCALIBRATED	未校准磁场传感器	单位: μT; 测量 3 个物理轴（x、y、z）上未校准环境地磁场	用于测量地磁偏差估值
		SENSOR _ TYPE _ HUMIDITY	湿度传感器	湿度是以百分比（%）表示的; 测量环境的相对湿度	用于监测露点、绝对湿度和相对湿度
		SENSOR _ TYPE _ BAROMETER	气压计传感器	单位：hPa 或 mbar; 测量环境气压	用于测量环境气压
		SENSOR _ TYPE _ SAR	比吸收率传感器	单位：W/kg; 测量比吸收率	用于测量设备的电磁波能量吸收比值
方向类	ohos. sensor. agent. Category Orientation Agent	SENSOR _ TYPE _ 6DOF	6 自由度传感器	测量上、下、前、后、左、右 6 个方向上的位移，单位：m 或 mm; 测量俯仰、偏摆、翻滚的角度，单位：rad	用于检测设备的 3 个平移自由度以及旋转自由度，用于目标定位追踪，如 VR
		SENSOR _ TYPE _ SCREEN_ROTATION	屏幕旋转传感器	设备屏幕的旋转状态	用于检测设备屏幕是否发生了旋转
		SENSOR _ TYPE _ DEVICE_ORIENTATION	设备方向传感器	单位：rad; 测量设备的旋转方向	用于检测设备旋转方向的角度值
		SENSOR _ TYPE _ ORIENTATION	方向传感器	单位：rad; 测量设备围绕所有 3 个物理轴（x、y、z）旋转的角度值	用于提供屏幕旋转的 3 个角度值
		SENSOR _ TYPE _ ROTATION_VECTOR	旋转矢量传感器	是一种复合传感器，由加速度传感器、磁场传感器、陀螺仪传感器合成，测量设备旋转矢量	检测设备相对于东北天坐标系的方向

续表

分类	API 类名	传感器类型	中文描述	说明	主要用途
方向类	ohos. sensor. agent. Category Orientation Agent	SENSOR _ TYPE _ GAME _ ROTATION _ VECTOR	游戏旋转矢量传感器	测量设备游戏旋转矢量，是一种复合传感器，由加速度传感器、陀螺仪传感器合成	应用于游戏场景
		SENSOR _ TYPE _ GEOMAGNETIC_ROTATION_VECTOR	地磁旋转矢量传感器	测量设备地磁旋转矢量，是一种复合传感器，由加速度传感器、磁场传感器合成	用于测量地磁旋转矢量
光线类	ohos. sensor. agent. Category LightAgent	SENSOR _ TYPE _ PROXIMITY	接近光传感器	测量可见物体相对于设备显示屏的接近或远离状态	用于通话中设备相对于人的位置
		SENSOR _ TYPE _ TOF	ToF 传感器	测量光在介质中行进一段距离所需的时间	用于人脸识别
		SENSOR _ TYPE _ AMBIENT_LIGHT	环境光传感器	单位：lx； 测量设备周围光线强度	用于自动调节屏幕亮度，检测屏幕上方是否有遮挡
		SENSOR _ TYPE _ COLOR_TEMPERATURE	色温传感器	测量环境中的色温	用于设备的影像处理
		SENSOR _ TYPE _ COLOR_RGB	RGB 颜色传感器	测量环境中的 RGB 颜色值	通过三原色的反射比率实现颜色检测
		SENSOR _ TYPE _ COLOR_XYZ	*XYZ* 颜色传感器	测量环境中的 *XYZ* 颜色值	用于辨识真色色点，还原色彩更真实
健康类	ohos. sensor. agent. Category BodyAgent	SENSOR _ TYPE _ HEART_RATE	心率传感器	测量用户的心率数值	用于提供用户的心率健康数据
		SENSOR _ TYPE _ WEAR_DETECTION	佩戴检测传感器	检测用户是否佩戴的传感器	用于检测用户是否佩戴智能穿戴

续表

分类	API 类名	传感器类型	中文描述	说明	主要用途
其他类	ohos. sensor. agent. Category OtherAgent	SENSOR _ TYPE _ HALL	霍尔传感器	测量设备周围是否存在磁力吸引	设备的皮套模式
		SENSOR _ TYPE _ GRIP_DETECTOR	手握检测传感器	检测设备是否有抓力施加	用于检查设备侧边是否被手握住
		SENSOR _ TYPE _ MAGNET_BRACKET	磁铁支架传感器	检测设备是否被磁吸	检测设备是否位于车内或者室内
		SENSOR _ TYPE _ PRESSURE _ DETECTOR	按压检测传感器	检测设备是否有压力施加	用于检测设备的正上方是否存在按压

10.2 基本原理和实现

10.2.1 传感器系统总体架构

各模块之间的关系说明如下。

应用层调用 SDK 提供的接口来执行传感器相关操作，如订阅、取消订阅传感器。

SDK 通过 IPC 方式发送命令到 Sensor Service 来完成功能。

Sensor Service 通过 HDF 框架来获得驱动提供的能力。

Hardware 层提供驱动来操作硬件。

1. APP 应用层

各种需要传感器能力的应用，如运动健康、计步器、指南针等。

2. 框架层

（1）SDK 用于给应用提供标准接口，包括 JS 接口和 C ++ 接口。

（2）Sensor Framework，向应用层提供稳定的基础能力，包括传感器列表查询、传感器启停、传感器订阅及去订阅、传感器参数配置、创建数据传递通道、传感器数据上传等功能。

3. Sensor Service

Sensor Service 提供传感器设备管理、传感器通用配置能力、传感器通用数据解析能力、权限管理能力。

4. HDF

HDF 驱动框架，传感器设备驱动的开发是基于该框架的基础上，结合操作系统适配层（OSAL）和平台驱动接口（如 I^2C/SPI/UART 总线等平台资源）能力，屏蔽不同操作系统和平台总线资源差异，实现传感器驱动“一次开发，多系统部署”的目标。

5. Hardware

各种传感器器件，如加速度计、陀螺仪、温度传感器、湿度传感器等。

10.2.2　传感器系统的功能

图 10－2 中内容实际上也反映了传感器子系统框架层代码层次，OpenHarmony 3.1 版本中传感器模块框架层的代码目录结构如下。

```
/base/sensors/sensor
├── frameworks          # 框架代码
│   └── native          # Sensor 客户端代码
├── interfaces          #对外接口存放目录
│   └── native          # Sensor Native 实现
│   └── plugin          # JS API
├── sa_profile          # 服务名称和服务动态库的配置文件
├── services            # 服务的代码目录
│   └── sensor          # 传感器服务,包括加速度计、陀螺仪等上报传感器数据
├── utils               # 公共代码,包括权限、通信等能力
```

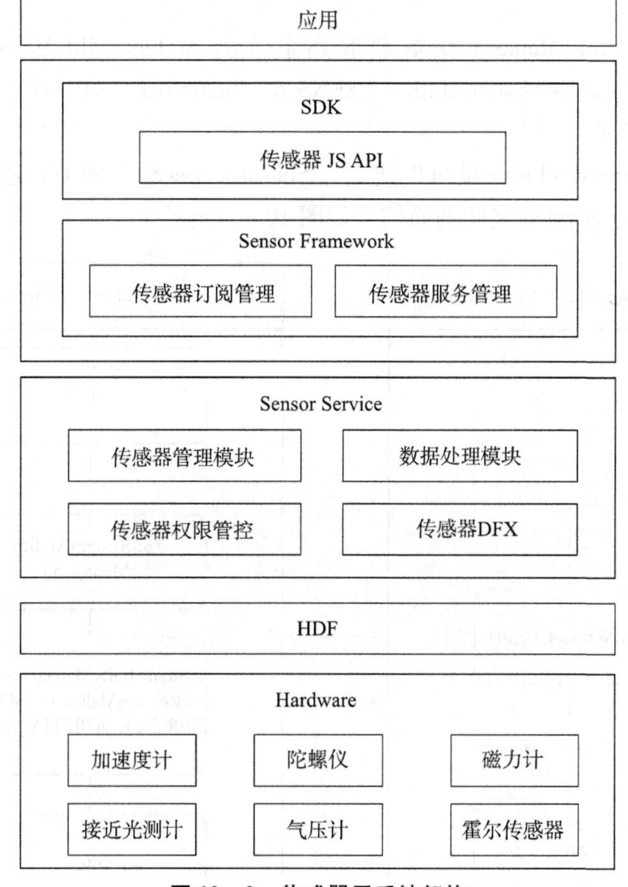

图 10－2　传感器子系统架构

interfaces/plugin/目录下的代码是提供给上层应用的 NAPI 接口，应用程序可以通过这些接口获得系统服务能力。

interfaces/native/目录下的代码是提供给 plugin 调用的接口。

framework/native/目录下的代码是传感器子系统框架客户端代码，获取传感器服务框架提供的能力。

services/sensor/目录下的代码是传感器子系统框架服务代码，包括加速度计、陀螺仪等使能以及数据上报等功能。

1. Sensor Framework

本框架主要实现命令传递流程中 Sensor Client 到 Sensor Service 的 IPC 通信，以及数据上报流程中 Sensor Service 到 Sensor Client 的 socket 通信。

1）Sensor 命令通道

以下流程建立 Sensor Client 到 Sensor Service 的 IPC 通信通道。

通过该通道，Sensor Service 可以接收 Sensor Client 发送过来的（打开传感器、关闭传感器、获取本机支持的传感器列表、创建数据传输通道、销毁数据传输通道）各种指令，并完成相应的工作。Sensor Service 也可以将结果返回给 Sensor Client。

JS 应用使能 Sensor 时，通过 InitServiceClient 函数来初始化，主要目的是建立与 Sensor Service 的通信。

通过 GetSystemAbilityManager 函数获取到系统的 SystemAbilityManager 实例。再通过 SystemAbilityManager -> GetSystemAbility（SENSOR_SERVICE_ABILITY_ID）函数获取到 SensorServiceProxy 实例。

然后通过 SensorServiceProxy 就可以建立与 SensorServiceStub 的 IPC 通信通道，从而实现 Sensor Client 与 Sensor Service 之间的通信，如图 10－3 所示。

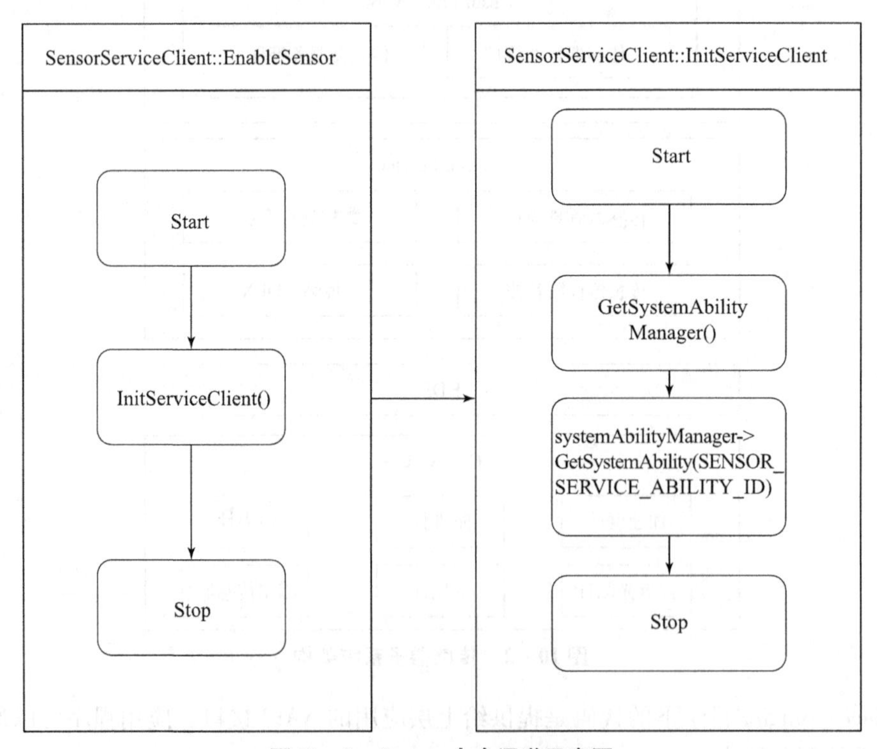

图 10－3　Sensor 命令通道示意图

2）Sensor 数据通道

以下流程建立 Sensor Service 上报传感数据到 Sensor Client 的 socket 数据通道。

通过该通道，Sensor Service 可以将传感数据输送到 Sensor Client。本通道的数据流是单向的，只能从 Sensor Service 流向 Sensor Client。

Sensor Client 调用 SensorBasicDataChannel:: CreateSensorBasicChannel 函数，内部通过 socketpair 函数创建一对无名的、相互连接的套接字，此处创建通信的文件句柄是 sendFd_和 receiveFd_，后续会将 sendFd_发送到 Sensor Service。这样 Sensor Client 保留 receiveFd_，Sensor Service 保留 sendFd_，就可以实现 Sensor Service 到 Sensor Client 的半双工数据通道。

EventRunner 创建和管理事件队列。调用 run 函数后，EventRunner 将会监听 receiveFd_，如果监听到有 socket 消息过来，就会回调 Client 端的 Callback 函数进行处理，如图 10 - 4 所示。

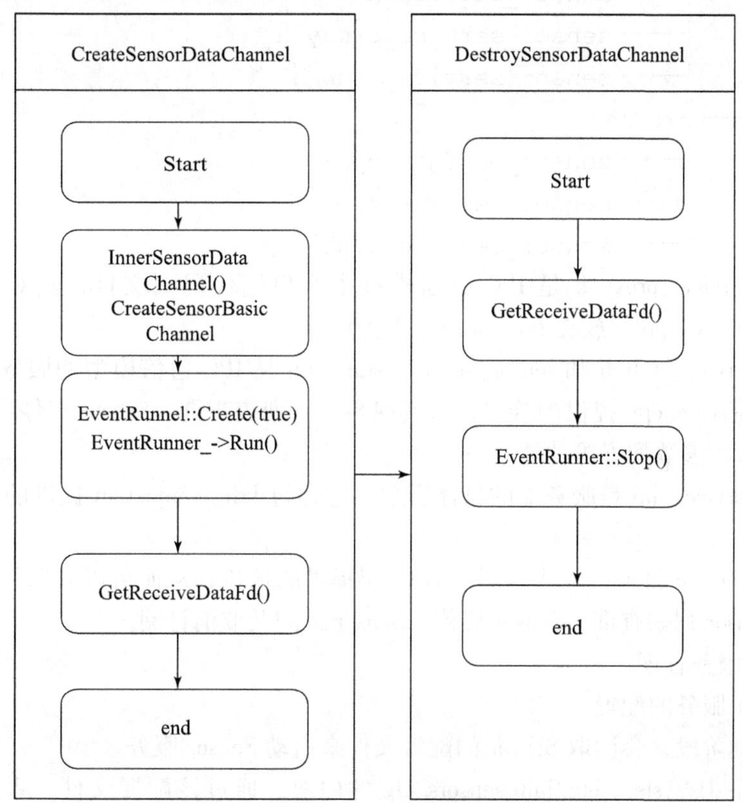

图 10 - 4　Sensor 数据通道示意图

2. Sensor Service

本模块实现 HDF 层数据接收、解析、分发，并实现对 Sensor 服务管理、数据上报管理、Sensor 权限管控等。

主要文件说明如下：

```
/base/sensors/sensor/services
├─── sensor
│     ├─── hdi_connection
```

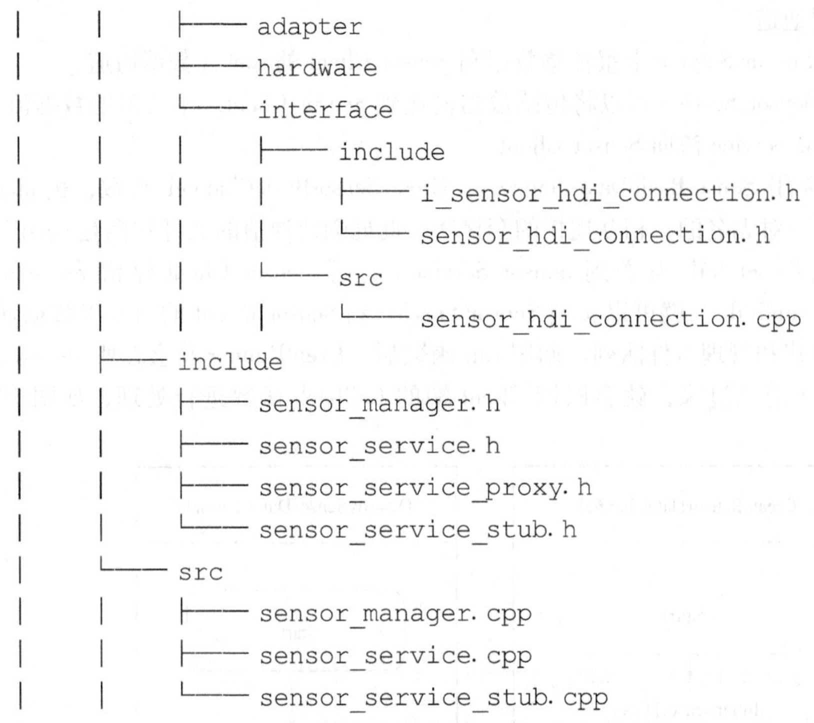

```
|       |       ├──── adapter
|       |       ├──── hardware
|       |       └──── interface
|       |       |       ├──── include
|       |       |       |       ├──── i_sensor_hdi_connection.h
|       |       |       |       └──── sensor_hdi_connection.h
|       |       |       └──── src
|       |       |       |       └──── sensor_hdi_connection.cpp
|       ├──── include
|       |       ├──── sensor_manager.h
|       |       ├──── sensor_service.h
|       |       ├──── sensor_service_proxy.h
|       |       └──── sensor_service_stub.h
|       └──── src
|       |       ├──── sensor_manager.cpp
|       |       ├──── sensor_service.cpp
|       |       └──── sensor_service_stub.cpp
```

①sensor_service_proxy.h 是 IPC 通信模型中客户端代码头文件，其对应的 cpp 文件 sensor_service_proxy.cpp 存放在 frameworks 目录中。

②sensor_service_stub.h 和 sensor_service_stub.cpp 是 IPC 通信模型的服务端入口，它通过调用 sensor_service.cpp 提供的接口，来实现 Sensor 列表查询、Sensor 启停、Sensor 订阅及取消订阅、Sensor 参数配置等功能。

③sensor_service.cpp 是服务端的具体实现，它通过 hdi_connection 提供的 HDI 接口可以和驱动层对接。

④hdi_connection 目录中的代码调用 HAL 层提供的接口，从而可以获取驱动层提供的以下能力，即 Sensor 列表查询、Sensor 启停、Sensor 订阅及取消订阅。

1）Sensor 服务管理

（1）Sensor 服务的配置。

在系统启动阶段，会读取 Sensor 的配置文件来启动 Sensor 服务。

以下是设备中/system/etc/init/sensors.cfg 的内容。通过该配置文件，系统启动时会读取/system/profile/sensors.xml 中的配置信息：

```
{
    "services":[{
            "name":"sensors",
            "path":["/system/bin/sa_main",
"/system/profile/sensors.xml"],
            "uid":"system",
            "gid":["system","shell"]
        }
```

```
    ]
}
```

以下是设备中/system/profile/sensors. xml 的内容，其中 Sensor Service 配置的 SystemAbility name 是 3601，加载的库文件是 libsensor_service. z. so：

```
<info>
    <process>sensors</process>
    <systemability>
        <name>3601</name>
        <libpath>libsensor_service. z. so</libpath>
        <run-on-create>true</run-on-create>
        <distributed>false</distributed>
        <dump-level>1</dump-level>
    </systemability>
</info>
```

（2）Sensor 服务的启动。

Sensor 的启动流程如图 10-5 所示，SensorService 启动时会调用 SensorService::OnStart 函数，OnStart 函数会完成以下工作：

①初始化 HDF 接口；

②注册回调函数到驱动层；

③创建 Sensor 数据处理类 SensorDataProcesser；

④向 SystemAbility 注册服务能力。

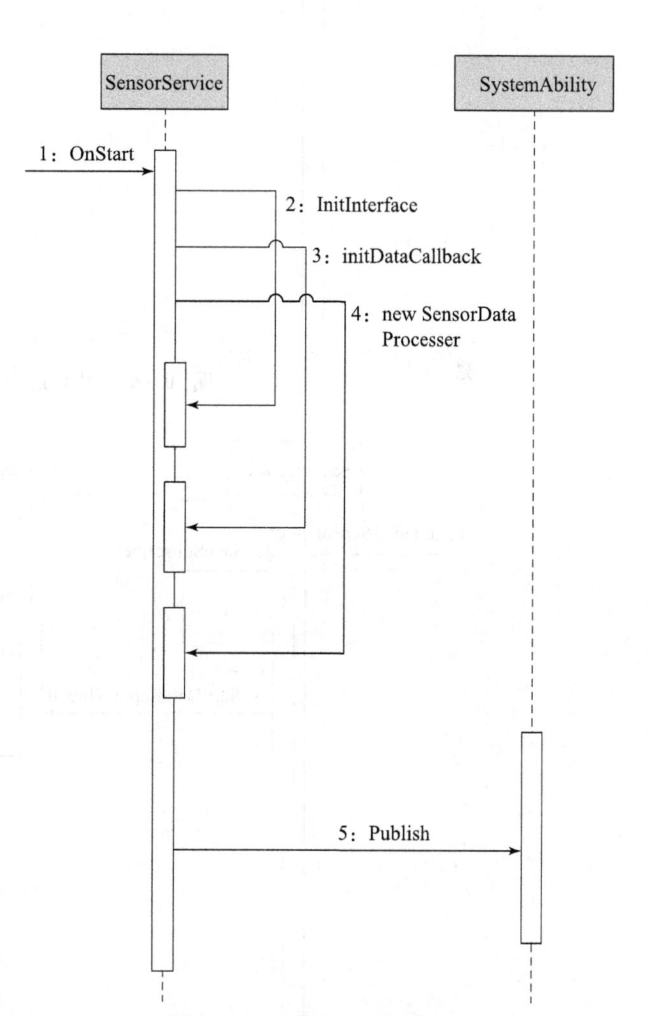

图 10-5　Sensor 启动流程

（3）与 HDF 创建通信。

OnStart 函数通过调用 InitInterface 函数来初始化 SensorHdiConnection 实例，SensorHdiConnection 再通过调用 ConnectHdi 函数，建立和底层驱动 HDF 层的连接，如图 10-6 所示。

2）Sensor 数据上报

（1）创建传感器数据上报线程。

Service 服务启动后，在打开传感器的流程中，SensorService::EnableSensor 函数会调用 SaveSubscriber 函数，再调用 SensorManager::StartDataReportThread 函数来创建数据上报线程。线程执行的是 SensorDataProcesser::DataThread 函数，如图 10-7 所示。

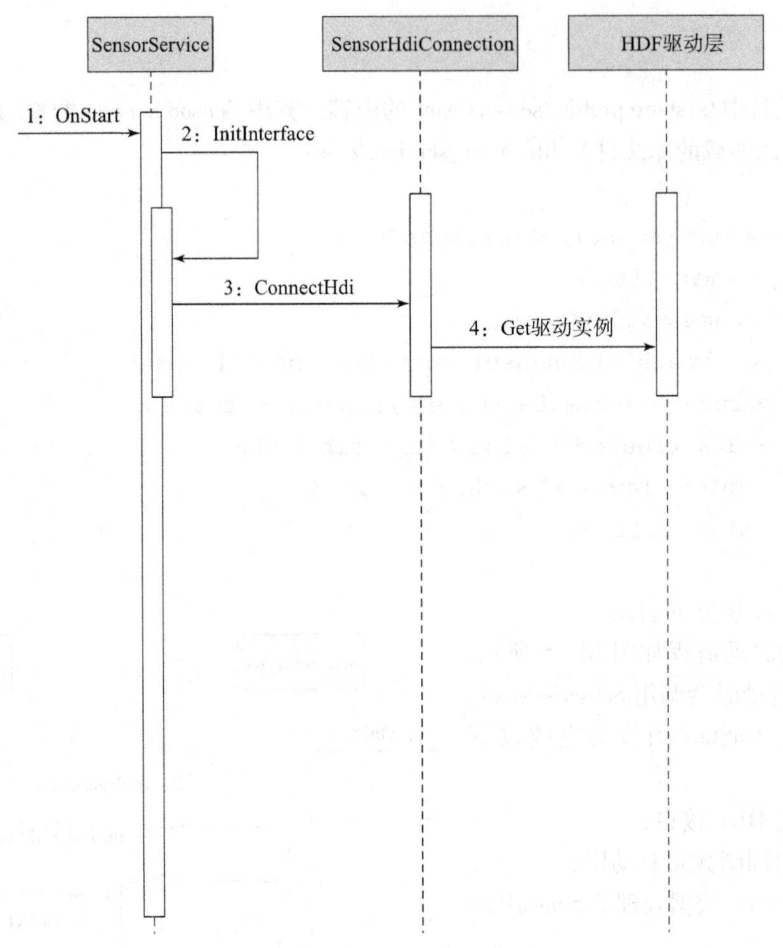

图 10-6 HDF 通信示意图

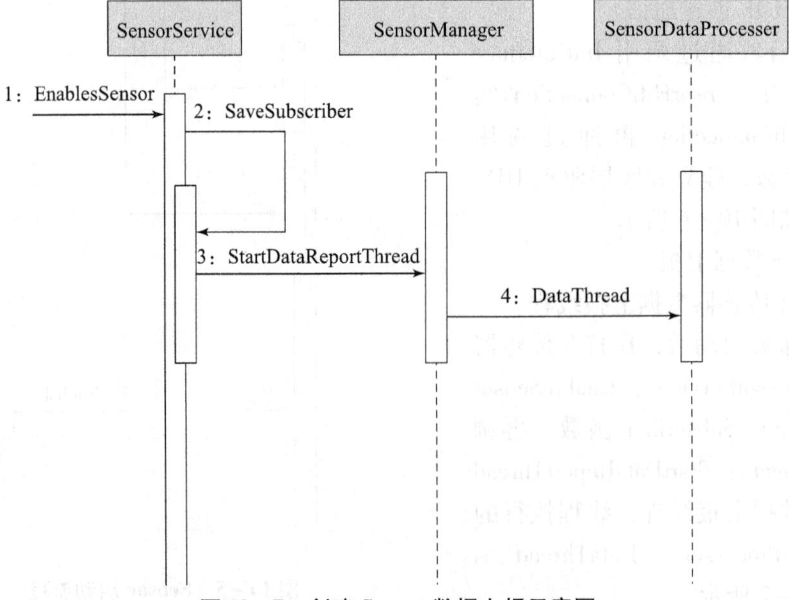

图 10-7 创建 Sensor 数据上报示意图

（2）数据上报。

数据上报线程中，会循环执行 SensorDataProcesser：：ProcessEvnets 函数，ProcessEvnets 函数在没有传感器信息过来时是处于阻塞状态的。阻塞的方式是使用 ISensorHdiConnection：：dataCondition_. wait（lk），如图 10－8 所示。

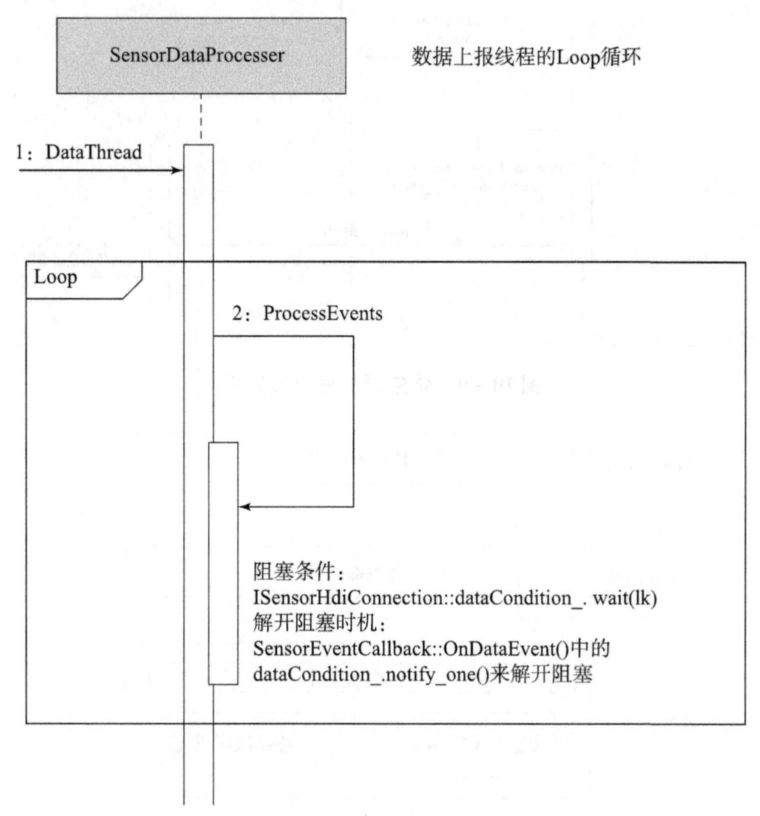

图 10－8　Loop 循环示意图

当有传感器信息从驱动层上报过来时，会触发 HDI 层注册到驱动层的回调函数 SensorEventCallback：：OnDataEvent。SensorEventCallback：：OnDataEvent 函数首先会将传感器数据写入一个 Buffer，然后会发送信号给上报线程。上报线程继续运行，读取 Buffer，将传感器数据发送到 Client 端，如图 10－9 所示。

3. Sensor HDF

1）传感器模型框架

Sensor 是外接设备的重要组成模块，Sensor 驱动模型为上层 Sensor 服务提供了 Sensor 基础能力接口，包括 Sensor 列表查询、Sensor 订阅和去订阅、Sensor 启动和停止、Sensor 采样率和上报频率等参数配置等一系列功能。

传感器驱动模型总体框架如图 10－10 所示。

Sensor 驱动抽象模型主要位于 OpenHarmony 软件的 HAL 层，其核心包括 3 个子模块。

（1）传感器 HDI：提供 Sensor 南向的标准接口定义和实现。

（2）Sensor 设备管理和通用配置：提供 Sensor 设备管理和 Sensor 通用配置能力、Sensor 通用数据解析能力。

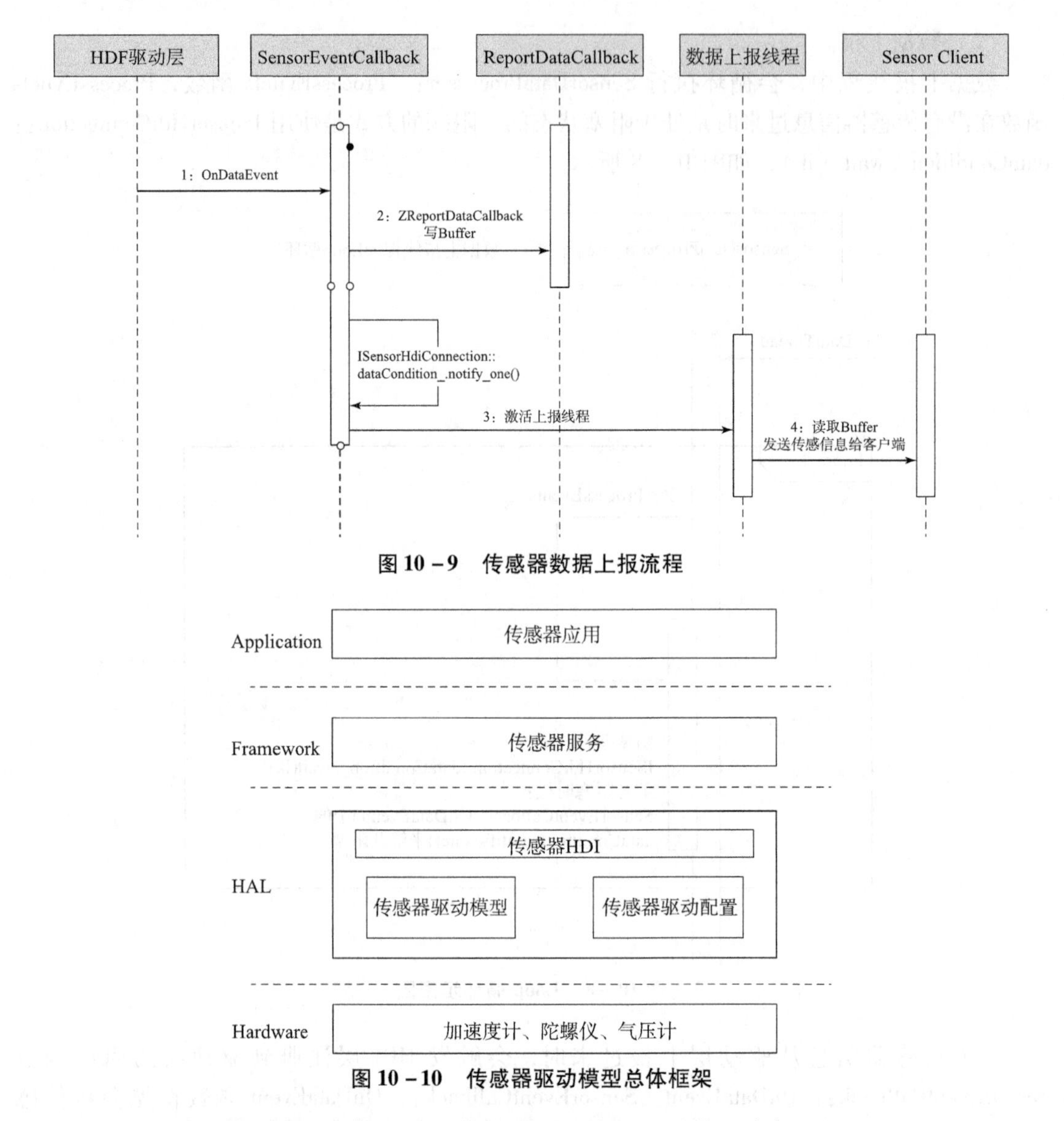

图 10－9　传感器数据上报流程

图 10－10　传感器驱动模型总体框架

（3）Sensor 器件驱动：提供 Sensor 器件通用驱动和差异化驱动实现。

2）传感器设备驱动模型

Sensor 设备通过 Sensor 驱动模型屏蔽硬件器件差异，为上层 Sensor 服务系统提供稳定的 Sensor 基础能力接口。Sensor 设备驱动的开发基础是 HDF 驱动框架，结合操作系统适配层（OSAL）和平台驱动接口，如 I^{2}C/SPI/UART 总线等平台资源的能力，屏蔽不同操作系统和平台总线资源差异，实现 Sensor 驱动“一次开发，多系统部署”的目标。

传感器设备驱动模型框图如图 10－11 所示。

HDF 框架有众多的 Device Host（驱动宿主），Sensor 驱动模型就是其中的一个，完成了对 Sensor 设备管理，包括 Sensor 驱动加载、注册、卸载、绑定、配置管理、接口发布等。

Sensor 驱动模型主要包括以下模块。

①Sensor HDI 子模块：抽象出 Sensor 设备的基本能力，包括 Sensor 列表查询、Sensor 启停、Sensor 订阅及取消订阅、Sensor 参数配置接口，接口和类型定义参考 sensor_if. h 和

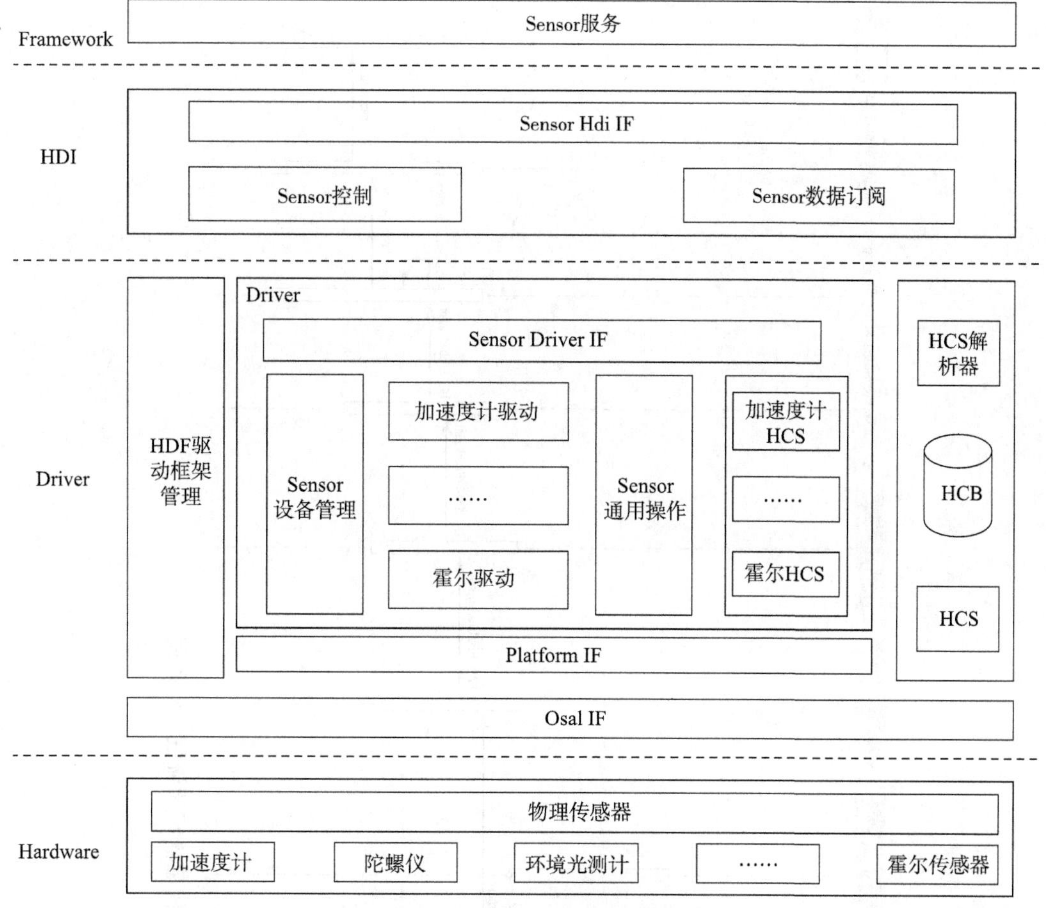

图 10－11　传感器设备驱动模型框图

sensor_type. h。

②Sensor 设备管理和通用配置子模块：Sensor 设备管理完成 Sensor 设备的注册、管理能力，数据报告能力，接口定义参考 sensor_device_if. h；通用配置子模块完成寄存器配置操作接口抽象，Sensor HCS 通用配置解析能力，接口定义参考 sensor_config_parser. h 和 sensor_config_controller. h。

③Sensor 器件驱动子模块：Sensor 器件驱动子模块完成每类 Sensor 类型驱动的抽象和器件差异化驱动实现。

10. 2. 3　传感器订阅与回传流程介绍

整体上分两大块特性。

①应用订阅：从应用层控制底层驱动，如 Sensor 启停、Sensor 订阅及取消订阅。

②数据回传：Sensor 数据从驱动层上报至应用层以满足不同应用的需求。

1. 传感器订阅流程

从 JS API 开放的能力分析源代码，绿色部分看作 Sensor 客户端，黄色部分看作 Sensor Service，蓝色部分是 Sensor 驱动，如图 10－12 所示。

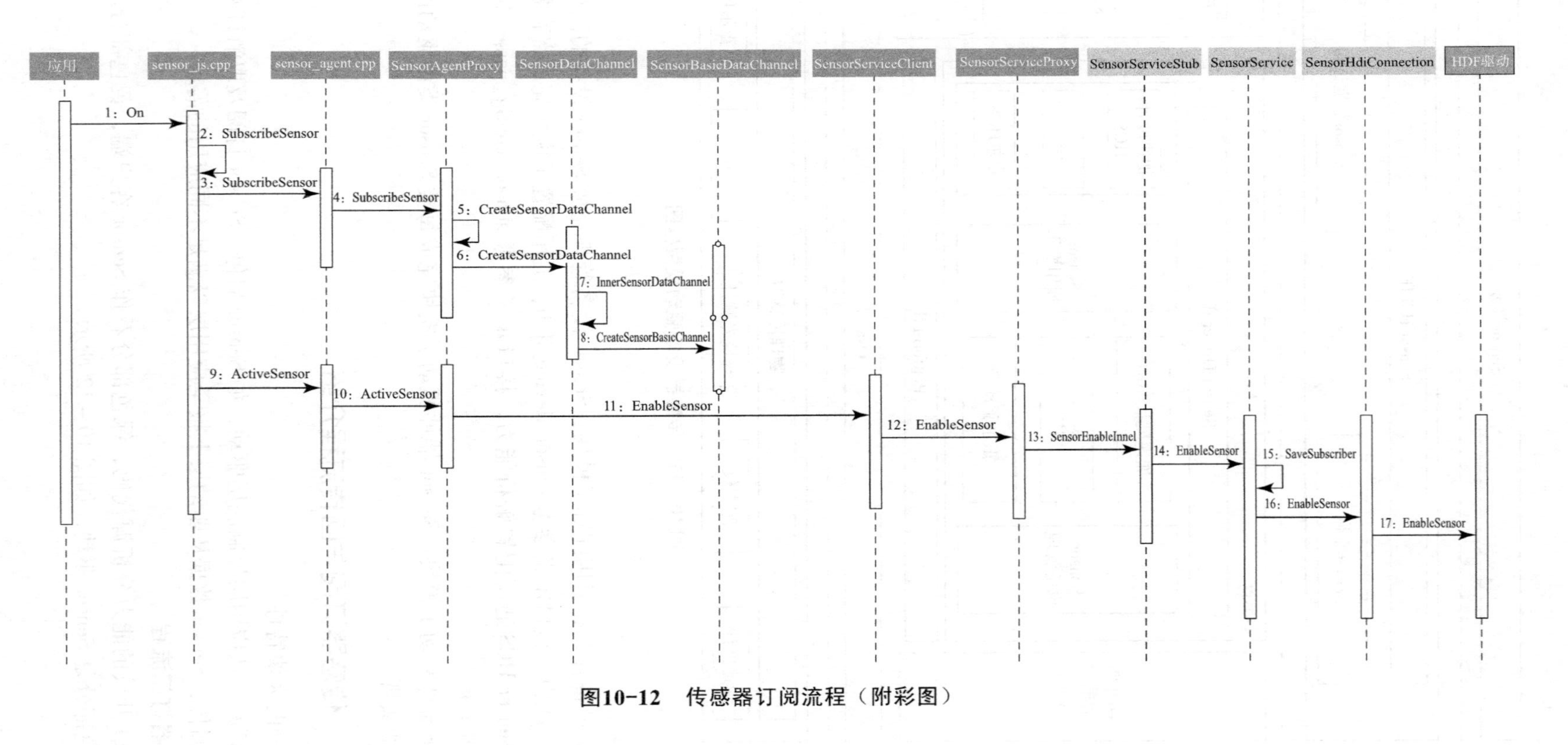

图10-12　传感器订阅流程（附彩图）

JS接口的实现入口是sensor_js.cpp文件，Init函数定义了3个JS API的接口，分别是On函数、Once函数、Off函数。

```
static napi_value Init(napi_env env,napi_value exports)
{
    //这里定义了3个接口:on、once、off
    napi_property_descriptor desc[] = {
        DECLARE_NAPI_FUNCTION("on",On),
        DECLARE_NAPI_FUNCTION("once",Once),
        DECLARE_NAPI_FUNCTION("off",Off)
    };
    NAPI_CALL(env,napi_define_properties(env,exports,sizeof(desc)/
sizeof(napi_property_descriptor),desc));
    return exports;
}
```

On函数是订阅传感器的入口，先创建C层到JS层的引用，目的是将JS层的回调函数注册到C层，然后调用SubscribeSensor函数，订阅传感器。

```
static napi_value On(napi_env env,napi_callback_info info)
{
    ...
    //获取JS应用传递过的sensorTypeId,例如
    int32_t sensorTypeId = GetCppInt32(args[0],env);
    ...
    //创建native层到JS回调的引用,为将来回调JS函数做准备
    napi_create_reference(env, args[1], 1, &asyncCallbackInfo ->
callback[0]);
    g_onCallbackInfos[sensorTypeId] = asyncCallbackInfo;
    //调用SubscribeSensor函数订阅Sensor
    //数据通过DataCallbackImpl返回给应用,DataCallbackImpl内部会调用g_
onCallbackInfos,从而回调到JS的函数
    int32_t ret = SubscribeSensor(sensorTypeId,interval,DataCallbackImpl);
    ...
    return nullptr;
}
```

SubscribeSensor函数的工作是订阅，并打开传感器，完成以下两部分工作。

①订阅指定的传感器，并往下层注册回调函数DataCallbackImpl，后续传感器数据会通过DataCallbackImpl函数上报。

②开启指定的传感器硬件，只有在打开传感器硬件后才可以获取到传感器数据。

```
static int32_t SubscribeSensor(int32_t sensorTypeId,int64_t interval,
RecordSensorCallback callback)
```

```
{
    //注 1:订阅指定 SensorId 的传感器,往下层注册回调函数为 user.callback,
    //user.callback = DataCallbackImpl
    int32_t ret = SubscribeSensor(sensorTypeId,&user);
    ....
    //注 2:启用已订阅的传感器,只有启用传感器后,应用才能获取传感器数据
    ret = ActivateSensor(sensorTypeId,&user);
    ....
    return 0;
}

//本层的回调函数,内部会回调 JS 层的 Callback
static void DataCallbackImpl(SensorEvent* event)
{
    ...
    //遍历 onCallbackInfo,触发 JS 回调
    for(auto &onCallbackInfo:g_onCallbackInfos){
        if((int32_t)onCallbackInfo.first == sensorTypeId){
          ...
                EmitAsyncCallbackWork ((struct AsyncCallbackInfo * )
(onCallbackInfo.second));
        }
    }
...
}
```

下面先分析订阅指定传感器的代码逻辑。SensorAgentProxy:: CreateSensorDataChannel 函数主要做了两件事情。

①创建 Sensor 数据通道，通过 socket 创建 socketPair，数据可以通过 sendFd 和 receiveFd 来传递。

②Sensor 框架创建数据通道，拿到通信句柄 sendFd 传递给 Sensor Service。

```
int32_t SensorAgentProxy::SubscribeSensor(int32_t sensorId, const
SensorUser* user)const
{
    ...
    if(! g_isChannelCreated){
        g_isChannelCreated = true;
        //创建 sensor 数据通道,通过 channel 实现 service 到 client 的数据上报
        CreateSensorDataChannel(user);
    }
```

```
    //注册 sensorID 对应的 callback
    g_subscribeMap[sensorId] = user;
    ...
}

int32_t SensorAgentProxy::CreateSensorDataChannel(const SensorUser* user) const
{
    //注1,内部调用 InnerSensorDataChannel 函数,创建 sensor 数据通道
    auto ret = dataChannel_->CreateSensorDataChannel(HandleSensorData, nullptr);
    ...
    //注2,将 sendFd 发送到 service 侧,本端保留 receiveFd
    auto &client = SensorServiceClient::GetInstance();
    ret = client.TransferDataChannel(dataChannel_);
    ...
}
```

SubscribeSensor 函数调用 SensorDataChannel:: InnerSensorDataChannel 函数，这里通过 socketpair 创建了一对套接字 sendFd 和 receiveFd。本端保留 receiveFd 作为 Sensor 数据的接收方。启动监听线程，监听 receiveFd。

```
int32_t SensorDataChannel::InnerSensorDataChannel()
{
    ...
    //通过 socketpair 函数创建一对套接字 sendFd 和 receiveFd
    int32_t ret = CreateSensorBasicChannel(SENSOR_READ_DATA_SIZE, SENSOR_READ_DATA_SIZE);
    ...
    //监听 receiveFd,当有消息过来时,触发 MyFileDescriptorListener::OnReadable()方法
    auto listener = std::make_shared<MyFileDescriptorListener>();
    listener->SetChannel(this);
    receiveFd_ = GetReceiveDataFd();
    auto inResult = handler->AddFileDescriptorListener(receiveFd_, AppExecFwk::FILE_DESCRIPTOR_INPUT_EVENT, listener);
    ...
    //启动监听线程
    int32_t runResult = eventRunner_->Run();
    ...
}
```

接下来，SubscribeSensor 函数调用 TransferDataChannel 函数将 sendFd 通过 IPC 方式传递给 Sensor Service。

```
ErrCode SensorServiceProxy::TransferDataChannel(
const sptr<SensorBasicDataChannel>&sensorBasicDataChannel,
                    const sptr<IRemoteObject>&sensorClient)
{
    MessageParcel data;
    ...
    //将 sendFd 写入 data,data 后面会通过 IPC 方式发送给 service
    sensorBasicDataChannel->SendToBinder(data);
    ...
    //IPC 通信机制,发送 TRANSFER_DATA_CHANNEL 消息到 service
    int32_t ret = Remote()->SendRequest(ISensorService::TRANSFER_
DATA_CHANNEL,data,reply,option);
    ...
    //关闭 Client 侧的 SendFd,保留 RecevieFd,Client 侧只负责接收消息
    sensorBasicDataChannel->CloseSendFd();
    return static_cast<ErrCode>(ret);
}
```

下面跳转到 Sensor Service 侧来继续跟踪流程，Sensor Service 会收到 TRANSFER_DATA_CHANNEL 消息。Sensor Service 收到该消息后跳转到对应的处理函数：SensorServiceStub::CreateDataChannelInner 函数。

```
SensorServiceStub::SensorServiceStub()
{
    baseFuncs_[ENABLE_SENSOR] = &SensorServiceStub::SensorEnableInner;
    baseFuncs_[DISABLE_SENSOR] = &SensorServiceStub::SensorDisableInner;
    baseFuncs_[GET_SENSOR_STATE] = &SensorServiceStub::GetSensorStateInner;
    baseFuncs_[RUN_COMMAND] = &SensorServiceStub::RunCommandInner;
    baseFuncs_[GET_SENSOR_LIST] = &SensorServiceStub::GetAllSensorsInner;
    //这里就是 TRANSFER_DATA_CHANNEL 对应的处理函数
    baseFuncs_[TRANSFER_DATA_CHANNEL] = &SensorServiceStub::CreateData
ChannelInner;
}
```

SensorServiceStub::CreateDataChannelInner 函数根据 client 侧传递过来的 sendFd 创建 socket 通道，后续从 sendFd 发送数据给 client。

```
ErrCode  SensorServiceStub:: CreateDataChannelInner (MessageParcel
&data,MessageParcel &reply)
{
    ...
```

```
    sptr < SensorBasicDataChannel > sensorChannel = new(std::nothrow)
SensorBasicDataChannel();
    ...
    //通过 data 来创建 socket 通道,data 里面有从 client 端传递过来的 sendFd
    auto ret = sensorChannel -> CreateSensorBasicChannel(data);
    ...
    //读取 client 信息
    sptr < IRemoteObject > sensorClient = data.ReadRemoteObject();
    ...
    return TransferDataChannel(sensorChannel,sensorClient);
}

int32_t SensorBasicDataChannel::CreateSensorBasicChannel(
MessageParcel &data)
{
    ...
    int32_t tmpFd = data.ReadFileDescriptor();
    ...
  //对端传递过来 sendFd_ 设置到 Service 端
    sendFd_ = dup(tmpFd);
    ...
}
```

至此，Sensor 框架中 Sensor Client 和 Sensor Service 之间的跨进程数据传输通道建立完成。Service 通过 sendFd 发送的消息，Client 端就可以通过 receiveFd 接收到。

接下来分析开启指定的传感器硬件的逻辑。

回到 Client 端的代码 ActivateSensor 函数。

```
int32_t ActivateSensor(int32_t sensorId,const SensorUser* user)
{
    ...
    const SensorAgentProxy* proxy = GetInstance();
    ...
    //调用 SensorAgentProxy::ActivateSensor
    return proxy -> ActivateSensor(sensorId,user);
}

int32_t SensorAgentProxy::ActivateSensor(int32_t sensorId, const
SensorUser* user)const
{
    ...
```

```
    SensorServiceClient &client = SensorServiceClient::GetInstance();
    //调用 SensorServiceClient::EnableSensor
    int32_t ret = client.EnableSensor(sensorId,g_samplingInterval,g_reportInterval);
    ...
}

int32_t SensorServiceClient::EnableSensor(uint32_t sensorId,int64_t samplingPeriod,int64_t maxReportDelay)
{
  //获取 SensorServiceProxy
  sensorServer_=iface_cast<ISensorService>(systemAbilityManager->GetSystemAbility(SENSOR_SERVICE_ABILITY_ID));
    ...
    //调用 SensorServiceProxy::EnableSensor
    ret = sensorServer_->EnableSensor(sensorId, samplingPeriod, maxReportDelay);
    ...
  }

  ErrCode SensorServiceProxy::EnableSensor(uint32_t sensorId,int64_t samplingPeriodNs,int64_t maxReportDelayNs)
  {
    ...
    //通过 IPC 消息,发送 ENABLE_SENSOR 消息到 Service
    int32_t ret = Remote()->SendRequest(ISensorService::ENABLE_SENSOR,data,reply,option);
    ...
}
```

经过上面的一系列函数调用，可以看出最终还是通过 IPC 消息，从 Client 发送 ENABLE_SENSOR 消息到 Service。接下来继续看 Service 侧的代码逻辑。

Sensor Service 收到消息后跳转到函数 SensorServiceStub:: SensorEnableInner。

```
SensorServiceStub::SensorServiceStub()
{
    //这里就是 ENABLE_SENSOR 对应的处理函数
    baseFuncs_[ENABLE_SENSOR] = &SensorServiceStub::SensorEnableInner;
    baseFuncs_[DISABLE_SENSOR] = &SensorServiceStub::SensorDisableInner;
    baseFuncs_[GET_SENSOR_STATE] = &SensorServiceStub::GetSensorStateInner;
    baseFuncs_[RUN_COMMAND] = &SensorServiceStub::RunCommandInner;
```

```
    baseFuncs_[GET_SENSOR_LIST] = &SensorServiceStub::GetAllSensorsInner;
    baseFuncs_[TRANSFER_DATA_CHANNEL] = &SensorServiceStub::CreateDataChannelInner;
}
```

由函数的调用关系看出，Service 最终调用到 HdiConnection:: EnableSensor 函数，其作用是调用 HDF 提供的标准接口，打开指定的 Sensor。

```
ErrCode SensorServiceStub:: SensorEnableInner(MessageParcel &data, MessageParcel &reply)
{
    ...
    uint32_t sensorId = data.ReadUint32();
    ...
    //调用实现类 SensorService::EnableSensor
    return EnableSensor(sensorId,data.ReadInt64(),data.ReadInt64());
}

ErrCode SensorService:: EnableSensor(uint32_t sensorId, int64_t samplingPeriodNs,int64_t maxReportDelayNs)
{
    ...
    ret = sensorHdiConnection_.EnableSensor(sensorId);
    ...
}
```

下面是 HDF 框架部分的代码，从以下流程中可以看出 HDF 框架是通过驱动 sensorInterface 提供的能力来打开传感器的。同时也可以看到驱动还提供了 Disable、SetMode、SetOption、Register、Unregister 的能力。

```
int32_t SensorHdiConnection::EnableSensor(int32_t sensorId)
{
    int32_t ret = iSensorHdiConnection_->EnableSensor(sensorId);
    ...
};

int32_t HdiConnection::EnableSensor(int32_t sensorId)
{
    ...
    sensorInterface_ = ISensorInterface::Get();
    ...
    int32_t ret = sensorInterface_->Enable(sensorId);
    ...
```

```
}

//ISensorInterface 中定义了一系列驱动所提供的能力:
interface ISensorInterface{
    GetAllSensorInfo([out]struct HdfSensorInformation[]info);
    Enable([in]int sensorId);
    Disable([in]int sensorId);
    SetBatch([in]int sensorId,[in]long samplingInterval,[in]long reportInterval);
    SetMode([in]int sensorId,[in]int mode);
    SetOption([in]int sensorId,[in]unsigned int option);
    Register([in]int groupId,[in]ISensorCallback callbackObj);
    Unregister([in]int groupId,[in]ISensorCallback callbackObj);
}
```

2. 传感器数据回传

传感器数据回传流程如图 10－13 所示。

Sensor 打开之后，就会有 Sensor 数据按照上报频率上报给应用。Sensor 数据传递的通道在订阅阶段已经创建好了，在 Service 侧调用 SensorService:: EnableSensor 函数时，其内部还调用了 SaveSubscriber 函数。

```
ErrCode SensorService:: EnableSensor (uint32_t sensorId, int64_t sampling PeriodNs,int64_t maxReportDelayNs)
{
    ...
    auto ret = SaveSubscriber (sensorId, samplingPeriodNs, maxReportDelayNs);
    ...
    return ret;
}
```

SaveSubscriber 做了两件事情。

①调用 SensorManager:: SaveSubscriber 函数管理 Sensor 订阅信息。

②开启 Sensor 数据上报的线程 SensorDataProcesser:: ProcessEvents ()。

```
ErrCode SensorService:: SaveSubscriber (uint32_t sensorId, int64_t samplingPeriodNs,int64_t maxReportDelayNs)
{
    //注 1,Sensor 订阅管理
    auto ret = sensorManager_.SaveSubscriber (sensorId, this->GetCallingPid(),samplingPeriodNs,maxReportDelayNs);
    ...
    //注 2,启动进程上报线程
```

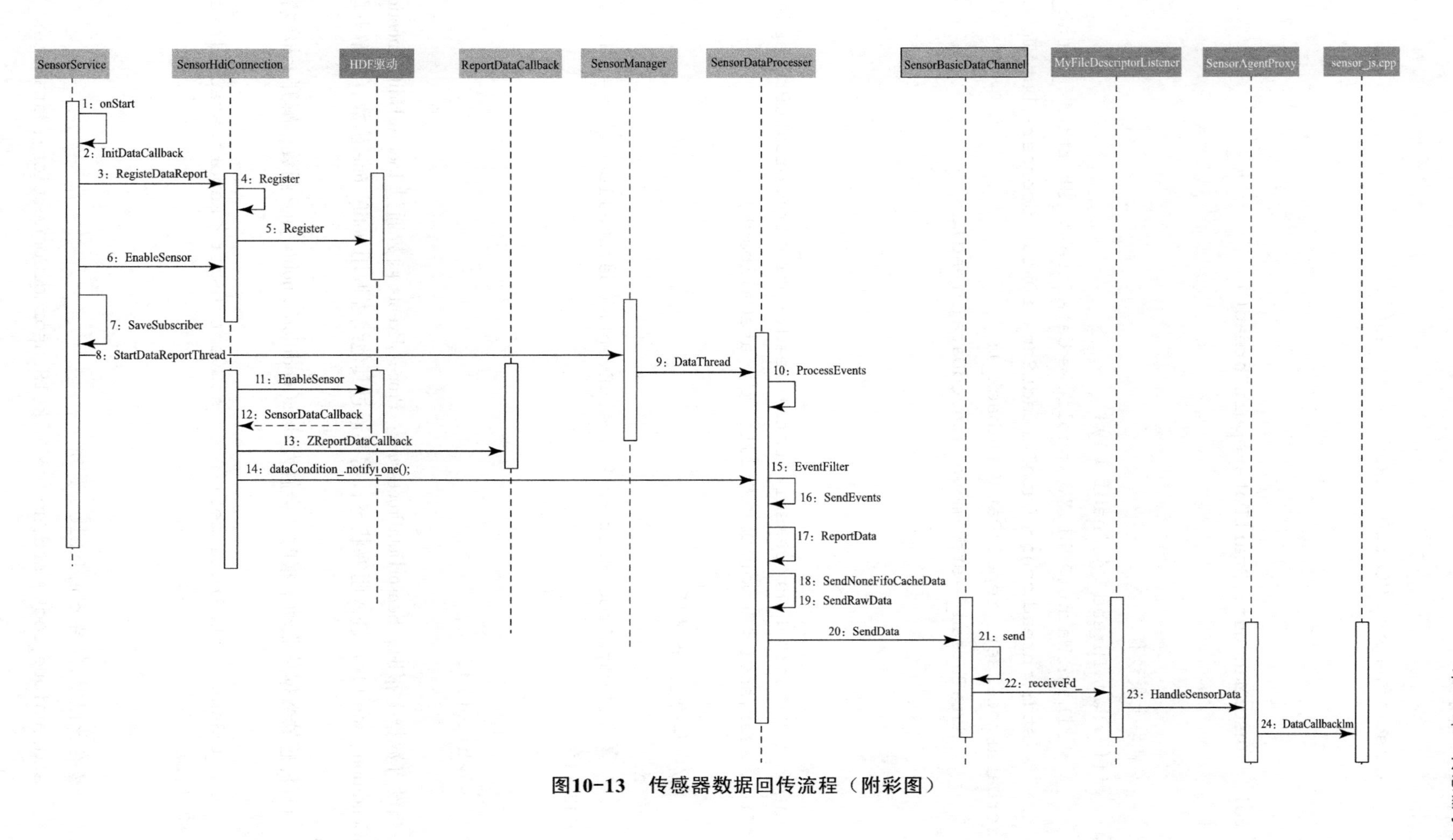

图10-13　传感器数据回传流程（附彩图）

```
        sensorManager_.StartDataReportThread();
        ...
    }

    void SensorManager::StartDataReportThread()
    {
        ...
        //启动上报线程
        if(! dataThread_.joinable()){
            HiLog::Warn(LABEL,"%{public}s dataThread_ started",__func__);
            std::thread senocdDataThread(SensorDataProcesser::DataThread,
sensorDataProcesser_,reportDataCallback_);
            dataThread_ = std::move(senocdDataThread);
        }
        ...
    }

    int32_t SensorDataProcesser::DataThread(sptr<SensorDataProcesser>
dataProcesser,sptr<ReportDataCallback>dataCallback)
    {
        //线程的 loop 循环
        do{
            if(dataProcesser -> ProcessEvents(dataCallback) == INVALID_
POINTER){
                ...
            }
        }while(1);
    }
```

当没有数据上报时，SensorDataProcesser:: ProcessEvents 函数通过 ISensorHdiConnection:: dataCondition_. wait(lk) 进入阻塞状态，需要通过其他线程调用 notify_one 函数，来解开阻塞状态。

当有传感器数据从驱动上报时，会触发 dataCondition_. notify_one 函数，解开上报线程的阻塞状态。

```
    int32_t SensorDataProcesser::ProcessEvents(sptr<ReportDataCallback>
dataCallback)
    {
        ...
        //在此阻塞,等待 condition 通知
        std::unique_lock<std::mutex>lk(ISensorHdiConnection::dataMutex_);
```

```
    ISensorHdiConnection::dataCondition_.wait(lk);

    //当驱动有 Sensor 数据之后,会触发通知过来,之后才会继续运行下面的语句
    auto &eventsBuf = dataCallback -> GetEventData();
    ...
    //遍历 event 列表,处理 event
    int32_t eventNum = eventsBuf.eventNum;
    for(int32_t i = 0;i < eventNum;i ++){
        EventFilter(eventsBuf);
      ...
    }
    return SUCCESS;
}
```

下面分析传感器数据从驱动上报时，如何触发 dataCondition_. notify_one 函数。

系统开机启动时，hsensors 进程启动，也就是 SensorService 启动。

SensorService 将 ZReportDataCallback 函数注册到 HdiConnection，HdiConnection 又会将 eventCallback_函数注册到驱动层，这是回调的注册流程。

```
//Service 启动阶段
void SensorService::OnStart()
{
    ...
    //回调注册
    if(! InitDataCallback()){
      ...
    }
    ...
}

bool SensorService::InitDataCallback()
{
    ...
    ZReportDataCb cb = &ReportDataCallback::ZReportDataCallback;
    //将 Service 层的 ZReportDataCallback 注册到 HdiConnection 中
    auto ret = sensorHdiConnection_.RegisteDataReport(cb, reportData
Callback_);
    ...
}

int32_t SensorHdiConnection::RegisteDataReport(ZReportDataCb cb,sptr
```

```
<ReportDataCallback>reportDataCallback)
    {
        int32_t ret = iSensorHdiConnection_->RegisteDataReport(cb,report
DataCallback);
        ...
    }

    int32_t HdiConnection::RegisteDataReport(ZReportDataCb cb, sptr
<ReportDataCallback>reportDataCallback)
    {
        ...
        eventCallback_=new(std::nothrow)SensorEventCallback();
        ...
        //sensorInterface_就是HDF提供的标准接口,将HdiConnection的回调
eventCallback_注册到驱动层
        int32_t ret = sensorInterface_->Register(0,eventCallback_);
        ...
        reportDataCb_=cb;
        reportDataCallback_=reportDataCallback;
        return ERR_OK;
    }
```

当传感器驱动检测到有数据变化时，回调流程就是反向过程，首先会调用 HdiConnection 的回调函数 eventCallback_，eventCallback_函数会继续回调 ZReportDataCallback 函数。

当驱动层回调 SensorEventCallback 时，SensorEventCallback::OnDataEvent 函数主要做了两件事情。

①调用 ReportDataCallback::ZreportDataCallback 将 sensor 数据写入 eventsBuf_，eventsBuf_会在上报线程中读取。

②调用 dataCondition_.notify_one 函数激活数据上报的线程。

```
    int32_t SensorEventCallback::OnDataEvent(const HdfSensorEvents&
event)
    {
        //获取之前注册在HdiConnection层的回调函数ZReportDataCallback
        ZReportDataCb reportDataCb_=HdiConnection_->getReportDataCb();
        ...
        //调用回调函数ZReportDataCallback写eventsBuf_
        (void)(reportDataCallback_->*(reportDataCb_))(&sensorEvent,
reportDataCallback_);
        //通知上报线程继续运行一次,上报线程读取eventsBuf_
```

```
    ISensorHdiConnection::dataCondition_.notify_one();
    return ERR_OK;
}

//本函数会写 eventsBuf_,而上报线程会读取 eventsBuf_
int32 _ t  ReportDataCallback:: ZReportDataCallback ( const  struct
SensorEvent* event,sptr<ReportDataCallback>cb)
{
    float* data=(float* )event->data;
    ...
    struct SensorEvent  eventCopy={
      .sensorTypeId=event->sensorTypeId,
      .version=event->version,
      .timestamp=event->timestamp,
      .option=event->option,
      .mode=event->mode,
      .dataLen=event->dataLen
    };
    eventCopy.data=new uint8_t[SENSOR_DATA_LENGHT];
    if(memcpy_s(eventCopy.data,event->dataLen,event->data,event->
dataLen)!=EOK){
      ...
    }
    //将 Event 数据写入 eventsBuf_,等待上报线程读取
    int32_t leftSize=CIRCULAR_BUF_LEN - cb->eventsBuf_.eventNum;
    int32_t toEndLen=CIRCULAR_BUF_LEN - cb->eventsBuf_.writePosition;
    if(toEndLen==0){
            cb->eventsBuf_.circularBuf[0]=eventCopy;
            cb->eventsBuf_.writePosition=1 - toEndLen;
    }else{
            cb->eventsBuf_.circularBuf[cb->eventsBuf_.writePosition]
=eventCopy;
            cb->eventsBuf_.writePosition + =1;
    }
    ...
    return ERR_OK;
}
```

当有传感器数据从驱动上报时，会调用 Service 层的回调函数 ZReportDataCallback 来写 buffer，并触发 notify_one 函数，解开上报线程的阻塞状态，读取 buffer。

接下来回到上报线程 SensorDataProcesser:: ProcessEvents 函数。

```
int32_t SensorDataProcesser::ProcessEvents(sptr<ReportDataCallback>
dataCallback)
{
    ...
    //在此阻塞,等待 condition 通知
    std::unique_lock<std::mutex>lk(ISensorHdiConnection::dataMutex_);
    ISensorHdiConnection::dataCondition_.wait(lk);

    //此时已经收到 notify,继续运行,读取已被更新数据的 eventsBuf_
    auto &eventsBuf = dataCallback->GetEventData();
    ...
    //遍历 eventBuf,处理 event
    int32_t eventNum = eventsBuf.eventNum;
    for(int32_t i=0;i<eventNum;i++){
        EventFilter(eventsBuf);
        ...
    }
    return SUCCESS;
}
```

收到通知之后，线程继续运行，遍历 eventBuf，调用 EventFilter 函数处理 events。EventFilter 最终会调用 channel -> SendData 函数，通过 socket 的方式发送 Sensor 数据到 Client 侧。

```
void SensorDataProcesser::EventFilter(struct CircularEventBuf &events
Buf)
{
    ...
    if(channel->GetSensorStatus()){
        SendEvents(channel,eventsBuf.circularBuf[eventsBuf.readPosition]);
    }
    ...
}

int32_t SensorDataProcesser::SendEvents(sptr<SensorBasicDataChannel>
&channel,struct SensorEvent &event)
{
    ...
    CacheSensorEvent(event,channel);
    ...
```

```
}

int32_t SensorDataProcesser::CacheSensorEvent(const struct SensorEvent
&event,sptr<SensorBasicDataChannel> &channel)
{
    ...
    ret = channel -> SendData(&event,sizeof(struct SensorEvent));
    ...
}

int32_t SensorBasicDataChannel::SendData(const void* vaddr,size_t
size)
{
    ...
    //通过 socket 通道发送消息到 Client 侧
    length = send(sendFd_,vaddr,size,MSG_DONTWAIT |MSG_NOSIGNAL);
    ...
}
```

接下来，转到 Client 侧继续跟踪流程，当有 socket 消息过来时，会触发监听线程的 OnReadable 函数，并通过 recv 收取 Service 发过来的 events。

```
void MyFileDescriptorListener::OnReadable(int32_t fileDescriptor)
{
    ...
    //构造接收缓冲区
    struct TransferSensorEvents* receiveDataBuff_ =
          new (std::nothrow) TransferSensorEvents[sizeof(struct
TransferSensorEvents)* RECEIVE_DATA_SIZE];
    //通过 socket 接收消息,fileDescriptor 就是订阅流程中创建的 receiveFd_
    int32_t len = recv(fileDescriptor,receiveDataBuff_,sizeof(struct
TransferSensorEvents)* RECEIVE_DATA_SIZE,NULL);
    while(len >0){
        int32_t eventSize = sizeof(struct TransferSensorEvents);
        int32_t num = len/eventSize;
        for(int i =0;i <num;i ++){
            SensorEvent event = {
              .sensorTypeId = receiveDataBuff_[i].sensorTypeId,
              .version = receiveDataBuff_[i].version,
              .timestamp = receiveDataBuff_[i].timestamp,
              .option = receiveDataBuff_[i].option,
```

```
                .mode = receiveDataBuff_[i].mode,
                .dataLen = receiveDataBuff_[i].dataLen,
                .data = receiveDataBuff_[i].data
            };
            //调用上层的回调函数 dataCB_
            //dataCB_是在 CreateSensorDataChannel()时设置进来的HandleSensorData()
            channel_->dataCB_(&event,1,channel_->privateData_);
        }
        len = recv(fileDescriptor, receiveDataBuff_, sizeof(struct TransferSensorEvents)* RECEIVE_DATA_SIZE,NULL);
    }
}
```

回调给上层的回调函数 HandleSensorData:

```
void SensorAgentProxy::HandleSensorData(struct SensorEvent* events, int32_t num,void* data)
{
    ...
    struct SensorEvent eventStream;
    for(int32_t i=0;i<num; ++i){
        eventStream=events[i];
        ...
        //继续往上层回调,callback 是在订阅阶段注册过来的 DataCallbackImpl()
    g_subscribeMap[eventStream.sensorTypeId] ->callback(&eventStream);
    }
}
```

函数 HandleSensorData 继续往上层回调，调用 DataCallbackImpl 函数。

查找 On 流程和 Once 流程对应的回调函数 map，并触发对应的回调函数。

```
static void DataCallbackImpl(SensorEvent* event)
{
    ...

    //遍历 g_onCallbackInfos,触发 On 的 JS 回调
    for(auto &onCallbackInfo:g_onCallbackInfos){
        if((int32_t)onCallbackInfo.first==sensorTypeId){
            ...
            //通过 NAPI 回调 JS 的 Callback 函数
            EmitAsyncCallbackWork((struct AsyncCallbackInfo *)(onCallbackInfo.second));
```

```
            }
        }
        //查找 g_onceCallbackInfos,触发 Once 的 JS 回调
        if(g_onceCallbackInfos.find(sensorTypeId) ==g_onceCallbackInfos.
end()){
            HiLog::Debug(LABEL,"%{public}s no subscribe to the sensor data
once",__func__);
            return;
        }
        struct AsyncCallbackInfo* onceCallbackInfo =g_onceCallbackInfos
[sensorTypeId];
        ...
        //通过 NAPI 回调 JS 的 Callback 函数
        EmitAsyncCallbackWork((struct AsyncCallbackInfo* )(onceCallbackInfo));
        ...
    //触发过一次 Once 的回调之后,就将其信息从 g_onceCallbackInfos 中删除,从而达
到 Once 的效果
    g_onceCallbackInfos.erase(sensorTypeId);
    }
```

通过 NAPI 的 napi_ call_ function 函数异步回调 JS 的回调函数:

```
    void EmitAsyncCallbackWork(AsyncCallbackInfo* asyncCallbackInfo)
    {
        ...
        napi_create_async_work(
            asyncCallbackInfo ->env,nullptr,resourceName,
            [](napi_env env,void* data){},
            [](napi_env env,napi_status status,void* data){
                ...
                if(asyncCallbackInfo ->status <0){
                    ...
                }else if(asyncCallbackInfo ->status ==0){
                    ...
                }else if(asyncCallbackInfo ->sensorTypeId ==SENSOR_TYPE_
ID_AMBIENT_TEMPERATURE){
                    ...
                }else{
                    ...
                }
            //通过 NAPI napi_call_function()调用 JS 的回调函数
```

```
                napi_call_function(env, nullptr, callback, 2, result,
&callResult);
            ...
        },
        asyncCallbackInfo,&asyncCallbackInfo->asyncWork);
    napi_queue_async_work(asyncCallbackInfo->env,asyncCallbackInfo
->asyncWork);
}
```

以上就是 Sensor 数据从 hardware 传至 JS 应用的全部流程。

10.3 应用场景

OpenHarmony 3.1 版本提供了传感器的基础 API，包含订阅、一次订阅、取消订阅接口。

1. 接口描述

JS API 开放的能力如表 10-2 所示。

表 10-2 JS API 接口说明

接口名	描述
on(type:SensorType,callback:AsyncCallback<Response>,options?:Options)	监听传感器数据变化。SensorType 为支持订阅的传感器类型，callback 表示订阅传感器的回调函数，options 为设置传感器数据上报的时间间隔
once(type:SensorType,callback:AsyncCallback<Response>)	监听传感器数据变化一次。SensorType 为支持订阅的传感器类型，callback 表示订阅传感器的回调函数
off(type:SensorType,callback:AsyncCallback<void>)	取消订阅传感器数据。SensorType 为支持取消订阅的传感器类型，callback 表示取消订阅传感器是否成功

2. 使用说明

（1）导入'@ohos.sensor'包。

（2）调用 sensor.on 函数订阅加速度传感器数据的变化。

（3）调用 sensor.off 函数取消订阅加速度传感器数据的变化。

（4）调用 sensor.once 函数注册并监听加速度传感器数据的变化一次。

```
//步骤 1 导包
import sensor from '@ohos.sensor';
export default{
    onCreate(){
        //步骤 2 监听传感器数据变化,并注册传感器类型
        sensor.on(sensor.SENSOR_TYPE_ID_ACCELEROMETER,(error,data)=>{
            if(error){
                    console.error("Failed to subscribe to acceleration
data.Error code:"+error.code+";message:"+error.message);
```

```
                return;
            }
             console.info("Acceleration data obtained.x:" + data.x + ";
y:" + data.y + ";z:" + data.z);
        },{'interval':200000000});
        //步骤3 设置10秒后取消订阅传感器数据
        setTimeout(function(){
            sensor.off(sensor.SENSOR_TYPE_ID_ACCELEROMETER,function
(error){
                if(error){
                    console.error("Failed to unsubscribe from
acceleration data.Error code:" + error.code + ";message:" + error.message);
                    return;
                }
                console.info("Succeeded in unsubscribe from sensor
data");
            });
        },10000);
        //步骤4 监听传感器数据变化一次,并注册传感器类型
        sensor.once(sensor.SENSOR_TYPE_ID_ACCELEROMETER,(error,data) =>{
            if(error){
                console.error("Failed to subscribe to gravity
data.Error code:" + error.code + ";message:" + error.message);
                return;
            }
            console.info("Acceleration data obtained.x:" + data.x + ";
y:" + data.y + ";z:" + data.z);
        });
    }
    onDestroy(){
        console.info('AceApplication onDestroy');
    }
}
```

3. 应用与方向

如今，传感器已广泛应用于航天、航空、国防、科技和工农业生产等各个领域中。

在车载导航中，利用加速度传感器可以监控车辆行驶状态，为导航软件判断车辆是否超速提供依据；在手机操作系统中，利用旋转矢量传感器，可以监控手机的横竖屏状态，从而调整手机界面适配横竖屏，将更好的UI界面展示给用户；在平板操作系统中，利用环境光传感器，监控当前设备处于室内还是室外，从而自动调节界面亮度。

随着传感器种类越来越丰富，操作系统的智能化也会越来越强。

10.4 思考和练习

（1）阅读 OpenHarmony 3.1 版本源代码，查阅 Sensor 子系统支持哪些传感器。

（2）阅读 Sensor 子系统代码，找出代码中有哪几种通信方式。

（3）阅读 Sensor 子系统代码，尝试画出订阅功能的流程框图。

（4）阅读 Sensor 子系统代码，尝试画出 Sensor 数据回调的流程框图。

（5）阅读 Sensor 子系统代码，理清 Client 侧、Service 侧各有哪些线程，这些线程的功能是什么，是何时创建的。

第 11 章

应用开发实战

11.1　北向应用开发环境 IDE

11.1.1　北向应用开发环境 IDE 概述

如果是 OpenHarmony 设备内部嵌入式开发，则被称为南向；如果是 OpenHarmony 应用开发，则被称为北向。可以简单认为“南向指硬件相关软件开发，北向则是应用软件开发”。

一个完善且具备多种特性的操作系统使应用“百花齐放”，形形色色的应用同时也成为这个系统生态的重要组成部分。北向则是纯软件应用开发，一般用 JS、eTS 等编程语言，注重业务逻辑，目标是实现应用功能，满足客户需求。

HUAWEI DevEco Studio For OpenHarmony 是基于 IntelliJ IDEA Community 开源版本打造，面向 OpenHarmony 全场景多设备的一站式集成开发环境（IDE），为开发者提供工程模板创建、开发、编译、调试、发布等 E2E 的 OpenHarmony 应用/服务开发。通过使用 DevEco Studio，开发者可以更高效地开发具备 OpenHarmony 分布式能力的应用/服务，进而提升创新效率。DevEco Studio 3.0 Beta3 作为支撑 OpenHarmony 应用及服务开发的 IDE，具有以下能力特点。

（1）智能代码编辑。代码高亮、代码智能补齐、代码错误检查、代码自动跳转、代码格式化、代码查找，提升代码编写效率。

（2）低代码开发。丰富的 UI 界面编辑能力，支持自由拖曳组件和可视化数据绑定，可快速预览效果，所见即所得，同时支持卡片零码化开发，提升界面开发效率。

（3）多端双向实时预览。支持 UI 界面代码的双向预览、实时预览、动态预览、组件预览以及多端设备预览，便于快速查看代码运行效果。

（4）全新构建体系。通过 Hvigor 编译构建工具，一键完成应用及服务的编译和打包，更好地支持 eTS/JS 开发。

（5）一站式信息获取。基于开发者了解、学习、开发、求助的用户旅程，在 DevEco Studio 中提供一站式的信息获取平台，高效支撑开发者活动。

（6）高效代码调试。提供 TS、JS、C/C ++ 代码的断点设置、单步执行、变量查看等调试能力，提升应用及服务的问题分析效率。

11.1.2　北向应用开发环境搭建

DevEco Studio 支持 Windows 系统，在开发 OpenHarmony 应用/服务前，需要准备

OpenHarmony 应用/服务的开发环境。

如图 11－1 所示，搭建 OpenHarmony 应用/服务开发的环境包括软件安装、配置开发环境和运行 HelloWorld 这 3 个环节，详细的指导可参考表 11－1。

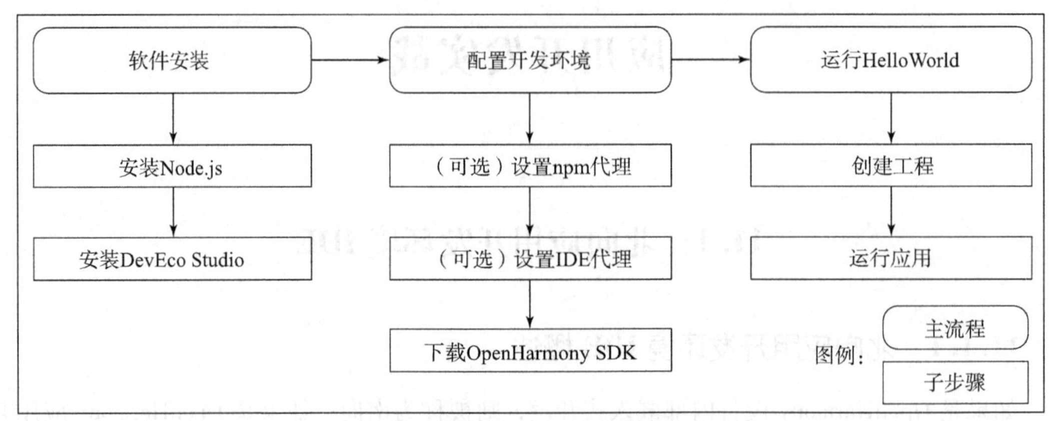

图 11－1　北向应用开发环境搭建流程图

表 11－1　搭建北向应用开发环境步骤表

步骤	操作步骤	操作指导	说明
1	软件安装	Windows 系统软件安装	安装 DevEco Studio
2	配置开发环境	（可选）设置 IDE 代理	网络不能直接访问 Internet，需要通过代理服务器才可以访问的情况下需要设置；如果无须代理即可访问 Internet，可跳过该步骤
3	配置开发环境	（可选）配置 NPM 代理	网络不能直接访问 Internet，需要通过代理服务器才可以访问的情况下需要设置；如果无须代理即可访问 Internet，可跳过该步骤
4	配置开发环境	下载 OpenHarmony SDK	—
5	运行 HelloWorld	创建一个新工程	运行 Demo 工程，验证环境是否已经配置完成
6	运行 HelloWorld	运行 HelloWorld	运行 Demo 工程，验证环境是否已经配置完成

1. 下载与安装软件

DevEco Studio 支持 Windows 和 MacOS 系统，下面将针对这两种操作系统的软件安装方式进行介绍。

1）Windows 环境

为保证 DevEco Studio 正常运行，建议计算机配置满足以下要求。

（1）操作系统：Windows10，64 位。

（2）内存：8 GB 及以上。

（3）硬盘：100 GB 及以上。

（4）分辨率：1 280 像素 ×800 像素及以上。

2）下载和安装 DevEco Studio

（1）进入 HUAWEI DevEco Studio 产品页，下载 DevEco Studio 3.0 Beta3 版本。

（2）下载完成后，双击下载的“deveco－studio－xxxx. exe”，进入 DevEco Studio 安装向

导，在图 11 -2 所示的安装选项界面勾选“DevEco Studio”复选框后，单击“Next”按钮。

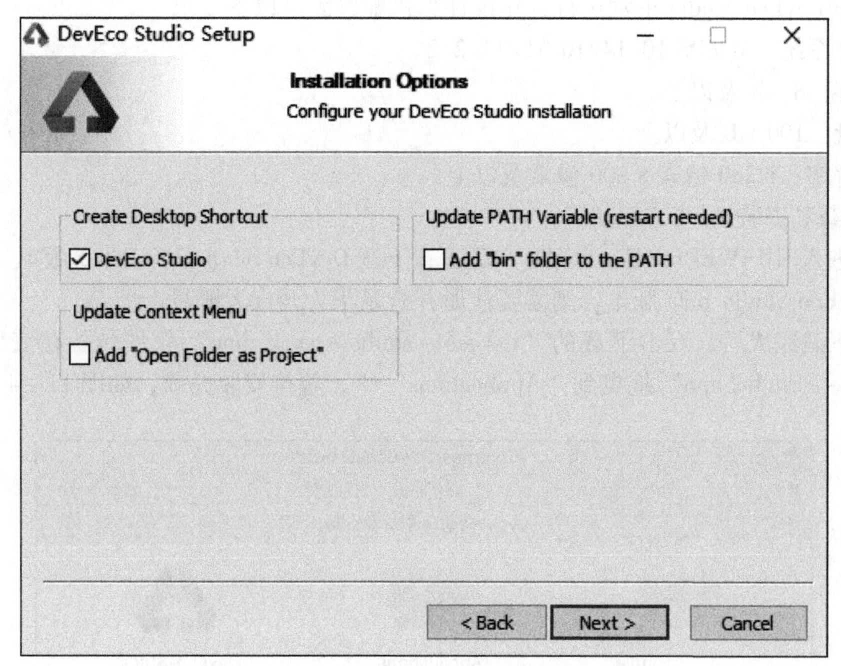

图 11 -2 DevEco Studio（Windows 版）安装过程

其他界面保持默认，都单击“Next”按钮，最后安装成功后会出现图 11 -3 所示的界面。

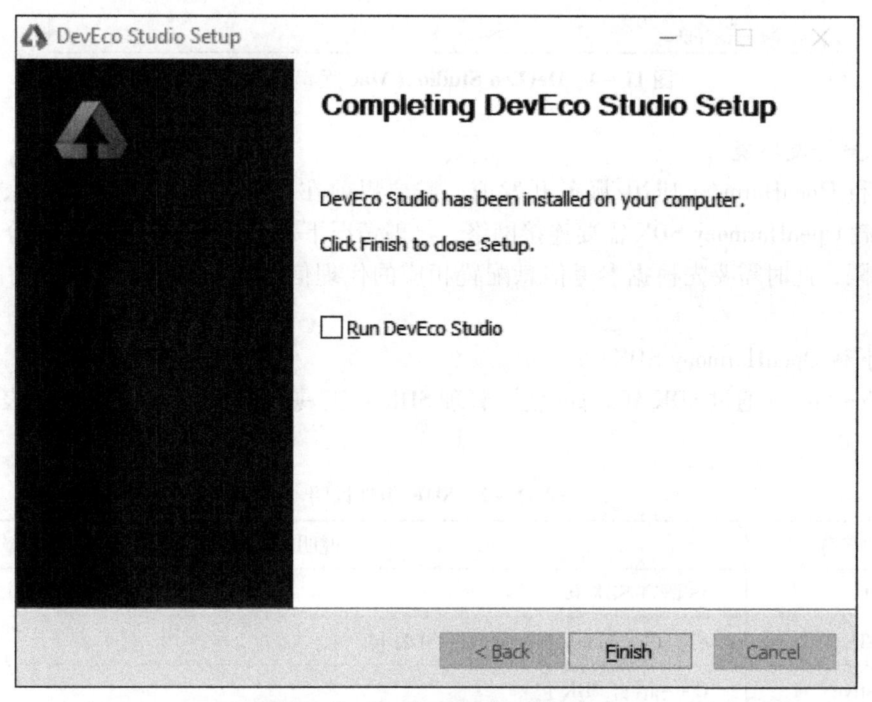

图 11 -3 DevEco Studio 安装成功

3）MacOS 环境

为保证 DevEco Studio 正常运行，建议计算机配置满足以下要求。

①操作系统：MacOS 10.14/10.15/11.2.2。

②内存：8 GB 及以上。

③硬盘：100 GB 及以上。

④分辨率：1 280 像素×800 像素及以上。

4）下载和安装 DevEco Studio

（1）进入 HUAWEI DevEco Studio 产品页，下载 DevEco Studio 3.0 Beta3 版本。说明：如果下载 DevEco Studio Beta 版本，则需要注册并登录华为开发者账号。

（2）下载完成后，双击下载的“deveco - studio - xxxx.dmg”软件包。在安装界面中，将“DevEco - Studio.app”拖曳到“Applications”中，等待安装完成，如图 11-4 所示。

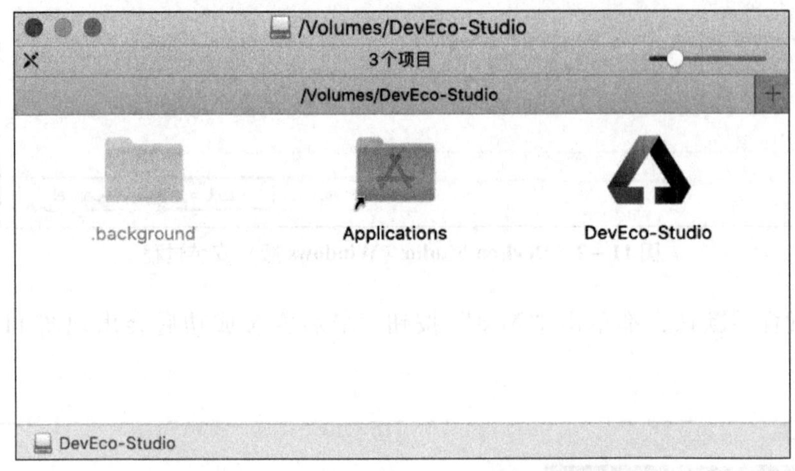

图 11-4　DevEco Studio（Mac 版）安装过程

2. 配置开发环境

在进行 OpenHarmony 应用/服务开发前，需要提前在 DevEco Studio 中下载对应版本的 SDK。下载 OpenHarmony SDK 需要连接网络，一般情况下，可以直接下载；但部分用户的网络可能受限，此时需要先根据参考信息配置相应的代理信息，确保网络可正常访问后再下载 SDK。

1）下载 OpenHarmony SDK

DevEco Studio 通过 SDK Manager 统一管理 SDK 及工具链，OpenHarmony 包含表 11-2 所列的 SDK 包。

表 11-2　SDK 组件说明

组件名称	说明
JS	JS 语言 SDK 包
eTS	eTS（Extended TypeScript）SDK 包
Native	C++语言 SDK 包

续表

组件名称	说明
Toolchains	SDK 工具链，OpenHarmony 应用/服务开发必备工具集，包括编译、打包、签名、数据库管理等工具的集合
Previewer	OpenHarmony 应用预览器，可以在应用开发过程中查看界面 UI 布局效果

（1）运行已安装的 DevEco Studio，首次使用时可选中“Do not import settings”单选按钮，然后单击“OK”按钮，如图 11－5 所示。

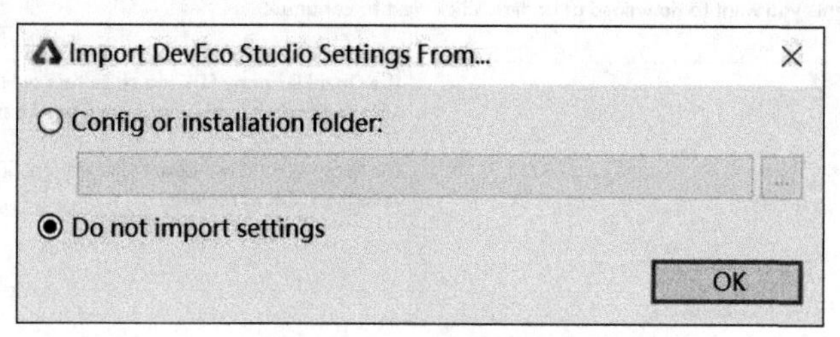

图 11－5　首次使用界面

（2）进入 DevEco Studio 操作向导页面，设置“npm registry”，DevEco Studio 已预置对应的仓，直接单击“Start using DevEco Studio”按钮进入下一步，如图 11－6 所示。说明：如果配置向导界面出现的是设置 Set up HTTP Proxy 界面，说明网络受限，可根据参考信息配置 DevEco Studio 代理和 NPM 代理后，再下载 OpenHarmony SDK。

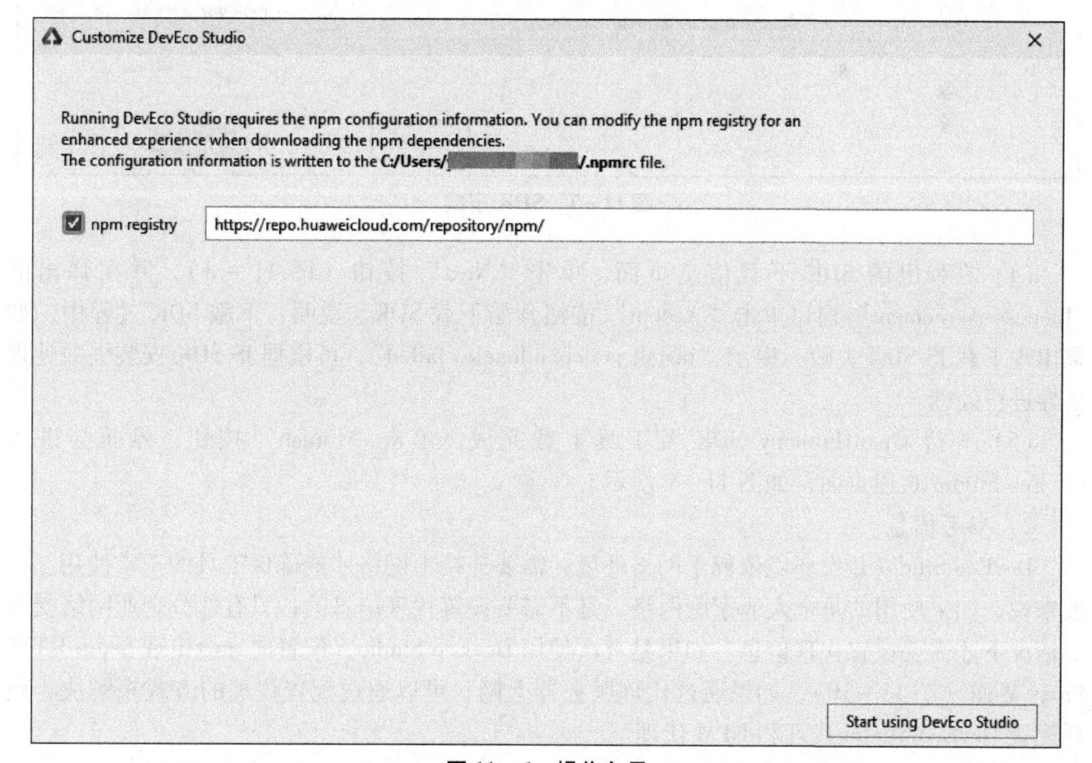

图 11－6　操作向导

（3）根据 DevEco Studio 操作向导指引下载 SDK，默认存储路径为 users 目录，也选择任意不包含中文字符的路径，然后单击“Next”按钮，如图 11－7 所示。说明：如果不是首次安装 DevEco Studio，可能无法查看进入该界面，可通过欢迎页的“Configure”→“Setting”→“OpenHarmony SDK”界面，单击“OpenHarmony SDK Location”后的“Edit”。

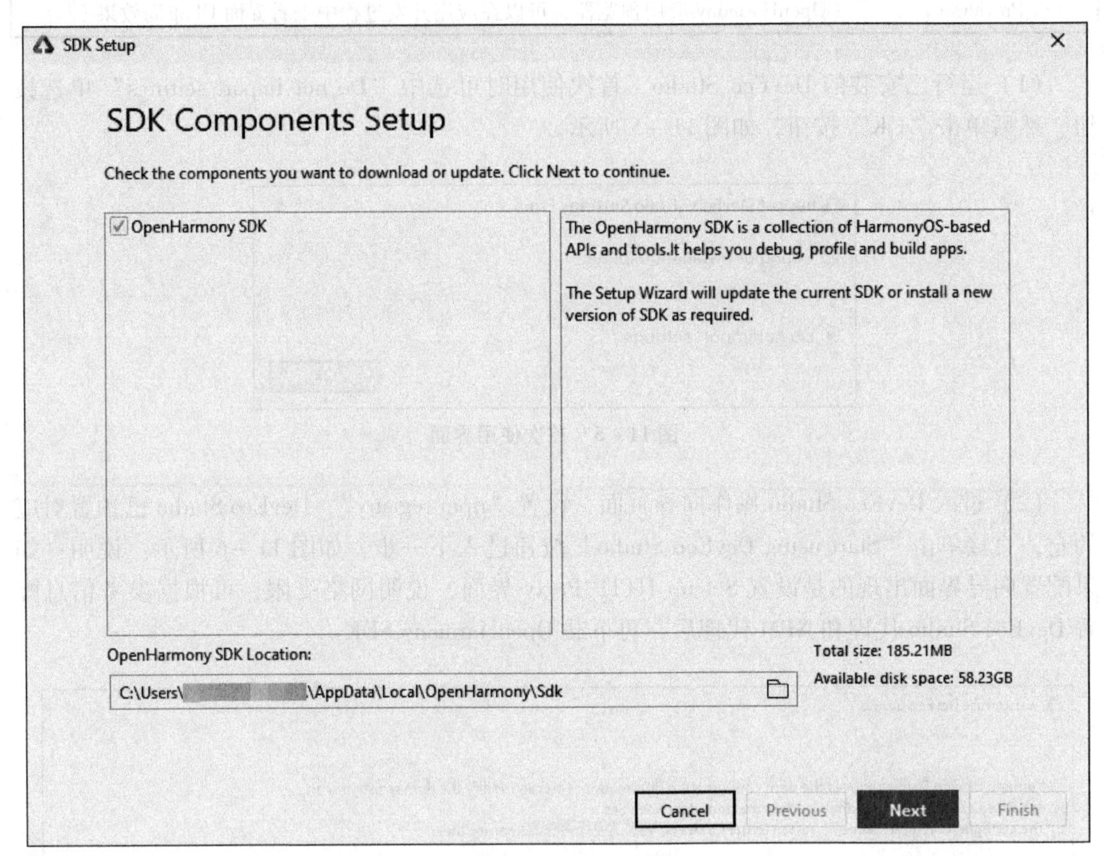

图 11－7　SDK 下载

（4）在弹出的 SDK 下载信息页面，单击“Next”按钮（图 11－8），并在弹出的“License Agreement”窗口单击“Accept”按钮开始下载 SDK。说明：下载 SDK 过程中，如果出现下载 JS SDK 失败，提示“install js dependencies failed”，可根据 JS SDK 安装失败处理指导进行处理。

（5）等待 OpenHarmony SDK 及工具下载完成，单击“Finish”按钮，界面会进入 DevEco Studio 欢迎页面，如图 11－9 所示。

2）参考信息

DevEco Studio 开发环境依赖于网络环境，需要连接上网络才能确保工具的正常使用。一般来说，如果使用的是个人或家庭网络，是不需要设置代理信息的；只有部分企业网络受限的情况下才需要设置代理信息。如果是首次使用 DevEco Studio，配置向导会出现 Setup HTTP Proxy 界面（图 11－10），如果通过代理服务器上网，可以通过配置代理的方式来解决，包括配置 DevEco Studio 代理和 NPM 代理。

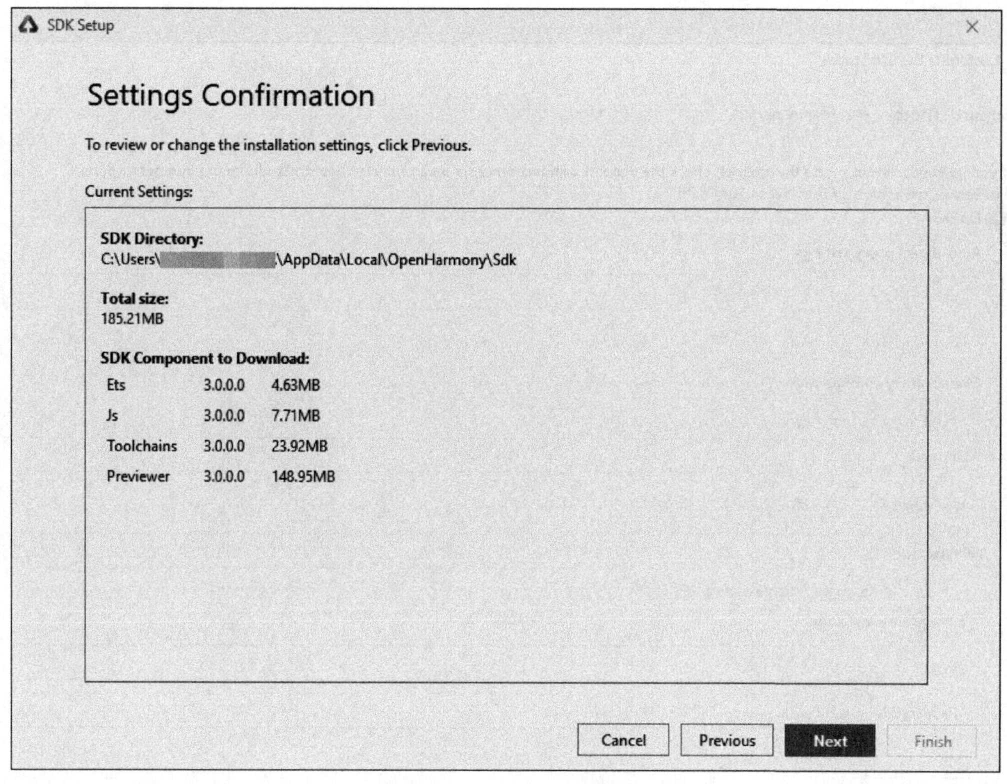

图 11-8　SDK 下载信息

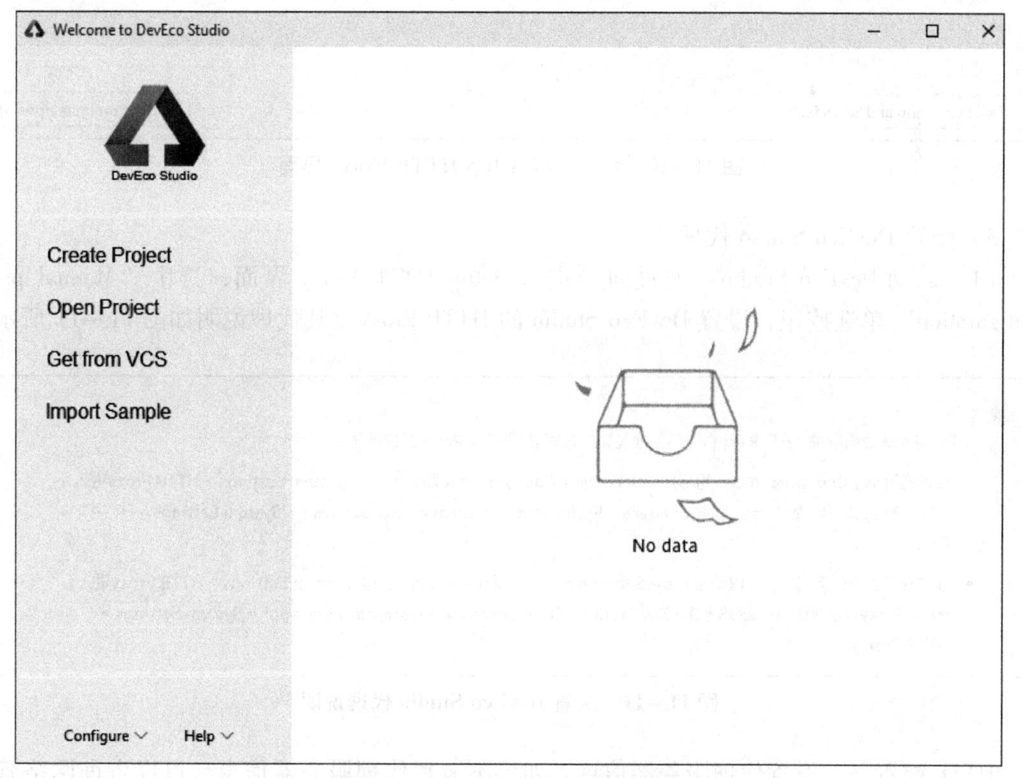

图 11-9　DevEco Studio 欢迎界面

Customize DevEco Studio

Setup HTTP proxy → Configure npm

If your network cannot access the Internet, check the network connection or set up a proxy for DevEco Studio to use Internet resources. For details, see Setting up the DevEco Studio Proxy.

- No proxy
- Auto-detect proxy settings
  - Automatic proxy configuration URL:
  - Clear passwords
- Manual proxy configuration
  - HTTP SOCKS
  - Host name:
  - Port number: 80
  - No proxy for:
  - Example: *.domain.com, 192.168.*
  - Proxy authentication
  - Login:
  - Password:
  - Remember

Check connection

Skip Remaining and Set Defaults   Next: Configure npm

图 11 - 10　配置向导 Setup HTTP Proxy 界面

3）配置 DevEco Studio 代理

（1）启动 DevEco Studio，配置向导进入 Setup HTTP Proxy 界面，选中 “Manual proxy configuration” 单选按钮，设置 DevEco Studio 的 HTTP Proxy。其代理说明如图 11 - 11 所示。

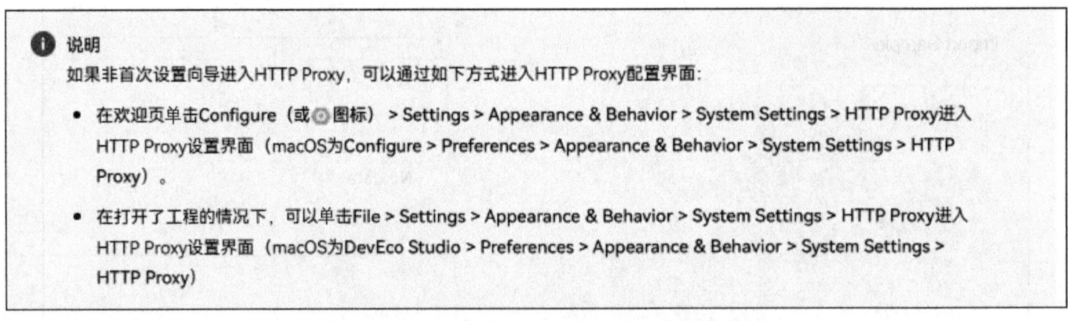

说明

如果非首次设置向导进入HTTP Proxy，可以通过如下方式进入HTTP Proxy配置界面：

- 在欢迎页单击Configure（或图标）> Settings > Appearance & Behavior > System Settings > HTTP Proxy进入HTTP Proxy设置界面（macOS为Configure > Preferences > Appearance & Behavior > System Settings > HTTP Proxy）。
- 在打开了工程的情况下，可以单击File > Settings > Appearance & Behavior > System Settings > HTTP Proxy进入HTTP Proxy设置界面（macOS为DevEco Studio > Preferences > Appearance & Behavior > System Settings > HTTP Proxy）

图 11 - 11　配置 DevEco Studio 代理说明

HTTP 配置项，设置代理服务器信息。如果不清楚代理服务器信息，可以咨询网络管理人员。

Host name：代理服务器主机名或 IP 地址。

Port number：代理服务器对应的端口号。

No proxy for：不需要通过代理服务器访问的 URL 或者 IP 地址（地址之间用英文逗号分隔）。

Proxy authentication 配置项，如果代理服务器需要通过认证鉴权才能访问，则需要设置；否则，请跳过该配置项。

Login：访问代理服务器的用户名。

Password：访问代理服务器的密码。

Remember：勾选，记住密码。

（2）配置完成后，单击“Check connection”按钮，输入任意网络地址，检查网络连通性。若出现提示“Connection successful”，表示代理设置成功。

（3）单击“Next：Configure npm”按钮继续设置 NPM 代理信息，可参考配置 NPM 代理，如图 11－12 所示。

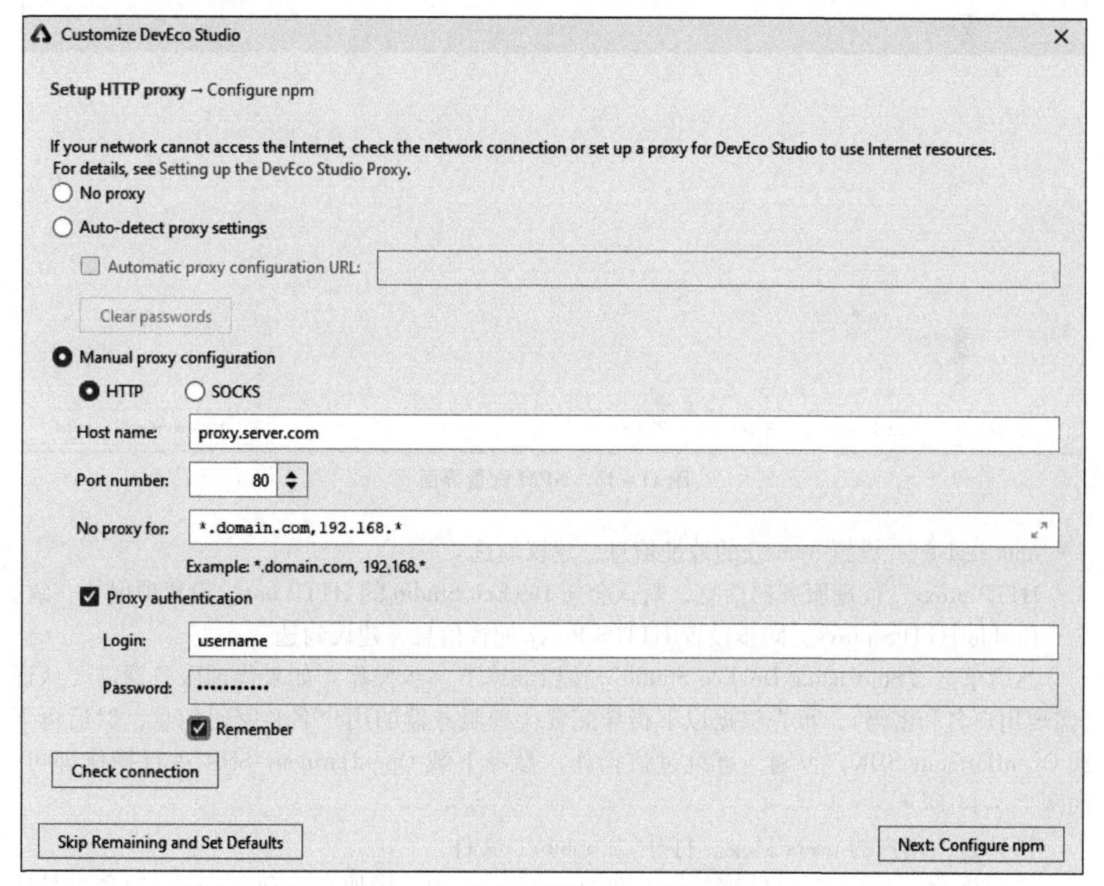

图 11－12　Setup HTTP Proxy 配置界面

4）配置 NPM 代理

通过 DevEco Studio 的设置向导设置 NPM 代理信息，代理信息将写入用户“users/用户名/”目录下的 . npmrc 文件。说明：该向导只有第一次安装 DevEco Studio 才会出现。如果未出现该向导，可以直接在“user/用户名/”目录下的 . npmrc 文件中添加代理配置信息，如图 11 – 13 所示。

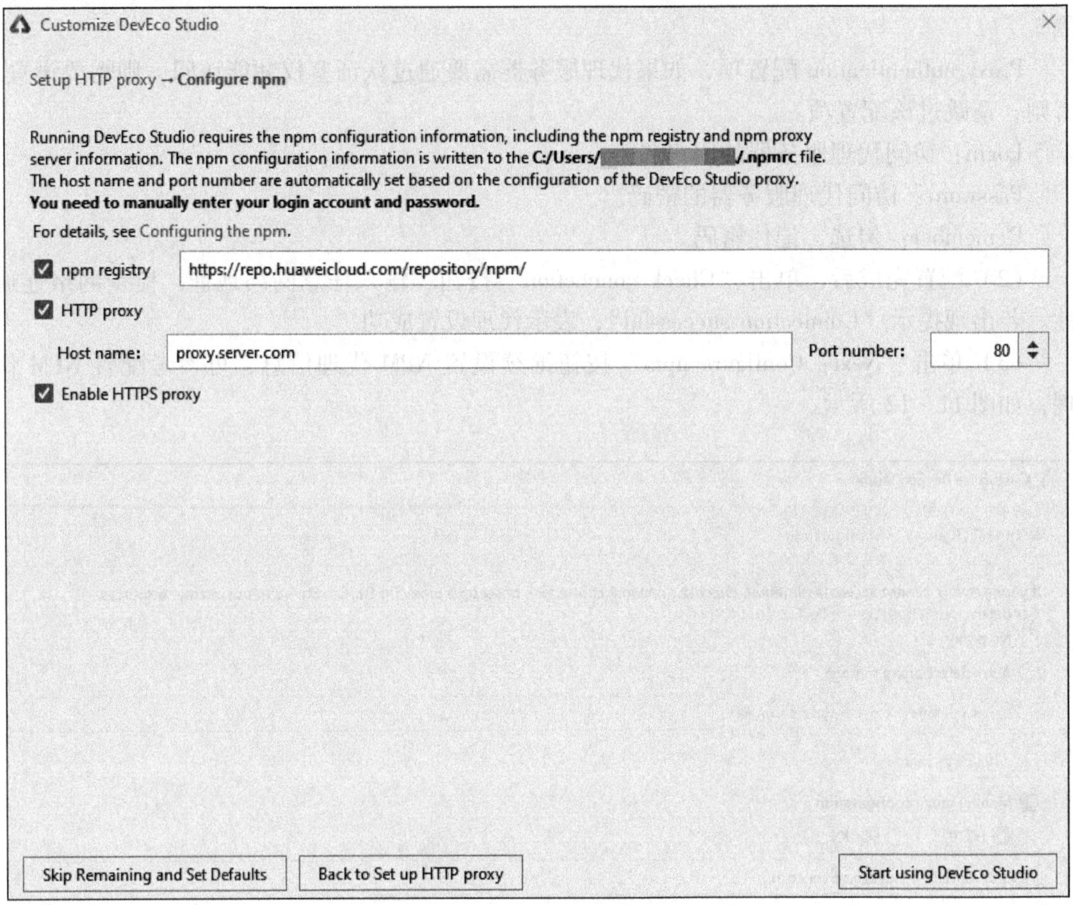

图 11 – 13　NPM 配置界面

npm registry：设置 npm 仓的地址信息，建议勾选。

HTTP proxy：代理服务器信息，默认会与 DevEco Studio 的 HTTP proxy 设置项保持一致。

Enable HTTPS proxy：同步设置 HTTPS Proxy 配置信息，建议勾选。

然后单击“Start using DevEco Studio”按钮继续下一步操作。如果代理服务器需要认证（需要用户名和密码），可先根据以下指导配置代理服务器的用户名和密码信息，然后再下载 OpenHarmony SDK；否则，可跳过该操作，参考下载 OpenHarmony SDK 进行操作即可，如图 11 – 14 所示。

（1）进入用户的 users 目录，打开“. npmrc”文件。

（2）修改 npm 代理信息，在 proxy 和 https – proxy 中，增加 user 和 password 字段，具体取值可以实际代理信息为准。示例如图 11 – 15 所示。

（3）代理设置完成后，打开命令行工具，执行图 11 – 16 所示命令，验证网络是否正常。

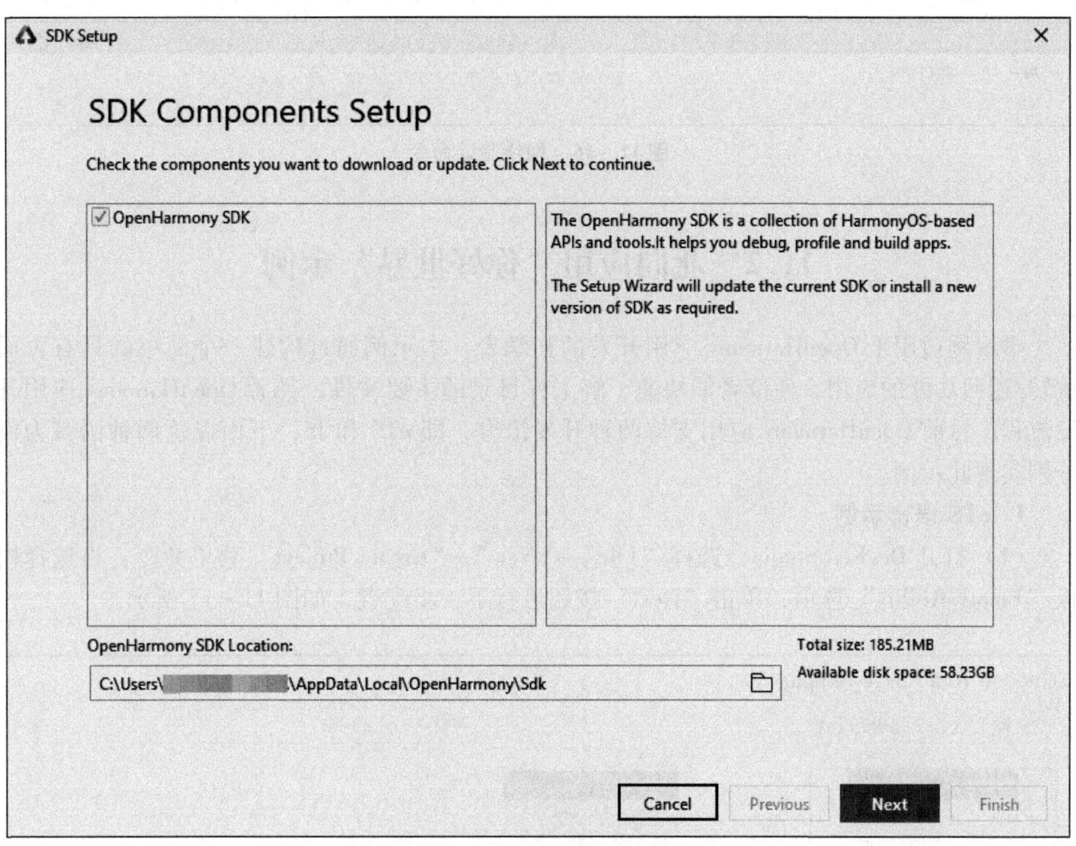

图 11－14　SDK 下载界面

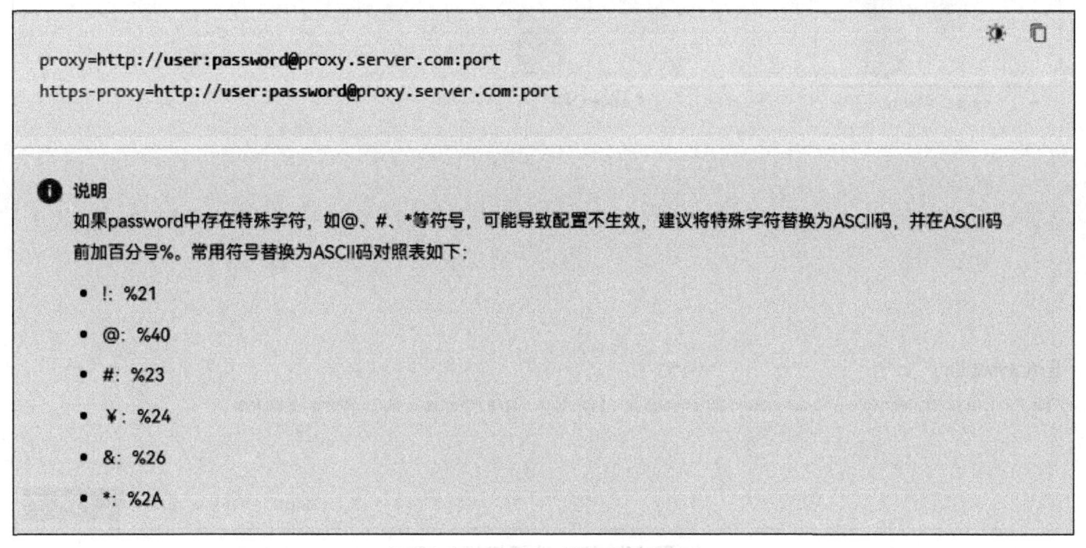

图 11－15　npm 代理配置示例

（4）网络设置完成后，再下载 OpenHarmony SDK，开发环境至此配置完成。

图 11－16　网络验证命令

11.2　北向应用“你好世界”示例

本示例适用于 OpenHarmony 应用开发的初学者。本示例通过构建一个简单的具有页面跳转/返回功能的应用，使读者能快速了解工程目录的主要文件，熟悉 OpenHarmony 应用开发流程。目前 OpenHarmony 应用支持两种开发语言，即 eTS 和 JS，下面以这两种语言为例分别实现此示例。

1. eTS 语言示例

（1）打开 DevEco Studio，选择“File”→“New”→“Create Project”菜单命令，再选择模板“Empty Ability”选项，单击“Next”按钮进行下一步配置，如图 11－17 所示。

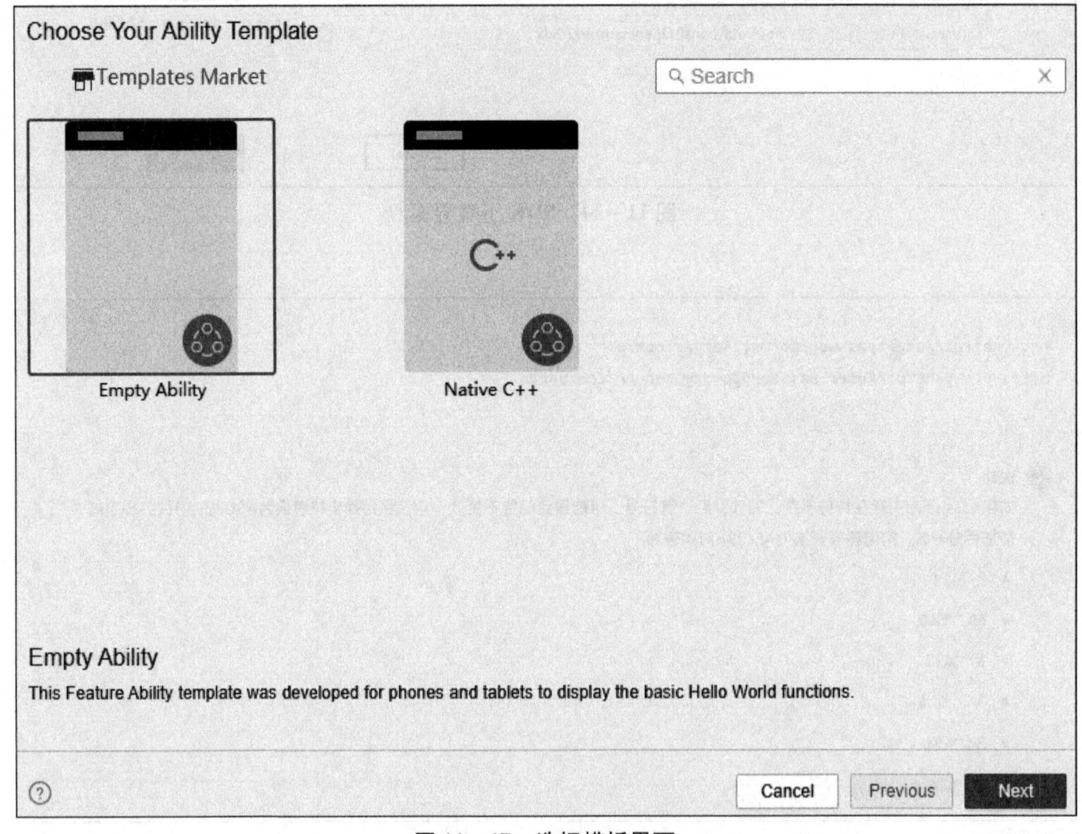

图 11－17　选择模板界面

（2）进入配置工程界面，将“UI Syntax”选择为“eTS”，其他参数保持默认设置即可，如图 11－18 所示。

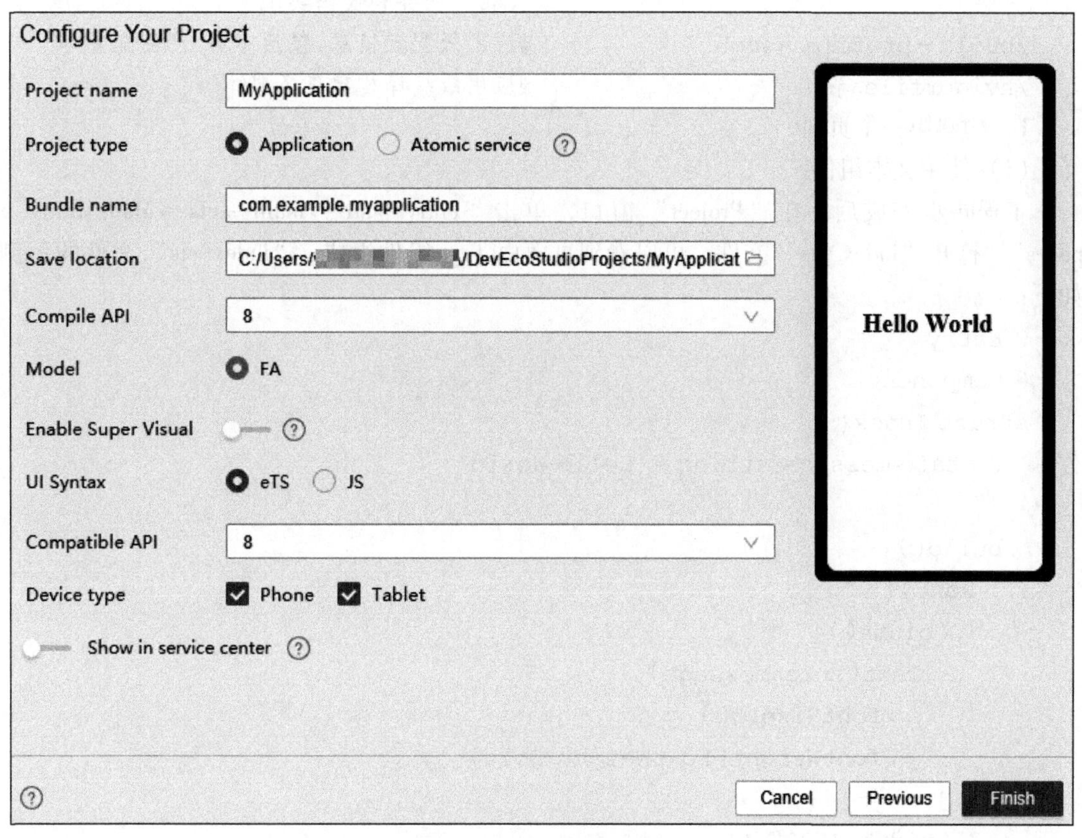

图 11-18 配置工程界面

(3) 单击“Finish”按钮，工具会自动生成示例代码和相关资源，等待工程创建完成。

```
/entry                          #OpenHarmony 工程模块,编译构建生成一个
                                Hap 包
├─── src
|  ├───main
|       ├───ets                 #用于存放 ets 源代码
|       |   ├───MainAbility     #应用/服务的入口
|       |       ├───pages       #MainAbility 包含的页面
|       |       └───app.ets     #承载 Ability 生命周期
|       ├───resources           #用于存放应用/服务所用到的资源文件,如图
|                               形、多媒体、字符串、布局文件等
|       ├───config.json         #模块配置文件。主要包含 HAP 包的配置信
                                息、应用/服务在具体设备上的配置信息以及
                                应用/服务的全局配置信息
├─── build-profile.json5        #当前的模块信息、编译信息配置项,包括
                                buildOption target 配置等
├─── hvigorfile.js              #模块级编译构建任务脚本,开发者可以自定
```

```
                                    义相关任务和代码实现
/build-profile.json5                #应用级配置信息,包括签名、产品配置等
/hvigorfile.js                      #应用级编译构建任务脚本
```

1）构建第一个页面

（1）使用文本组件。

工程同步完成后，在“Project”窗口，单击“entry→src→main→ets→MainAbility→pages”，打开“index.ets”文件，可以看到页面由Text组件组成。“index.ets”文件的示例如下：

```
@Entry
@Component
struct Index{
  @State message:string = 'Hello World'

  build(){
    Row(){
      Column(){
        Text(this.message)
          .fontSize(50)
          .fontWeight(FontWeight.Bold)
      }
      .width('100%')
    }
    .height('100%')
  }
}
```

（2）添加按钮。

在默认页面基础上，添加一个Button组件，作为按钮接收用户单击的动作，从而实现跳转到另一个页面。“index.ets”文件的示例如下：

```
@Entry
@Component
struct Index{
  @State message:string = 'Hello World'

  build(){
    Row(){
      Column(){
        Text(this.message)
          .fontSize(50)
          .fontWeight(FontWeight.Bold)
```

```
        //添加按钮,以接收用户单击动作
        Button(){
          Text('Next')
            .fontSize(30)
            .fontWeight(FontWeight.Bold)
        }
        .type(ButtonType.Capsule)
        .margin({
          top:20
        })
        .backgroundColor('#0D9FFB')
        .width('40%')
        .height('5%')
      }
      .width('100%')
    }
    .height('100%')
  }
}
```

(3) 预览效果。

在编辑窗口右上角的侧边工具栏，单击“Previewer”按钮，打开预览器。第一个页面效果如图 11－19 所示。

图 11－19　效果预览

2) 构建第二个页面

(1) 创建第二个页面。

在“Project”窗口，打开“entry→src→main→ets→MainAbility”，右键单击“pages”文件夹，选择“New”→“Page”命令，命名为“second”，单击“Finish”按钮，即完成第二个页面的创建。可以看到文件目录结构如图 11－20 所示。

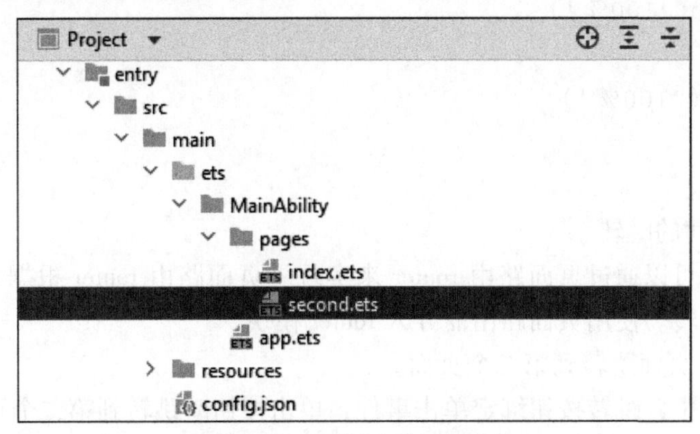

图 11－20　项目文件目录结构

（2）添加文本及按钮。

参照第一个页面，在第二个页面添加 Text 组件、Button 组件等，并设置其样式。“second. ets”文件的示例如下：

```
@ Entry
@ Component
struct Second{
  @ State message:string = 'Hi there'

  build(){
    Row(){
      Column(){
        Text(this. message)
          . fontSize(50)
          . fontWeight(FontWeight. Bold)
        Button(){
          Text('Back')
            . fontSize(25)
            . fontWeight(FontWeight. Bold)
        }
        . type(ButtonType. Capsule)
        . margin({
          top:20
        })
        . backgroundColor('#0D9FFB')
        . width('40%')
        . height('5%')
      }
      . width('100%')
    }
    . height('100%')
  }
}
```

3）实现页面间的跳转

页面间的导航可以通过页面路由 router 来实现。页面路由 router 根据页面 uri 找到目标页面，从而实现跳转。使用页面路由需导入 router 模块。

（1）从第一个页面跳转到第二个页面。

在第一个页面中，跳转按钮绑定单击事件，单击按钮时跳转到第二个页面。“index. ets”文件的示例如下：

```
import router from '@ ohos. router';
```

```
@ Entry
@ Component
struct Index{
  @ State message:string = 'Hello World'

  build(){
    Row(){
      Column(){
        Text(this. message)
          . fontSize(50)
          . fontWeight(FontWeight. Bold)
        //添加按钮,以接收用户单击动作
        Button(){
          Text('Next')
            . fontSize(30)
            . fontWeight(FontWeight. Bold)
        }
        . type(ButtonType. Capsule)
        . margin({
          top:20
        })
        . backgroundColor('#0D9FFB')
        . width('40%')
        . height('5%')
        //跳转按钮绑定 onClick 事件,单击时跳转到第二页
        . onClick(() = >{
          router. push({url:'pages/second'})
        })
      }
      . width('100%')
    }
    . height('100%')
  }
}
```

(2) 从第二个页面返回到第一个页面。

在第二个页面中，返回按钮绑定 onClick 事件，单击按钮时返回到第一个页面。“second. ets”文件的示例如下：

```
import router from '@ ohos. router';
```

```
@ Entry
@ Component
struct Second{
  @ State message:string = 'Hi there'

  build(){
    Row(){
      Column(){
        Text(this.message)
          .fontSize(50)
          .fontWeight(FontWeight.Bold)
        Button(){
          Text('Back')
            .fontSize(25)
            .fontWeight(FontWeight.Bold)
        }
        .type(ButtonType.Capsule)
        .margin({
          top:20
        })
        .backgroundColor('#0D9FFB')
        .width('40%')
        .height('5%')
        //返回按钮绑定 onClick 事件,单击按钮时返回到第一个页面
        .onClick(() => {
          router.back()
        })
      }
      .width('100%')
    }
    .height('100%')
  }
}
```

（3）效果预览。

打开 index. ets 文件，单击预览器中的 按钮进行刷新，效果如图 11 - 21 所示。

4）使用真机运行应用

（1）将搭载 OpenHarmony 标准系统的开发板与计算机连接。

（2）单击“File”→“Project Structure”→“Project”→“SigningConfigs”菜单命令，在弹出界面勾选“Automatically generate signing”复选框，等待自动签名完成即可，然后单击

“OK”按钮，如图 11－22 所示。

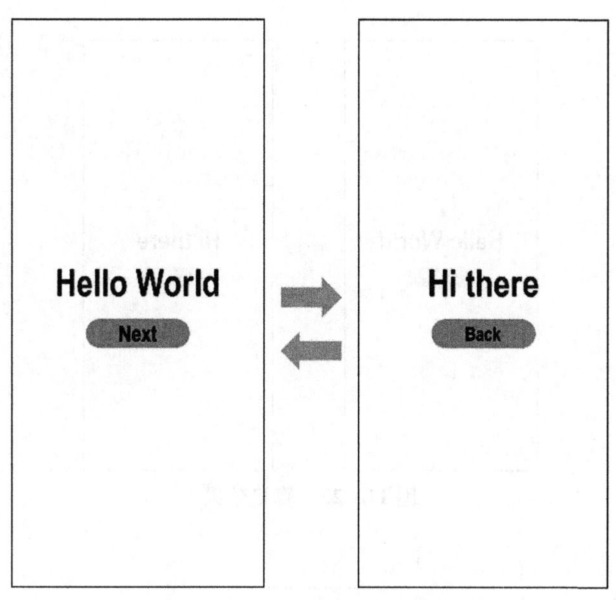

图 11－21　页面跳转效果预览图

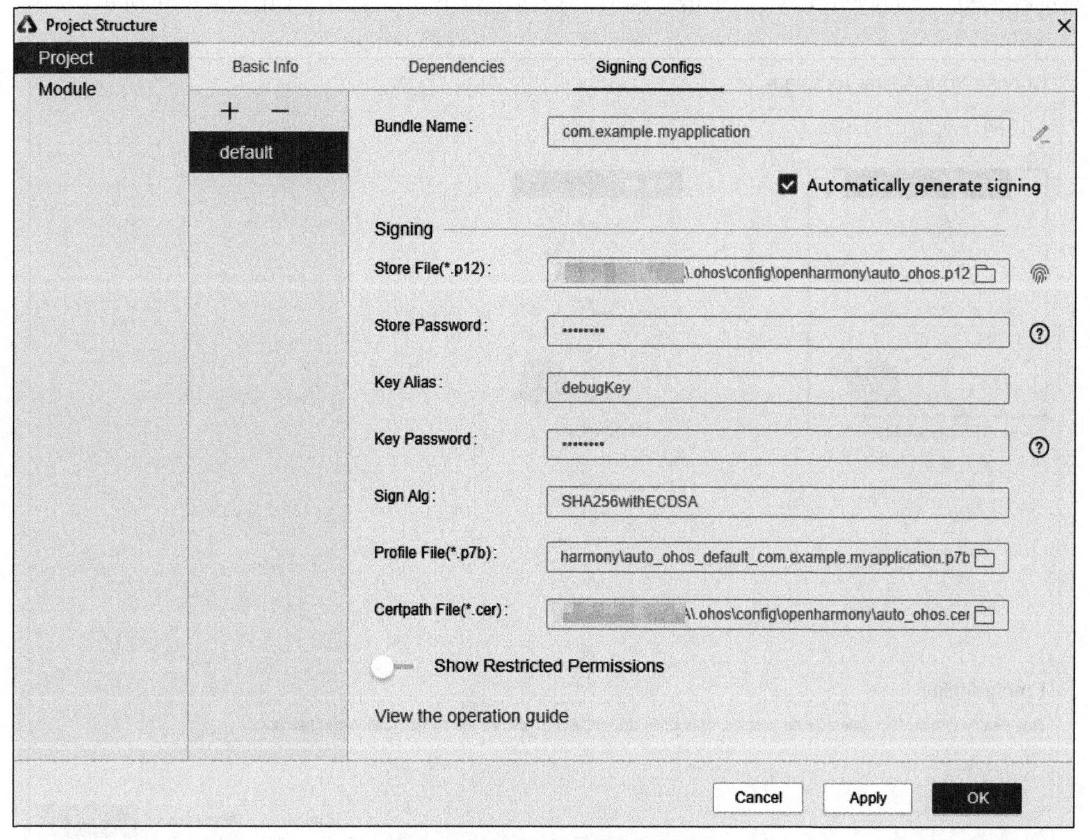

图 11－22　配置自动签名界面

（3）在编辑窗口右上角的工具栏，单击 ▶ 按钮运行，效果如图 11－23 所示。

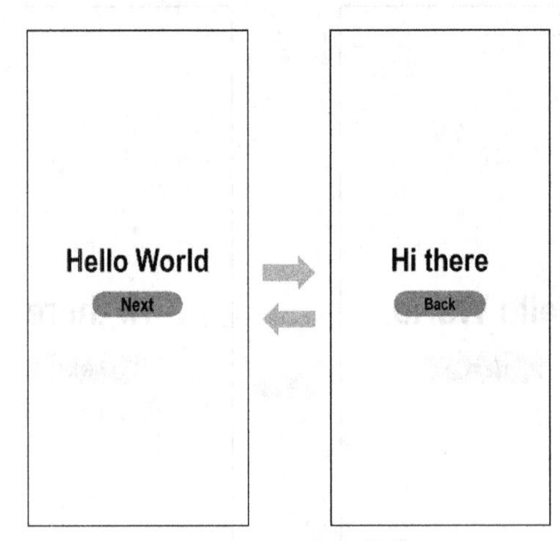

图 11－23　真机效果

2. JS 语言示例

1）创建 JS 工程

（1）打开 DevEco Studio，单击"File"→"New"→"Create Project"菜单命令，在弹出界面选择模板"Empty Ability"，单击"Next"按钮进行下一步配置，如图 11－24 所示。

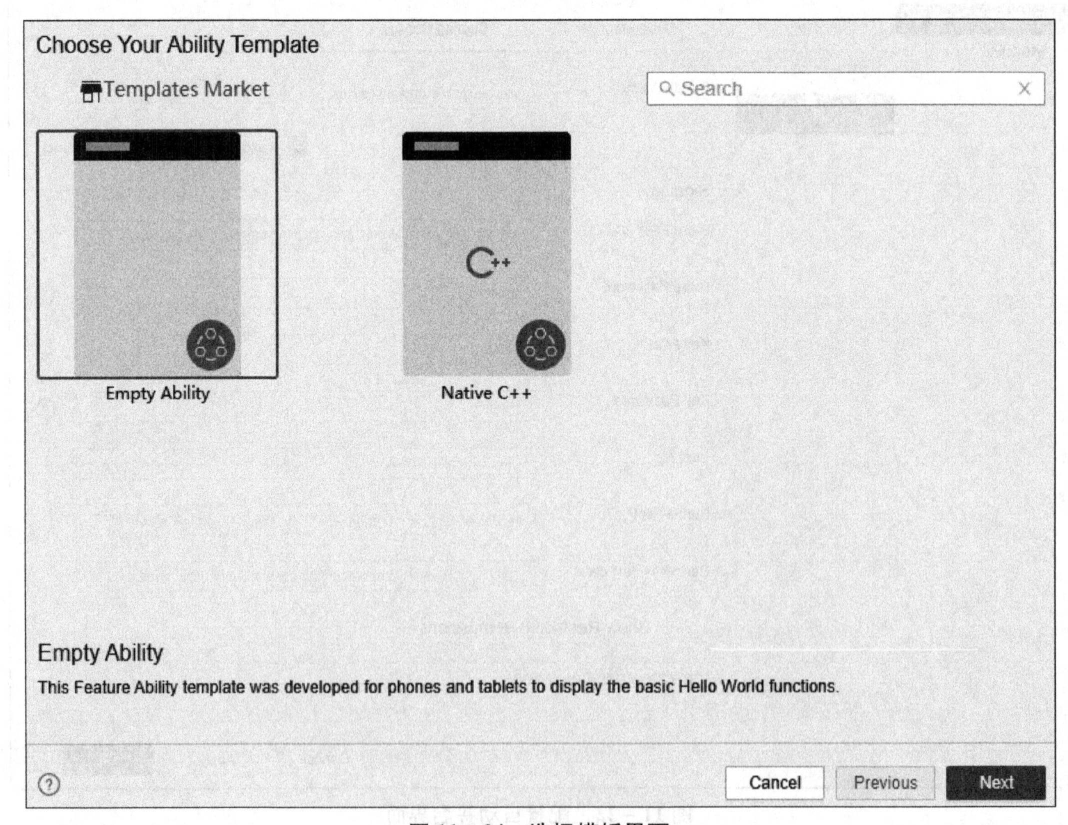

图 11－24　选择模板界面

（2）进入配置工程界面，将“UI Syntax”选择为“JS”，其他参数保持默认设置即可，如图 11－25 所示。

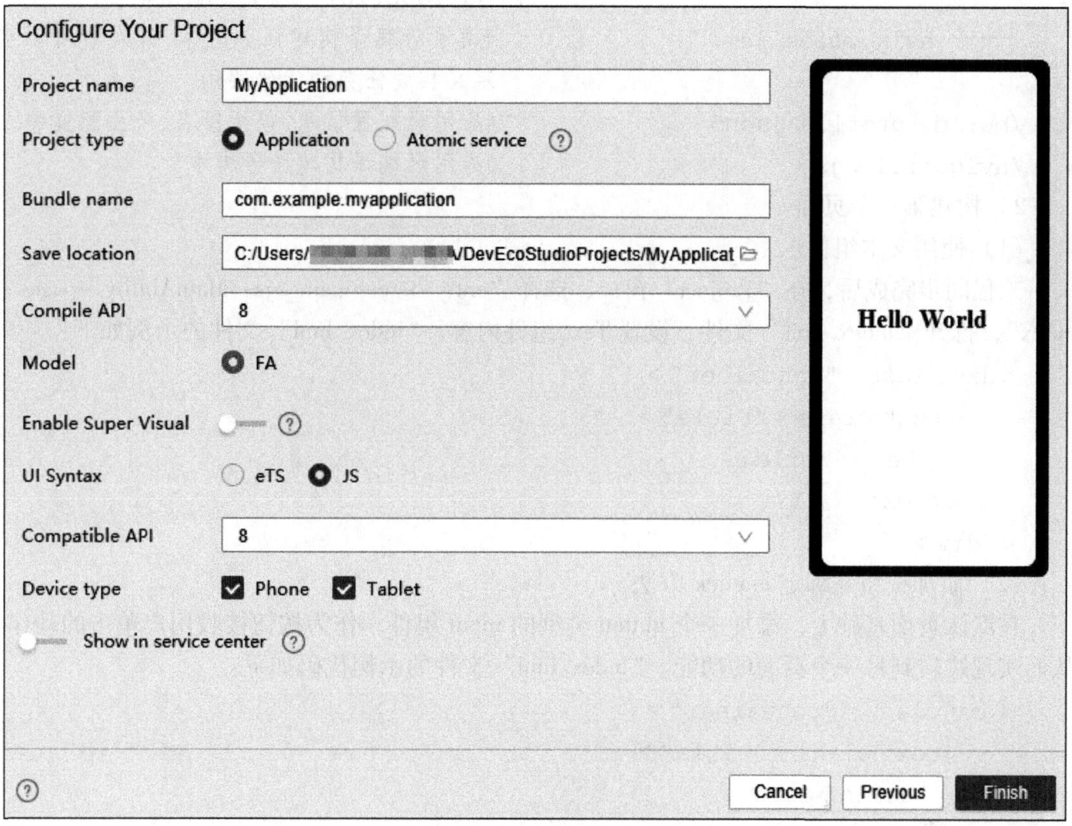

图 11－25　配置工程界面

（3）单击“Finish”按钮，工具会自动生成示例代码和相关资源，等待工程创建完成。

```
/entry                                  #OpenHarmony 工程模块,编译构建生成一
                                        个 Hap 包
 ├─── src
 │   ├────main
 │   │    ├───js                        #用于存放 js 源代码
 │   │    │    ├────MainAbility         #应用/服务的入口
 │   │    │    │    ├────i18n           #用于配置不同语言场景资源内容,如应用
                                        文本词条、图片路径等资源
 │   │    │    │    ├────pages          #MainAbility 包含的页面
 │   │    │    │    └────app.js         #承载 Ability 生命周期
 │   │    ├────resources                #用于存放应用/服务所用到的资源文件,如
                                        图形、多媒体、字符串、布局文件等
 │   │    ├────config.json              #模块配置文件,主要包含 HAP 包的配置信
                                        息、应用/服务在具体设备上的配置信息以
```

```
                                      及应用/服务的全局配置信息
  ├── build-profile.json5             #当前的模块信息、编译信息配置项,包括
                                      buildOption target 配置等
  ├── hvigorfile.js                   #模块级编译构建任务脚本,开发者可以自
                                      定义相关任务和代码实现
/build-profile.json5                  #应用级配置信息,包括签名、产品配置等
/hvigorfile.js                        #应用级编译构建任务脚本
```

2）构建第一个页面

（1）使用文本组件。

工程同步完成后，在“Project”窗口，选择“entry→src→main→js→MainAbility→pages→index”，打开“index.hml”文件，设置 Text 组件内容。“index.hml”文件的示例如下：

```
<div class="container">
    <text class="title">
        Hello World
    </text>
</div>
```

（2）添加按钮并绑定 onclick 方法。

在默认页面基础上，添加一个 button 类型的 input 组件，作为按钮接收用户单击的动作，从而实现跳转到另一个页面的功能。“index.hml”文件的示例代码如下：

```
<div class="container">
    <text class="title">
        Hello World
    </text>
<!--添加按钮,值为 Next,并绑定 onclick 方法-->
    <input class="btn" type="button" value="Next" onclick=
"onclick"></input>
</div>
```

（3）设置页面样式。

在“Project”窗口，单击“entry→src→main→js→MainAbility→pages→index”，打开“index.css”文件，可以对页面中文本、按钮设置宽高、字体大小、间距等样式。“index.css”文件的示例如下：

```
.container{
    display:flex;
    flex-direction:column;
    justify-content:center;
    align-items:center;
    left:0px;
    top:0px;
    width:100%;
```

```
        height:100%;
    }

    .title{
        font-size:100px;
        font-weight:bold;
        text-align:center;
        width:100%;
        margin:10px;
    }

    .btn{
        font-size:60px;
        font-weight:bold;
        text-align:center;
        width:40%;
        height:5%;
        margin-top:20px;
    }
```

（4）在编辑窗口右上角的侧边工具栏，单击“Previewer”按钮，打开预览器。第一个页面效果如图 11－26 所示。

图 11－26 效果预览

3）构建第二个页面

（1）创建第二个页面。

在“Project”窗口，打开“entry→src→main→js→MainAbility”选项，右键单击“pages”文件夹，选择快捷菜单中的“New”→“Page”命令，命名为“second”，单击“Finish”按钮，即完成第二个页面的创建。可以看到文件目录结构如图 11－27 所示。

（2）添加文本及按钮。

参照第一个页面，在第二个页面添加文本、按钮及单击按钮绑定页面返回等。“second. hml”文件的示例如下：

```
    <div class="container">
        <text class="title">
            Hi there
        </text>

    <!--添加按钮,值为 Back,并绑定 back 方法 -->
        <input class="btn" type="button" value="Back" onclick="back">
</input>
    </div>
```

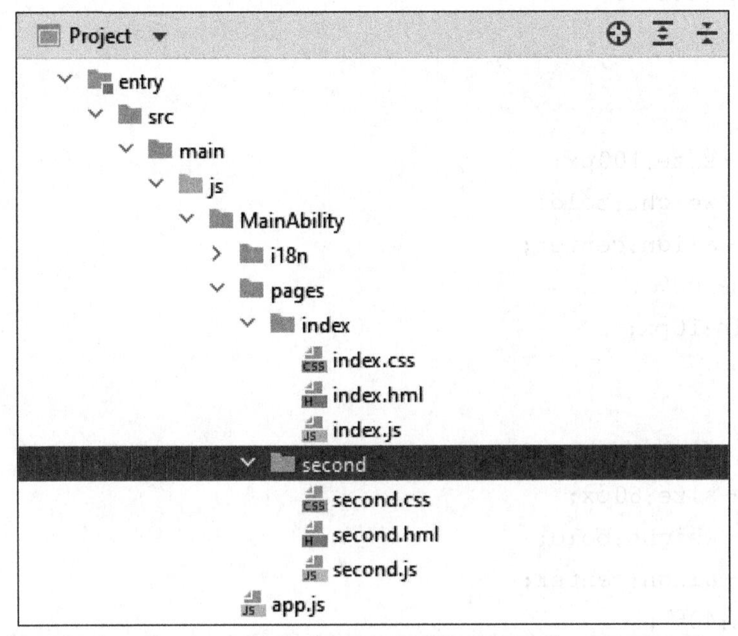

图 11－27　文件目录结构

（3）设置页面样式。

“second. css”文件的示例如下：

```
.container{
    display:flex;
    flex-direction:column;
    justify-content:center;
    align-items:center;
    left:0px;
    top:0px;
    width:100%;
    height:100%;
}

.title{
    font-size:100px;
    font-weight:bold;
    text-align:center;
    width:100%;
    margin:10px;
}

.btn{
```

```
    font-size:60px;
    font-weight:bold;
    text-align:center;
    width:40%;
    height:5%;
    margin-top:20px;
}
```

4）实现页面间的跳转

页面间的导航可以通过页面路由router来实现。页面路由router根据页面uri找到目标页面，从而实现跳转。使用页面路由需导入router模块。

（1）第一个页面跳转到第二个页面。

在第一个页面中，跳转按钮绑定onClick方法，单击按钮时跳转到第二个页面。“index.js”示例如下：

```
import router from '@ohos.router';

export default{
    onclick:function(){
        router.push({
            url:"pages/second/second"
        })
    }
}
```

（2）从第二个页面返回到第一个页面。

在第二个页面中，返回按钮绑定back方法，单击按钮时返回到第一个页面。“second.js”示例如下：

```
import router from '@ohos.router';

export default{
    back:function(){
        router.back()
    }
}
```

（3）打开index文件夹下的任意一个文件，单击预览器中的按钮进行刷新。效果如图11-28所示。

5）使用真机运行应用

（1）将搭载OpenHarmony标准系统的开发板与计算机连接。

（2）单击“File”→“Project Structure”→“Project”→“Signing Configs”菜单命令，在弹出界面中勾选“Automatically generate signing”复选框，等待自动签名完成即可，然后单击“OK”按钮，如图11-29所示。

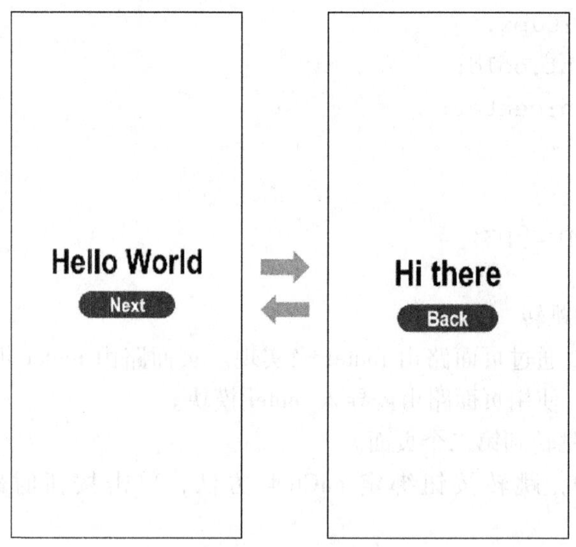

图 11－28　页面跳转效果

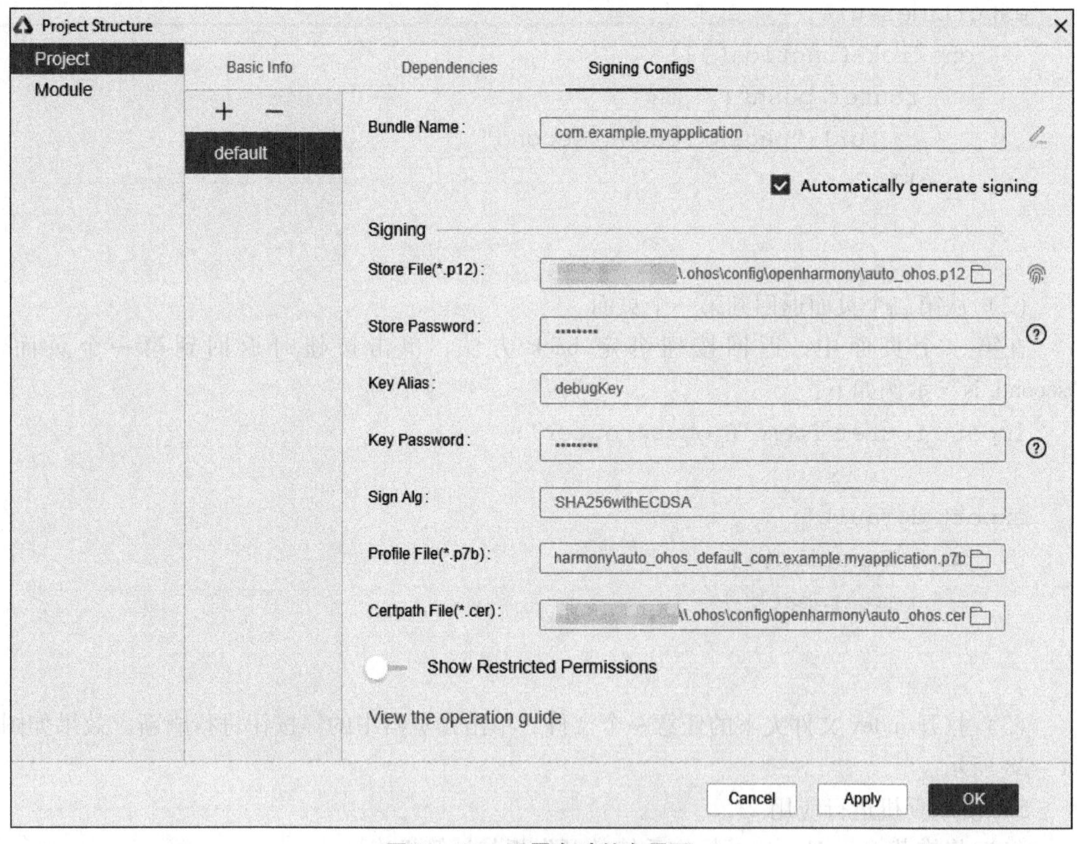

图 11－29　配置自动签名界面

（3）在编辑窗口右上角的工具栏，单击 ▶ 按钮运行。效果如图 11－30 所示。

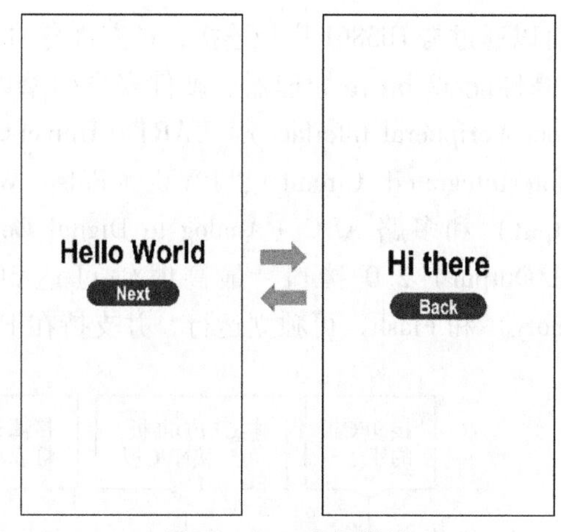

图 11－30　真机效果

11.3　南向应用“蜜雪冰城”示例

11.3.1　基础知识

南向是软、硬件结合的嵌入式开发，一般用 C、C++ 编程语言编写，注重硬件操作和能力封装，目标是提供给北向应用系统支撑 API。本节以 Hi3861 单板为开发环境，用 C 语言制作一个南向应用“蜜雪冰城”的实例。

如图 11－31 所示，华为海思推出了一款名为 Hi3861 RISC－V 的开发板。开发板 Hi3861 WLAN 模组是一片大约为 2 cm×5 cm 大小的开发板，是一款高度集成的 2.4 GHz WLAN SoC 芯片，集成 IEEE 802.11b/g/n 基带和 RF（Radio Frequency）电路。支持 OpenHarmony 系统，并配套提供开放、易用的开发和调试运行环境。

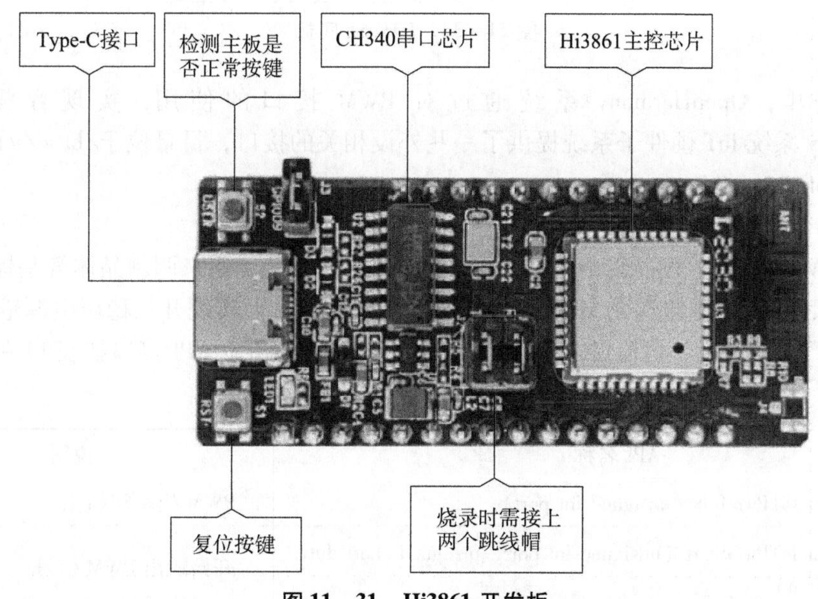

图 11－31　Hi3861 开发板

Hi3861 WLAN 模组还可以通过与 Hi3861 底板连接，扩充自身的外设能力，底板如图 11－32 所示。Hi3861 芯片集成高性能 32 bit 微处理器、硬件安全引擎以及丰富的外设接口，外设接口包括 SPI（Synchronous Peripheral Interface）、UART（Universal Asynchronous Receiver&Transmitter）、I^2C（The InterIntegrated Circuit）、PWM（Pulse Width Modulation）、GPIO（General Purpose Input/Output）和多路 ADC（Analog to Digital Converter），同时支持高速 SDIO（Secure Digital Input/Output）2.0 接口，最高时钟可达 50MHz；芯片内置 SRAM（Static Random Access Memory）和 Flash，可独立运行，并支持在 Flash 上运行程序。

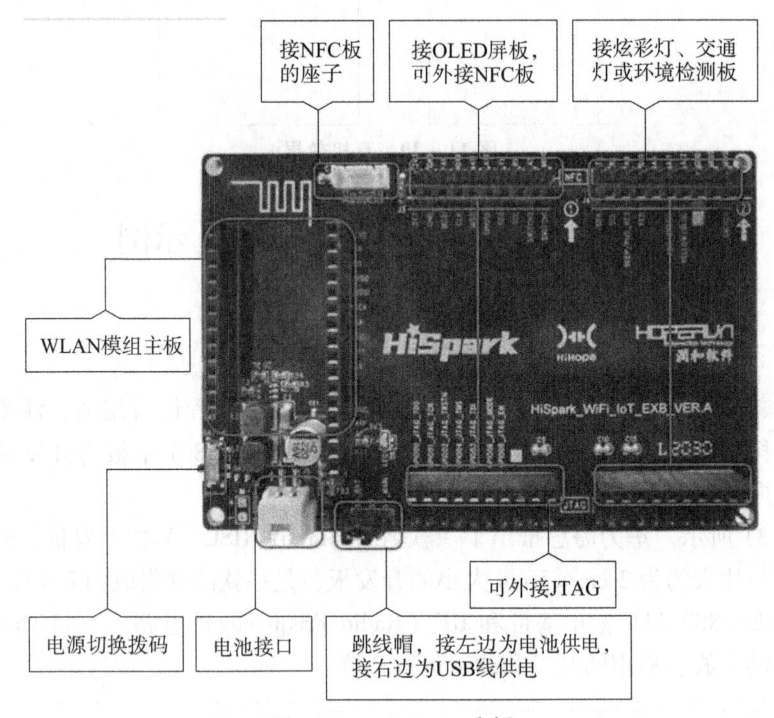

图 11－32　Hi3861 底板

本示例中，OpenHarmony 系统通过对 PWM 接口的使用，实现音频的变化。OpenHarmony 系统 IoT 硬件子系统提供了一些外设相关的接口，目录位于/base/iot_hardware/peripheral/interfaces/kits。

1. 硬件 PWM 接口

硬件 PWM 接口是一种模拟控制方式，根据相应载荷的变化来调制晶体管基极或 MOS 管栅极的偏置，以实现晶体管或 MOS 管导通时间的改变，从而实现开关稳压电源输出的改变，PWM 常用于 LED 驱动、恒流源、电机控制等场景，PWM 相关 API 接口如表 11－3 所示。

表 11－3　PWM 相关 API 接口

API 名称	说明
unsigned int IoTPwmInit（unsigned int port）	PWM 模块初始化
unsigned int IoTPwmStart（unsigned int port，unsigned short duty，unsigned int freq）	开始输出 PWM 信号

续表

API 名称	说明
unsigned int IoTPwmStop (unsigned int port)	停止输出 PWM 信号
unsigned int IoTPwmDeinit (unsigned int port)	解除 PWM 模块初始化

关键接口 unsigned int IoTPwmStart (unsigned int port, unsigned short duty, unsigned int freq)，其接口参数介绍如下。

(1) freq：IoTPwmStart 接口中 freq 参数是分频倍数，PWM 实际输出的方波频率等于 PWM 时钟源频率除以分频倍数，即 $f = F_{cs}/f_{req}$ 其中，F_{cs} 是 PWM 时钟源频率。

(2) duty：IoTPwmStart 接口的 duty 参数可以控制输出方波的占空比，占空比是指 PWM 输出的方波波形的高电平时间占整个方波周期的比例，具体占空比取值为 1～99。例如，想要输出占空比为 50% 的方波信号，那么 duty 填的值就应为 50。

2. 音符－频率对应关系及其换算

1) 音符－频率对应关系

表 11－4 中有一个规律——音高升高一个八度，频率升高 1 倍。160 MHz 时钟源条件下，输出方波的最低频率是：160 MHz/65 535 = 2 441.44，这个频率略高，在表 11－4 中没有找到音名。通过调用 hi_pwm_set_clock 接口，可以修改时钟源，将时钟源设置为晶体时钟且时钟频率为 40 MHz，40 MHz/65 535 = 610.3，这样就能够输出 E5 及以上的所有音符。

表 11－4　音符－频率对应关系表

十二平均律中不同音高的频率，单位为 Hz。括号内为距离中央 C (261.63 Hz) 的半音距离。							
八度→ 音名↓	0	1	2	3	4	5	6
C	16.352 (－48)	32.703 (－36)	65.406 (－24)	130.81 (－12)	261.63 (0)	523.25 (＋12)	1 046.5 (＋24)
C#/D♭	17.324 (－47)	34.648 (－35)	69.296 (－23)	138.59 (－11)	277.18 (＋1)	554.37 (＋13)	1108.7 (＋25)
D	18.354 (－46)	36.708 (－34)	73.416 (－22)	146.83 (－10)	293.66 (＋2)	587.33 (＋14)	1174.7 (＋26)
D#/E♭	19.445 (－45)	38.891 (－33)	77.782 (－21)	155.56 (－9)	311.13 (＋3)	622.25 (＋15)	1244.5 (＋27)
E	20.602 (－44)	41.203 (－32)	82.407 (－20)	164.81 (－8)	329.63 (＋4)	659.26 (＋16)	1 318.5 (＋28)
F	21.827 (－43)	43.654 (－31)	87.307 (－19)	174.61 (－7)	349.23 (＋5)	698.46 (＋17)	1 396.9 (＋29)
F#/G♭	23.125 (－42)	46.249 (－30)	92.499 (－18)	185.00 (－6)	369.99 (＋6)	739.99 (＋18)	1 480.0 (＋30)

续表

八度→ 音名↓	0	1	2	3	4	5	6
G	24.500 (−41)	48.999 (−29)	97.999 (−17)	196.00 (−5)	392.00 (+7)	783.99 (+19)	1 568.0 (+31)
G#/A♭	25.957 (−40)	51.913 (−28)	103.83 (−16)	207.65 (−4)	415.30 (+8)	830.61 (+20)	1 661.2 (+32)
A	27.500 (−39)	55.000 (−27)	110.00 (−15)	220.00 (−3)	440.00 (+9)	880.00 (+21)	1 760.0 (+33)
A#/B♭	29.135 (−38)	58.270 (−26)	116.54 (−14)	233.08 (−2)	466.16 (+10)	932.33 (+22)	1 864.7 (+34)
B	30.868 (−37)	61.735 (−25)	123.47 (−13)	246.94 (−1)	493.88 (+11)	987.77 (+23)	1 975.5 (+35)

2）曲谱转换《蜜雪冰城》简谱

简谱如图 11－33 所示。

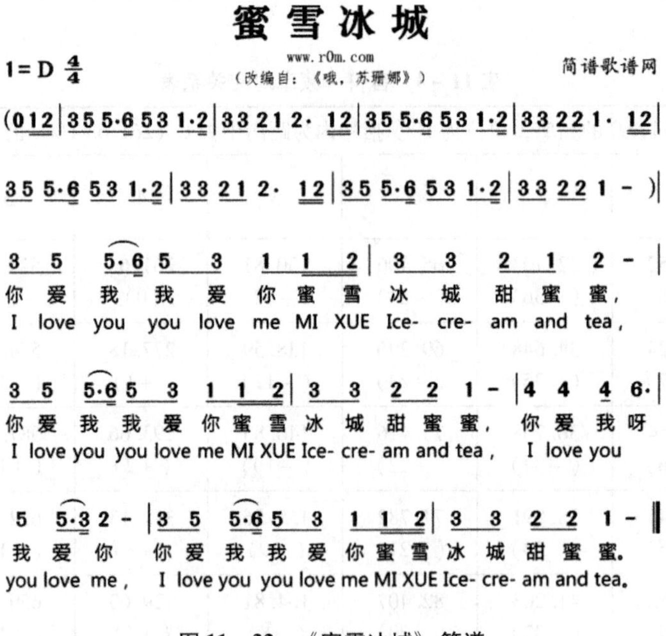

蜜雪冰城

1=D 4/4　　www.r0m.com　　简谱歌谱网

（改编自：《哦，苏珊娜》）

你爱我我爱你蜜雪冰城甜蜜蜜，
I love you you love me MI XUE Ice- cre- am and tea,

你爱我我爱你蜜雪冰城甜蜜蜜，你爱我呀
I love you you love me MI XUE Ice- cre- am and tea, I love you

我爱你　你爱我我爱你蜜雪冰城甜蜜蜜。
you love me, I love you you love me MI XUE Ice- cre- am and tea.

图 11－33　《蜜雪冰城》简谱

每个音符都需要有节拍，在代码里体现为停顿时间，不同音符的不同停顿时间可以实现简单的音乐起伏。常见的节拍简谱对应如表 11－5 所示。

表 11－5　节拍简谱对应表

节拍	简谱	取值
¼拍	$\underline{\underline{5}}$	1
½拍	$\underline{5}$	2
¾拍	$\underline{5}\cdot$	3
1 拍	5	4
1½拍	5 · 或者 5 5	$\underline{6}$
2 拍	5 –	8

通过简谱和表 11－5 的对应，就可以将现有的简谱转换成为可以被程序识别的“程序谱子”。

11.3.2　代码编写

为了区分不同演练场景的案例，在/applications/sample/wifi－iot/app 路径下新建一个目录 beep_music，并且在目录下新建 pwm_led_demo.c 和 BUILD.gn 文件。

```
/applications/
└─── sample/
│    └─── wifi-iot/
│    │    └─── app/
│    │    │    ├─── beep_music/
│    │    │    │    ├─── beep_music_demo.c
│    │    │    │    └─── BUILD.gn
│    │    └─── BUILD.gn
```

编写 beep_music 目录下的 BUILD.gn：

```
static_library("music_demo"){
    sources=[
        "beep_music_demo.c"
    ]

    include_dirs=[
        "//utils/native/lite/include",
        "//kernel/LiteOS_M/components/cmsis/2.0",
        "//base/iot_hardware/peripheral/interfaces/kits",
    ]
}
```

编写 app 目录下的 BUILD.gn。文件中 music_demo 指的是上面的静态库名称 music_demo：

```
import("//build/lite/config/component/lite_component.gni")
```

```
lite_component("app"){
    features =[
        "beep_music:music_demo",
    ]
}
```

(1) 代码编写，参考如下:

```
#include <stdio.h>
#include <unistd.h>

#include "ohos_init.h"
#include "cmsis_os2.h"
#include "ohos_types.h"
#include "iot_gpio.h"
#include "iot_pwm.h"
#include "iot_watchdog.h"
#include "hi_pwm.h"

#define IOT_TEST_PWM_GPIO9 9//调制脉宽
#define IOT_PWM_PORT0 0

#define IOT_IO_NAME_GPIO_8 8//按钮
#define PWM_DUTY 50
#define M_INTERVAL_TIME_TICK 60
#define TICKS_DELAY 125* 1000

static const uint16 g_tuneFreqs[] = {
    0,      //40 MHz 对应的分频系数
    1046* 4,  //1046.50  1
    1174* 4,  //1174.66  2
    1318* 4,  //1318.51  3
    1396* 4,  //1396.91  4
    1567* 4,  //1567.99  5
    1760* 4,  //1760.00  6
    1975* 4,  //1975.53  7
    523* 4,   //523.25   1-   低一个 8 度的 1
    587* 4,   //587.33   2-
    659* 4,   //659.26   3-
    698* 4,   //698.46   4-
    783* 4,   //783.99   5-
```

```
    880* 4,    //880.00   6 -
    987* 4,    //987.77   7 -
};

typedef enum
{
    D_DO =1,    //1
    D_RE,       //2
    D_MI,       //3
    D_FA,       //4
    D_SO,       //5
    D_LA,       //6
    D_SI,       //7
    C_DO,       //1 -
    C_RE,       //2 -
    C_MI,       //3 -
    C_FA,       //4 -
    C_SO,       //5 -
    C_LA,       //6 -
    C_SI        //7 -
}MusicTuneNotes;

typedef enum
{
    BEAT_1X4B =1,//1/4 拍为基础值 1
    BEAT_1X2B,
    BEAT_3X4B,
    BEAT_1B,
    BEAT_3X2B =6,
    BEAT_2B =8,
    BEAT_3B =12,
    BEAT_4B =16
}MusicTuneInterval;

/* 音符与时间间隔结构体*/
typedef struct
{
    MusicTuneNotes tuneNotes;  //音符
    MusicTuneInterval interval;//时间间隔
```

```
}MusicNotesInterval;

/* 曲谱*/
static const MusicNotesInterval g_interval[] = {
    {D_MI,BEAT_1X2B},{D_SO,BEAT_1X2B},{D_SO,BEAT_3X4B},{D_LA,BEAT_
1X4B},{D_SO,BEAT_1X2B},{D_MI,BEAT_1X2B},{D_DO,BEAT_1X2B},{D_DO,BEAT_
1X4B},{D_RE,BEAT_1X4B},{D_MI,BEAT_1X2B},{D_MI,BEAT_1X2B},{D_RE,BEAT_
1X2B},{D_DO,BEAT_1X2B},{D_RE,BEAT_2B},{D_MI,BEAT_1X2B},{D_SO,BEAT_
1X2B},{D_SO,BEAT_3X4B},{D_LA,BEAT_1X4B},{D_SO,BEAT_1X2B},{D_MI,BEAT_
1X2B},{D_DO,BEAT_1X2B},{D_DO,BEAT_1X4B},{D_RE,BEAT_1X4B},{D_MI,BEAT_
1X2B},{D_MI,BEAT_1X2B},{D_RE,BEAT_1X2B},{D_RE,BEAT_1X2B},{D_DO,BEAT_
2B},{D_FA,BEAT_1B},{D_FA,BEAT_1B},{D_FA,BEAT_1X2B},{D_LA,BEAT_3X2B},{D_
SO,BEAT_1B},{D_SO,BEAT_3X4B},{D_MI,BEAT_1X4B},{D_RE,BEAT_2B},{D_MI,BEAT
_1X2B},{D_SO,BEAT_1X2B},{D_SO,BEAT_3X4B},{D_LA,BEAT_1X4B},{D_SO,BEAT_
1X2B},{D_MI,BEAT_1X2B},{D_DO,BEAT_1X2B},{D_DO,BEAT_1X4B},{D_RE,BEAT_
1X4B},{D_MI,BEAT_1X2B},{D_MI,BEAT_1X2B},{D_RE,BEAT_1X2B},{D_RE,BEAT_
1X2B},{D_DO,BEAT_2B}};

int music = 0;

/* 音乐处理*/
static void* BeeperMusicTask(const char* arg)
{
    (void)arg;

    printf("BeeperMusicTask start! \r\n");

    hi_pwm_set_clock(PWM_CLK_XTAL);//设置时钟源为晶体时钟(40 MHz,默认时
钟源为 160 MHz)

    while(1)
    {
        osDelay(M_INTERVAL_TIME_TICK);
        for(size_t i = 0;i < sizeof(g_interval)/sizeof(g_interval[0]);
i ++)
        {
            uint32 tune = g_interval[i]. tuneNotes;//音符
            uint16 freqDivisor = g_tuneFreqs[tune];
             uint32 tuneInterval = g_interval[i].interval * (TICKS_
```

```
DELAY);//音符时间
                IoTPwmStart(IOT_PWM_PORT0,PWM_DUTY,freqDivisor);
                usleep(tuneInterval);
                IoTPwmStop(IOT_PWM_PORT0);
                music=0;
            }
        }

        return NULL;
    }

    static void BeepMusicEntry(void)
    {
        osThreadAttr_t attr;

        IoTGpioInit(IOT_TEST_PWM_GPIO9);
        IoTGpioSetDir(IOT_TEST_PWM_GPIO9,IOT_GPIO_DIR_OUT);
        IoTPwmInit(IOT_PWM_PORT0);

        IoTWatchDogDisable();

        attr.name="BeeperMusicTask";
        attr.attr_bits=0U;
        attr.cb_mem=NULL;
        attr.cb_size=0U;
        attr.stack_mem=NULL;
        attr.stack_size=1024;
        attr.priority=osPriorityNormal;

        if(osThreadNew((osThreadFunc_t)BeeperMusicTask,NULL,&attr)==
NULL)
        {
            printf("[LedExample]Falied to create LedTask! \n");
        }
    }
    APP_FEATURE_INIT(BeepMusicEntry);
```

(2)编译烧录程序，查看运行结果。如果编程过程中出现类似“undefined reference to hi_pwm_init”找不到函数定义的错误，这是因为默认情况下，hi3861_sdk 中 PWM 的 CONFIG 选项没有打开。因此，需要修改“/device/hisilicon/hispark_pegasus/sdk_LiteOS/build/config/

usr_config. mk” 文件中的 CONFIG_PWM_SUPPORT 行，将 “#CONFIG_PWM_SUPPORT is not set” 修改为 “CONFIG_PWM_SUPPORT = y”。烧写成功并插上照明板，通过 PWM 控制蜂鸣器，使其有节奏地播出歌曲，以达到播放音乐的效果。

11.4 思考和练习

（1）尝试创建自己的第一个 OpenHarmony 应用。

（2）为什么要有应用签名？应用签名的意义是什么？

（3）声明式开发范式与类 Web 开发范式写页面样式的方法有什么不同？有更好的方法吗？

（4）思考页面与页面之间的通信方式，页面之间如何进行数据交流？

（5）假如需要实现一个功能与页面都较为复杂的应用，考虑到代码的封装性与解耦，创建了一个新项目之后，应该如何设计项目结构？

参 考 文 献

[1] 梅宏．操作系统变迁的 20 年周期律与泛在计算［J］．中国工业和信息化，2021（1）：54－57.

[2] LIU Z M，WANG J. Human－cyber－physical systems：Concepts，challenges，and research opportunities［J］. Frontiers of Information Technology & Electronic Engineering，2020，21（11）：1535－1553.

[3] 梅宏，曹东刚，谢涛．泛在操作系统：面向人机物融合泛在计算的新蓝海［J］．中国科学院院刊，2022，37（1）：30－37.

[4] 西尔伯查茨，郑扣根．操作系统概念［M］．北京：高等教育出版社，2007.

[5] ［美］布赖恩特（R. E. Bryant）．深入理解计算机系统［M］．龚奕利，贺莲，译．北京：机械工业出版社，2016.

参考文献

[1] 杨安. 制造系统变迁的20年回顾与趋势估计[J]. 中国工业和信息化, 2021(11): 54-57.

[2] LIU Z M, WANG J. Human-cyber-physical systems: Concepts, challenges, and research opportunities [J]. Frontiers of Information Technology & Electronic Engineering, 2020, 21(11): 1535-1553.

[3] 杨然, 刘家帆, 谢鹏, 等. 迈向[illegible]人机物融合[illegible]的新范式[J]. 中国科学院院刊, 2022, 37(1): 30-37.

[4] [illegible]. [illegible][M]. 北京: [illegible]出版社, 2007.

[5] [illegible] (R. R. Bryant). [illegible][M]. [illegible], 译. 北京: 机械工业出版社, 2016.

彩　　插

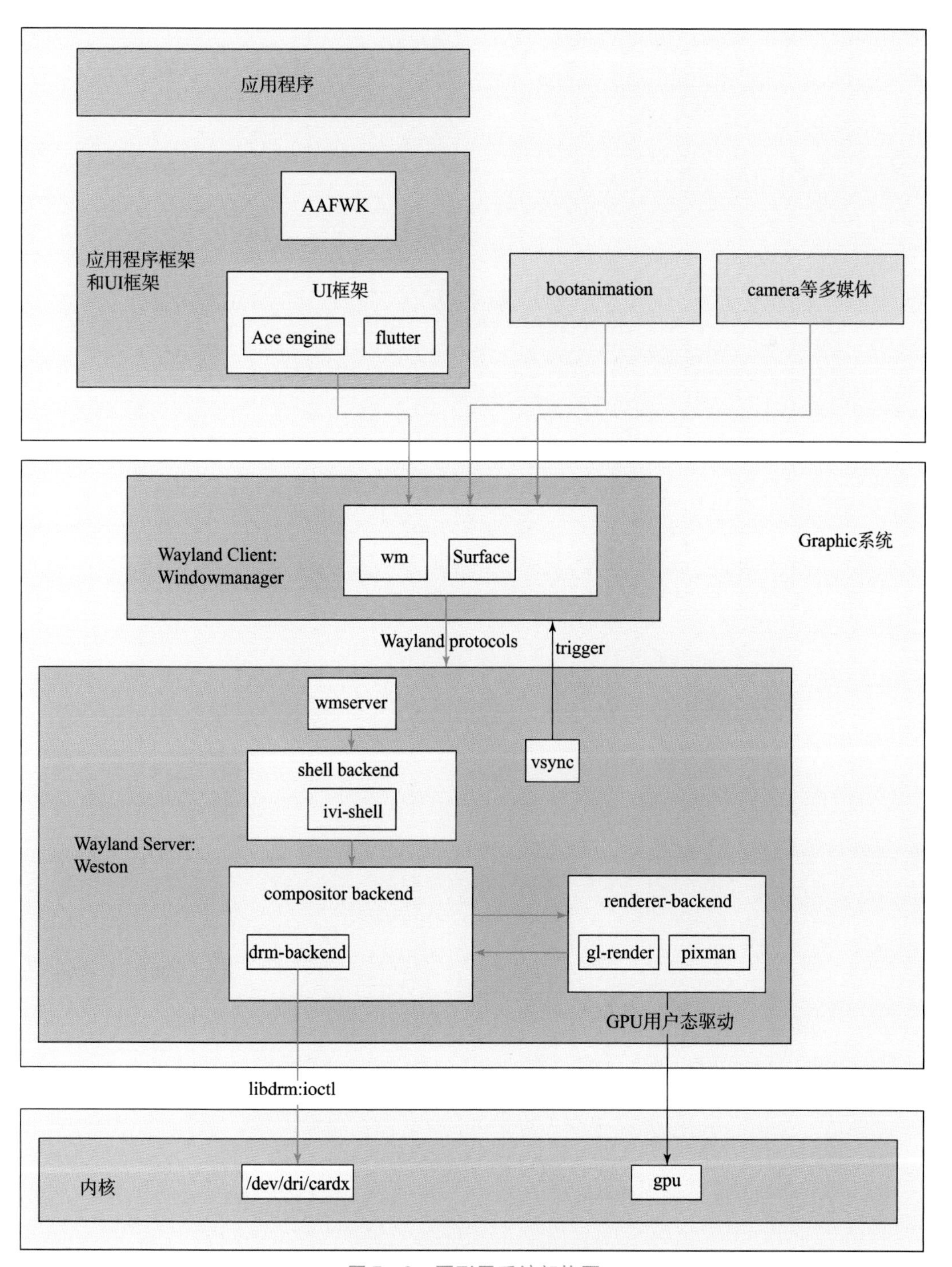

图7－2　图形子系统架构图

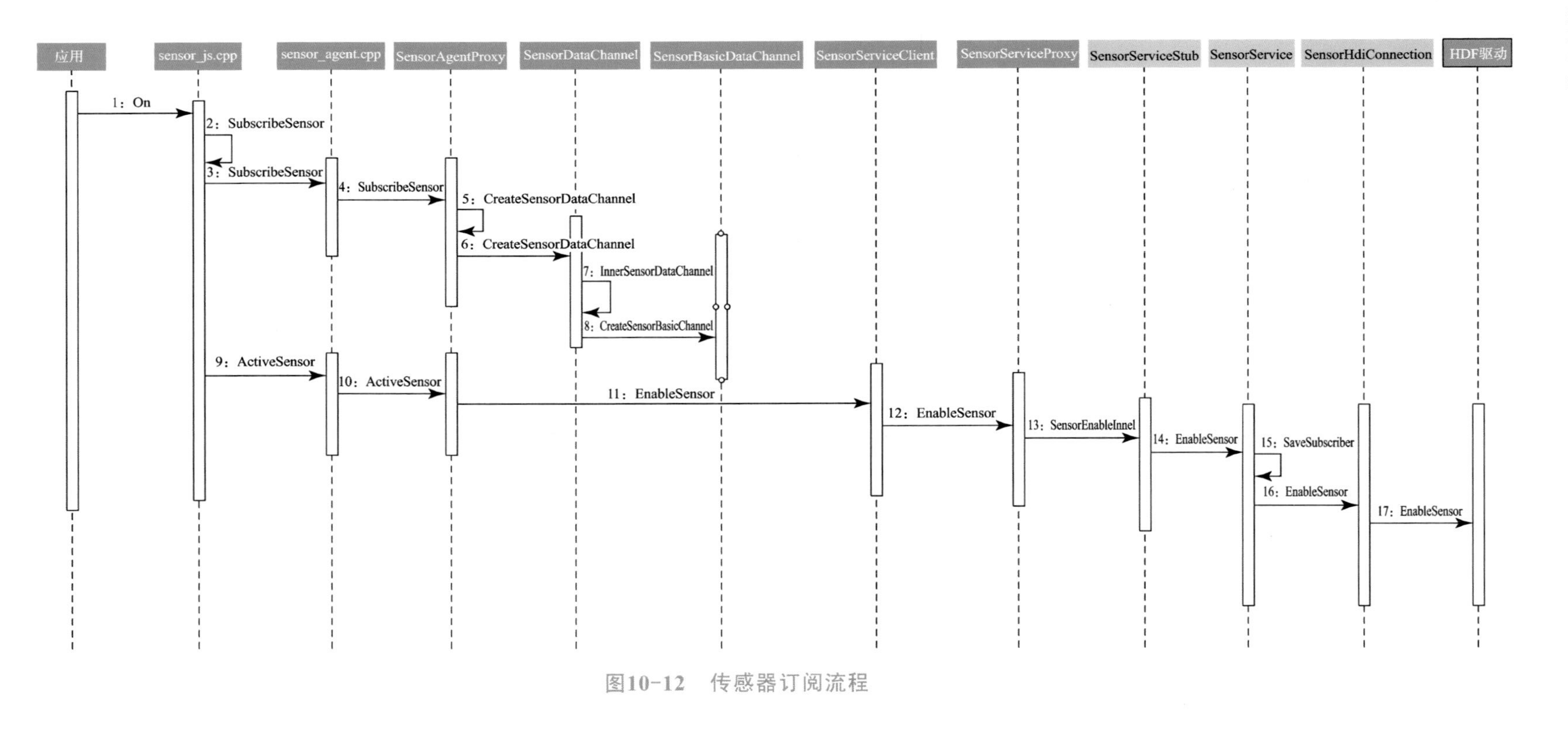

图10-12 传感器订阅流程

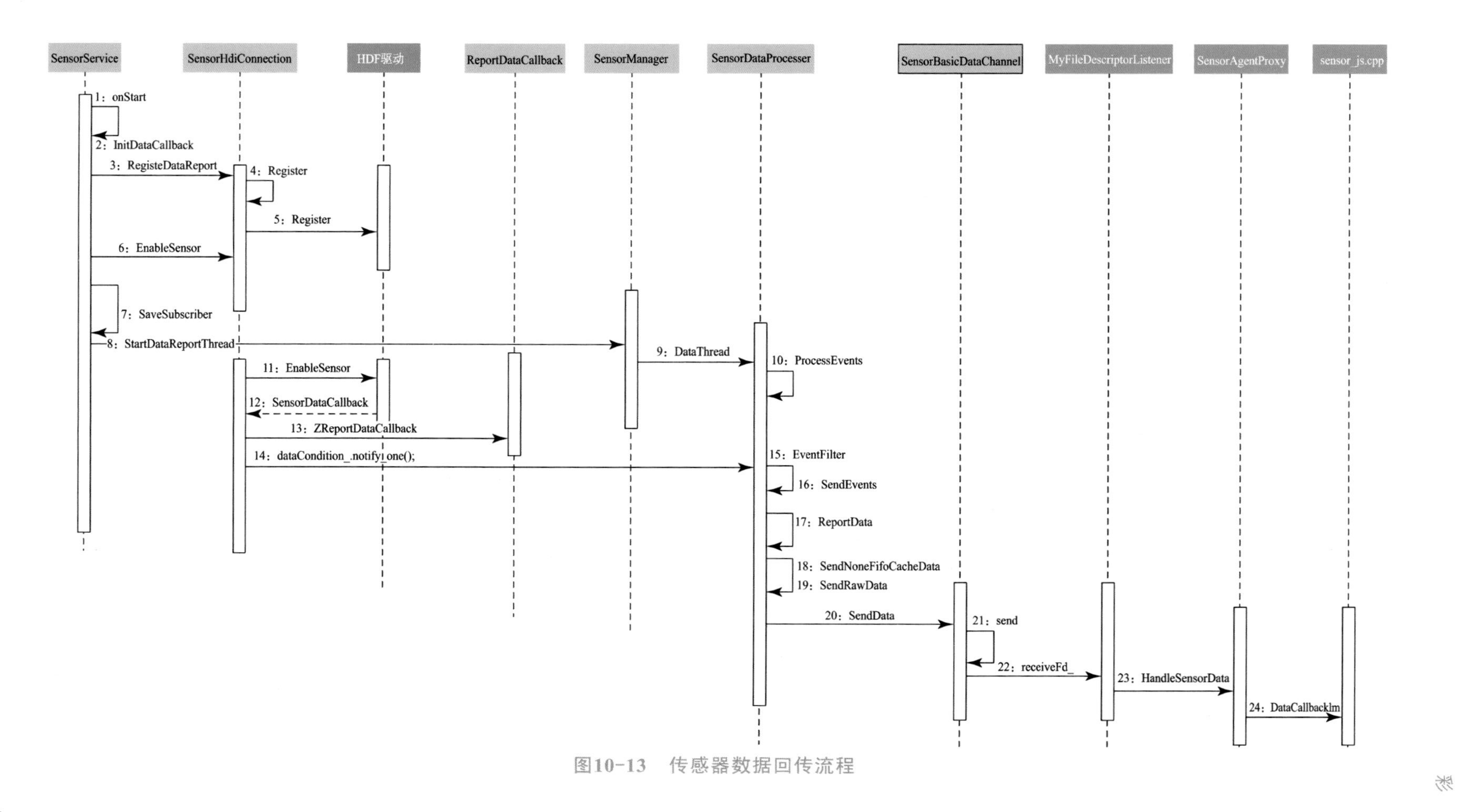

图10-13 传感器数据回传流程